제4판

소방행정학개론

양기근 · 류상일 · 송윤석 · 송용선
이주호 · 박정민 · 조 성 · 권설아 · 신우리

도서출판 대영문화사

제4판 머리말

오늘날 재난안전에 있어 소방의 역할이 강조되고 있다. 국민의 생명과 신체 및 재산의 보호에 소방의 역할이 무엇보다 중요하기 때문일 것이다. 그래서 국가적으로는 소방관 국가직화와 함께 많은 소방인력을 충원하고 있다. 그러나 이러한 소방의 중요성에 비하여 소방행정에 대한 학문적 발전은 미흡한 것이 사실이다. 저자들은 이러한 현실에 공감하여 『소방행정학개론』의 저술을 시작하였다. 2011년 첫 출간을 한 후 벌써 제4판 개정작업을 하였다. 저자들의 역량 부족으로 미흡한 부분도 많았지만 학생들에게 소방행정에 대한 이해의 폭을 넓혀 좋은 소방관이 될 수 있는데 기여하고 있다고 자부하고 있다.

소방행정학은 소방행정 현상을 연구하는 학문이다. 소방정책, 소방조직, 소방인사, 소방재정, 소방사무 등이 소방행정학의 주요 내용이 된다. 미래의 소방관이 될 학생들에게 우리의 현실에 맞는 소방행정에 대한 고민을 함께하고자 하였다. 제4판은 최근 변화된 소방의 내용을 반영하였다. 관련 통계 자료들을 최신 자료로 업데이트하였고, 제6편 소방자치론을 소방관 국가직화에 맞게 소방사무의 내용으로 전면 개편하였다.

저자들의 소방행정학에 대한 학문적 노력이 국민을 위해 봉사하는 유능한 소방관 인재양성과 한국의 소방행정 발전에 밑거름이 되기를 간절히 소망해 본다. 학문적 성과 없이 좋은 소방행정과 소방 서비스를 제공할 수 없을 것이기 때문이다.

『소방행정학개론』 제4판은 7편으로 구성하였다. 제1편은 이 책의 도입 부분으로 소방의 의의, 소방행정의 개념, 소방행정의 학문적 범위와 내용 등 '소방행정학이란 무엇인가?'에 대한 내용이다. 제2편은 '소방정책론'으로 소방정책의 정립, 소방정책의 구성, 소방정책의 개념과 유형, 우리나라 소방정책의 발전 과정, 소방정책 과정, 화재 진압과 화재 예방 및 경계정책, 구조 및 구급정책, 그리고 대국민 재난안전정책 등으로 구성되어 있다. 제3편은 '소방조직론'으로 소방조직의 정의, 조직이론의 발달 과정, 소방조직 체계, 리더십, 의사전달 등을 다룬다. 제4편은 '소방인사론'으로 소방인사행정의 의의, 소방인사행정의 변천과 발전 과정, 소방인사행정의 과정, 소방공무원의 동기부여, 소방공무원의 행동규범 및 권익 보장 등에 대해 논의하였다. 제5편은 '소방재정론'으로 소방재정의 의의와 성격, 소방재정의 주요 이론, 지방재정과 소방재원, 우리나라 소방재정 운용 현황, 그리고 해외 각국의 소방재정 등을 설명하였다. 제6편 '소방사무론'은 새로 추가된 내용이다. 최근 소방사무는 화재 진압과 구조·구급 업무를 넘어 산불진화, 동물구조, 화학사고 초동조치 등 특수재난 사고와 각종 재난에 대한 지원 업무로 확대되고 있어 이에 대한 설명과 이해가 필요하였다. 끝으로, 제7편에서는 미래 환경 변화와 소방행정, 소방행정의 문제점 및 과제, 발전 방향 등 '소방의 미래와 발전 방안'을 제시하고 있다.

『소방행정학개론』 제4판 작업에 함께해 준 저자 모두에게 감사드린다. 특히, 새 집필진으로 참여해 준 조성, 권설아, 신우리 박사님께 감사와 고마움을 전한다. 또한 여러 선배 및 동료 연구자들의 연구 성과와 노력이 없었더라면 이 책 또한 세상에 나오기는 어려웠을 것이기 때문에 이 모든 분들께 감사를 드린다. 끝으로, 제4판을 출간할 수 있도록 관심과 격려를 아끼지 않은 대영문화사 임춘환 대표님과 임현준 부장님께도 진심으로 감사드리며, 또한 꼼꼼하게 교정과 편집을 해 준 모든 분들에게도 이 자리를 빌려 감사하다는 말씀을 드립니다.

2020년 7월
저자 일동

초판 머리말

인류는 불을 이용하면서부터 문명의 눈부신 발전을 이룩하기 시작했다. 불의 이용은 문명의 발전과 인간의 생활양식을 편리하게 바꾸어 놓았다. 그러나 한편으론 화재로 인해 수많은 인명과 재산에 막대한 손실을 초래하기도 한다. 또한 최근 재난 및 안전관리 환경은 사회·경제 환경의 변화에 따른 위험의 증대, 국민의 안전 욕구의 증대, 세계화로 인한 위험의 상호 의존성 증대, 재난안전정책의 패러다임 변화, 그리고 기후 변화에 따른 지속적 재해의 증가를 보이고 있다. 이처럼 변화되는 재난안전 환경에 따라 재난안전 관리정책에서 소방조직과 소방정책도 변화와 발전이 요구된다.

이러한 현실적 요구에 부응하여 소방행정학과 소방학도 하나의 학문적 체계를 정립해 가고 있다. 우리나라의 경우 2000년대부터 전국의 대학에 소방 관련 학과가 생기기 시작했고, 관련 학회도 활발하게 운영되고 있다. 또한 소방학 학위를 배출하는 대학원 과정이 개설되면서 소방행정학도 체계적인 연구가 진행되고 있다. 이러한 양적인 팽창과 함께 이제는 질적인 성장이 기대되는 때이다.

요즘 많은 대학에서 소방행정학 과목을 개설하여 가르치고 있으나, 아직까지는 기존의 행정학 내용을 가지고 강의를 할 수밖에 없었던 것이 현실이다. 그러나 행정학과 소방행정학은 많은 부분이 다를 수밖에 없어 강의를 하는 데 어려움이 많았던 것도 사실이다. 이에 뜻을 같이하고 공감하는 젊은 학자들이 모여 소방행정학 저서를 집필하게 되었다. 책을 쓰면서 소방행정학의 틀을 잡게 되었고, 많은 성과를 취합할 수 있었다. 그러나 처음의 의욕과는 달리 한 분야의 개론서를 내놓는다는 것이 쉬운 작업만은 아니었다. 각자가 자기 분야의 원고를 써서 이를 모아 하나의 개론서를 만들다 보니 한 사람이 쓴 것처럼 읽혀지지 않을 것 같아 걱정이 앞서기도 한다. 여전히 부족한 부분도 있을 것이다. 이러한 부족한 부분은 추후 개정판에서 좀 더 다듬고 보완해 나갈 것을 스스로 다짐해 본다.

저자들은 무엇보다 대학의 강의에서 학생들과 이 책을 통해 같이 공부하고 소방행정학에 대해 함께 고민할 수 있게 된 것을 기쁘게 생각한다. 또한 시작이 반이라는 표현처럼 이 책은 반 정도 만족스러운 책이라 생각하고, 계속적으로 연구 내용들을 보완해 가면서 더 좋은 책으로 만들어 갈 것이다.

이 책은 크게 7편으로 구성되어 있다. 제1편은 이 책의 도입 부분으로서 '소방행정학이란 무엇인가?'라는 주제로 소방의 의의, 소방행정의 개념, 이념, 그리고 특성을 검토한 뒤 소방행정의 학문성을 다루었다. 제2편은 '소방정책론'으로 소방정책의 정립, 소방정책의 개념과 유형, 우리나라 소방정책의 발전 과정, 화재 진압과 화재 예방 및 경계정책, 구조 및 구급정책, 그리고 대국민 재난안전정책 등을 설명했다. 제3편은 '소방조직론'으로 조직의 정의, 조직이론의 발달 과정, 소방조직 체계, 조직 내의 리더십, 그리고 의사전달을 중심으로 살펴보았다. 제4편은 '소방인사론'으로 소방 인사행정의 의의, 소방 인사행정의 변천과 발전 과정, 소방 인사행정의 과정, 소방 공무원의 동기부여, 그리고 소방공무원의 행동규범 및 권익 보장에 대해 살펴보았다. 제5편은 '소방재정론'으로 소방재정의 의의, 우리나라의 소방재정과 운영 현황, 해외 각국의 소방재정을 설명했다. 제6편은 '소방자치론'으로 지방자치 및 지방행정의 의의, 지방자치의 변천과 발달 과정, 지방자치단체의 구성 요소, 지방사무와 기능 배분, 지방정부의 구성과 조직, 그리고 지방재정을 논의했다. 마지막 제7편은 '소방의 미래와 발전 방안'으로 미래 환경 변화와 소방행정 및 소방정책, 소방조직, 소방 인사, 그리고 소방재정의 문제점과 향후 발전 방향을 제시했다.

이 책을 집필 · 출간하는 데 선뜻 그 필요성을 공감하고 함께해 준 저자 모두에게 감사드린다. 어떻게 보면 각자의 입장에서는 만족스럽지 못한 부분이 많으리라 생각되지만, 양보와 이해를 통해 하나의 책을 출간하게 되었다. 또한 오늘의 저자들이 있기까지 늘 격려와 지도 편달을 해 주신 은사님들과 소방행정 학문 분야에서 많은 선행 연구를 해 주신 선배, 동료 선생님들께도 감사드린다. 오늘 이 책이 세상에 나오게 된 데는 이분들이 없었더라면 어려웠을 것이다. 끝으로, 이 책 발간에 남다른 애정과 관심을 보여주신 대영문화사의 임춘환 사장님께 진심으로 감사드린다.

2011년 7월
저자 씀

차 례

제4판 머리말 / 3
초판 머리말 / 5

PART 1 소방행정학이란 무엇인가?

Chapter 01 소방과 소방행정

제1절 소방의 의의 ······ 23
제2절 소방행정의 의의와 특성 ······ 25
1. 소방행정의 개념 / 25
2. 소방행정의 이념과 특성 / 26
제3절 소방행정과 환경의 관계 ······ 29
제4절 소방행정의 학문적 접근 ······ 31

Chapter 02 소방행정의 범위와 내용

PART 2 소방정책론

Chapter 01 소방정책 정립에 대한 논의

제1절 소방정책 정립의 필요성과 의미 ······ 39
1. 소방정책 정립의 필요성 / 39
2. 소방정책 정립의 의미 / 40

제2절 소방정책 구성에 대한 논의와 방향 41
1. 소방정책 구성에 대한 논의 / 41
2. 소방정책 구성의 방향 / 43

Chapter 02 소방정책의 개념과 유형

제1절 소방정책의 개념과 특성 45
1. 소방정책의 개념 / 45
2. 소방정책의 특성 / 47

제2절 소방정책의 유형 49
1. 화재 진압정책 / 51
2. 화재 예방 및 경계정책 / 51
3. 구조 및 구급정책 / 52
4. 재난관리정책 / 52
5. 국민생활 안전정책 / 53

Chapter 03 우리나라 소방정책의 발전 과정

제1절 시작기: 조선 및 일제 시대의 소방정책 54
제2절 과도기: 미군정 시대의 소방정책 56
제3절 초창기: 대한민국 정부 수립 이후의 소방정책 57
제4절 발전기: 광역자치 소방행정 체제로서 소방정책 58
제5절 성숙기: 소방방재청과 국민안전처 시대의 소방정책 58
제6절 재도약기: 소방청 신설 및 소방공무원 국가직화 60

Chapter 04 소방정책 과정

제1절 소방정책 형성과 참여자 62
1. 소방정책 형성의 개념과 소방정책의 변화 / 63
2. 안전문제와 소방정책 의제 / 64
3. 소방정책 형성의 참여 주체 / 65

제2절 소방정책 결정이론 70

1. 소방정책 결정의 개념과 필요성 / 71
2. 소방정책 결정 과정 / 72
3. 소방정책 결정이론 / 73

제3절 소방정책 집행 79
1. 소방정책 집행의 개념과 필요성 / 80
2. 소방정책 집행의 절차 / 81
3. 소방정책 집행의 성공 요인과 순응 및 불응 / 82

제4절 소방정책 평가와 종결 84
1. 소방정책 평가의 개념과 필요성 / 85
2. 소방정책 평가의 목적과 유형 / 87
3. 소방정책 평가의 과정 / 88

Chapter 05 화재 진압과 화재 예방 및 경계정책

제1절 화재 진압정책 및 화재조사 90
1. 화재 진압정책 / 90
2. 화재조사 / 93

제2절 화재 예방 및 경계정책 94
1. 화재 예방정책 / 94
2. 화재 경계정책 / 95

Chapter 06 구조 및 구급정책

제1절 구조정책 97
제2절 구급정책 98

Chapter 07 대국민 재난안전정책

제1절 재난관리정책 99
제2절 국민생활 안전정책 100

PART 3 소방조직론

Chapter 01 조직의 정의

제1절 조직의 의의 ······ 105
제2절 조직의 목표 ······ 106
제3절 조직의 중요성 ······ 107
제4절 조직의 유형 ······ 108
1. 에치오니의 분류 / 108
2. 블라우와 스콧의 분류 / 109
3. 리커트의 분류 / 109
4. 파슨스의 분류 / 110
5. 베니스의 분류 / 111

Chapter 02 조직이론의 발달 과정

제1절 고전적 조직이론 ······ 112
1. 과학적 관리론 / 112
2. 관료제론 / 115
3. 조직원리론 / 116
제2절 인간관계론 ······ 117
1. 호손실험 / 117
2. 특　징 / 118
3. 평가 및 한계 / 119
제3절 행정행태론 ······ 120
1. 행태론 / 120
2. 행정행태론 / 121
제4절 체계이론 ······ 122
1. 체계의 종류 / 122
2. 개방 체계의 개념 / 123
3. 체계의 요소 / 123
4. 특　징 / 124
5. 평가 및 한계점 / 125

Chapter 03 소방조직 체계

제1절 조직구조 ······ 126
1. 조직구조의 변수 / 126
2. 조직 규모와 조직구조의 관계 / 128

3. 기술과 조직구조의 관계 / 128
4. 환경과 조직구조의 관계 / 129

제2절 우리나라 소방조직의 변천 과정 130
1. 삼국 시대 / 131
2. 통일신라 시대 / 131
3. 고려 시대 / 131
4. 조선 시대 / 132
5. 일제 시대 / 133
6. 미군정 시대(1945~1948년) / 133
7. 대한민국 정부 수립 이후(1948~1970년) / 133
8. 발전기(1970~1992년) / 134
9. 광역자치 시대(1992~2004년) / 134
10. 소방방재청(2004~2014년) / 135
11. 국민안전처 중앙소방본부(2014~2017년) / 135
12. 소방청(2017년~현재) / 136

제3절 소방조직의 특성과 환경 138
1. 소방조직의 의의 / 138
2. 소방조직의 학습 필요성 / 138
3. 소방조직 환경의 변화 / 140
4. 소방조직의 특수성 고찰 / 143

제4절 우리나라 소방조직 체계 149
1. 국가 소방조직 체계 / 151
2. 국가 소방조직 체계 - 광역자치단체 소방조직 체계 / 155
3. 민간 소방조직 / 175

Chapter 04 조직 내의 리더십

제1절 리더십의 개념 178
제2절 리더십의 이론 179
1. 자질이론 / 179
2. 행태이론 / 180
3. 상황이론 / 184

Chapter 05 의사전달

제1절 의사전달의 의의 ······ 192
1. 의사전달의 개념 / 192
2. 의사전달의 기능 / 193

제2절 의사전달의 유형 ······ 194
1. 공식적 의사전달 / 194
2. 비공식적 의사전달 / 197

제3절 의사전달의 개선 방향 ······ 201
1. 개방성 / 201
2. 신뢰성 / 201
3. 계층제의 완화 / 201
4. 참여의 권장 / 201

PART 4 소방인사론

Chapter 01 소방인사행정의 의의

제1절 소방인사행정의 개념 및 중요성 ······ 205
제2절 소방인사행정의 환경 ······ 206
제3절 소방인사행정의 이념과 목표 ······ 208
1. 인사행정이 추구하는 이념 / 208
2. 인사행정의 목표 / 211

Chapter 02 소방인사행정의 변천과 발전 과정

제1절 인사행정 제도의 발전 과정 ······ 212
1. 실적주의제와 직업공무원제 / 212
2. 공직의 분류 제도: 계급제와 직위분류제 / 220

제2절 우리나라 소방인사행정의 발전 과정 ······ 236
1. 조선 시대 / 236
2. 일제 시대 / 237
3. 미군정 시대 / 239

4. 대한민국 정부 수립 이후 / 239
5. 민방위 체제의 소방행정 / 240
6. 국가재난관리 전담조직 체제의 소방행정 / 241
7. 종 합 / 242

제3절 소방인사기관 ······ 243
1. 의 의 / 243
2. 소방인사기관의 조직적 특성 / 245
3. 소방인사기관의 기능 / 246

Chapter 03 소방인사행정의 과정

제1절 소방인력기획 ······ 247

제2절 소방공무원의 모집과 선발 ······ 248
1. 소방공무원의 임용 및 채용 / 248
2. 소방공무원의 모집 / 252
3. 소방공무원의 선발 / 255

제3절 소방공무원의 교육훈련 ······ 264
1. 소방 교육훈련의 의의 / 264
2. 교육훈련의 요소 / 265
3. 교육훈련의 형태 / 265
4. 교육훈련의 과정 / 267
5. 소방교육훈련기관 및 교육 과정 / 268

제4절 소방공무원의 인사 이동과 경력 발전 ······ 269
1. 인사 이동과 경력 발전의 의의 / 269
2. 승 진 / 270
3. 강 임 / 273
4. 배치전환 / 273
5. 경력 발전 / 274

제5절 소방공무원의 평정 제도 ······ 275
1. 근무성적평정의 의의와 목적 / 275
2. 근무성적평정의 방법 / 276
3. 근무성적평정 체제 / 278

제6절 소방공무원의 보수 및 연금 ··· 284
1. 소방공무원의 보수 제도 / 284
2. 소방공무원의 연금 제도 / 287

Chapter 04 소방공무원의 동기부여

제1절 동기부여 일반론 ··· 289
1. 동기부여의 의의 / 289
2. 동기부여이론 / 290
제2절 소방공무원 사기의 영향 요인과 증진 방안 ··· 292
제3절 소방공무원의 스트레스 관리 ··· 292

Chapter 05 소방공무원의 행동규범 및 권익 보장

제1절 소방공무원 행동의 가치 기준 ··· 295
제2절 소방공무원의 행동규범 ··· 295
1. 소방공무원 윤리의 의의 및 특징 / 295
2. 소방공무원 윤리의 강화 전략 / 296
제3절 소방공무원의 징계 제도 ··· 297
1. 징계의 개념 / 297
2. 징계 사유 / 297
3. 징계의 종류와 효력 / 298
4. 징계위원회 / 298
제4절 소방공무원의 권익 보호 ··· 299
1. 기본권의 제한과 보호의 필요성 / 299
2. 소방공무원의 권익 보호 제도 / 300

PART 5 소방재정론

Chapter 01 소방재정의 의의와 성격

제1절 소방재정의 의의 ··· 305
1. 소방재정의 개념 / 305

2. 소방재정의 범위 / 306
3. 소방 서비스의 특징과 소방재정 / 307

제2절 소방재정의 성격 308
1. 정부 예산으로서 소방 예산 / 308
2. 지방재정으로서 소방재정 / 311
3. 중앙정부의 소방재정 지원 / 312
4. 소방 수요와 소방재정 / 313

Chapter 02 소방재정과 주요 이론

제1절 정부 예산 연구의 전개 과정 315
제2절 소방재정과 주요 이론 317
1. 소방 예산의 주요 이론 / 317
2. 소방재정 이론의 필요성 / 325

Chapter 03 지방재정과 소방재원

제1절 소방재원의 유형 327
1. 소방재원의 원천 / 327
2. 소방재원의 유형 / 328
제2절 지방재정의 구조 329
1. 지방재정의 의의 / 329
2. 지방재정과 예산 원칙 / 331
3. 지방재정의 구성 / 332
4. 지방정부 예산 / 343

Chapter 04 우리나라 소방재정 운용 현황

제1절 소방재원 총 규모 346
제2절 소방재원별 규모 348
1. 지역자원시설세 / 348
2. 중앙정부의 이전재원 / 351

제3절 소방비 지출 현황 ············ 353
1. 경상적 경비 지출 / 353
2. 사업비 지출 / 356

Chapter 05 해외 각국의 소방재정

제1절 일본의 소방재정 ············ 359
1. 소방재정 수요 증가 / 359
2. 소방재정 부담의 책임 / 360
3. 재정 규모 / 361
4. 재정 유형 / 361

제2절 미국의 소방재정 ············ 364
1. 연방정부의 소방재정 / 365
2. 지방정부의 소방재정 / 366

제3절 한국에의 시사점 ············ 369

PART 6 소방사무론

Chapter 01 지방자치단체 사무

제1절 지방자치단체의 개념과 종류 ············ 375
1. 지방자치단체의 개념 / 375
2. 지방자치단체의 종류 / 375

제2절 지방자치단체 사무의 의의 및 사무의 종류 ············ 377
1. 의 의 / 377
2. 사무의 종류 / 377

제3절 지방자치단체 사무 배분 ············ 383
1. 사무 배분의 의의 / 383
2. 우리나라 사무 배분 현황 / 384

Chapter 02 소방사무

제1절 소방사무의 의의 ··· 386
1. 소방사무의 개념 / 386
2. 소방사무의 특성 / 387
3. 소방사무의 유형 / 389
4. 소방사무의 책임소재 / 391

제2절 개별법상 소방사무 ··· 392
1. 정부조직법상 소방사무 / 392
2. 지방자치법상 소방사무 / 392
3. 소방관계법상 소방사무 / 394

제3절 소방사무의 배분 ··· 395
1. 공동사무 / 396
2. 소방관계법 / 397
3. 재난 및 안전관리 기본법 / 401

제4절 소방사무의 재배분 ··· 401
1. 소방사무의 환경 변화 / 401
2. 소방사무 재배분에 관한 논의 / 403

PART 7 소방의 미래와 발전 방안

Chapter 01 미래 환경 변화와 소방행정

Chapter 02 소방행정의 문제점 및 과제

제1절 소방정책의 문제점 및 과제 ··· 414
1. 예방 중심의 소방정책 마련 / 414
2. 현장 중심의 소방정책 구현 / 415
3. 소방안전문화의 정착과 소방방재 네트워크 구축 / 416

제2절 소방조직의 문제점 및 과제 ··· 417
1. 소방조직 인력의 전문성 제고 및 장비의 확충 / 417

2. 전문 소방교육 및 근무 의욕 고취 / 419
3. 잦은 소방조직 체계 개편의 지양 / 419

제3절 소방인사의 문제점 및 과제 420
1. 소방인사행정의 후진성 / 420
2. 국가와 지방 소방의 연계성 미흡 / 420
3. 소방공무원 인력관리 체계의 개선 / 421

제4절 소방재정의 문제점 및 과제 421
1. 소방 예산의 부족 / 421
2. 합리적인 재원 확충 및 예산 운용계획 수립 필요 / 422
3. 소방조직 예산은 예방 위주로 편성 / 423

제5절 소방사무의 문제점 및 과제 424

Chapter 03 소방행정의 발전 방향

제1절 합리적인 소방 체제의 개편 427
제2절 소방정책의 다변화 428
제3절 학습 지향적 소방조직구조의 재설계 및 소방 인력의 전문화 ... 429
제4절 민간 소방산업 육성을 통한 인프라 확산 430

참고문헌 / 433
찾아보기 / 445

P·A·R·T

1

소방행정학이란 무엇인가?

제 1 장 소방과 소방행정
제 2 장 소방행정의 범위와 내용

C·H·A·P·T·E·R

01 소방과 소방행정

제 1 절 소방의 의의

인류는 불을 이용하면서부터 문명의 눈부신 발전을 이룩하기 시작했다. 그러나 불의 이용은 인간의 생활양식을 편리하게 바꾸어놓기도 했지만, 화재로 인한 안전에 심각한 위험을 초래하기도 했다. 역사적으로 인류는 약 100만 년 전부터 불을 사용한 흔적이 발견되고 있다. 소방은 인류가 불을 사용하면서부터 시작되었다고 볼 수 있다(전국대학 소방학과 교수협의회 편, 2008: 14).

소방은 화재를 진압하거나 예방함[1]을 의미한다. 소방기본법 제1조에서는 소방기본법의 목적을 "화재를 예방·경계하거나 진압하고 화재, 재난·재해, 그 밖의 위급한 상황에서의 구조·구급활동 등을 통해 국민의 생명·신체 및 재산을 보호함으로써 공공의 안녕 질서 유지와 복리 증진에 이바지함을 목적으로 한다"라고 규정하여 소방의 의미를 정의하고 있다(소방기본법, 제1조).[2] 그리고 화재 예방·경계·진압 및 조사, 소방안전교육·홍보와 화재, 재난·재해, 그 밖의 위급한 상황에서의 구조·구급 등의 업무인 소방 업무를 수행하기 위하여 소방기관을 설치

1) 국립국어원 표준국어대사전은 소방의 개념을 "화재를 진압하거나 예방함"으로 정의하고 있다.
2) 소방기본법([시행 2020.4.1] [법률 제16770호, 2019.12.10, 일부개정])

하게 되어 있다(소방기본법, 제3조). 소방활동에는 일반적으로 소방기관이 소방 업무를 수행하는 데 필요한 인력과 장비 및 소화용수가 필요하며, 이 3요소를 소방력이라 하여 중요시한다.

오늘날 '소방'에 대한 정의는 확대 해석되어야 한다(양기근 외, 2019). 20세기 후반 들어 인간생활의 일상을 위협하는 것은 화재(fire)만이 아니다. 산업혁명 이후 위험사회(risk society)로의 진입에 따른 다양한 위험들이 출현하였다. 이에 세계 각국은 종전의 화재를 예방·경계·진압하는 데 국한해 왔던 소방기관을 대폭 정비하여 재난·재해 및 그 밖의 다양한 위험에 대응하는 전문 대응기관으로 확대 개편하기에 이르렀다. 즉, 전문구조대를 창설하고 응급의료센터(EMS)를 설립 운영하며, 특수위험물질 대응기관(HazMats)과 같은 조직을 편성하여, 원자력과 화학물질, 대테러, 화생방 등 특수위험물질 사고에 대비하고 있다. 그 밖에 지진과 풍수해·산불 대응은 물론, 방화범죄에도 소방의 정보와 자료를 적극 활용하고 있는 것이다. 따라서 이제 소방은 소방청 설립(2017.6.27)에 따라 '화재'에 대응하는 조직으로서의 소극적·협의의 개념에서 화재를 비롯한 모든 '재난'에 대응하는 적극적·광의의 개념으로 정립되게 되었다(김광수 외, 2001: 23-24). 즉, 소방은 "화재·재난·재해를 비롯한 그 밖의 모든 위험으로부터 국민의 생명을 구조하고 재산을 보호하는 일체의 행위"로 정의되고 있다.

21세기 정부의 가장 중요한 역할은 안전사회의 구축이다. 최근 재난 및 안전관리 환경은 사회·경제 환경의 변화에 따른 위험 증대, 국민의 안전 욕구 증대, 세계화로 인한 위험의 이동성 및 상호 의존성 증대, 재난·안전 기술의 발전으로 대응 능력 증대, 재난안전정책의 패러다임 변화, 그리고 기후 변화에 따른 지속적 재해의 증가를 보이고 있다. 이처럼 변화되는 재난안전 환경에 따라 재난·안전관리 정책에서 소방조직과 소방정책도 변화와 발전이 요구된다. 특히, 현대 사회는 산업화·도시화·고층화·밀집화·지하심층화 및 가스·위험물의 사용 증가 등으로 인해 소방 서비스에 대한 수요가 급격하게 증가하고 있다. 이러한 재난안전 환경 변화에 대응하여 소방 업무는 전통적·소극적인 고유의 영역인 화재 진압으로부터 각종 재난안전사고의 수습과 적극적인 대민 서비스 및 봉사 업무인 구조·구급활동 등으로 그 영역이 확대되어 가고 있다. 또한 미래 사회에서는 소방의 업무 영역과 범위가 더욱 확대될 것으로 예상되는 한편, 소방 업무의 종류 또한 다양화될 것으로 보인다(양기근, 2010: 111).

우리나라에서 소방이라는 용어를 사용하기 시작한 것은 갑오경장 이후 관제를 개편하면서부터이다. 당시 개편된 경무청직제(1895)에서 "수화소방(水火消防)은 난파선 및 출화(出火), 홍수 등에 대한 구호에 관한 사항"이라고 정하고(경무청 사무세칙), 소방 업무를 경무청에 분장했다(행정자치부 소방행정사, 1999; 최종태 · 현성호, 2007: 3).[3)]

제 2 절 소방행정의 의의와 특성

1. 소방행정의 개념

행정의 개념을 이해하는 것은 쉽지 않다. 일반적으로 행정의 개념은 적용 범위와 관련하여 넓은 의미의 행정과 좁은 의미의 행정으로 나누어 설명한다(이종수 외, 2008: 24-25).

넓은 의미의 행정은 조직 일반에 적용할 수 있는 인간 협동의 측면에 초점을 맞춘 개념으로, 행정을 "고도의 합리성을 수반한 협동적 인간 노력의 형태"로 정의한다. 합리적 행동이란 주어진 공동 목표를 달성하기 위해 기회 비용을 최소화시키면서 그 목표와 관련된 적정 수단을 정확히 선택하는 계산된 행동을 지칭한다.

좁은 의미의 행정은 정부관료제를 중심으로 이루어지는 활동을 의미한다. 정부의 구조와 공무원의 활동을 포함하는 개념이다. 이 경우에도 행정을 국가 목적을 실현하기 위한 사람과 물자의 관리로 보거나, 정책결정과 집행을 중심으로 하는 정치 과정의 일부로 보는 견해가 있다.

최근 행정의 개념은 공공문제의 해결과 이를 위한 정부 외의 공사조직들의 연결 네트워크를 강조하는 경향이 있다. 행정을 거버넌스(governance)로서의 행정으로 이해한다. 이렇게 행정의 개념에 대한 견해가 다양한 것은 시대별로, 또는 학자

3) 고려 시대에는 소방을 소재(消災)라 했으며, 조선 시대에는 소방을 금화(禁火)라 불렀다(정경문, 2010: 12).

에 따라 정치와 행정의 관계, 행정에 대한 접근 방법 등에서 차이가 있기 때문이다.

이렇듯 행정의 의미를 한마디로 정의하기 어렵다 보니 소방행정의 의미를 개념 정의하는 것도 쉬운 일은 아니다. 소방행정은 소방 서비스를 공급하는 조직적·집단적 협동활동이다. 소방 서비스는 화재 진압이라는 전통적 개념으로부터 사회적, 산업경제적, 문화적, 도시공학적 상황의 변화와 더불어 그 내포적 의미가 확대되어 왔다. 즉, 소방의 영역은 국민의 생명과 재산을 보호함으로써 공공 안녕 질서의 유지와 복리의 증진을 목적으로 하면서, 화재 진압뿐만 아니라 재난재해 및 그 밖의 위급한 상황에 대한 대응과 구조·구급활동에까지 확장되기에 이른 것이다(이목훈, 2009: 8).

이 책에서는 소방행정의 개념을 소방활동을 중심으로 정의하고자 한다. 즉, "소방행정이란 국민의 생명·신체 및 재산을 보호함으로써 공공의 안녕 질서 유지와 복리 증진이라는 소방 목적을 달성하기 위한 소방 서비스의 생산 및 분배와 관련된 소방기관의 제반 활동과 상호작용이다."

2. 소방행정의 이념과 특성

소방행정의 이념이란 소방행정 활동에서 직면하게 되는 의사결정 과정에서 합리적인 가치판단의 기준으로서 작용한다. 이념은 시대와 장소에 따라 그 의미와 중요성을 달리하는 개념이다. 소방행정은 봉사와 희생정신을 바탕으로 사회의 안녕 질서와 국민의 복리를 증진시키고자 하는 활동이기 때문에 공공성(공익)과 합법성, 민주성 내지 대응성, 능률성과 효과성, 사회적 형평성 등을 그 이념으로 제시할 수 있다.

공공성이란 행정활동이 대다수 국민 또는 대다수 행정 수혜자의 공통 이익과 공동 목표를 지향해야 한다는 것으로, 전체성·공익성·보편성을 뜻하는 개념이다. 공익은 행정이 추구해야 할 본질적 가치로서 행정행위의 주요한 규범적 기준이다(이종수·윤영진 외, 2012: 161). 공익의 개념은 공익을 보는 접근 시각에 따라 규정되는데, 대표적인 접근 방법이 실체설과 과정설이다. 실체설은 공익을 사익을 초월한 실체적·규범적·도덕적 개념으로 파악하며, 공익과 사익의 갈등이란 있을 수 없다고 본다. 실체설에서 인식하는 공익 개념의 구체적인 내용은 논자에 따라 자연법, 정의, 형평, 복지, 인간 존중 등 다양하다. 반면, 과정설에서는 사익을 초월한 별도의 공익이란 존재할 수 없으며, 공익이란 사익의 총합이거나 사익 간의 타협, 또는 집단 간 상호작용의 산물이라고 본다.

합법성(legality)이란 법치행정으로 행정권도 법에 따라 행해져야 하며(법의 지배), 만일 행정권에 의해 국민의 권익이 침해된 경우에는 권익 구제를 위한 제도가 보장되어야 한다는 것(행정통제 제도 내지 행정구제 제도의 확립)을 의미한다(박균성, 2013: 8). 그러나 법률에 의한 행정이라는 합법성이 지나치게 강조될 경우, 급격한 사회 변화에 대응하고 기술성・전문성・신속성을 확보해야 하는 현대 행정은 그 본래의 목표가 왜곡되는 동조과잉 현상과 형식주의를 초래하게 되거나, 목표달성 자체가 곤란하게 된다는 점을 간과해서는 안 된다. 또한 오늘날 직업공무원제도의 확립에 따라 신분 보장의 폭이 넓어진 공무원들이 소극적인 자세로 법규의 형식적 준수에 안주하거나 재량권이 확대된 공무원들이 법령을 개인적 이해관계에 따라 자의적으로 해석・적용하는 것도 경계해야 한다(이종수・윤영진 외, 2012: 172; 신승춘 외, 2009: 43 재인용).

민주성(democracy)이란 행정이 국민의 의사를 충실히 반영하고 절차와 과정에서 국민을 위한 행정을 펼쳐야 함을 의미한다. 행정의 민주성은 두 가지 측면에서 살펴볼 수 있다. 하나는 행정과 국민 관계에서의 민주성이며, 다른 하나는 행정조직 내부에서의 민주성이다. 전자는 국민의 의사를 존중하여 국민의 요구를 수렴하여 행정에 반영시킴으로써 대응성 있는 행정을 실현하고, 국민에 대한 책임행정을 구현하는 것과 관련된다. 후자는 조직 내 구성원의 의사결정 과정에의 참여, 능력발전, 자아 실현 등에 대한 기회와 욕구가 충족되도록 하는 것과 관련된다(이종수・윤영진 외, 2012: 170).

능률성(efficiency)은 일반적으로 투입(input)에 대한 산출(output)의 비율을 의미한다.[4] 이 비율은 숫자로 계량화하여 측정될 수 있는 것이기는 하지만, 사행정과 달리 공행정에서의 산출은 분명하게 측정할 수 없는 경우가 많다. 행정학에서의 능률 문제는 행정과 경영의 유사성을 강조한 초기 정치・행정이원론 시대에 발달한 과학적 관리론에서 강조한 이념이다(신승춘 외, 2009: 44).

---

4) $능률성 = \frac{산출(output)}{투입(input)}$

효과성(effectiveness)은 능률성과 매우 비슷한 개념으로서 넓은 의미에서의 능률성으로 보기도 하지만, 능률성이 투입 대 산출의 비율을 의미하는 데 반해, 효과성은 투입(input) 대 효과(effect)[5)]의 개념으로 목표의 달성도를 나타내는 개념으로 볼 수 있다.

사회적 형평성(social equality)이란 일반적으로 공정성(fairness) 혹은 사회 정의(social justice)의 개념과 같은 의미로 사용된다(이종수 · 윤영진 외, 2012: 164). 즉, 사회적 형평은 "동등한 것은 동등하게, 동등하지 않은 것은 동등하지 않게"라는 말처럼, 동일한 것은 동일하게 취급하고, 서로 다른 것은 서로 다르게 취급한다는 것을 뜻한다. 1960년대 이후 신행정론이 등장하면서 강조되기 시작한 행정 이념으로, 정책을 결정하고 집행하는 데 중요한 기준이 된다.

또한 소방행정은 위급한 재난에 직면하여 위기관리(emergency management)의 성격을 지니므로 일반행정과는 다소 다른 몇 가지 특성을 갖는다(전국대학 소방학과 교수협의회 편, 2008: 10-13; 이목훈, 2009: 9-10).

첫째, 법제적 특성이다. 소방행정은 현장 대처 능력 · 상황 처리 능력, 사명감, 희생정신, 책무 완수, 명예심 등이 필연적으로 요구되는 화재 진압, 긴급 구조 · 구급 등의 전문적 업무를 수행하기 때문에 경찰, 검찰, 외무, 교육, 군 등의 업무와 마찬가지로 일반직과는 다른 소방 업무 고유의 특수성과 전문성을 인정할 필요가 있다. 「소방공무원법」이 소방공무원의 책임 및 직무의 중요성과 신분 및 근무 조건의 특수성에 비추어 그 임용 · 교육훈련 · 복무 · 신분 보장 등에 관해 「국가공무원법」 및 「지방공무원법」에 대한 특례를 규정(소방공무원법, 제1조)하고 있는 것도 이런 이유 때문이다.

둘째, 조직적 특성이다. 소방은 경찰, 검찰, 군 등의 조직과 마찬가지로 국가위기 관리조직의 핵심 조직으로서, 위급한 국가재난 관리 상황에서 생명과 신체에 대한 위험을 무릅쓰고 임무를 수행해야만 하는 특수 분야의 업무를 독립적으로 수행하고 있다. 따라서 원활한 지휘 체계 확립을 위해 군, 경찰 등과 마찬가지로 계급

---

5) 효과(effect)는 산출(output)과 구별된다. 산출 또는 산출물은 행정 체제가 사회에 대해 제공하는 것으로 정책활동, 즉 행정활동의 결과로서 1차적으로 생산된 것이다. 예를 들면, 건설활동의 결과로서 건설된 댐이 산출물이 된다. 한편, 효과는 산출물이 사회에 대해 제공하는 바람직한 결과(outcome)이다. 건설된 댐에서 농업용수를 공급하면 이것들이 효과라고 볼 수 있다(정정길, 2010: 203).

체계를 기초로 한 강력한 위계 질서와 상명하복의 지휘·명령 체계를 가지고 있으며, 이로 인해 일반행정 조직과는 다른 독특한 조직문화를 가지고 있다.

셋째, 업무적 특성이다. 소방 업무는 효율적으로 재난에 대응하여 결과적으로 인명과 재난 피해를 최대한 줄이는 일에 집중해야 한다. 따라서 소방 업무는 결과성, 긴급성, 위험성, 현장성, 경계성, 가외성, 전문성, 대기성, 일체성 등의 특성을 갖는다.

그림 1-1-1 소방행정의 특성

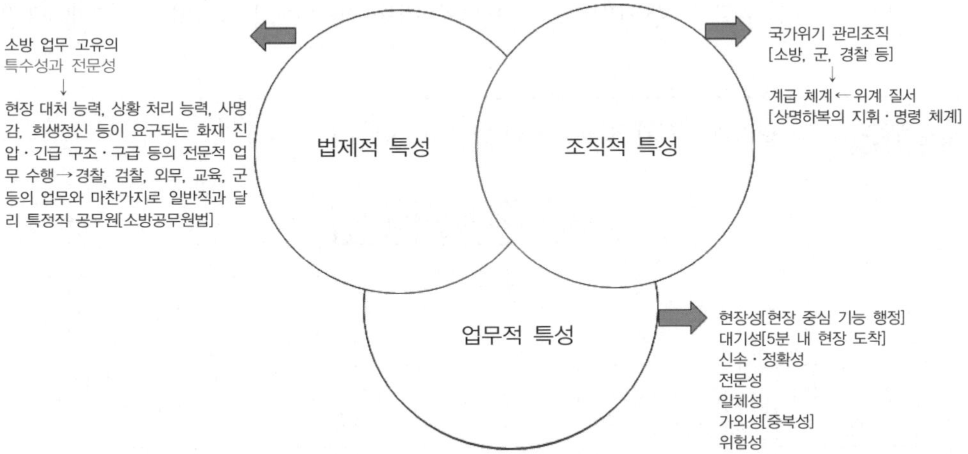

제 3 절 소방행정과 환경의 관계

오늘날 미래 사회의 환경 변화로 인해 재난 발생의 양상은 더욱 복잡하고 다양화되고 있고, 자연재난과 인적재난뿐 아니라 사회적 재난과 신종 재난에 대한 대처가 매우 시급한 실정이다.

그러나 현행 우리나라의 소방정책은 인적재난과 자연재난 위주의 현장 대응 중심으로 행정력을 펼치고 있기 때문에 이에 대한 개선이 요구된다. 또한 미래 사회의 환경 변화에 대비하기 위해 소방정책은 예방 중심의 소방정책, 소방산업의 육성, 지역사회 중심의 소방, 소방안전문화의 정착, 소방 규제의 합리화·국제화가 필연적이며, 또한 소방조직의 학습화, 소방 인력의 전문화, 소방방재 네트워크 구축 등이 시급히 요구된다(이재은·양기근·류상일, 2009: 10-11).

소방은 종래 화재의 예방·경계·진압에서 국민의 전반적인 안전 확보를 위한 업무로 소방의 기능·역할이 지속적으로 증대되는 추세이다. 따라서 이러한 기능 및 역할 변화에 맞는 소방행정의 발전이 지속적으로 이루어져야 할 것이다.

문재인 정부의 국정과제로 추진되어 온 소방공무원의 국가직화가 오랜 논의 끝에 2020년 4월 1일부로 시행되었다. 「소방공무원법」과 「소방기본법」 등 7개 관련

그림 1-1-2 재난환경의 변화와 소방의 발전 방향

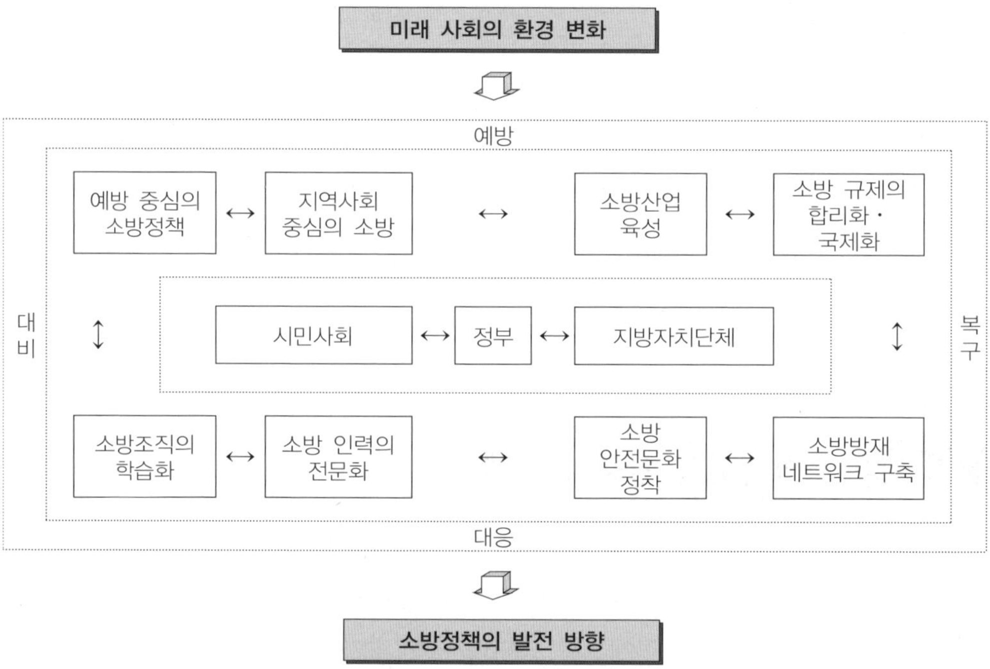

자료: 이재은·양기근·류상일(2009: 10).

표 1-1-1 소방공무원 국가직화 관련 법률 제·개정 전후 소방행정 체제 비교

구 분	제·개정 전	제·개정 후
신분	국가직, 지방직(이원화)	국가직(일원하)
인사	국가직: 대통령 또는 소방청장 임용 지방직: 시·도지사 임용	대통령 또는 소방청장 임용 시·도지사에 일부 임용권한 위임
지휘·감독	법령상 명확한 구분 없음	시·도지사: 일반적인 상황 소방청장: 대규모 화재·재난 등 긴급한 상황
소방안전교부세	개별소비세의 20% 목적: 소방시설 및 장비 교체	개별소비세의 45% 목적: 소방시설 및 장비 교체, 인력충원
소방특별회계	시·도별 조례 운용	법률에 근거한 특별회계 운용
복지	기본 병원을 활용한 소방의료 지원 예: 경찰병원 등	소방에 특화된 소방전문의료기관 설치·운영을 위한 소방의료 지원

자료: 오윤경 외(2020: 8) 수정.

법률[6]이 제·개정됨에 따라 소방공무원의 신분이 지방공무원에서 국가공무원으로 신분이 전환되었고, 화재 예방 및 대형 재난에 대해서 소방청장의 지휘·감독권이 명시되었고, 이와 관련한 예산을 충당하기 위한 소방안전교부세의 증액과 소방재정 특별회계 설치 등에 관한 법적 근거가 마련되었다(오윤경 외, 2020).

제 4 절 소방행정의 학문적 접근

하나의 학문이 독자적인 영역으로 성립하기 위해서는 첫째, 독자적이고도 고유한 연구 주제가 있어야 하고, 둘째, 주제를 체계적으로 정리·해석할 수 있는 이론이 있어야 하며, 셋째, 개념적 경계가 뚜렷해야 하며, 넷째, 대학에 그 학문을 가르치는 학과가 있어야 하고, 마지막으로, 관련 학회가 구성되어야 한다(전국대학 소방학과 교수협의회 편, 2008: 6-7; 최종태·현성호, 2007: 16).

6) 소방공무원법, 지방공무원법, 소방기본법, 지방자치단체에 두는 국가공무원의 정원에 관한 법률, 지방교부세법, 소방공무원 보건안전 및 복지기본법이 개정되었고, 소방재정지원 및 시·도소방특별회계설치법이 제정되었다.

이런 기준에서 볼 때 과거 소방행정의 학문적 영역은 일반행정과 경찰행정의 양 틀 속에서 독자적으로 성장하지 못했고, 소방행정이 갖는 주제의 체계적 정리나 해석도 부족했으며, 개념적 경계 또한 불명확했다. 그러나 최근에 이르러 국민의 안전 욕구 증대라는 연구 주제의 등장과 이 주제에 대해 정리·해석할 수 있는 이론이 행정학과 소방공학 등에서 활발하게 연구되고 있다. 그리고 대학에 소방학 및 소방행정을 전문적으로 교육하는 소방 관련 학과들이 생겨나게 되었으며, 소방전문인들을 중심으로 한 한국화재소방학회 및 한국소방정책학회 등의 활발한 활동으로 말미암아 소방은 하나의 학문 영역으로 자리 잡아 가고 있다.

오늘날 소방행정은 소방 서비스의 양적 확대 및 질적 고도화(전문화)로 인해, 전문직업적 성격을 띠면서 전문적인 기술과 훈련을 통한 전문인력의 양성과 다양한 분야의 전문적 지식을 활용하는 응용과학적 지식 체계를 필요로 하고 있다. 소방 업무의 수행에는 사회과학으로부터는 행정학·법학·재정학 등의 이론이 원용되어야 하고, 자연과학으로부터는 건축학·물리학·화학·전기공학·기계공학 등의 주요 이론이 망라되어야 하는 융합 학문으로서의 성격이 요구된다.7)

그림 1-1-3 소방행정 연구의 융합 학문성

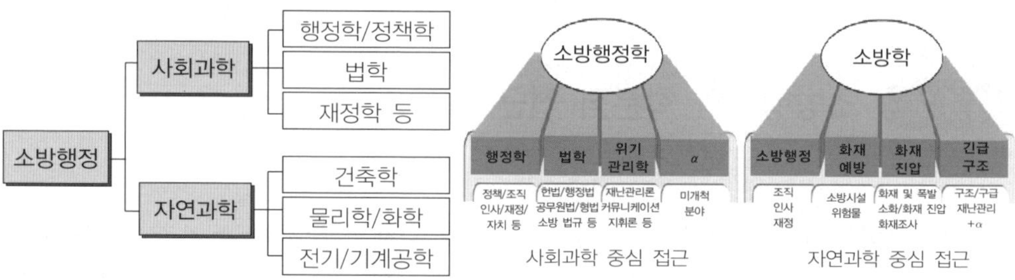

7) 최종태·현성호(2007: 17-18)의 소방학 연구의 접근모형에 의하면, 소방학은 이제 전문적이고 독자적인 학문적 연구의 패턴을 갖게 되었는데, 소방학 연구의 접근 방법에는 소방행정학적 접근과 소방공학적 접근이 있다. 즉, 소방학과 관련을 갖고 있는 인접 학문으로는 건축공학, 전기공학, 기계공학, 화·공학, 기상학 등 과학과 사회과학의 각 분야인 법학, 행정학 등이 있다. 이들 학문은 서로 경계를 갖고 있으면서도 인접 분야 간에서 상호 융합하고 조화를 유지하여, 소방의 목적을 달성하는 하나의 종합적 학문 체계를 이루게 될 것이다.

C·H·A·P·T·E·R

02 소방행정의 범위와 내용

이 책을 집필하게 된 계기는 위에서 살펴본 것처럼 소방행정의 학문 체계 정립이 최근에야 이루어진 데에 기인한다. 소방행정의 짧은 학문적 역사는 소방 관련 학과에서 소방행정학을 강의할 때 상당히 어려움을 경험하게 했다. 이에 뜻을 같이 한 몇몇 동료 학자들이 소방행정학 강의 교재가 필요함을 느끼게 된 데서 『소방행정학개론』 집필을 시작하게 되었다.

이 책 『소방행정학개론』은 현재 소방에 대한 자연과학적 지식의 내용은 소방학개론 강의에서 주로 이루어지는 점 등을 감안하여 행정학적 시각에서 접근했다. 이 책의 주요 구성 및 내용은 다음과 같다.

이 책은 7편으로 구성되어 있다. 제1편은 '소방행정학이란 무엇인가?'라는 주제에 대해 소방의 의의, 소방행정의 개념, 소방행정의 이념과 특성을 검토한 뒤 소방행정과 환경의 관계, 소방행정의 학문적 접근을 논의했다.

제2편은 '소방정책론'이다. 소방정책론에서는 현재 우리나라의 소방정책을 이해하고, 문제점을 진단하여 향후 소방정책의 발전 방향을 제시하고 있다. 즉, 오늘날 그 수요가 양적 및 질적으로 증가하는 소방정책에 대한 체계적인 정립을 모색했다. 제1장 소방정책의 정립에 대한 논의에서는 소방정책 정립의 필요성과 의미, 소방정책 구성에 대한 논의와 구성 방향을, 제2장 소방정책의 개념과 유형에서는 소방정책의 개념과 특성, 소방정책의 유형을, 제3장 우리나라 소방정책의 발전 과정에

서는 소방정책을 시작기, 과도기, 초창기, 발전기, 성숙기, 재도약기로 나누어 고찰했고, 제4장 소방정책 과정에서는 소방정책 형성과 참여자, 소방정책 결정이론, 소방정책 집행, 소방정책 평가와 종결에 대해 논의했다. 제5장 화재 진압과 화재 예방 및 경계정책에서는 화재 진압정책 및 화재조사, 화재 예방 및 경계정책을, 제6장 구조 및 구급정책에서는 구조정책과 구급정책을, 제7장 대국민 재난안전정책에서는 재난관리정책, 국민생활 안전정책을 정리했다.

제3편은 '소방조직론'이다. 조직론의 일반이론을 먼저 살펴본 뒤, 소방조직에 대해 살펴보았다. 제1장 조직의 정의에서는 조직의 의의, 조직의 목표, 조직의 중요성, 그리고 조직의 유형을, 제2장에서는 조직이론의 발달 과정을 고전적 조직이론, 인간관계론, 행정행태론, 체계이론을 중심으로 살펴보았다. 제3장에서는 소방조직 체계에 대해 조직구조를 먼저 살펴본 후, 우리나라 소방조직의 변천 과정, 소방조직의 특성과 환경, 우리나라 소방조직 체계 중심으로 살펴보았다. 제4장은 조직 내의 리더십에 대한 부분으로 리더십의 개념과 리더십의 이론을 살펴보았고, 제5장은 의사전달의 내용으로 의사전달의 의의, 유형, 그리고 의사전달의 개선 방향을 중심으로 논의했다.

제4편은 '소방인사론'이다. 소방인사행정이란 소방 인적 자원을 관리하는 활동을 의미한다. 따라서 소방인사행정의 주요 내용은 소방공무원의 모집과 선발, 교육훈련, 인사 이동과 경력 발전, 평정 제도, 보수 및 연금, 동기부여, 행동규범과 권익보장 등이 포함된다. 제1장 소방인사행정의 의의에서는 소방인사행정의 개념 및 중요성, 소방인사행정의 환경, 소방인사행정의 이념과 목표를 살펴보았다. 제2장 소방인사행정의 변천과 발전 과정에서는 인사행정 제도의 발전 과정, 우리나라 소방인사행정의 발전 과정, 그리고 소방인사기관을 살펴보았다. 제3장 소방인사행정의 과정에서는 소방인력기획, 소방공무원의 모집과 선발, 소방공무원의 교육훈련, 소방공무원의 인사 이동과 경력 발전, 소방공무원의 평정 제도, 소방공무원의 보수 및 연금을, 제4장에서는 소방공무원의 동기부여를, 그리고 제5장에서는 소방공무원의 행동규범 및 권익 보장에 대해 살펴보았다.

제5편은 '소방재정론'이다. 소방재정이란 소방행정조직이 국민의 안전을 담보하기 위해 재화와 용역을 계획적으로 조달, 관리, 사용하는 일정한 경제적 행위이다. 소방재정론의 주요 내용은 소방재정의 의의와 성격, 소방재정과 주요 이론, 지방재

정과 소방재원, 우리나라 소방재정 운영 현황, 그리고 해외 각국의 소방재정 등이 포함된다. 제1장에서는 소방재정의 의의와 성격을, 제2장에서는 정부 예산 연구의 전개 과정, 소방재정과 주요 이론을, 제3장에서는 지방재정과 소방재원을, 제4장에서는 우리나라 소방재정 운용 현황을 소방재원 총 규모, 소방재원별 규모, 소방비 지출 현황을 중심으로 살펴보았고, 제5장에서는 해외 주요국 일본, 미국의 소방재정을 살펴본 후 한국에의 시사점을 도출했다.

제6편은 '소방사무론'이다. 소방사무론의 주요 내용은 다음과 같다. 제1장에서는 지방자치단체 사무를 지방자치단체의 개념과 종류, 지방자치단체 사무의 의의 및 사무의 종류, 지방자치단체 사무 배분 중심으로 살펴보았다. 실질적 소방 서비스가 광역지방자치단체를 중심으로 제공되고 있는 현실에서 지방자치 및 지방행정에 대한 이해는 소방행정에 대한 이해를 위해 중요하다. 제2장에서는 소방사무를 소방사무의 의의, 개별법상 소방사무에 대해 살펴보았다. 소방사무는 화재 사고를 예방하는 예방 업무, 화재 발생 시 화재를 진압하는 방호 업무, 화재뿐 아니라 각종 재난 발생 시 인명을 구조하고 환자를 신속하게 병원으로 이송하는 구급 업무 등으로 구분할 수 있으므로 이러한 내용들에 대해 살펴보았다.

제7편은 '소방의 미래와 발전 방안'이다. 이 부분에서는 미래 환경의 변화와 소방행정에 대해 논의한 뒤, 앞에서 논의된 소방정책, 소방조직, 소방인사, 그리고 소방재정의 문제점 및 과제를 살펴본 뒤 향후 발전 방향을 제시했다.

P•A•R•T

2

소방정책론

제 1 장 소방정책 정립에 대한 논의
제 2 장 소방정책의 개념과 유형
제 3 장 우리나라 소방정책의 발전 과정
제 4 장 소방정책 과정
제 5 장 화재 진압과 화재 예방 및 경계정책
제 6 장 구조 및 구급정책
제 7 장 대국민 재난안전정책

C·H·A·P·T·E·R

01 소방정책 정립에 대한 논의

제 1 절 소방정책 정립의 필요성과 의미

1. 소방정책 정립의 필요성

일반적으로 정책이란 샤칸스키(I. Sharkansky)가 "정부의 중요한 활동"이라고 제시하고 있고(Sharkansky, 1975: 4), 앤더슨(J. Anderson)도 "문제 해결에서 목적 있는 행동 방책"이라고 제시(Anderson, 1975: 3)한 바 있다(김형렬, 1990: 14). 이를 토대로 하여, 소방정책이란 "화재를 예방 · 경계하거나 진압하고 화재, 재난 · 재해, 그 밖의 위급한 상황에서의 구조 · 구급활동 등을 통해 국민의 생명 · 신체 및 재산을 보호함으로써 공공의 안녕 질서 유지와 복리 증진에 이바지하기 위한 정부의 행동 방책 또는 행동 방향"이라고 제시할 수 있다.

한편, 기존 소방학 관련 교재에서 제시되고 있는 소방정책, 즉 화재 진압, 화재 예방, 구조 및 구급정책들은 소방활동 전반에 대한 언급만이 되어 있을 뿐, 이러한 소방 관련 정책들이 어떻게 만들어지는지에 대한 설명이 부족하여 소방정책을 체계적으로 이해하기에 한계에 부딪치게 마련이다. 즉, 소방 관련 학과는 전국적으로 80여 개가 분포되어 있으나, 그동안 교육과학기술부(현 교육부)의 학문 분류 체계 및 한국학술진흥재단의 학문 연구 분야별 분류표에도 등재되어 있지 못했고, 이에 따라 2009년 소방방재청(현 소방청)에서는 소방학 및 방재학 정립 추진을 시도한 바 있다(소방방재청, 2009). 이러한 시도는 소방학의 학문적 패러다임을 발전시키는 데 큰 공헌을 한 것으로 여겨진다. 그러나 아쉬운 점은 기존 소방학의 경우 화재 진압, 화재 예방, 구조·구급정책에 관해서만 언급하고 있어 소방정책 전반, 즉 소방정책의 개념, 소방정책의 특징, 소방정책이 만들어지는 전반적인 과정 등에 대한 사전 이해를 돕기에는 어려움이 뒤따르게 마련이다. 따라서 소방정책론 정립 필요성이 절실하게 요구되고 있다.

그러나 이러한 소방정책에 대한 기존 선행 연구 및 이론서의 부족으로 인해 많은 어려움이 따르기 때문에 행정학, 경찰행정학, 정치학 등 인접 학문의 경우를 고려하여, 소방정책의 특수성을 감안한 차별화된 소방정책론 집필이 필요하다. 또한 기존의 화재 진압, 화재 예방, 구조 및 구급정책에 국한하지 않고, 최근 소방정책 분야의 패러다임 변화를 적극 반영하여, 재난관리정책, 국민생활 안전정책 등 최근 소방 환경 변화를 반영한 소방정책론 집필이 필요할 것이다.

2. 소방정책 정립의 의미

현재 한국의 소방정책을 이해하고 문제점을 진단하여 향후 한국 소방정책의 발전 방향을 제시하기 위해 소방정책의 정립은 큰 의미를 지닌다. 즉, 그 수요가 양적 및 질적으로 증가하는 소방정책에 대한 체계적인 정립이 우선시되어야만, 소방정책을 이해하고 기존 소방정책의 문제점을 진단하며, 향후 한국 소방정책의 발전 방향을 제시할 수 있을 것이다.

현대 사회는 소방 서비스에 대한 수요가 점점 증가하고 있어, 소방의 전통적·소극적인 고유 영역인 화재 진압으로부터 각종 재난사고의 수습과 적극적인 대민 서비스 및 봉사 업무인 구조·구급활동 등으로 그 영역이 확대되어 가고 있는 실정이다(이재은 외, 2006: 276-277). 이처럼 오늘날 소방정책의 필요성은 다음과 같다(이창원·전주상, 2004).

첫째, 재해 발생의 증가 및 유형의 다양화 현상이 나타나고 있다.

둘째, 소방활동 여건이 악화되고 있다. 인구와 산업시설의 도시집중에 따른 급속한 도시화 · 밀집화의 진행과 제한된 토지의 이용이라는 불가피성에 의해 건축물의 고층 · 심층 · 대형화를 초래했고, 산업의 발달과 소득 증대에 따른 에너지 사용량의 증가와 가스 · 원자력 등 에너지원의 다변화, 에너지 소비 패턴의 변화로 위험요인이 증가하고 있다.

셋째, 소방행정 수요가 급격히 증가하고 있다. 생활 수준 향상으로 인해 국민의 안전 욕구가 증대하고 있으며, 국민이 행정기관에 원하는 것은 규제행정보다는 서비스행정이므로 소방행정의 수요는 지속적으로 증가하게 될 것이다.

넷째, 소방행정의 질적 개선 요구가 증대되고 있다. 소방행정 수요의 증가와 더불어 국민으로부터 행정기관에서 제공하는 서비스의 질적 개선을 요구받게 되었다.

다섯째, 사회의 발전과 변화에 적응해야 할 필요성이 증대되고 있다. 정보화 사회의 도래는 소방에 필요한 각종 정보의 데이터베이스 구축과 인터넷, 무선통신 등 통신망을 활용하여 좀 더 신속하고 정확한 소방 서비스의 제공을 가능케 했으며, 각 분야에 지식과 기술의 발달로 인해 소방 서비스도 전문성의 향상과 급변하는 사회에 적응성을 높이기 위한 끝없는 변신에 꾸준한 노력과 투자가 요구되고 있다.

이와 같이 최근 들어 소방정책 수요가 양적 및 질적으로 증가하고 있는 현실에서 소방정책에 대한 체계적인 정립이 우선시되어야 할 것이다.

제 2 절 소방정책 구성에 대한 논의와 방향

1. 소방정책 구성에 대한 논의

행정학과 경찰학에서는 정책 과정 전반에 대한 이해를 바탕으로 특수성을 감안하여 기술하고 있는 반면, 기존 소방학 관련 교재에서는 소방정책 과정 전반에 이론보다는 특수성만을 제시하여 기술하고 있는데, 소방정책 전반에 대한 체계적인 이해를 돕기 위한 정책이론 전반에 대한 기술이 필요하다고 여겨진다. 즉, 소방정책론의 체계적인 구성을 위해 기존 행정학과 경찰행정학 및 소방학에서 정립되어 있는 정책론 구성에 대한 기존 문헌들을 살펴보면 다음과 같다.

표 2-1-1 정책론 구성에 대한 논의

구 분	연구자	단행본 제목	내용 구성
정책론 (행정학)	김형렬 (2002)	정책학 (법문사)	정책연구의 기초, 정책형성론, 정책집행론, 정책평가론
	노화준 (2007)	정책학원론 (박영사)	정책과 정책학, 정책의 유형과 정책연구의 접근 방법, 정책환경과 정책 과정 참여자, 정책 수단의 유형과 활용, 정책 이슈의 격발 메커니즘과 정책의제 설정, 정책분석의 의의, 정책결정을 위한 합리적 분석기법과 편익·비용분석의 활용, 정책 과정에서 전략적 행동을 위한 게임이론의 활용, 정책영향평가와 정책평가 결과의 활용, 정책학습, 정책 패러다임의 변화와 정책 변동 등
	정정길 (2006)	정책학원론 (대명출판사)	정책학, 정책, 정치 체제와 정책환경, 정책 과정과 참여자, 정책의제 설정, 정책문제의 파악과 정책목표의 설정, 최선의 정책 수단 선택, 의사결정론, 정책집행과 정책집행 단계, 정책집행이론, 정책평가의 목적과 정책평가론, 정책평가의 방법과 평가 결과의 활용, 정책 변동, 정책 승계와 종결, 신제도주의이론과 정책학 연구
경찰정책론 (경찰행정학)	이상안 (2005)	경찰정책학 (대명출판사)	경찰정책학의 기초, 경찰정책의 기본 내용과 과정, 경찰정책의 목표와 수단 선택의 논리, 범죄 예방과 질서 통제의 정책 대안, 범죄 예방과 질서 통제의 정책집행, 봉사 중심의 지역사회 정책집행, 경찰정책의 사회통합론적 평가
	이영남 (2008)	경찰행정학 (대영문화사)	〈경찰정책과 기획〉 – 경찰정책의 의의, 경찰정책의 형성과 결정, 경찰정책의 집행, 경찰정책의 평가, 경찰기획
소방정책론 (소방행정학)	우성천 (2007)	소방행정학 (동화기술)	〈소방기획과 정책〉 – 기획의 개념과 유형, 소방기획, 소방의 정책결정

우선, 행정학에서의 정책학 구성을 보면, 김형렬(2002)은 정책학의 구성을 크게 정책연구의 기초, 정책형성론, 정책집행론, 정책평가론으로 구분하고 있다. 노화준(2007)은 정책과 정책학, 정책의 유형과 정책연구의 접근 방법, 정책환경과 정책 과정 참여자, 정책 수단의 유형과 활용, 정책 이슈의 격발 메커니즘과 정책의제 설정, 정책분석의 의의, 정책결정을 위한 합리적 분석기법과 편익·비용분석의 활용, 정책 과정에서 전략적 행동을 위한 게임이론의 활용, 정책영향평가와 정책평가 결과의 활용, 정책학습, 정책 패러다임의 변화와 정책 변동 등으로 구성하고 있다. 정정길(2006)은 정책학, 정책, 정치 체제와 정책환경, 정책 과정과 참여자, 정책의제 설정, 정책문제의 파악과 정책목표의 설정, 최선의 정책 수단 선택, 의사결정론, 정책집행과 정책집행 단계, 정책집행이론, 정책평가의 목적과 정책평가론, 정책평가의

방법과 평가 결과의 활용, 정책 변동, 정책 승계와 종결, 신제도주의이론과 정책학 연구 등으로 구분하고 있다. 이와 같이 일반적으로 행정학에서의 정책학 구성은 정책의 개념, 유형, 접근 방법 등의 일반이론과 정책형성, 정책결정, 정책집행, 정책평가 등의 정책 과정에 대해 구성하고 있다.

다음으로, 경찰학에서의 정책학 구성을 보면, 이상안(2005)은 경찰정책학의 기초, 경찰정책의 기본 내용과 과정, 경찰정책의 목표와 수단 선택의 논리, 범죄 예방과 질서 통제의 정책 대안, 범죄 예방과 질서 통제의 정책집행, 봉사 중심의 지역사회 정책집행, 경찰정책의 사회통합론적 평가 등으로 구성하고 있다. 이영남(2008)은 경찰정책과 기획에서는 경찰정책의 의의, 경찰정책의 형성과 결정, 경찰정책의 집행, 경찰정책의 평가, 경찰기획 등으로 구성하고 있다. 이처럼 경찰행정학에서의 정책학 구성은 행정학에서 논의하고 있는 일반적인 정책학 기초 이론과 정책 과정에 대해 구성하고, 아울러 경찰학만의 특수성을 감안하여 범죄 예방, 질서 통제, 봉사 등에 대해서도 추가적으로 논의하고 있다.

반면, 소방행정학에서의 정책학에 대한 논의는 경찰과 같이 독립적인 분과로서 소방정책론 연구가 부재한 상태이고, 소방행정학에서 소방기획과 정책이라는 한 개의 장으로 구성되어 있으며, 세부적으로 우성천(2007)은 기획의 개념과 유형, 소방기획, 소방의 정책결정 등으로 구성하고 있다.

2. 소방정책 구성의 방향

따라서 이 책에서는 소방정책론의 구성을 크게 소방정책론의 개념 정립과 소방정책의 일반이론에 해당하는 소방정책론 총론, 소방정책의 특수성에 중점을 둔 소방정책론 각론, 소방정책의 발전 방향으로 크게 구분하여 구성했다.

우선, 소방정책론 개념 정립에서는 소방정책의 개념과 필요성을 언급하고, 소방정책의 유형, 소방정책의 특성을 언급했다.

다음으로, 소방정책론 총론에서는 한국 소방정책의 발전 과정, 소방정책의 특성, 소방정책 형성과 참여자, 소방정책 결정이론, 소방정책 집행, 소방정책 평가 및 종결 등의 내용으로 구성했다.

그리고 소방정책론 각론에서는 화재 예방 및 경계정책, 화재 진압정책 및 화재

표 2-1-2 소방정책론 구성의 방향

구 분	내용 구성
소방정책론 개념 정립	• 소방정책의 개념과 필요성 • 소방정책의 유형 • 소방정책의 특성
소방정책론 총론	• 한국 소방정책의 발전사 • 소방정책의 특성 • 소방정책 형성과 참여자 • 소방정책 결정이론 • 소방정책 집행 • 소방정책 평가 및 종결
소방정책론 각론	• 화재 예방 및 경계정책 • 화재 진압정책 및 화재조사 • 구조 및 구급정책 • 재난관리정책, 국민생활 안전정책
소방정책의 발전 방향	• 미래 환경 변화와 소방정책의 변화 • 한국 소방정책의 발전 방향

조사, 구조 및 구급정책 등의 기존 소방정책에 첨가하여 최근 소방 수요 변화를 적용하는 재난안전정책과 국민생활 안전정책도 첨가하여 구성했다.

마지막으로, 소방정책의 발전 방향에서는 미래 환경 변화와 포괄적 소방정책, 한국 소방정책의 발전 방향을 제시했다.

C·H·A·P·T·E·R

02 소방정책의 개념과 유형

제 1 절 소방정책의 개념과 특성

1. 소방정책의 개념

일반적으로 「소방기본법」을 참조해 보면, 소방정책이란 "화재를 예방·경계하거나 진압하고 화재, 재난·재해, 그 밖의 위급한 상황에서의 구조·구급활동 등을 통해 국민의 생명·신체 및 재산을 보호함으로써 공공의 안녕 질서 유지와 복리증진에 이바지하기 위한 정부의 행동 방책 또는 행동 방향"이라고 개념을 정립할 수 있다. 즉, 화재 예방·경계, 화재 진압, 그리고 각종 재난으로부터 구조·구급활동을 펼치기 위한 국가와 지방자치단체의 행동방침(법률, 규칙, 조례, 각종 규제)이라고 할 수 있다.

현대 사회가 산업화·도시화, 건물의 고층화·밀집화·지하심층화 및 가스·위험물의 사용 증가 등 소방 환경의 변화와 함께 소방 서비스에 대한 수요는 점점 증가하고 있는 것은 어제 오늘의 일이 아니다. 이처럼 소방 업무는 재난관리와 국민생활 안전에 이르기까지 다양해지고 있다. 마찬가지로, 미래 사회에서는 소방의 업무 영역과 범위가 더욱 확대될 것으로 예상되는 한편, 소방 업무의 종류 또한 다양화될 것으로 보인다.

그동안 소방의 개념(신봉수, 2005: 5)은 화재를 예방하고 화재 발생 시에는 신속하게 진압하는 것을 가리키는 말로 사용되어 왔다. 그러나 「소방기본법」 제1장 제1조에 규정된 목적을 살펴보면, "이 법은 화재를 예방·경계하거나 진압하고 화재, 재난·재해 그 밖의 위급한 상황에서의 구조·구급활동 등을 통해 국민의 생명·신체 및 재산을 보호함으로써 공공의 안녕 질서 유지와 복리 증진에 이바지함을 목적으로 한다"라고 규정하고 있다(소방기본법, 제1조)는 점에서 소방정책은 비록 그 범위와 대상의 영역은 한정되어 있지만, 각종 재난으로부터 국민의 생명과 재산이 손상될 우려가 있을 때는 국민을 구하고, 그 피해를 최소화하기 위한 국가의 제반 활동 모두를 지칭한다고 볼 수 있다(박종숙, 1996: 5).

또한 「소방기본법」과 「119구조·구급에 관한 법률」에서 "… 화재, 재난·재해 그 밖의 위급한 상황에서 … 구조대 및 구급대를 편성하여 운영한다"라고 규정하여, 소방정책이 각종 재난에 대해 효과적으로 대처하기 위한 재난관리(emergency management)의 성격을 가지고 있으며, 일상적인 공공 서비스를 생산하고 제공하는 일반행정과는 차별적인 성격을 가지고 있음을 알 수 있다. 이러한 소방행정의 기능(신봉수, 2005: 6-8)은 그 분류 기준에 따라 여러 가지 기능으로 대별할 수 있는데, 소방행정의 행정법학적 기준으로 구분한 형식적 의미의 소방과 실질적 의미의 소방, 그리고 소방행정의 내용을 기준으로 분류한 예방행정 기능, 진압행정 기능, 구난행정 기능으로 크게 나누고 있다.

이처럼 기존 소방정책이 화재 예방과 진압, 구조·구급활동을 주로 다루고 있었으나, 최근에는 소방 환경의 변화로 인해 소방정책이 다변화되고 있다(이창원·전주상, 2004).

첫째, 재해 발생의 증가 및 유형의 다양화 현상이 나타나고 있다. 최근 사회의 복잡성 증가와 다변화로 인해 각종 재해사고와 테러 등 적대행위 및 기상 이변으로 재해가 증가하고 있으며, 원자력발전소, 석유 콤비나트(kombinat), 신종 유해물질 등 새로운 소방 대상물의 등장으로 재해 발생의 형태가 다양해지고 복잡하여 새로운 방법의 재난 대응이 요구되고 있다. 또한 전기·가스·통신 등 지하공동구의 시설물인 라이프 라인(life line)의 증가로 그 중요성이 강조되고 있으므로, 새로운 정보·자료의 전문적 접근 필요성이 요구되고 있다.

둘째, 소방활동 여건이 악화되고 있다. 인구와 산업시설의 도시집중에 따른 급속한 도시화·밀집화의 진행과 제한된 토지의 이용이라는 불가피성에 의해 건축물의 고층·심층·대형화를 초래했고, 산업의 발달과 소득 증대에 따른 에너지 사용량의 증가와 가스·원자력 등 에너지원의 다변화, 에너지 소비 패턴의 변화로 위험요인이 증가하고 있다.

셋째, 소방행정 수요가 급격히 증가하고 있다. 생활 수준 향상으로 인해 국민의 안전 욕구가 증대하고 있으며, 국민이 행정기관에 원하는 것은 규제행정보다는 서비스행정이므로 소방행정의 수요는 지속적으로 증가하게 될 것이다. 또한 고령화 사회의 도래, 핵가족화에 따른 독거노인의 증가, 레저·여가활동의 증가 및 복지정책의 강화에 따라 구조·구급 수요가 증가되고 있으며, 국민생활 안전과 작은 불편사항도 도와주는 '생활 속의 119'라는 인식의 확산으로 소방행정 수요의 지속적 증가가 예상되고 있다.

넷째, 소방행정의 질적 개선 요구가 증대되고 있다. 소방행정 수요의 증가와 더불어 국민으로부터 행정기관에서 제공하는 서비스의 질적 개선을 요구받게 되었다.

다섯째, 사회의 발전과 변화에 적응해야 할 필요성이 증대되고 있다. 정보화 사회의 도래는 소방에 필요한 각종 정보의 데이터베이스 구축과 인터넷, 무선통신 등 통신망을 활용하여 좀 더 신속하고 정확한 소방 서비스의 제공을 가능케 했으며, 각 분야에 지식과 기술의 발달로 인해 소방 서비스도 전문성의 향상과 급변하는 사회에 적응성을 높이기 위한 끝없는 변신에 꾸준한 노력과 투자가 요구되고 있다.

이와 같이 소방 환경 변화로 인해 그동안의 소방정책에 대한 개념 정립에 작은 변화를 가해야 할 필요성이 제기된다. 따라서 이 책에서는 소방정책을 "화재 예방과 경계 및 진압, 각종 재난과 위급한 상황에서의 구조와 구급활동, 국민의 생명과 재산을 지키기 위한 국가와 지방자치단체의 활동"이라고 정의하고자 한다.

2. 소방정책의 특성

소방정책의 특성은 일반행정조직의 특성과는 다소 차이를 보인다. 즉, 현장·대응성, 계층성, 전문성, 결과성, 위험성 등의 특징을 지닌다.

첫째, 현장·대응성을 지닌다. 소방활동의 대부분이 화재 진압 및 구조·구급활동 등으로 항상 현장에서 활동하는 경우가 많고, 소방력이 상시 대기하여 대응력이 아주 높다.

둘째, 계층성을 지닌다. 소방조직의 경우, 상하 간의 관계는 행정 업무적인 관계와 전술적인 명령 체계의 관계를 동시에 가지게 되고, 지휘관 중심의 수직적인 지시가 관행화되어 있어 상하 간의 커뮤니케이션은 유연하지 못하다.

셋째, 전문성을 들 수 있다. 소방인사 및 소방재정 분야를 제외한 부분은 고도의 전문지식과 기술이 요구된다.

넷째, 결과성을 특성으로 들 수 있다. 소방의 경우, 결과가 부정적인 경우 책임을 면하기 어렵고, 중비성(重備性)의 원리를 중요시하게 되며, 현장활동의 결과는 비가역적인 경우가 많다.

다섯째, 위험성을 지닌다. 소방활동의 현장에는 물리적·화학적 위험이 항상 뒤따른다. 그러나 항상 위험성에 도전적인 것이 또 다른 특징이다.

이 밖에도 긴급성과 대기성, 희생성, 예방성과 복합성 등의 특징을 지닌다.

첫째, 소방정책은 화재의 예방과 진압 및 각종 재난이나 안전사고 등으로부터 국민들을 구조·구급하는 정부의 일련의 활동이기 때문에 긴급성과 대기성을 띤다. 즉, 화재 또는 각종 사고 현장에 출동하는 특수한 업무를 담당하기 때문에, 어떤 상황에 대처하지 못하거나 시간 등이 지연 시에는 곧바로 대형 사고로 이어지게 되며, 막대한 인명 피해와 물적 재산 손실을 입게 된다. 따라서 소방정책은 항시 신속 및 긴급하게 대처해야 하는 긴급성을 띠게 된다. 또한 소방은 화재 등 각종 사고에 대비하기 위해 24시간 항시 태세가 갖추어져 있어야 하며, 충분한 인력 보유와 장비를 보유하고, 평상시 반복적인 훈련과 실습 등을 통해 전문적인 능력을 갖추고 항시 대기하고 있어야 한다.

둘째, 소방정책은 위험한 상황에서 화재 진압이나 각종 구조활동을 펼치기 때문에 소방대원의 순직이 발생할 수 있기 때문에 희생정신과 사명감을 필요로 한다.

셋째, 소방은 그 업무의 특성상 각종 재해로 인한 인명 피해, 재산 손실 및 화재의 사고 방지 정책으로 일정 규모의 인력의 인력과 예산이 투입된다. 「소방기본법」 제13조에 화재경계지구에서 화기의 사용 금지 조치 등 소방정책은 예방성을 띤다. 또한 산업의 발달로 인해 급변하는 시점에서 여러 가지 환경적 요인은 소방환경과 소방행정 현상의 복합성을 초래하고 있고, 소방 대상물의 규모가 복잡하고

표 2-2-1	소방조직과 일반조직의 특성	
구 분	소방조직(업무)	일반조직(업무)
현장 · 대응성	• 대부분이 화재 진압 및 구조 · 구급활동 등으로 항상 현장에서 활동하는 경우가 많음 • 소방력이 상시 대기하여 대응력이 아주 높음	• 민원 업무는 현장성이 강하나, 대부분의 일반행정 업무의 경우 현장성과는 다소 거리가 있음
계층성	• 상하 간의 관계는 행정 업무적인 관계와 전술적인 명령 체계의 관계를 동시에 가짐 • 지휘관 중심의 수직적인 지시가 관행화되어 있어 상하 간의 커뮤니케이션은 유연하지 못함	• 상하 간의 관계는 행정 업무적인 지시와 수행 결과 보고가 대부분임 • 부서장과 조직구성원 간의 커뮤니케이션이 비교적 용이한 편임
전문성	• 소방인사 및 소방재정 분야를 제외한 부분은 고도의 전문지식과 기술이 요구됨	• 전문성이 보통의 수준임 • 전문부서가 분산되어 있음
결과성	• 결과가 부정적인 경우 책임을 면하기 어려움 • 중비성(重備性)의 원리를 중요시함 • 현장활동의 결과는 비가역적인 경우가 많음	• 생산성, 정량성을 중요시함 • 업무 집행으로 결과가 부정적으로 나와도 업무절차만 정당했다면 결과에 대해 책임을 지지 않는 경우가 많음
위험성	• 소방활동의 현장에는 물리적 · 화학적 위험이 뒤따름 • 위험성에 대해 도전적임	• 특수 부문을 제외한 대부분의 행정은 위험성이 낮음 • 위험성에 대해 회피적임

자료: 복문수 외(2010).

대규모 재난으로 인한 소방의 역할이 증대되면서 소방정책의 복합성을 더욱더 커지고 있다고 볼 수 있다(이태근, 1997: 346).

제 2 절 소방정책의 유형

소방정책은 대개의 경우, 화재 예방, 경계 · 진압, 구조 · 구급정책으로 구분할 수 있다. 일반적으로 로위(Lowi, 1972: 298-309)는 공공정책의 유형을 정책을 둘러싸고 일어나는 정치의 특성에 따라 규제정책(regulatory policy-정부가 사회의 개인이나 집단의 활동에 제한을 가하는 것), 재분배정책(redistributive policy-사회의 주요 계급이나 집단 사이에 나타나 있는 부[富], 소득, 재산, 권리 등의 분포 상태를 변화시키는 것), 분배정책(distributive policy-서비스나 혜택을 특정의 사회 부문에게 분배하는 것), 구성정책(constituent policy-정부기관의 신설 및 변경 등과 같이 정부기구의 구조와 기능상의 변화를 추구하는 것) 등 네 가지로 유형화했고, 이에 비해, 앨먼드와 파월(Almond & Powell, 1978: 286-321)은 체제론에 입각하여 정책을 추출정책(국내·외 환경으로부터 인적·물적 자원을 추출해 내는 산출활동), 규제정책, 분배정책, 상징정책(국내·외 환경으로 하여금 여타 정책에 좀 더 효과적으로 순응하도록 하기 위해 정책 체계의 정당성에 심리적 신뢰감을 증진시키는 산출활동) 등 네 가지로 분류했다(안해균, 1994: 41-51).

한편, 화재의 예방과 진압을 위한 소방정책은 로위(Theodore Lowi)의 정책 유형 분류 중 주로 규제정책에 포함될 것이고, 소방정책의 효과적인 집행을 위해 소방정부기구의 신설 및 변경 등은 구성정책에 포함될 것이며, 국민들을 대상으로 하여 제공되는 구조 및 구급활동 서비스 등은 분배정책에 해당될 것이다(Lowi, 1972). 이와 같이 소방정책도 일반정책과 마찬가지로 소방정책을 효과적으로 집행하기 위해 기구를 신설 및 변경하고, 국민들을 대상으로 하여 각종 소방 서비스를 분배하고, 화재의 예방과 진압 등을 위해 각종 규제정책을 펼친다.

이 책에서 소방정책을 "화재 예방과 경계 및 진압, 각종 재난과 위급한 상황에서의 구조와 구급활동, 국민의 생명과 재산을 지키기 위한 국가와 지방자치단체의 활동"이라고 정의하고 있는 까닭에 이 책에서는 소방정책을 화재 진압정책, 화재 예방 및 경계정책, 구조 및 구급정책, 재난관리정책, 국민생활 안전정책으로 구분하여 설명하고자 한다.

그림 2-2-1 소방정책의 유형

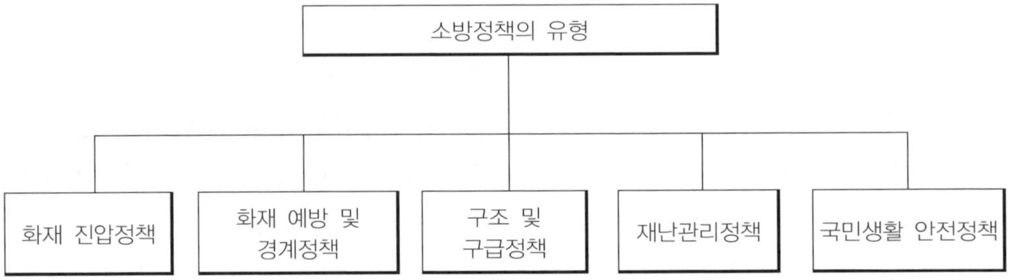

1. 화재 진압정책

화재 진압정책이란 화재 또는 각종 재난이 발생했을 때, 소방조직의 인력과 장비의 투입으로 화재나 재난 현장에 출동하여 대응하는 일련의 활동을 말한다. 즉, 소방청장 · 소방본부장 또는 소방서장은 화재, 재난 · 재해, 그 밖의 위급한 상황이 발생한 때에는 소방대를 현장에 신속하게 출동시켜 화재 진압과 인명구조 등 소방에 필요한 활동을 하는 것을 말한다(소방기본법, 제16조). 특히, 소방청장 · 소방본부장 또는 소방서장은 소방 업무를 전문적이고 효과적으로 수행하기 위해 상시 교육과 훈련을 해야 한다(소방기본법, 제17조).

현대 사회에서는 건물의 다원화와 각종 산업의 발달로 전기, 가스, 유류 등의 사용이 급증하고 화학재료를 사용한 제품이 대량화된 까닭에 화재 진압의 위험성과 어려움이 증대되고 있는 추세이다. 따라서 평상시 전문 교육과 훈련을 통해 숙련된 인력과 장비를 동원하여 인명을 구조하고 신속히 피해를 복구시키는 것이 필요하다.

2. 화재 예방 및 경계정책

화재 예방정책은 국민의 생명과 재산을 보호하기 위해 화재 또는 각종 재난 발생이 되지 않도록 사전에 조치를 취하는 정부의 활동을 말한다. 「소방기본법」에도 소방본부장 또는 소방서장은 화재의 예방상 위험하다고 인정되는 행위를 하는 사람이나 소화활동에 지장이 있다고 인정되는 물건의 소유자 · 관리자 또는 점유자에 대해 불장난, 모닥불, 흡연, 화기(火氣) 취급, 그 밖에 화재 예방상 위험하다고 인정되는 행위의 금지 또는 제한, 타고 남은 불 또는 화기의 우려가 있는 재의 처리, 함부로 버려두거나 그냥 둔 위험물, 그 밖에 불에 탈 수 있는 물건을 옮기거나 치우게 하는 등의 조치 등의 예방활동 규정을 두고 있다(소방기본법, 제12조). 또한 시 · 도지사는 도시의 건물 밀집지역 등 화재가 발생할 우려가 높거나 화재가 발생하는 경우, 그로 인해 피해가 클 것으로 예상되는 일정한 구역으로서 「대통령령」이 정하는 지역을 화재경계지구(火災警戒地區)로 지정하여, 화재의 예방과 경계를 위해 필요하다고 인정하는 때에는 관계인에 대해 소방용수시설·소화기구 그 밖에 소방에 필요한 설비의 설치를 명할 수 있도록 규정하고 있으며, 화재경계지구 안의 관계인에 대해 「대통령령」이 정하는 바에 따라 소방상 필요한 훈련 및 교육을 실시할 수 있도록 규정하고 있다(소방기본법, 제13조).

이와 같이 오늘날에는 화재 예방정책의 비중과 중요성이 날로 증가되고 있다. 과거의 소방정책은 주로 사후 진압정책에 역점을 둔 반면, 최근 국가적·사회적·문화적인 환경 변화로 인해 더욱 적극적이고 전문화된 예방 소방정책에 비중이 높아지고 있다. 이에 따라 소방 관련자에 대한 교육, 훈련, 지도 등 사전 예방정책 활동을 활발히 수행하고 있다.

3. 구조 및 구급정책

구조 및 구급정책은 각종 재난 현장의 피해자를 안전지역으로 피난 및 구조, 응급의료 활동을 펼치는 것을 의미한다. 오늘날은 사고 유형이 다양해지고 환경이 복잡해짐에 따라 구조와 구급활동의 필요성이 더욱 제기되고 있다. 「소방기본법」과 「119구조·구급에 관한 법률」에서도 소방청장·소방본부장 또는 소방서장은 화재, 재난·재해, 그 밖의 위급한 상황에서 사람의 생명 등을 안전하게 구조하기 위해 구조대(救助隊)를 편성하여 운영하고, 한편 화재 재난·재해, 그 밖의 위급한 상황에서 발생한 응급환자를 응급 처치하거나 의료기관에 긴급히 이송하기 위해 구급대(救急隊)를 편성하여 운영할 수 있도록 규정하고 있다(119구조·구급에 관한 법률, 제8조~제10조).

4. 재난관리정책

소방은 화재의 진압 및 예방과 경계활동뿐만 아니라, 각종 재난 발생 시에도 국민의 생명과 재산을 지키기 위해 재난관리활동을 하게 된다. 이는 「소방기본법」에도 명시되어 있는 사항으로 재난관리의 핵심 기관이라고 할 수 있다.

이처럼 소방청 및 지역 소방본부는 「재난 및 안전관리 기본법」상 긴급구조기관이다. 즉, 중앙긴급구조통제단과 지역긴급구조통제단의 책임을 지게 된다(재난 및 안전관리 기본법, 제49조). 즉, 중앙통제단장은 긴급구조를 위해 필요하면 긴급구조지원기관 간의 공조 체제를 유지하기 위해 관계 기관·단체의 장에게 소속 직원의 파견을 요청할 수 있고, 또한 지역별 긴급구조에 관한 사항의 총괄·조정, 해당 지역에 소재하는 긴급구조기관 및 긴급구조지원기관 간의 역할 분담과 재난 현장에서의 지휘·통제를 위해 시·도의 소방본부에 시·도긴급구조통제단을 두며, 시·군·구의 소방서에 시·군·구긴급구조통제단을 두도록 명시하고 있다(재난 및 안전관리 기본법, 제50조).

그리고 지역통제단장은 재난이 발생하면 소속 긴급구조요원을 재난 현장에 신속히 출동시켜 필요한 긴급구조활동을 하도록 규정하고 있다(재난 및 안전관리 기본법, 제51조). 이와 같이 최근 들어 소방은 재난 발생 시에 각종 재난관리활동을 펼치게 된다.

5. 국민생활 안전정책

최근 들어 국민들의 생활 안전에 대한 수요가 급증하고 있는 가운데, 소방은 국민생활 안전에도 관여하고 있다. 즉, 소방은 대국민 안전예방정책의 효과적인 집행을 위해, 소방의 역사와 안전문화를 발전시키고 국민의 안전 의식을 높이기 위해 활동하고 있고, 또한 소방산업(소방용 기계·기구의 제조, 연구·개발 및 판매 등)의 육성·진흥을 위해 필요한 계획의 수립 등 행정·재정상의 지원 시책을 강구하고 있다.

이 밖에도 국가재난정보센터 운영을 통해 재난 상황, 재난 대비, 재난교육, 재난자료에 대한 정보를 전달하고 있다. 특히, 어린이 재난 안전을 위해 어린이 안전나라 홈페이지 사이트를 활용하여, 각종 안전과 재난 상식 등을 어린이가 이해하기 쉽게 동영상과 게임 등으로 교육하고 있다(소방청, http://www.nfa.go.kr). 이처럼 최근 소방의 역할은 국민생활 안전에 이르기까지 다양해지고 있다.

C·H·A·P·T·E·R 03

우리나라 소방정책의 발전 과정

제 1 절 시작기: 조선 및 일제 시대의 소방정책

소방정책의 시작기는 조선 시대로 볼 수 있다. 즉, 조선 세종 8년(1426년)에 최초의 소방관서인 '금화도감(禁火都監)'을 설치했다. 한편, 조선 시대 이전인 『삼국사기』에서도 소방에 관한 기록은 찾아볼 수 있다. 그러나 그것은 그 당시의 대형 화재에 관한 기록일 뿐 소방정책에 관한 별다른 기록은 없다. 오늘날 소방정책의 원류는 조선 시대에서 찾아볼 수 있다. 조선 시대의 『경국대전』의 편찬으로 금화(禁火) 법령의 골격이 갖추어졌고, 세종 8년(1426년) 2월에 한성부 내에서 두 번의 대화재가 발생함에도 불구하고, 금화에 관한 별도의 조직이 없어 그 필요성이 제기되어 우리나라 최초의 소방관서인 '금화도감'이 설치되었다(신봉수, 2005: 9-10). 이처럼 조선 시대의 소방은 주로 화재 진압정책이 주를 이루고 있다.

한편, 일제 강점기 시기를 살펴보면, 총독부를 1910년 6월에 설치했고, 총독부의 외청격으로 경무총감부를 두어 일제 무단통치의 중추적인 역할을 담당했다. 경무총감부는 청장관방 외에 기밀과, 경무과, 보안과의 3과를 두었는데, 소방 업무는 보안과 내 소방계에서 분장하도록 했다. 또한 1937년 중일전쟁의 발발로 인해 일제는 조선을 일본의 통과지로 삼기 위해 병참기지화했고, 전쟁이 본격화됨에 따라 방

그림 2-3-1 우리나라 소방정책 발전 과정

시기	구분	주요 내용
시작기(조선~일제)	조선~일제강점기	• 1392 무비사(태조 원년)[1] • 1426 금화도감/수성금화도감(세종 8년) • 1481 수성금화사(성종 12년) • 1907 왕궁소방대/경무총감부 소속 상비소방대 • 1925 경성소방서
과도기	미군정 시대(1946~1948년) 자치소방 체제	• 중앙: 소방위원회(소방청) • 지방: 도소방위원회(지방소방청) • 시 · 읍 · 면: 소방부
초창기	대한민국 정부 수립 이후(1948~1970년) 국가소방 체제	• 기구 중앙: 내무부 치안국 소방과 • 지방: 경찰국 소방과, 소방서 • 법제: 1958.3.「소방법」 제정 • 신분:「경찰공무원법」 적용
발전기	1970~1992년 국가+자치소방	• 체제: 서울 · 부산 자치소방 • 구조: 1975.8. 내무부 소방국 설치 • 신분: 1978.3.「소방공무원법」 제정 ※ 1978.7. 소방학교 설치
성숙기	1992년 이후 시 · 도(광역) 자치소방	• 체제: 시 · 도 책임으로 일원화 • 기구: 1992.4. 도소방본부 설치 • 신분: 시 · 도 지방직으로 전환(1995.1) ※ 2004.6.1. 소방방재청 출범 ※ 2014.11.19. 국민안전처 체제 출범
재도약기(현재)	2017년(2020년) 이후 국가소방 체제	※ 2017.7.26. 소방청 출범 ※ 2020.4.1. 소방공무원 국가직화

자료: 소방청(2019).

공의 중요성을 감안하여 1939년 경무국에 방호과를 설치하고 방공과 소방사무를 관장토록 했다. 한편, 일제 시대의 지방소방행정도 경무부에서 담당했다. 일제는 1919년 이후, 경무총감부가 총독부 내의 경무국으로 개편되면서부터 각 도의 경무부는 도의 내국 제3과인 경찰과로 되었다. 또한 경찰부 내에는 경무과, 고등경찰과, 보안과 및 위생과 등 4과를 두었고, 이에 소방사무는 보안과에서 분장했다. 일제 시대의 소방정책은 경찰의 한 부분으로서 치안정책의 일부분으로 화재 진압과 예방정책 위주로 펼쳐졌다.

제 2 절 과도기: 미군정 시대의 소방정책

소방정책의 과도기는 미군정 시대로 볼 수 있다. 즉, 미군정은 1945년 9월에 조선총독부를 인수한 후 군정청 장관 밑으로 조선 정무국을 부로 바꿨으며, 과 중 일부를 처로 하는 등 각 부서의 명칭을 바꾸어서 미군정 통치 기능을 확보했다. 그 후 경무국의 경비과를 미군정은 소방 업무와 통신 업무를 합쳐 소방과를 설치했으며, 1945년 11월에는 소방과를 소방부로 개칭하는 동시에 도경찰부에도 소방과를 설치했다. 이어서 1946년 「군정법」 제66호로 소방부 및 소방위원회를 설치하고, 소방을 경찰에서 분리하여 자치화가 시작되었다. 1947년 남조선 과도정부 후에는 동 위원회를 집행기구로 소방청을 설치하고, 청장 1인과 서기장 1인을 두고 군정자문 1인을 배치하여 총무과, 소방과, 예방과를 두게 했다(신봉수, 2005: 12-13). 한편으로, 소방서의 증설은 일제 말기까지 서울의 경성, 용산, 성동 소방서와 인천, 부산 등 5개 소방서에서 미군정의 자치소방 체제로 전환되었으며, 이후 50여 개 소방파출소

1) 일반적으로 세종 8년인 1426년 설치된 금화도감(禁火都監)이 우리나라 최초의 소방관서로 알고 있으나, 소방청 관계자에 따르면, 이보다 34년 앞선 태조 원년인 1392년 무비사(武備司)가 최초이다. 이 관계자는 "우리나라 소방사를 정리하는 과정에서 병조에 무비사(武備司)를 두어 개화(改火), 금화(禁火), 부신(符信, 중요 문서의 전달), 순작(巡綽, 순찰) 등의 업무를 맡게 했으며, 전서 2인, 의랑 2인, 정랑 2인, 좌랑 2인으로 구성하여 화재를 예방하였다는 기록을 확인했다"며 "이로 보아 무비사가 우리나라 최초의 소방서였으나 화재사고가 많지 않자 유명무실해진 것 같다"고 전했다 (행정자치부 국가기록원 Newsletter 제50호, 2015.11).
http://theme.archives.go.kr/next/pages/new_newsletter/2015/11/sub2.html

로 증설되는 등 소방정책에 많은 관심을 보이기 시작한 시기이다.

제 3 절 초창기: 대한민국 정부 수립 이후의 소방정책

소방정책의 정착기는 대한민국 정부 수립 이후라고 할 수 있다. 1948년 대한민국 정부가 수립되자 그 해 9월 중앙소방위원회는 내무부(현 행정안전부) 치안국에, 각 도의 소방청은 지방경찰국에 두는 등 미군정 하의 소방청과 자치소방 기구가 경찰기구에 인수되어 소방행정은 경찰행정체제 속에 흡수되었다.

소방행정은 경찰행정의 일부로 다루어졌으나 실제 운영 면에서 지방자치단체의 행정과 밀접한 협조 체제를 이루어야 할 필요에 따라 1970년 8월 법률 제2249호로 「정부조직법」이 개정되어 내무부의 소방 기능을 삭제하고, 소방사무를 지방자치단체의 고유사무로 하는 근거가 마련되었다. 그러나 서울과 부산에서 소방사무를 자치사무로 하도록 했으나, 자치사무를 인수하기 위한 제도적 근거가 마련되지 않아 경찰국에서 소방사무를 취급해 오다가, 1972년 6월 서울과 부산에 소방본부를 설치하여 소방사무를 관장하게 되었다. 기타 도의 경우에는 경찰국 소방과에서 관장했으나, 1973년 2월 「지방공무원법」이 제정되어 소방공무원의 신분이 국가공무원은 경찰공무원으로, 지방공무원은 지방소방공무원으로 그 신분이 이원화되는 등 소방행정 체제에 큰 변화를 가져왔다.

1975년 7월 법률 제2772호 및 제2776호로 「정부조직법」 및 「민방위기본법」이 개정 및 제정되어 내무부에 민방위본부를 설치하여 종전의 치안본부 소방과를 개편하여 민방위본부 내 민방위국과 소방국을 설치했다(신봉수, 2005: 14). 이에 소방은 민방위본부 산하에 존속하게 됨으로써 소방은 민방위 업무 체제의 한 분야로 자리 잡게 되었다.

이와 같이 1970년에서 12992년까지의 제도를 보면, 기본적으로 서울특별시와 부산광역시를 중심으로 한 자치소방 제도로 운영되었으며, 시 · 군의 경우는 국가에서 소방사무를 수행토록 함으로써 국가소방과 자치소방이 이원화되어 운영되었다.

제 4 절 발전기: 광역자치 소방행정 체제로서 소방정책

소방정책의 발전기는 오늘날 광역소방 체제의 근간을 이루고 있는 1992년 이후로 볼 수 있다. 즉, 1992년 1월 국가소방과 자치소방의 이원화된 소방 제도를 광역자치 소방 체제로 전환했다. 즉, 「정부조직법」 제3조에 의해 국가기관으로 규정된 특별지방행정기관을 「지방자치법」 제104조에 근거하여 지방자치단체의 직속기관으로 설치하고, 9개 도에 소방본부를 설치하여 16개 시 · 도 중심으로 광역자치소방 체제로 전환되었다.

한편, 대형 재난이 발생함에 따라 정부는 1995년 7월 18일 「재난관리법」을 제정 · 공포하여 응급 단계의 응급구조 및 구난 기능의 지휘 · 통제권을 소방관서장에게 부여함에 따라 소방조직에서 정부의 긴급구조 기능을 주도적으로 수행할 수 있도록 했다. 또한 자연재해의 인명구조 업무도 소방에서 담당하도록 규정하여 사실상 모든 재해의 구조 · 구난 업무를 담당하게 하고, 중앙조직으로서는 내무부 산하의 민방위본부를 민방위재난통제본부로 개칭하고, 소방국을 민방위재난통제본부의 민방위국, 방재국, 재난관리국과 함께 그 산하에 소속되도록 했다. 그리고 1999년 기획예산위원회가 주도한 중앙정부 경영진단의 결과 방재국을 폐지하고, 민방위방재국과 소방국의 체제로 감축했다(신봉수, 2005: 14-15). 이와 같이 1992년 이후 오늘날과 같은 광역소방행정 체제가 갖추어졌으며, 소방정책의 경우에도 화재진압, 화재 예방 및 경계정책과 더불어, 구조 및 구급정책을 더해 소방정책 영역이 확대되었다.

제 5 절 성숙기: 소방방재청과 국민안전처 시대의 소방정책

소방정책의 성숙기는 소방 관련 전담기관인 소방방재청(현 소방청)이 설립된

2004년 이후로 볼 수 있다. 즉, 1990년대 중반 이후 되풀이되는 대형 재난으로 인해 국민의 생명과 재산을 보호하기 위해 행정자치부 '민방위재난통제본부'를 전신으로 하여 2004년 6월 1일 소방방재청이 개청되었다.

소방방재청의 설립 목적과 기능은 다음과 같다.

첫째, 재난 관련 업무 체제의 일원화를 통한 정책 심의 및 총괄 조정 기능을 강화하기 위해서이다. 즉, 각종 재난으로부터 국토를 보존하고 국민의 생명, 신체 및 재산을 보호하기 위해 국가 및 지방자치단체의 재난 및 안전관리 체제를 확립하고자 했다.

둘째, 재난 예방에 대한 인식 제고 및 예방 투자의 강화를 목적으로 하고 있다. 이것은 비용이 아닌 투자의 개념으로 재난 예방사업에 투자를 확대하고자 했다.

셋째, 구조·구급 및 현장 수습 등 현장 대응 체제 강화를 위해서이다. 이를 위해 긴급구조통제단을 신설했다.

넷째, 자치단체의 재난관리 기능 및 민관 협조 체제를 강화하고자 했다. 즉, 재난 관련 지방조직 및 기능 개편과 민관 협력을 통한 현장 중심 대응 체제를 강화함을 목적으로 하고 있다.

다섯째, 안전 의식 제고를 위한 대국민 홍보 등 예방활동 체제를 확립하고 있다. 이를 위해 대국민 안전 의식 강화를 위한 안전문화 운동을 실시하고자 계획하고 있다.

또한 소방방재청은 「재난 및 안전관리 기본법」 등 19개 법률의 집행을 통해 각종 재난으로부터 국민의 생명과 재산을 보호하는 국가재난관리 및 소방 업무를 중추적으로 수행하는 기능을 하게 된다(국민안전처, http://www.mpss.go.kr). 이러한 소방행정조직의 개편은 현대 사회의 복합적이고 대형화되는 재난에 대처하기 위한 방안으로 사료된다.

이후 많은 희생자가 발생하여 전 국민을 가슴 아프게 했던 세월호 침몰 사고가 2014년 4월 16일 발생되었다. 이로 인하여 다시금 우리나라 재난관리 시스템 문제가 도마 위에 오르내리게 되었고, 이를 계기로 2014년 11월 7일에 「정부조직법」 개정안이 국회를 통과하면서, 2014년 11월 19일에 국민안전처가 출범하였다.

제 6 절 재도약기: 소방청 신설 및 소방공무원 국가직화

문재인 정부 들어 소방조직의 독립성이 강조되면서, 2017년 7월 26일자로 정부조직법 개정안이 국회를 통과하여, 소방청이 신설 및 발족되었다. 소방청 기구는 1관, 2국을 토대로 하여, 14담당관·과를 기구로 하였고, 2개의 소속기관과 18개의 시·도 소방본부로 구성되었다. 소방청의 신설이 가지는 의미는 우리나라 소방조직의 역사상 처음으로 독립된 기구의 청 단위로 개편되었다는 데 있다. 그러나 소방청이 발족 된 이후에도 소방청과 직속기관의 소방공무원 신분은 국가직이나, 지역의 18개 시·도 소방본부의 소방공무원들은 지방직 신분이었다. 그러나 각종 대형 재난에 대한 광역화된 대응 필요성과 신속한 지휘 체계의 확립이 지속적으로 요구되었고, 더 나아가 지역 간 소방력의 차이로 인한 지역 간 소방 서비스의 격차 문제가 고질적으로 대두되었고, 이에 2020년 4월 1일자로 「소방공무원법」이 개정되면서 시·도의 소방공무원도 국가직으로 변화되었다. 이로 인하여 우리나라의 모든 소방공무원들은 국가직으로 일원화되었다. 즉, 2017년 소방청의 발족과 2020년 소방공무원 국가직화를 기점으로 소방은 재도약기를 맞이하였다고 볼 수 있다. 그러나 소방공무원의 신분은 전부 국가직이고, 소방청이 독립외청으로 신설되었지만, 아직까지도 18개 시·도 소방본부에 대한 재정 및 인사권과 대형 재난이 아닌 나머지 재난에 대한 관할 및 운영권은 시·도지사가 일부 권한을 가지고 있어서 완벽한 국가소방 체제라고 볼 수는 없다. 향후 점차적으로 개선되어 나가야 할 부분으로 사료된다.

C·H·A·P·T·E·R 04

소방정책 과정

소방정책은 "화재 예방과 경계 및 진압, 각종 재난과 위급한 상황에서의 구조와 구급활동, 국민의 생명과 재산을 지키기 위한 국가와 지방자치단체의 활동"이다. 즉, 화재와 각종 재난 등으로 인해 여러 가지 사회문제가 발생하게 되고, 이러한 사회문제 중에서 가장 시급하고 위기성 있는 문제를 정부가 공식적으로 문제시하게 되는데 이를 소방정책 형성이라고 한다. 또한 이러한 소방 안전 관련 정부 문제를 해결하기 위해 여러 가지 해결 방안이 제시되고 그중에서 최선의 해결책을 탐

그림 2-4-1 소방정책 과정(앤더슨의 정책과정모형)

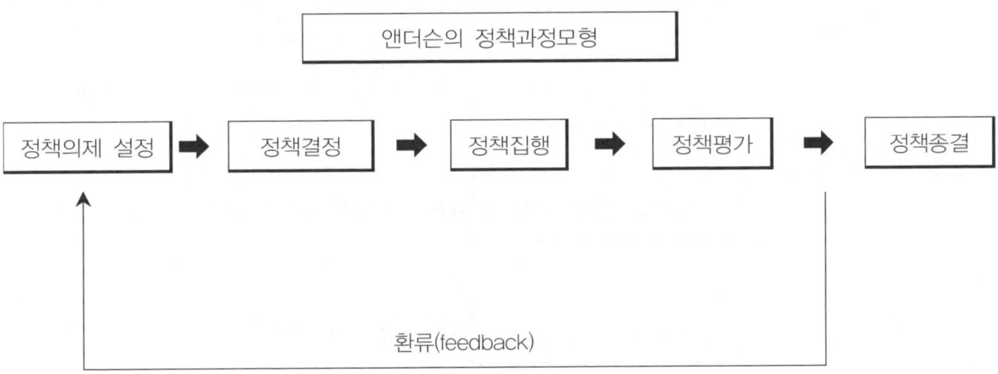

색 및 선택하게 되는데 이를 소방정책 결정이라고 한다. 그리고 소방 안전에 관련한 문제를 해결하기 위한, 최선의 해결책을 직접 실행에 옮기게 되는데 이를 소방정책의 집행이라고 한다. 마지막으로, 소방정책 집행을 통해 원래 목표했던 소방안전 관련 문제가 해결되었는지 정도를 측정하는 것을 소방정책평가라고 한다. 한편, 원래 의도했던 소방 안전 관련 문제가 해결되지 않았거나 다른 문제를 양산하게 되면, 다시금 소방정책 과정을 거쳐 문제를 해결해야 되기 때문에 소방정책 의제 형성으로 되돌아가게 되는데 이를 소방정책 환류라고 한다. 이러한 단계들을 일반적으로 소방정책 과정이라고 한다.

제 1 절 소방정책 형성과 참여자

소방정책 형성은 화재와 각종 재난 등으로 인해 여러 가지 사회문제가 발생하게 되는데, 이러한 소방 안전 관련 여러 가지 사회문제 중에서 가장 시급하고 위기성 있는 문제를 정부가 공식적으로 처음 받아들이는 단계, 출발점이라 할 수 있다.

그림 2-4-2 소방정책 형성 유형

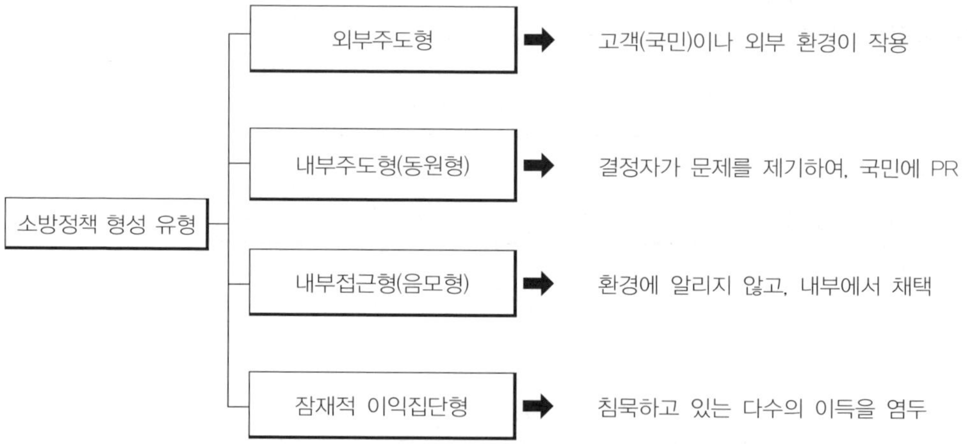

이러한 소방정책 형성이 되기 위해서는 여러 가지 과정이 존재하는데, 우선 고객이나 외부 환경이 어떤 문제를 정책의제로 채택하도록 강요하는 형태인 외부주도형, 정책결정자가 문제를 제기하여 국민에게 PR하는 형태인 내부주도형(동원형), 환경에 알리지 않고 내부에서 채택하는 형태인 내부접근형(음모형), 힘 있는 소수의 이익보다는 침묵하고 있는 다수의 이득을 염두해 두면서 정책을 결정하는 형태인 잠재적 이익집단형 등이 존재한다. 또한 소방정책 형성에 영향을 미치는 요인으로는 정책결정자의 가치관·선호도, 국민적 관심·지지, 시기성·위기성, 선례의 유무, 역사적·전통적 요인 등에 의해 영향을 받게 된다.

1. 소방정책 형성의 개념과 소방정책의 변화

과거 삼국 시대 이전에는 화재가 개인에게는 위험이 될 수 있었으나, 사회문제화되지는 않았다. 그러나 통일국가가 형성된 삼국 시대에 들어와서 대규모 화재가 발생함에 따라 화재가 서서히 사회문제화되고, 조선 시대에 들어와서 도성에 대규모 화재가 발생됨에 따라 화재의 진압 필요성을 정부가 느끼게 되어 '금화도감'이라는 우리나라 최초의 소방관서가 생겨나기에 이르렀다. 마찬가지로, 현대에 들어와서 1990년대 이전까지만 해도 주로 태풍과 홍수 등의 자연재난이 주로 발생했으나, 1990년대 중반 이후 우암상가 붕괴, 성수대교 붕괴, 삼풍백화점 붕괴, 아현동 가스폭발사고 등 인위적인 재난사고가 급증하기에 이르고, 2000년 이후 대구지하철 화재사고 등 대규모 인적재난에 이어 화물연대 파업 등 사회적 재난이 등장하기에 이르렀다. 따라서 오늘날은 정부가 자연재난, 인적재난 및 사회재난 등도 관리하기에 이르렀다. 이처럼 정책 형성이란 개인 문제가 불특정 다수에 발생하게 될 때, 사회문제화되는데, 이러한 사회문제가 정부의 관심을 받아 정책의제로 등장하게 될 때까지의 인련의 과정을 정책 형성이라 한다(안해균, 1994: 131).

따라서 소방정책 형성이란 "화재, 재난·재해, 그 밖의 위급한 상황이 불특정 다수를 위협하게 되어 사회문제화되고, 이러한 사회문제가 정부의 관심으로 소방정책 의제로 되는 일련의 과정"이라고 할 수 있다.

오늘날 소방정책 환경은 재해 발생의 증가 및 유형의 다양화 현상이 나타나고 있다. 즉, 최근 사회의 복잡성 증가로 인해 자연재난, 인적재난 발생뿐만 아니라 파업, 테러 등이 사회재난도 문제시되고 있는 등 소방정책 환경 변화가 다양화되고 있다. 또한 인구와 산업시설의 도시집중에 따른 급속한 도시화·밀집화로 건축물의 고층·심층·대형화를 초래했고, 산업의 발달로 에너지 소비 패턴이 변화하여 위험 요소가 더욱 증가되고 있다. 그리고 국민들의 생활 수준 향상으로 인해 안전 욕구가 증대하고 있으며, 소방정책의 경우에 화재 예방 등 규제정책보다는 국민들에게 각종 안전 서비스를 제공해 주는 소방분배 정책의 수요가 지속적으로 증가되고 있다. 이로 인해, 소방행정의 질적 개선이 요구되고 있다. 특히, 최근 정보화로 인해 소방 서비스도 끊임없는 변신에 꾸준한 노력이 요구된다. 이와 같이 오늘날 소방 환경의 변화는 계속적으로 일어나고 있기 때문에 소방정책도 좀 더 적극적으로 변모할 필요성이 제기된다. 즉, 국민의 생명과 재산을 보호하기 위해 기존의 화재 예방, 진압 및 구조·구급활동뿐만 아니라, 각종 복리 서비스 증진 차원에서 재난관리정책이나 국민생활 안전정책에도 더욱 신경써야 할 것이다.

2. 안전문제와 소방정책 의제

과거 소방이 해결해야 할 주요 문제는 화재 예방과 진압이었다. 그러나 각종 재난사고가 빈번히 발생하게 되고, 특히 1990년대 중반 이후로는 인적재난이 급격히 증가하게 되고, 2000년 이후에는 사회재난과 신종 재난이 발생하여 국민의 안전을 더욱 위협하기에 이르렀다. 이에 따라 1990년대 중반 이전의 소방정책은 주로 화재의 예방과 진압에 치우친 반면, 1990년대 중반 이후에는 화재뿐만 아니라 각종 재난사고에 대한 구조 및 구급활동도 소방정책의 중요한 영역이 되었다. 특히, 오늘날에는 다양한 소방 서비스를 발굴하여 국민의 복리도 함께 증진시키고자 노력해야 한다.

일반적으로 정책의제는 "해결해야 할 것으로, 정부 스스로가 인식한 문제 또는 정부에 의해 해결되어야 할 것으로 다른 체제 구성원에 의해 명백히 표명된 문제"라고 정의된다(안해균, 1994: 144). 따라서 소방정책 의제란 "정부 또는 소방청 등이 인식하고 있는 국민 안전과 관련된 문제로서 해결되어야 할 것"을 의미한다. 즉, 1990년대 중반 이전의 소방정책 의제는 화재의 예방, 진압과 각종 자연재난의 관리였다. 그러나 1990년대 중반 이후 화재 예방, 진압, 그리고 자연재난 관리뿐만 아니라 각종 인적재난 관리가 정부가 해결해야 할 주요 관심사였다. 2000년 이후 최근에는 국민의 안전과 재산 보호를 위한 모든 서비스 및 다양한 복리 서비스도 정부가 해결해야 할 과제로 인식하고 있다(소방청, http://www.nfa.go.kr).

3. 소방정책 형성의 참여 주체

소방정책 과정에의 참여자로는 이익집단, 정당, 언론기관, 국민 등과 함께 국회, 행정수반과 소방청 행정관료 등이 있다. 오늘날은 고도로 전문화가 진전됨에 따라 소방 관련 법률 등 새로운 정책을 형성하는 데는 국회, 행정수반과 함께 소방청 행정관료, 학계 전문가, 각종 소방 관련 이익단체 등이 주축을 이루고 있는 실정이다. 일반적으로 정책형성 과정에의 참여는 각 국가의 사회 체계와 정치 체계의 특징 여하에 따라 크게 차이가 나겠지만, 어느 사회에서든지 최고권력자가 모든 문제를 단독적으로 결정하는 경우는 드물고, 실제로는 여러 유형과 계층의 사람들이 그들의 역할에 따라 정책 과정에 참여하게 된다. 이때 누가 정책을 얼마만큼, 어떻게 영향을 미치는가를 아는 것은 정책 과정의 내용을 이해하는 데 가장 중요한 요소 중의 하나가 될 것이다. 또한 정책 참여자는 사실상 정책결정을 하는 데 상당한 영향을 준다고 볼 수 있다.

일반적으로 정책형성 과정에의 참여자는 정당, 언론, 일반 시민, 이익집단, 외부 전문가 등을 들 수 있고, 스스로 정책의제를 제기할 수 있는 의회, 행정수반, 행정기관 및 관료 등을 들 수 있다(안해균, 1994: 150-176). 한편, 정책결정 과정에의 참여자는 정책결정에 참여할 수 있는 권한을 법적으로 보유하고 있는 공식적 참여자와 정책결정 과정에 실질적인 영향력을 미치고 있지만, 정책결정 권한은 가지고 있지 못한 비공식적 참여자로 구분한다(노화준, 1996: 367).

1) 정 당

「정당법」에 의한 정당(political party)의 개념은 "국민의 이익을 위해 정치적 주장이나 정책을 추진하고 공직선거의 후보자를 추천 또는 지지함으로써, 국민의 정치적 의사 형성에 참여함을 목적으로 하는 국민의 자발적 조직"으로 규정되고 있다. 정책 과정에서 정당의 기능은 다음과 같다.

첫째, 이익 결집의 기능이 있다. 정당의 기능은 한마디로 말해서 이익 결집이라 할 수 있겠으나, 그 방법은 경쟁 체제와 비경쟁 체제 간에 차이가 있다고 하겠다. 양대 정당제와 다당제를 포괄하는 의미의 경쟁 체제 하에서는 정당이 이익을 결집하여 이를 일련의 정책안으로 작성하여 이를 내걸고 선거에 임하게 된다. 만일에 선거에 승리하여 정권을 장악하게 되면 선거공약으로 내건 정책안들을 구현하게 되는 것이다.

둘째, 응집력의 발휘 기능이 있다. 정당이란 공동의 목표를 위해 단결한 비교적 동질적인 사람들로써 구성된 조직이므로, 정책결정 과정에서 정당이 응집력을 발휘하게 된다.

과거에 비해 오늘날은 국민의 안전이 중요시하게 되었다. 따라서 선거에서 승리하기 위해 정당은 국민의 안전과 관련된 정책을 형성하게 된다.

2) 언 론

현대 사회에서 언론은 다양한 기능을 수행한다. 정치적으로 여론을 형성을 하여 시민의 뜻을 전달·표명하며, 문화적으로는 다른 문화에 대한 소개와 보급을 촉진하고, 홍수·화재와 같은 사회적 사건의 발생 시 이를 사회구성원에게 알리는 역할을 한다. 이러한 언론의 역할은 광범위한 파장과 영향력을 지니고 있으므로 정책 과정에서도 중요한 역할을 하게 되는 것이다. 정책 과정에서 언론의 구체적 역할을 보면 다음과 같다. 일반적으로 정책의제가 설정되기까지는 일정한 단계 혹은 조건들이 수반된다.

우선, 사람들의 불만이나 결핍을 야기하는 문제가 존재해야 한다. 이것을 문제의 발생이라 부른다. 다음으로, 이 문제가 사적인 문제인지 공적인 문제인지에 대한 선별 작업이 이루어진다. 이런 공적 문제가 행정관료에 의해 인식되었을 때 이것은 비로소 정책문제(혹은 정책 이슈)가 되며, 이것의 공식적인 해결 필요성이 인정받게 되면 비로소 정책의제(policy agenda)가 되는 것이다. 시민들의 불만이나 결핍을 야기하는 문제가 발생했을 경우 이 모든 것이 정책의제가 되는 것에는 한계가 있다. 더군다나 시민의 입장과 정부의 입장이 서로 다름에 따라 빈번히 발생하는 여러 문제가 정책의제로 되는 데에는 어려움이 있다. 이러한 양자의 소통을 돕는 것이 언론의 역할이며, 언론은 파장성과 영향력으로 인해 개인적인 문제의 발생을 여론화시켜 공적 문제화시킬 수 있으므로, 언론은 정책의제 형성에 주요한 역할을 수행하게 된다.

1990년대 중반 이후 증대되는 인적재난과 2000년대 이후 사회재난과 신종 재난이 언론에 의해 부각되었고, 소방 전담 조직의 설치 필요성이 연일 언론에 의해 제기되었다. 이와 같이 소방정책 환경 변화가 언론에 의해 조명될 때 소방정책 의제로 형성될 수 있는 것이다.

3) 일반 시민

현대 사회의 거대한 행정국가 틀 안에서 시민 개인의 자격으로 정책에 참여하는 것은 현실적으로 어려운 일이다. 과장되게 얘기한다면 정책 과정에 대해 시민으로서 영향력을 행사한다는 것은 불가능에 가까운 일이라고 말할 수 있다. 그럼에도 불구하고 시민의 정책 참여에 대해 거론하는 것은 시민의 정책 참여라는 것은 민주주의 국가의 본질과 밀접한 관련이 있기 때문이고, 기술의 발달로 개인적 네트워크가 가능해짐에 따라 이전보다는 정책 과정에 대해 참여할 수 있는 채널(channel)이 확대되었기 때문이다. 즉, 인터넷을 통해 대형 재난에 대한 국민들의 관심이 집중될 때 정부로서는 새로운 재난환경에 대처하기 위한 소방정책 의제를 형성하게 되는 것이다.

4) 이익집단

일반적으로 이익집단이란 공동 목표를 달성하기 위해 결성되어 정책에 영향력을 행사하고자 노력하는 개인들의 집합체를 뜻한다. 이러한 의미의 이익집단은 구성원들의 이익 증진에 힘쓰는 집단이 아니라, 불특정 다수의 공공 이익을 추구하는 공익집단까지도 포함하는 포괄적인 개념이다. 이러한 예로는 노동조합, 농민조합, 전문가집단, 즉 변호사협회, 시민단체 등이 있으며, 이 집단은 근대 사회의 조직, 기능의 분화, 민주주의 정치 원리의 보급을 배경으로 하여 존재하고 증가해 왔다. 형태적으로는 직장 내의 비공식적인 소집단이나 조직으로부터 국가적 규모로서의 단체나 조직을 포함하여 상당히 다양하다.

이익집단이 정책 과정에 영향력을 발휘하는 요인은 다음과 같다.

첫째, 조직 규모를 들 수 있다. 특정한 이익집단의 조직 규모 대소에 따라 그 이익집단의 영향력이 크게 좌우된다. 절대 회원자 수의 많고 적음도 중요하나, 회원이 될 수 있는 사람 중에서 가입 회원이 차지하는 비중이 일정 수준에 다다르게 되면, 응집력이 강한 것에 비중을 둘 수 있으며, 또한 정치활동에 참여할 수 있는 회원, 즉 권력을 가진 회원 수도 중요하다.

둘째, 지리적 분포를 들 수 있다. 전국에 회원이 넓게 분포해 있으면 그에 따른 지부도 많아지게 되고, 그렇게 되면 집단 내에서의 의사소통(communication)이 수월해지기 때문에 조직적인 움직임을 보일 수 있게 된다.

셋째, 리더십의 문제를 들 수 있다. 뛰어난 지도자에 의존하는 이익집단은 그 지도자가 생존 시에는 영향력을 크게 발휘하나, 그 지도자가 사라지면 이익집단 자체가 쇠퇴할 우려가 있다.

넷째, 재정 능력의 문제를 들 수 있다. 이익집단도 조직적인 체계를 지니고 있는 만큼 경제적인 요인으로부터 벗어날 수 없다. 만약 이익집단의 회원들이 사회에서 상대적으로 높은 경제적인 위치에 있다면, 이익집단은 좀 더 강력한 힘을 보이게 된다.

1990년대 이후 각종 환경단체에 의해 정부의 정책 방향이 변경된 사례가 종종 있다. 마찬가지로, 최근에는 재난 및 안전에 관한 각종 단체가 서서히 등장하고 있고, 이러한 단체들의 영향력이 가해지면 정부의 소방정책의 방향이 변경될 수도 있기 때문에 이익집단은 정책형정 과정에서 영향력이 있다고 하겠다.

5) 외부 전문가

다른 분야의 경우와 같이 정책형성 과정에서도 외부 전문가를 개인적 또는 집단적으로 활용한다. 그것은 말 그대로 특정한 분야에 대한 전문적인 지식이 요구되는 것과 객관성의 확보 등과 같은 이유 때문이다. 소방정책 분야에서도 소방정책의 특수성으로 인해 다양한 분야의 외부 전문가를 활용하여 소방 및 안전정책을 형성하고 있다.

6) 의 회

국민의 선거에 의해 구성된 국민대표기관으로서 의회의 역할은 정치 체제의 유형(대통령중심제, 의원내각제)에 따라 큰 차이가 있지만, 개발도상국은 말할 것도 없고 선진국에서도 의회 등의 공식적인 참여자가 정책형성에서 그 역할이 증대되고 있다. 따라서 최근에는 정책형성 과정에서 의회의 역할이 재조명되고 있는데, 의원내각제를 채택한 국가의 의회가 대통령중심제를 택한 국가의 의회보다 훨씬 큰 영향력을 행사한다고 할 수 있다. 우리의 경우에는 대통령중심제인 까닭에 정책의제의 형성이 대부분 행정부 주도로 이루어지기 때문에 상대적으로 의회의 역할은 크지 않다.

그러나 대규모 재난 발생 시에는 의회가 국민들을 대표해서 국가의 새로운 재난정책을 제시하는 등 정책형성 과정에서 나름대로 역할을 수행하게 된다.

7) 대통령(행정수반)

대통령중심제 정치 체제 하에서 대통령은 행정부 수반으로서의 지위와 국가원수로서의 지위를 동시에 지니고 있다. 대통령은 국군의 통수권을 장악하고 외교·국방정책의 결정 및 집행에서 의회의 견제를 받지 않는 상당한 특권(prerogatives)을 지니고 있으며, 국가적 위기(crisis)의 관리를 담당할 책임과 이에 따르는 비상대권을 지니고 있다. 그간 정책형성 과정에서는 흔히 대통령을 비롯한 공식적 정책담당자의 역할이 가볍게 취급되어 왔다. 그러나 최근에는 정책의제 설정에서도 비공식적 정책 참여자보다 공식적 참여자들인 선거에 의해 당선된 사람들이 좀 더 중요한 역할을 한다고 밝히고 있다.

즉, 어떤 사회문제가 정책적 해결을 위해 논의할 가치가 있는지의 여부를 결정하는 데 대통령의 역할이 차츰 중시되고 있다. 2004년 「정부조직법」이 개정되면서, 소방방재청(현 소방청)이 신설되었다. 그 이유는 새로운 재난 및 소방 환경에 대처하기 위한 전담 부처의 설치가 절실했기 때문이다. 이러한 소방방재청이 신설되기까지는 대통령의 의지가 한몫했다. 즉, 대구지하철 화재사고의 대형 참사로 인해 소방 및 재난 전담조직의 필요성이 제기되었고, 이러한 필요성에 대통령도 그 뜻을 같이했기 때문에 신설될 수 있었던 것이다.

8) 행정기관 및 관료

현대 사회의 복잡성과 전문화, 그리고 정보화의 진전에 따라 정보에 대한 기술과 조직을 사실상 독점하고 있는 것이 관료들이기 때문에 정책 과정 전반에 걸쳐서 행사하는 행정관료들의 영향력은 더욱 커질 것이다. 과거 정책의 중립적 집행만을 담당하는 것으로 인식되어 왔던 행정관료가 정책의제 형성에 큰 영향력을 행사하게 된 것은 다음과 같은 몇 가지 이유가 있기 때문이다.

첫째, 행정관료들은 오랜 경험을 통해 익힌 전문적 지식과 기술, 그리고 업무상 관련된 정보를 독점하는 경우가 많다. 따라서 정책 과정상의 성격상 새로운 정책의제보다는 과거 정책의 집행, 평가 과정에서 파생된 문제점을 바탕으로 수정된 정책의제를 형성할 경우, 관료의 역할이 중요하게 된다.

둘째, 행정관료들은 선거에 의해 선출된 행정수반이나 의회의 의원들보다 훨씬 장기간 재직함으로써 소관 사항에 대해 더욱 밀접하게 관여하게 된다.

셋째, 이익집단은 자신들의 이해관계가 걸린 문제를 해결하기 위해 로비 활동을 전개하는데, 의회의 상임위원회보다 소관 사항을 직접 관장하는 행정관료를 대상으로 삼는 경우가 많다. 우리나라와 같이 의회의 기능이 아직 강력하다고 볼 수 없는 상황에서는 더욱 그렇다. 특히, 소방정책과 같이 국민의 안전과 직결되고, 소방이라는 분야가 사회과학과 자연과학 등 다양한 분야에 걸쳐 있는 분야이기 때문에 더욱 행정관료의 전문성은 소방정책 형성에 많은 영향을 미치게 된다.

제 2 절 소방정책 결정이론

화재와 각종 재난 등으로 인해 여러 가지 사회문제가 발생하게 되고, 이러한 사회문제 중에서 가장 시급하고 위기성 있는 문제를 정부가 공식적으로 문제시하게 되는데 이를 소방정책 형성이라고 하며, 이러한 소방 안전 관련 정부 문제를 해결하기 위해 여러 가지 해결 방안이 제시되고, 그중에서 최선의 해결책을 탐색 및 선택하게 되는데 이를 소방정책 결정이라고 한다.

일반적으로 정책결정은 여러 가지 대안 중에서 최선의 대안을 탐색·선택하는 단계를 말하며, 이해관계자들 간에 갈등이 나타나는 정치적 과정으로서 동적 과정이다. 1930년대 통치기능설(정치·행정일원론) 이후 강조되었는데, 이러한 정책결정의 특성으로는 가치성, 규범성(미래 지향적), 동태성, 정치성, 갈등성 등의 특성을 지니게 된다. 정책결정에의 참여자로는 입법부, 사법부, 행정부 소속의 공무원, 대통령, 관료, 정당의 '여당' 등의 공식적 참여자와 전문가(학자), 압력(이익)단체, 시민단체(NGO) 등의 비공식적 참여자가 존재한다. 한편, 정책결정 단계는 ① 문제의 인지(목표 설정), ② 자료·정보의 수집·분석, ③ 대안의 비교·분석·탐색 단계, ④ 최선의 대안 선택 등의 단계를 거치게 되며, 정책결정의 제약 요인으로는 미래 예측의 불확실성, 미래 예측의 곤란성, 자료·정보의 불완전성, 점증주의 결정(선례답습주의, 루틴[routin화], 매몰비용[sunk cost] 발생, 그레셤 법칙[Gresham's Law]), 결정자의 독단적·주관적인 가치관의 작용 등으로 인해 정책결정이 제약받게 된다.

1. 소방정책 결정의 개념과 필요성

소방정책 결정의 경우, 그 특수성으로 인해 실현 가능성이나 시급성 요인이 합리성이나 효율성보다 우선 반영되는 경우가 종종 있다. 일반적으로 정책결정은 "정부 및 공공기관이 필요하다고 인정한 정책의제를 채택하고 합법적인 절차에 따라 심의 과정을 거쳐 최선의 대안을 선택하는 행위"라고 정의할 수 있다(안해균, 1994: 209).

따라서 소방정책 결정이란 "소방정책 의제를 합법적인 절차에 따라 심의하고 최적의 대안을 선택하는 과정"으로 정의할 수 있다.

이러한 정책결정은 다양한 사회문제 가운데 특정의 문제가 정책의제로서 채택되면, 이를 해결하기 위한 대안들을 비교·평가함으로써 최선의 대안을 선택하게 되는데, 이 과정에서 최선의 대안이란 언제나 합리성이나 효율성만이 반영된 대안만을 의미하지는 않는다. 즉, 실현 가능성이라든가 시급성 등의 요인이 반영되기도 한다. 여기에서 실현 가능성이란 ① 기술적 실현 가능성-정책 수단의 기술적 측면에서의 실현 가능성, ② 재정적·경제적 실현 가능성-정책의 실현을 위한 재원의 확보 가능성, ③ 행정적 실현 가능성-정책의 집행을 위한 조직 및 인원의 이용 가능성, ④ 정치적 실현 가능성-정책의 채택이나 집행에서 정치적 지지 가능성, ⑤ 법적 실현 가능성-정책의 채택이나 집행에서 기존 법률에의 위배 가능성, ⑥ 윤리적 실현 가능성-사회의 도덕적 규범 및 윤리성과 정책 내용과의 모순 가능성 등을 의미한다(정정길, 1994: 495-500).

2. 소방정책 결정 과정

소방정책 결정 과정은 정부가 해결해야 할 필요성을 느낀 정책의제를 대상으로 하여, 문제를 인지하고, 목표를 설정하고, 정보의 수집 및 분석을 하며, 대안의 작성 및 평가를 실시하고, 최종안을 선택하는 과정을 거친다고 할 수 있다.

일반적으로 정책결정의 과정 혹은 단계에 대해 많은 학자가 이론을 제시하고 있다. 몇몇 학자가 제시한 과정 또는 단계를 살펴보면 다음과 같다(정정길, 1994: 179-188).

드로(Yehezkel Dror)는 정책결정의 순수한 합리성을 배제하고, 한편으로는 적정의 목적 추구적인 내용을 가진 적정모형(Optimal Model)을 제시하면서 정책결정의 과정을 18개 단계로 나누었는데, 이 18단계는 4개의 주요한 단계로 대분된다. ① 초정책결정 단계에서는 가치의 처리 및 현실의 검토, 문제의 처리 과정을 포함한 일곱 가지의 국면(phases)으로 세분되며, 이는 정책을 수립하는 방법에 관한 단계이다. ② 정책결정 단계는 자원의 하위 배분 및 조작적 목표의 정립, 일련의 중요한 가치의 정립, 일련의 주요 대안의 비교, 다양한 대안의 편익과 비용의 예측, 다양한 대안의 예견된 편익과 비용의 비교, 그리고 최선의 대안 확인, 최선의 대안 편익과 비용의 평가들로 구성된다. ③ 후정책결정 단계는 정책집행을 위한 동기부여, 정책의 집행, 집행 후의 정책평가의 단계로 구성된다. ④ 의사전달과 환류 단계에서는 모든 국면이 의사전달과 환류 통로에 의해 상호 연결된다(Dror, 1968: 163-196).

한편, 라스웰(Harold D. Lasswell)은 다음과 같이 7단계로 분류하여 설명하고 있다. ① 정보 단계-문제의 확인과 정보의 탐구, ② 건의 단계-각종 대안의 작성, ③ 처방 단계-최선의 대안 선택, ④ 발동 단계-잠정적 시행, ⑤ 적용 단계-본격적인 집행, ⑥ 평가 단계-결정과 그 효과의 감시 및 평가, ⑦ 종결 단계-반복, 수정 또는 폐기 등이다(Lasswell, 1956: 정정길, 1994: 179-180).

이상에서 살펴본 바와 같이 정책결정의 과정 혹은 단계에서 어떤 문제가 인지 또는 발생되어 결정에 이르기까지 하나의 정설이 확립되어 있지는 않다. 이것은 편의의 문제이지 원칙의 문제가 아니기 때문이며, 또 일반 공공정책의 수립 및 기획에 대한 학자들의 단계 및 과정의 구분이 기술상의 세분화 또는 단순화에 차이가 있을 뿐 원칙과 순서에는 큰 차이가 없기 때문이다.

따라서 소방정책 결정의 단계도 ① 문제의 인지, ② 목표의 설정, ③ 정보의 수집 및 분석, ④ 대안의 작성 및 평가, ⑤ 선택 등으로 통합하여 정리해 볼 수 있다.

3. 소방정책 결정이론

일반적으로 정책결정이론은 합리모형, 점증모형, 혼합모형, 만족모형, 최적모형 등을 들 수 있으나, 소방정책은 그 특수성으로 인해 합리성이나 최적성보다 시급성이 실현 가능성에 무게를 두는 점증모형이나 만족모형에 가깝다고 볼 수 있다.

한편, 정책결정이론은 1940년대와 1950년대를 기점으로 하여 형성되기 시작했다. 처음에는 규범적 차원에서 합리적 의사결정을 어떻게 해야 한다는 이른바 규정적이고, 이상적 접근법이 강조되었고, 그 결과로서 비용·편익분석 등 각종의 통계적·계량적 기법을 사용하는 합리모형이 개발되었다.

1) 합리모형

합리모형(Rational Model)이란 인간은 이성과 고도의 합리성에 따라 행동하고 결정한다는 것으로, 정책결정자나 정책분석가가 고도의 합리성을 가지고 주어진 목적의 달성을 극대화하기 위해 최선의 정책대안을 찾는다는 것을 전제로 한다. 이러한 합리모형도 문제점이 제기된다. 첫째, 의사결정을 할 때 가능한 모든 정보를 수집할 수 있고, 또한 모든 대안을 분석할 수 있지만, 현실적으로 이러한 작업들이 쉽지 않다는 것과 더 나아가 의사결정이 그 당시에는 합리적으로 이루어졌을지라도 이후 상황의 변화로 인해 효과적인 결정이 아닐 수 있다는 점이다. 둘째, 어떤 대안이 최선의 것으로 다시금 판명되었더라도 이미 많은 자원이 투입되어 있는 경우에 합리적인 새 대안을 채택하기가 어렵다. 그러나 이 모형은 비판도 많지만 합리적인 현실적·객관적 평가가 가능하고, 소수 엘리트의 정치 영향을 배제하여 정책대안 선택에 합리성을 높일 수 있다는 긍정적인 측면도 있다.

또한 합리모형의 한계로는 다음과 같다.

첫째, 인간의 이성 및 합리성에 대한 비판이다. 즉, 합리모형을 비판하는 사람들은 합리모형에서 가정하고 있는 인간이 항상 이성적이고 합리적이지는 않기 때문에 최선의 정책대안을 선택하는 정책결정만 존재하는 것은 아니며, 따라서 비합리적인 정책결정이나 형태는 이 모형으로 설명할 수 없다는 한계점을 지닌다.

둘째, 목표와 상황의 불확실성이다. 정책목표라는 것이 항상 명백하게 주어지는 것은 아니며, 정책 상황 역시 불확실성을 띠면서 변화하는 까닭에, 합리모형에서처럼 정책목표나 상황을 정확하게 파악할 수 없다는 비판이다. 정책목표는 원래부터 뚜렷한 것이 아니고 정책 과정 속에서 정책꾼들의 타협과 협상에 의해 형성되며,

그림 2-4-3 소방정책 결정모형

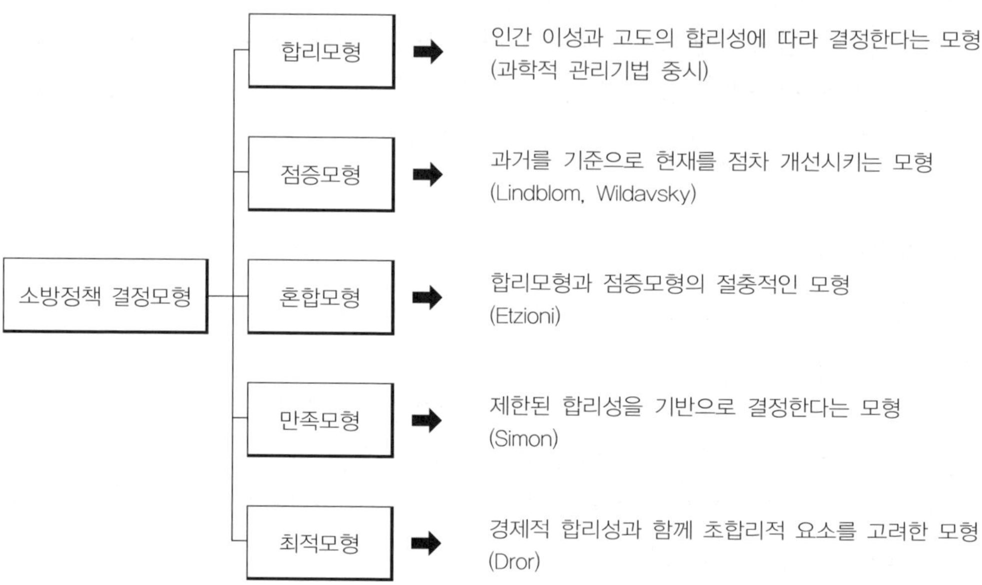

정책 상황의 변화 속에서 바뀔 수 있기 때문에 원천적으로 가장 합리적인 정책대안이란 존재하지 않는다는 비판이 제기된다.

셋째, 인간 능력의 한계이다. 인간의 능력은 합리모형에서 가정하는 것처럼 무한한 것이 아니며, 인간의 지적 능력이나 인식 능력, 판단 능력 등은 한계를 띠기 때문에 충분한 정보가 주어진다고 하더라도 각각의 정책대안이 가져올 결과에 대해 충분히 파악하지 못하는 것이 보통이다.

넷째, 정보 및 시간의 부족이다. 인간의 합리성이나 인간의 능력에 관한 합리모형의 가정을 인정한다 하더라도 정책문제에 대한 정보나 정책문제의 해결에 대한 방안을 강구할 수 있는 시간적 여유가 없는 경우도 있으며, 문제에 따라서는 최선의 합리적 정책대안을 찾아낼 때까지 문제가 기다려 주지 않는 경우도 있고, 그 정책대안이 가장 합리적이고 최선의 것이라 하더라도 비용이 충분하지 못해 선택되지 못하는 경우도 있다.

다섯째, 심리적 갈등의 문제이다. 합리모형에서 전제하는 바와 같이 정책대안을 비교·평가하는 기준이 항상 뚜렷하게 존재하는 것은 아니며, 설령 뚜렷한 판단기준이 존재한다 하더라도 복수의 기준이 존재하는 경우 정책결정자는 심리적 갈등에 휩싸이게 된다.

여섯째, 매몰비용(sunk cost)의 문제이다. 경우에 따라서는 어떤 정책대안을 최선의 것이라고 판단하더라도 매몰비용 때문에 선택하지 못하는 경우가 있는데, 최선의 정책대안을 알고 있으나 과거의 잘못된 정책결정 때문에 시행 중인 정책안에 이미 많은 자원이 투입되어 있는 경우, 합리적인 새 정책대안을 선택하기보다는 현재 시행 중인 비합리적인 정책안을 계속 사용하거나 일부 수정하여 사용할 수밖에 없는 경우도 있다(정정길, 1994: 606-627).

2) 점증모형

점증모형(Incremental Model)은 린드블롬(Charles E. Lindblom) 등이 주장했다. 점증모형은 기존의 정책과 크게 다르지 않은 대안을 뽑아, 이들 중에서 서로 다른 부분을 검토하여 최종 대안을 선택하는 것이다. 대안을 분석·평가할 경우 정보가 충분한 몇 개의 대안에 국한시킨다. 각 대안에 대해 예상되는 결과도 몇 가지에 국한시켜 분석한다. 목표 설정에서부터 최종 선택에 이르는 분석·평가작업은 반복해서 연속적으로 행해진다. 이 모형을 "지속적이고 제한적인 비교에 입각한 모형"이라고 부른다. 점증모형의 대표적인 예로는 국가 예산을 들 수 있다. 전년도의 예산에 준해 작성되며, 금년도의 예산은 그 전년도 예산에 비해 큰 차이는 없지만 조금씩 증가시킨다.

점증모형은 첫째, 제한된 합리성을 기본적으로 인정하고, 둘째, 정치적 요인을 중시하며, 셋째, 통산 기존의 정책을 기초로 하여 정책결정이 이루어지는 만큼 기존의 정책에는 이미 상당한 정도의 투자가 이루어져 있으므로, 특별한 경우가 아니면 이미 적지 않은 투자가 된 과거의 정책을 계속 유지시키거나 아니면 약간의 수정만을 한다(Lindblom, 1959: 79-88).

한편, 점증모형이 실제적으로 정책결정에 잘 적용되기 위해서는 첫째, 기존의 정책을 기초로 하는 만큼, 토대로 사용되는 기존의 정책이 바람직한 것이어야 하고, 둘째, 과거의 정책이 해결하려 했던 문제와 새로이 제기되는 문제 간에 상당한 정도의 유사성과 일관성이 있어야 하며, 셋째, 문제를 취급하는 방법에서도 과거의 것과 현재의 것 사이에 상당한 정도의 유사성과 일관성이 있어야 한다. 이런 전제조건이 충족되지 않으면 점증모형의 실효성은 상당히 훼손된다.

표 2-4-1 합리모형과 점증모형의 비교

합리모형	점증모형
① 인간을 전지전능한 신으로 간주함(총체주의, 포괄적 분석, 완전한 합리성, 최선의 대안)	① 제한된 합리성을 기준으로 함(현실적, 지식·정보의 불완전, 부분주의, 비포괄적)
② 목표·가치를 미리 설정하여 고정함(목적과 수단의 구분, 가치와 사실의 구분)(연역법, 미시적, 폐쇄론, 확실성)	② 과거를 기준으로 현재를 점차 개선·향상시키는 모형(보수주의적)
③ 과학적 관리기법(OR, SA, B/C, E/C) 중시(양적 분석 중시, 능률성, 경제적 합리성 중시(계량화·통계화 기법 강조)	③ 경험, 선례를 중시(목적과 수단의 미구분, 귀납법) ④ 다원주의 사회에 적합(이해관계자 간의 투쟁, 갈등, 타협, 동의 중시)(정치적 합리성 중시) ⑤ 린드블롬(C. Lindblom), 윌다브스키(A. Wildavsky)

자료: 정정길(1994)을 참조하여 재구성.

3) 혼합모형

혼합모형은 합리모형과 점증모형의 절충적인 형태로, 에치오니(Amitai Etzioni)

가 주장한 모형이다. 이 모형은 중요한 문제이거나 위기적 상황인 경우 포괄적 관찰을 통해 대안을 탐색하여 기본적 결정을 하고, 이를 수정・보완하면서 세부적(점증적) 결정을 한다는 논리이다. 기본적 결정이 중대한 영향을 미치고 후속적인 세부 결정의 범주와 방향을 제시하는 것이다(Etzioni, 1967: 385-392).

4) 만족모형

만족모형(Satisfying Model)은 합리모형과는 달리 좀 더 현실적인 의사결정의 측면을 강조하고 있다. 이 모형은 첫째, 합리모형이 주장한 완전무결한 합리성이 아닌 '제한된 합리성'을 기반으로 한다. 모든 대안이 초래할 결과를 완전히 예측하기에는 인간의 인식 능력이 한계를 지니고 있다고 본다. 둘째, 의사결정과 관련하여 목표의 설정도 비교적 세분화된 내용으로 구체화한다. 수단과 목표의 분석을 통해 목표를 상위목표와 하위목표로 나눈다. 셋째, 현실적으로 가능한 모든 대안이 고려되는 것이 아니라 주위에서 쉽게 찾을 수 있는 대안이 우선적으로 검토된 후에, 그 대안이 어느 정도 만족할 만한 수준이면 최종적으로 선택된다(Simon, 1976: 75-80).

이러한 만족모형이 가진 문제점으로는 다음과 같다. 첫째, 이 모형은 지나치게 주관적이고, 둘째, 만족모형의 대안 선택이 현실에 만족하는 수준에서 다소 일률적으로 이루어지며, 셋째, 이 모형은 어디까지나 개인의 의사결정 문제를 설명하려는 의도에서 나온 것이기에, 이것을 그대로 조직의 의사결정 문제에 적용시키기에는 무리가 있다. 또한 조직 차원에서의 의사결정 문제를 설명하기에는 미흡하다.

5) 최적모형

최적모형(Optimal Model)은 정책결정에는 경제적 합리성과 함께 직관, 판단력, 창의력 등 초합리적인 요소까지도 동시에 고려해야 한다는 이론이다. 이 모형은 계량적・경제적 합리성의 측면과 질적이며 초합리적인 요소를 함께 고려한다. 또 제한된 인적・물적 자원의 범위 내에서의 정치적 합리성과 경제적 합리성을 동일하게 중요하게 여기며, 정책의 집행, 평가 및 피드백에도 관심을 가져야 한다.

6) 쓰레기통모형

쓰레기통모형(Garbage Can Model)은 코헨(Michael D. Cohen), 마치(James G. March), 올슨(Johan P. Olsen) 등의 학자에 의해 제시된 모형으로서, 이 모형은 갖가지의 쓰레기가 우연히 한 쓰레기통에 모여지듯이 네 가지 흐름의 요인이 우연히 동시에 통(can) 안에 흘러들어올 때에 의사결정이 이루어진다는 것이다. ① 문제의 흐름-일상생활에서 발견되어 우리의 관심을 끄는 무수한 모든 사건이 이 모형에서 문제가 된다. ② 해결책의 흐름-해결책은 누군가가 이미 찾아낸 것인데 문제가 발생한 경우에 그 해결을 위한 해답을 필요로 하게 되지만, 현실 사회에서는 해답이 먼저 발견되고 이것이 오히려 해결해야 할 문제를 찾으려고 하는 경우도 있다. ③ 선택 기회의 흐름-선택 기회라는 것은 개인이나 집단이 정책결정을 하기 위해 모이는 것을 의미한다. 참여자들이 우연히 특정한 시간에 같은 모임 속에 모여 서로 만나는 상태이다. ④ 참여자의 흐름-참여자는 문제와 해결책을 알든지, 모르든지 상관없이 결정에 관여하는 모든 사람을 가리킨다. 이들 참여자는 정책결정의 과정을 통해 계속 바뀌게 된다.

한편, 쓰레기통모형은 다음과 같은 내용을 기본적인 전제로 한다.

첫째, 문제의 선호이다. 의사결정에 참여하는 사람들은 서로 다른 관심과 선호를 가지고 있으며, 어떤 경우에는 자기의 선호가 무엇인지조차 모르고 있다가 결정과정이 어느 정도 진행되면서, 차츰 자기의 선호가 구체적으로 어떤 것인가를 깨닫게 된다.

둘째, 불투명한 기술이다. 기술은 고안된 대안과 그 대안이 초래하는 결과 간의 인과 관계를 의미하며, 조직은 그러한 기술을 분명하게 알고 있다기보다는 시행착오를 통해 조직에 관련된 문제를 해결하는 방법을 학습하게 된다.

셋째, 일시적 참여자이다. 사람들은 자신의 시간적 제약 때문에 아주 짧은 시간 동안에만 결정 과정에 참여하며, 내용에서도 의사결정의 일부분에만 관여한다는 것이다(Cohen, March, & Olsen, 1972: 1-25). 이 모형은 좀 더 "복잡하고 혼란한 상황" 속에서 조직이 어떠한 의사결정 형태를 나타내는가에 연구의 초점을 둔다. 즉, 이 모형은 복합적이고 급변하는 상황 속에서 일어나는 의사결정을 설명하는 데 적합하다.

이 밖에도 정책결정모형으로는 공공선택모형(Public Choice Model), 앨리슨모형(Model Allison) 등이 있다.

제 3 절 소방정책 집행

소방 안전과 관련된 문제를 해결하기 위한, 최선의 해결 방안 내지 해결책을 직접 실천·실행에 옮기게 되는 단계를 소방정책의 집행이라고 한다.

일반적으로 정책집행은 1970년대 중반 이후 강조한 단계로서, 학자에 따라서 결정과 집행은 구분되기보다는 정치적·연속적인 순환 과정이라고 주장하기도 한다. 한편, 정책집행 방법으로는 최고 정책결정자가 일선관료에게 상의하달식으로 내려보내 주는 방식(재량행위가 약함)인 하향식 정책집행 방식과, 현지 적응에 적합하도록 일선관료에게 재량권을 부여하는 방식(재량행위의 확대, 주민 참여)인 상

그림 2-4-4 소방정책 집행 유형

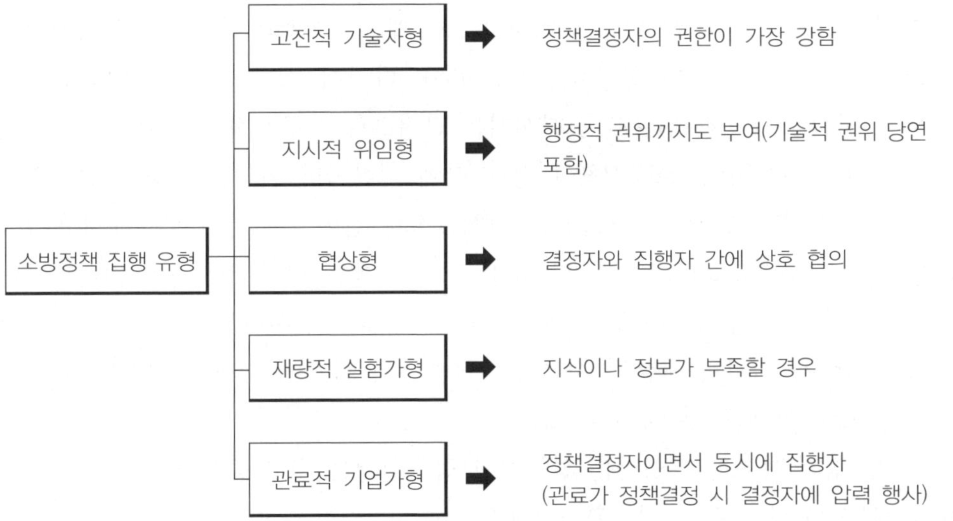

향식 정책집행 방식으로 구분한다.

또한 정책집행의 유형으로는 1920년대 강조된, 정책결정자의 권한이 가장 강한 고전적 기술자형, 기술적 권위뿐만 아니라 행정적 권위까지 부여된 지시적 위임형, 결정자와 집행자 간에 상호 협의하여 목표를 설정하는 협상형, 지식이나 정보의 부족으로 나타나는 유형인 재량적 실험가형, 정책결정자이면서 동시에 집행자가 되는 유형인 관료가 정책결정 시 결정자에게 압력을 행사하게 되는 관료적 기업가형(관료적 창업가형) 등이 있다.

1. 소방정책 집행의 개념과 필요성

소방정책 집행기관은 화재를 예방·경계하거나 진압하고 화재, 재난·재해, 그 밖의 위급한 상황에서 구조·구급활동 등을 국민의 생명·신체 및 재산을 보호하기 위해 소방정책 수단을 이용하여 제한을 가하기도 때로는 편익을 제공하기도 한다. 이러한 활동이 한마디로 소방정책 집행 활동이라고 할 수 있다.

일반적으로 정책집행이란 "미리 결정된 정책을 실천에 옮기려는 일련의 과정으로서 정책목표를 구체적인 지침(정책 수단)을 마련하고 자원을 확보하여, 정책 대상 집단에 편인 또는 제한을 가하는 정치적 성격을 지닌 활동"으로 정의하기도 하고(안해균, 1994: 324), 좀 더 간단하고 명료하게는 "정책의 내용을 실현시키는 과정"으로 정의하기도 한다(정정길, 1994: 463). 따라서 소방정책 집행이라고 함은 "이미 결정된 소방정책 내용을 실현시키는 과정으로서 구체적인 집행 수단을 마련하고 자원을 확보하여, 소방정책 대상 집단에 제한이나 편익을 가하는 일련의 활동"이라고 정의할 수 있다. 오늘날은 정책결정과 집행의 구분이 모호해지고 있고, 심지어, 린드블롬(Charles E. Lindblom)은 "정책집행은 항상 정책을 결정하거나 정책을 수정한다"고 주장하며 정책집행과 정책결정을 동일시하고 있다. 즉, 정책결정과 정책집행은 엄격히 구분될 수 없고, 불가분의 관계에 있다고 하겠다(Linblom, 1959: 79-88; 안해균, 1994: 324-325).

한편, 정책 목표를 달성하는 성공적인 정책집행은 극히 중요하다. 성공적인 정책집행이 중요한 이유는 다음과 같다(정정길, 1994: 464-467).

첫째, 정책 의도의 실현이기 때문이다. 정책의제 설정에서부터 정책결정에 이르는 과정까지 무수한 참여자가 많은 투자를 하여 합리적·분석적인 검토와 갈등·협상을 통해 이루어진 정책도 성공적인 집행이 있어야만 비로소 그 결실을 얻게 되는 것이기 때문이다.

둘째, 실질적인 정책 내용의 구체적 결정이기 때문이다. 정책결정 과정에서 여러 가지 이유 때문에 일반적·추상적으로 결정된 정책 내용이 정책집행 과정에서 좀 더 실질적이고 구체적으로 결정되는 경우가 많다.

셋째, 국민생활과 직결되는 정부의 활동이기 때문에 중요하다. 정책집행 과정이야말로 정부의 활동이 일반 국민에게 직접 영향을 미치는 단계이다. 국민들에게 서비스나 재화를 제공하는 정책(배분정책)의 경우에는 수혜집단에 직접 서비스 제공을 하는 단계가 되고, 규제정책의 경우에는 피규제자의 행동이나 권리 행사를 직접 제한하는 단계가 되는 것이다. 따라서 일반 국민이 정부의 존재와 그 활동의 결과를 피부로 직접 느끼는 단계가 바로 정책집행 단계인 것이다.

2. 소방정책 집행의 절차

일반적으로 정책집행의 절차는 정책지침 작성, 자원 확보, 실현 활동, 감독 통제의 4단계를 거치게 된다(정정길, 1994: 509-517). 따라서 소방정책 집행의 절차도 마찬가지로 소방정책지침 작성, 자원 확보, 소방정책 실현, 관리감독 및 통제의 4단계라고 할 수 있다.

첫째, 결정된 정책은 추상적이므로 현실적으로 집행이 가능하도록 정책 내용을 구체화시켜 무엇을 어떻게 집행할 것인가에 규정해 주는 정책지침이 필요하다. 즉, 정책지침(polycy gyidelines 또는 ditectives)이란 집행자가 따라야 할 것, 정책의 집행에서 필요한 사항 등에 대해 규정한 것을 말한다. 정책이 법률의 형태를 띠고 있는 경우에는 이것을 구체화한 「대통령령」, 「부령」 또는 기타 집행책임자의 지시 등을 모두 포함하는데, 외형적으로 보면 법규, 규정, 명령, 지시뿐만 아니라 안내서나 지침서(manual 또는 handbook) 등의 명문화된 것도 있고 구두로 지시하거나 연락하는 것도 있다. 정책지침은 정책의 내용을 현실에서 실현 가능한(workable) 내용으로 구체화시켜 집행담당자들이 구체적인 활동을 할 때 따라야 할 내용을 세밀하게 지시하는 것이므로, 정책지침의 작성 개발(guideline development)은 정책결정

활동과 본질적으로 동일하다고 하겠다.

둘째, 정책을 실현하기 위해서는 필요한 자원이 확보되어야 한다. 자원에는 물적인 것만이 아니라, 소방 구조·구급요원 등의 인적 자원은 물론 집행조직이나 기구까지도 포함시킬 수 있다.

셋째, 실현 활동 단계는 정책의 실현(구체적으로 정책 수단의 실현)을 위해 행하는 물리적 활동을 의미한다. 소방대원이 화재 현장에서 화재를 진압하는 활동, 구급대원이 응급환자를 치료하는 활동, 국민을 상대로 하여 불조심 예방교육을 하는 활동 등이다. 이 실현 활동 단계야말로 정책 내용이 물리적으로 실현되는 단계이고, 모든 정책집행 계획 끝마무리가 이루어지는 단계이다. 그러므로 정책집행이 성공하기 위해서는 이 마무리 단계가 성공적으로 이루어져야 한다.

넷째, 감독 통제 단계는 실현 활동이 지침에 따라 충실하게 수행되었는가 여부를 점검·평가하고 잘못이 있으면 시정하는 단계이다.

3. 소방정책 집행의 성공 요인과 순응 및 불응

소방정책 집행이 성공하기 위해서는 소방 내·외적 구조 속에서 각종 절차에 입각하여 각종 필요한 자원을 동원해서 소방정책 목표를 달성해 나가야 한다. 이때 소방정책 집행이 성공을 거두려면 첫째, 정책 목표가 명확하면 할수록 정책집행이 용이해진다고 볼 수 있고, 명확하게 정의된 정책 목표일수록 집행의 성공 확률이 높아질 것이다.

둘째, 소방정책 목표가 명확성을 띠는 경우에도 소방정책 집행을 뒷받침할 자원이 수반되지 않으면 집행은 성공적일 수 없다. 즉, 예산과 인적 자원 및 권한 등이 수반되어야 한다.

셋째, 집행조직 내부에서의 상하 관계와 같은 내부구조와 결정자, 집행자 혹은 집행자와 정책 대상 집단 간의 관계와 같은 외부구조가 모두 민주적 구조로 이루어진다면, 일반적으로 정상적인 상황 속에서는 권위주의적·자유방임적 구조에 비해 효과성이 높다고 볼 수 있다.

넷째, 정책집행기관의 책임자가 어떠한 태도를 가지고 집행에 임하고 있느냐는 정책집행에 큰 영향을 미친다. 집행책임자의 태도가 소극적이냐 적극적이냐, 또는 법규 중심적이냐 관리 지향적 내지 문제 해결 중심적이냐 등에 따라서도 정책집행의 성공 여부가 좌우된다고 할 수 있다.

다섯째, 정책이 임기응변적으로 집행되느냐, 제도화된 절차에 따라 합리적으로 집행되느냐, 아니면 상황 변화에 대한 고려 없이 획일적으로 집행되느냐 등의 집행 절차는 정책집행의 성공 여부를 좌우할 수 있다(안해균, 1994: 364-377).

한편, 소방정책의 집행에서 순응과 불응을 살펴보면, 우선 순응(complince)이란 "소방정책이나 소방 법규에서 요구하는 행동에 따르는 행위"를 의미한다. 반대로, 여기에 따르지 않는 행위를 불응이라고 부른다. 이러한 순응의 원인으로는 ① 권위에 대한 믿음 때문이다. 일반적으로 권위는 정당성이 부여된 권력이라고 할 수 있는데, 어떤 정책에 대해 정당한 것으로 생각하고 복종하는 것이 당연하다고 믿게 됨으로써 순응하게 된다. 사람은 사회화 과정을 거치면서 정부기관이나 법의 권위를 존중하게 되며, 정부정책의 권위를 받아들이고 정책에 대한 순응을 당연시한다. ② 합리적 의식적 설득이다. 다른 사람들의 설득을 통해 정책이 정당하고 필요하며 합리적이라는 점을 이해함으로써, 의식적으로 사리에 맞게 수용하고 정책에 순응하게 된다. ③ 개인적 이익이라고 생각하기 때문이다. 개인이나 집단이 각종 경제정책의 경우에서 볼 수 있는 바와 같이 어떤 정책집행이 자신의 개인적 이익에 도움을 줄 것으로, 생각하면 정책에 잘 순응하게 된다. ④ 강제 복종하지 않을 경우 벌금, 구속이나 기타 제재 등으로 처벌받을 가능성이 있는 경우 정책에 대한 순응을 확보할 수 있다. 그러나 처벌의 위협 그 자체가 반드시 장기적인 순응을 보장하지는 못하므로 처벌보다 대상 집단의 자발적인 협조가 더 효과적이다. ⑤ 정책집행의 기간이다. 어떤 정책이 장기간 지속적으로 집행되면 초기에 잘 순응하지 않았던 사람도 정책에 익숙해져 순응하게 되는 경우도 있다(안해균, 1994: 377-383).

또한 불응의 원인을 보면 다음과 같다. ① 기존 가치 체계와의 대립이다. 어떤 정책이나 법률이 기존 가치 체계, 사회적 관습 내지 정책집행자 또는 일반 국민이나 특정 집단의 신념과 심한 갈등을 일으키는 경우 불응이 발생할 수 있다. ② 금전적 욕심 때문인 경우도 있다. 어떤 정책에 대한 불응으로 금전상의 이득을 볼 수 있을 것이라는 욕심 때문에 정책에 순응하지 않게 되는 경우가 있다. ③ 정책의 모호성으로 말미암아 불응할 수도 있다. 즉, 정책의 목표나 내용이 모호하거나, 상반되는 정책집행 기준이 제의될 경우 정책에 대한 불응이 일어나기도 한다. 한편, 순응을 확보하기 위한 수단으로는 도덕적 설득, 유인(보상), 처벌 등이 있다(안해균, 1994: 377-383).

제 4 절 소방정책 평가와 종결

소방정책 집행을 통해 원래 목표했던 소방 안전 관련 문제가 해결되었는지 정도를 측정하는 것을 소방정책 평가라고 한다. 한편, 원래 의도했던 소방 안전 관련 문제가 해결되지 않았거나 다른 문제를 양산하게 되면, 다시금 소방정책 과정을 거쳐 문제를 해결해야 되기 때문에 소방정책 의제 형성으로 되돌아가게 되는데 이를 소방정책 환류라고 한다.

일반적으로 정책평가는 1970년대 중반 이후 중시(오클랜드 주 사업에서 강조)된 단계로서, 과학적 · 체계적 · 실증적인 방법으로 이루어져야 하는 단계이다. 정책평가의 방법으로는 우선, 정책집행이 이루어지기도 전에 하는 평가인 사전평가, 다음으로 정책집행 상황을 평가하는 방법인 과정평가, 마지막으로, 정책집행이 이루어진 후 결과를 측정하는 방법인 사후평가로 구분할 수 있다. 특히, 사전평가의 경우 진실험과 준실험으로 구분할 수 있는데, 진실험 방법은 통제 · 실험집단 간의

그림 2-4-5 소방정책 평가 방법

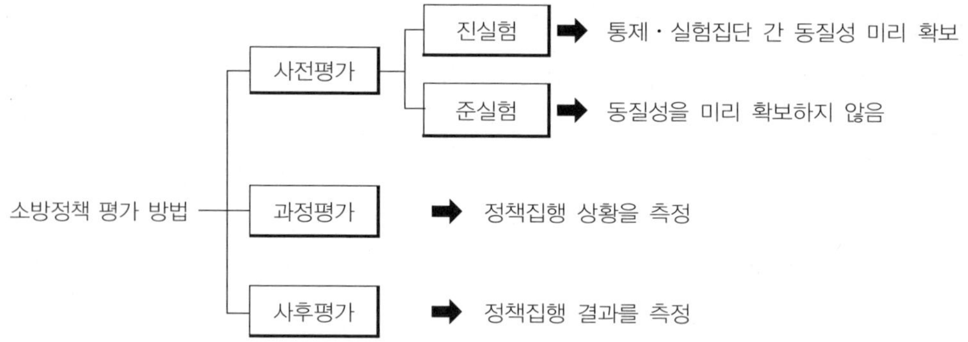

동질성을 미리 확보하고 있는 실험으로, 내적 타당도가 높은 방법이고, 반면 준실험은 통제·실험집단 간의 동질성을 미리 확보하지 않고 하는 실험으로, 외적 타당도가 높은 방법이다.

한편, 정책평가의 기준으로는 능률성(투입에 대한 산출), 효과성(목표의 달성 정도), 주민의 만족도(주민에 대한 요구·지지를 어느 정도 확보했느냐 하는 정도), 대응성(수익자 요구에 얼마나 적절히 대응했느냐의 정도) 등이 정책평가의 기준이 될 수 있다.

또한 정책평가가 이루어진 후 잘못된 정책사업을 인위적·의도적·계획적으로 축소·폐지·종결시키는 단계를 정책종결이라고 하며, 최근에는 감축관리의 한 방법으로 사용하고 있다.

1. 소방정책 평가의 개념과 필요성

소방정책 평가가 필요한 이유는 다음과 같다.

첫째, 지난 20여 년 동안 우리나라 정부는 급속한 성장을 경험했고, 소방의 경우에도 고전적인 화재 예방 및 진압정책에다가 구조와 구급정책이 가미되고, 오늘날에는 국민의 생명과 재산을 보호하기 위한 다양한 활동을 펼치게 되었다. 이로 인해 소방정책이 급증하게 되었고, 그 때문에 소방정책 평가의 필요성이 증대되고 있다.

둘째, 우리 사회가 복잡화되어 감에 따라 체계적인 분석이나 평가 없이 경험이나 통찰력에만 의존하여 정책의 효과를 판단하는 것이 점점 더 어려워져가고 있는 점을 들 수 있다. 국민들의 정부에 대한 기대가 높아져 감에 따라 정부가 통제할 수 없는 경우가 많아지게 되었고, 통제할 수 있는 경우라 할지라도 좀 더 정밀한 분석에 의해 효과적인 방안을 마련하거나 그 효과를 추정해 보기도 전에 정부가 문제 해결을 위해 무엇인가 당장 착수해야 한다는 압력이 가중되고 있는 실정이다.

셋째, 소방이 해야 할 일들이 늘어나게 되고, 또 이러한 일들을 추진하는 데 고가의 비용이 소요되는 경우가 많아지게 되었다. 이에 따라 어떤 정책이나 프로그램을 새로이 채택하여 수행하거나, 또는 과거로부터 수행해 오던 정책이나 프로그램의 수요를 정당화해야만 할 필요성이 증가하게 되었다.

한편, 숭례문 화재사고를 계기로, 문화재 화재 진압 등에 대해 더욱 철저히 대비하고 있다. 이처럼 화재를 예방하고 진압하기 위해 각종 소방정책 집행을 하고나서 잘된 집행인지, 아니면 후회스러운 정책의 집행이었는지 등을 우리는 되돌아보게 된다. 이와 같이 정책을 평가한다는 말을 상식적으로 볼 때는 정책의 좋고 나쁨을 비판한다는 뜻으로 말하는 것이다. 정책의 좋고 나쁨을 비판하는 것은 단순히 정책이 집행된 후에 나타난 정책 효과의 크기나 집행 과정의 합리성을 판단하는 것만이 아니라 정책의 목표가 바람직스러운 것인지, 정책 수단은 최선의 것이 선택되었는지 등에 대해서도 평가하는 것이다. 그뿐만 아니라 경우에 따라서 정책결정 과정이나 정책의제 설정 과정이 바람직스러운지에 대해서도 비판하게 된다. 따라서 일반적 의미에서의 정책평가는 정책 과정상의 모든 활동에 필요한 정보를 얻기 위해 모든 정책 과정상의 모든 측면에 대한 담당기관의 책임을 추궁하기 위해 수행할 수 있다.

정책이란 실현하고자 하는 사회를 만들기 위해 정부가 수행하는 활동이기 때문에, 그 정책이 실현된다면 그 정책이 추구하는 이념은 사회가 당면하고 있는 갈등들을 정당하게 해결할 수 있는 기초를 제공해 줄 수 있으며, 또한 그러한 사회를 실현하는 데 그 정책은 의미 있는 것인가 하는 정책의 당위성, 정책의 집행의 결과로 어떠한 결과가 초래되었는가 하는 정책의 영향과 효과, 정책이 달성할 것으로 기대했던 바를 달성했는가 하는 목표의 성취 정도, 그러한 결과를 가져오는 데 더 나은 방법이 있겠는가 하는 정책대안의 효율성 등이 바로 정책의 성격에서 유래되는 기본적인 정책평가의 이슈들이다. 정책평가는 바로 이들 정책평가 이슈들에 답하는 활동이라고 할 수 있다. 한마디로 정책평가란 “현재 집행 중에 있는 프로그램이 그 목적을 달성하는 데 효과적인가를 따져보는 것으로서, 그 프로그램의 효과를 그 상황에 작용하는 다른 여타 요인들의 영향으로부터 분리, 구분하기 위해 연구설계의 원리에 의존하며, 현재 운용하고 있는 프로그램을 수정함으로써 프로그램을 개선하는 것을 목적으로 의도적인 노력을 말하는 것”이라고 정의할 수 있다(노화준, 2001: 30-31).

2. 소방정책 평가의 목적과 유형

소방정책 평가의 목적은 첫째, 정책결정이나 집행 과정에 필요한 정보를 제공하여 이들 과정을 바람직하게 추진하도록 하는 것으로 정책 과정상의 환류 기능이라고 볼 수 있고, 이것이 가장 중요한 목적이다.

둘째, 소방정책 과정상의 책임성을 확보하는 것이다. 이것은 정책 과정이 정치체제에 가장 핵심적 활동으로 이루어지고 있으며, 정치 체제의 관리·운영집단은 국민에게 책임을 져야 한다는 민주주의 원리에 입각하고 있다. 이 책임을 구체적으로 보면, 소방대원들의 집행활동이 법규나 회계규칙 등에 합치하게끔 강제하여 법적 책임성을 확보하는 것이고, 관리자가 능률적·효과적으로 집행 업무를 관리해야 하는 책임을 확보하며, 소방정책 담당자가 일반 국민에게 정책의 효과와 능률을 보장해야 하는 정치적 책임을 확보하는 것이다.

셋째, 이론 검증에 의한 학문적 기여를 하게 된다. 즉, 정책 과정에 대한 평가는 정책 수단에서부터 정책 결과에 이르는 인과 경로를 검토·확인·검증한다. 이것은 하나의 변수가 변화함에 따라 다른 변수나 정책 효과가 어떻게 변화하는지에 대한 가설을 검토·확인·검증하는 것이다. 이렇게 검증되어 타당성 있는 것으로 확인된 가설은 법칙이 되고 법칙들의 집합이 이론이므로, 평가에 의한 이론의 구축이 가능해진다. 물론 과거의 이론 중에서 틀린 부분에 대한 수정도 함께 이루어진다. 일반적으로 하나의 정책은 그 속에 많은 인과 관계에 대한 가설들을 포함하고 있다. 이들 중에는 기존 이론에서 나온 것도 있고, 정책입안자의 짐작이나 주관적 판단에 의해 만들어진 것도 있다. 이때 전자의 검증은 기존 이론의 수정·보완에 도움을 주고, 후자에 대한 검증은 새로운 이론을 형성시킨다.

일반적으로 정책평가는 평가자가 누군가에 따라 자체평가, 내부평가, 외부평가 등으로 나누어 볼 수도 있고, 평가 단계에 따라 사전평가, 과정평가, 사후평가 등으로 나누어 볼 수도 있으며, 평가를 수행하는 횟수에 따라 1회의 종합평가, 수시평가, 주기적 평가 등으로 나누어 볼 수도 있다(노화준, 2001: 60-61).

3. 소방정책 평가의 과정

일반적인 정책평가의 과정을 응용하여 소방정책 평가의 과정을 살펴보면(정정길, 1999: 724), ① 소방정책 평가의 목적 확인 · 결정, ② 소방정책 목표 · 수단 및 소방정책 구조 파악, 소방정책 대상 확정, ③ 소방정책 평가 방법 결정, ④ 자료의 수집과 분석, ⑤ 평가 결과 제시로 구분해 볼 수 있는데, 이 책에서는 다음과 같이 설명해 보고자 한다. 즉, 소방정책 평가의 세부 절차는 다음과 같다(노화준, 2001: 76-80).

첫째, 형성과 협상 단계이다. 정책이나 프로그램 평가를 시작하기 전에 평가를 담당할 평가자와 평가 결과를 활용할 의뢰인들은 이 평가연구를 통해 무엇을 어떻게, 그리고 왜 해야 하며, 장애 또는 제약 요인들은 무엇인가 하는 데 대해 상호 간에 충분히 논의하고 이해해야 한다. 물론 평가의 초기 과정에서 이용 가능한 지식에는 한계가 있을 수 있기 때문에 이러한 내용들은 평가를 수행하는 과정에서 획득되는 정보와 상황 변화에 따라 신축성 있게 변형되어야 한다.

둘째, 구조화와 설계이다. 정책평가를 위한 설계는 진공 속에서 이루어지는 것이 아니기 때문에 논리적 · 윤리적 · 정치적 및 재정적 요인들에 의해 영향을 받게 된다. 이 과정에서 분명히 해야 할 중요한 사항들은 접근 방법의 명료화, 표본 추출의 방법, 측정 방법과 측정 도구, 측정 절차와 방법에 대한 정당화 등이다.

셋째, 자료의 수집과 준비이다. 자료는 이를 수집할 계획에 따라 이 계획의 범위에서 수집되어야 한다. 그러나 상황과 정보 수요의 변화에 따라 이 자료 수집계획은 융통성 있게 수정될 수 있어야 한다.

넷째, 자료의 분석과 해석 단계이다. 자료의 분석 과정은 평가설계에 의해 영향을 받게 된다. 이 단계에서는 이미 평가설계에 따라 수집된 자료들을 분석할 수밖에 없는 제약을 받기 때문이다. 이 단계에서는 각종의 통계적인 방법이나 모델링 방법 등을 이용하여 평가 목적에 따른 정보를 산출하게 되며, 평가자들의 창의적인 자료 처리 능력이 크게 요구되는 단계이다. 이 과정에서 확인하고 지켜야 할 중요한 사항은 사용된 분석 방법들에 대한 명기, 선택된 분석 방법의 정당화, 통계적인 분석 방법의 유의 수준의 명시, 발견된 사실들의 객관성 유지, 분석과 측정 방법의 합치도 등이다.

다섯째, 의사전달과 발표이다. 정책평가를 위한 계획이 잘 이루어지고 형성된 평가계획에 따라 평가가 제대로 수행되며 평가 결과에 대한 활용성이 높아지기 위해서는 평가자, 평가 의뢰인 등 평가와 관계가 있는 사람들 간의 원활한 의사전달이 필수적으로 요구된다.

마지막으로, 결과의 활용 단계이다. 정책평가 연구를 수행하는 가장 중요한 이유는 프로그램의 실행 가능성을 검토하고, 그 프로그램의 운용 실태와 효과를 파악함으로써 그 정보를 다음 정책을 결정할 때 피드백시키자는 데 있다. 그렇다고 하여 평가 결과가 자동적으로 다음의 정책결정이나 정책설계 과정에서 활용될 것이라는 보장은 없다. 즉, 평가 결과는 정책결정자가 의사결정을 내리기 전에 항상 이용 가능하도록 준비되어야 하며, 평가자는 평가 결과에 대한 잘못된 해석과 악용 가능성을 예견하고 이를 방지하도록 노력해야 한다.

C·H·A·P·T·E·R

05 화재 진압과 화재 예방 및 경계정책

제 1 절 화재 진압정책 및 화재조사

1. 화재 진압정책

시 · 도 화재 예방 · 경계 · 진압 및 조사, 소방안전교육 · 홍보와 화재, 재난 · 재해, 그 밖의 위급한 상황에서의 구조 · 구급 등의 업무를 수행하여야 하고(소방기본법, 제3조), 소방청장 · 소방본부장 또는 소방서장은 화재, 재난 · 재해, 그 밖의 위급한 상황이 발생한 때에는 소방대를 현장에 신속하게 출동시켜 화재 진압과 인명구조 등 소방에 필요한 활동을 하여야 한다(소방기본법, 제16조). 2018년 기준으로 소방관서 설치 현황과 소방 인력 배치 현황, 소방관 1인당 담당 인구수를 살펴보면

표 2-5-1 소방관서 설치 현황(2018년 기준)

(단위: 개소)

구 분 시 · 도	소방본부	소방학교	소방서	119 안전센터	119 구조대	119 구급대	소방 항공대	소방 정대	119 지역대
합계	18	8	219	1,055	238	1,057	18	8	420

자료: 소방청(2019).

표 2-5-2 소방 인력 배치 현황(2018년 기준)

(단위: 명)

구 분	계	소방총감	소방정감	소방감	소방준감	소방정	소방령	소방경	소방위	소방장	소방교	소방사
계	51,779	1	4	11	33	322	1,273	3,594	3,895	7,374	13,416	20,789
국가	630	1	4	11	15	28	76	97	121	101	96	80
지방	51,149				18	294	1,197	3,497	3,774	7,273	13,320	20,709

자료: 소방청(2019).

표 2-5-3 소방관 1인당 담당 인구수

(단위: 명)

한 국	일 본	프랑스	독 일	미 국	영 국	홍 콩
1,208	820	1,029	1,432	1,075	1,298	816

자료: 국민안전처(2016).

<표 2-5-1>, <표 2-5-2>, <표 2-5-3>과 같다.

또한 특별시장·광역시장·특별자치시장·도지사·특별자치도지사 또는 소방서장은 재난현장에서 화재 진압, 구조·구급 등의 활동과 화재 예방활동에 관한 업무를 보조하기 위하여 의용소방대(義勇消防隊)를 설치할 수 있다(의용소방대 설치 및 운영에 관한 법률, 제2조). 이러한 의용소방대원은 비상근(非常勤)으로 하고, 소방본부장 또는 소방서장은 소방 업무를 보조하게 하기 위하여 필요한 때에는 의용소방대원을 소집할 수 있고, 소집된 때에는 소방본부장 또는 소방서장의 지휘와 감독을 받아 소방 업무를 보조한다(의용소방대 설치 및 운영에 관한 법률, 제10조). 2018년 기준 의용소방대원 수는 <표 2-5-4>와 같다.

그리고 소방청장, 소방본부장 및 소방서장은 화재, 재난·재해, 그 밖에 구조·구급이 필요한 상황이 발생하였을 때에 신속한 소방활동을 위한 정보의 수집·분석과 판단·전파, 상황관리, 현장 지휘 및 조정·통제 등의 업무를 수행하기 위하여 119종합상황실을 설치·운영하여야 하고, 119종합상황실의 설치·운영에 필요한 사항은 「총리령」으로 정하도록 하고 있다(소방기본법, 제4조).

기타 소방기관이 소방 업무를 수행하는 데에 필요한 인력과 장비 등에 관한 기준은 「총리령」으로 정하고, 소방력을 확충하기 위하여 필요한 계획을 수립하여 시

표 2-5-4 의용소방대(2018년 기준)

구 분	합 계	본 대	지역대	전문대	전담대
의용소방대 수(개)	3,867	2,752	642	251	222
대원 수(명)	94,257	71,321	12,636	4,979	5,321

자료: 소방청(2019).

행하여야 한다(소방기본법, 제8조).

시·도지사는 소방활동에 필요한 소화전(消火栓)·급수탑(給水塔)·저수조(貯水槽)를 설치하고 유지·관리하여야 한다(소방기본법, 제10조).

소방본부장 또는 소방서장은 소방활동에 있어서 긴급한 때에는 이웃한 소방본부장 또는 소방서장에게 소방 업무의 응원(應援)을 요청할 수 있고, 소방 업무의 응원을 요청하는 경우를 대비하여 출동의 대상지역 및 규모와 소요경비의 부담 등에 관하여 필요한 사항을 「총리령」이 정하는 바에 따라 이웃하는 시·도지사와 협의하여 미리 규약(規約)으로 정하도록 하고 있다(소방기본법, 제11조).

한편, 소방 진압정책의 효율성 제고를 위하여 소방교육 및 훈련을 실시하게 된다. 즉, 소방청장·소방본부장 또는 소방서장은 소방 업무를 전문적이고 효과적으로 수행하기 위하여 소방대원에게 필요한 교육·훈련을 실시하도록 하고, 화재 예방과 화재 발생 시 인명과 재산 피해를 최소화하기 위하여 소방안전 교육과 훈련을 실시하고 있다(소방기본법, 제17조).

한편, 효과적인 소방 진압정책 제고를 위하여 소방대장은 화재, 재난·재해, 그 밖의 위급한 상황이 발생한 현장에 소방활동구역을 정하여 소방활동에 필요한 자로서, 「대통령령」이 정하는 자 외의 자에 대하여는 그 구역에의 출입을 제한할 수 있다(소방기본법, 제23조). 그리고 소방본부장·소방서장 또는 소방대장은 화재, 재난·재해, 그 밖의 위급한 상황이 발생한 현장에서 소방활동을 위하여 필요한 때에는 그 관할 구역 안에 사는 자, 또는 그 현장에 있는 자로 하여금 사람을 구출하는 일, 또는 불을 끄거나 불이 번지지 아니하도록 하는 일을 하게 할 수 있고, 이 경우 소방본부장·소방서장, 또는 소방대장은 소방활동에 필요한 보호장구를 지급하는 등 안전을 위한 조치를 하여야 한다(소방기본법, 제24조).

이 밖에도 소방본부장·소방서장 또는 소방대장은 사람을 구출하거나 불이 번지는 것을 막기 위하여 필요한 때에는 화재가 발생하거나 불이 번질 우려가 있는 소방 대상물 및 토지를 일시적으로 사용하거나, 그 사용의 제한 또는 소방활동에 필요한 처분을 할 수 있다(소방기본법, 제25조). 또한 소방본부장 · 소방서장 또는 소방대장은 화재, 재난 · 재해, 그 밖의 위급한 상황의 발생으로 인하여 사람의 생명에 위험이 미칠 것으로 인정하는 때에는 일정한 구역을 지정하여, 그 구역 안에 있는 사람에 대하여 그 구역 밖으로 피난할 것을 명할 수 있다(소방기본법, 제26조).

2. 화재조사

소방청장 · 소방본부장 또는 소방서장은 화재가 발생한 때에는 화재의 원인 및 피해 등에 대한 조사를 하도록 하고, 화재조사의 방법 및 전담조사반의 운영과 화재 조사자의 자격 등 화재조사에 관하여 필요한 사항은 「총리령」으로 정하고 있다(소방기본법, 제29조).

효과적인 화재조사 정책집행을 위하여 소방청장 · 소방본부장 또는 소방서장은 화재조사를 하기 위하여 필요한 때에는 관계인에 대하여 필요한 보고, 또는 자료제출을 명하거나 관계 공무원으로 하여금 관계 장소에 출입하여 화재의 원인과 피해의 상황을 조사하거나 관계인에게 질문하게 할 수 있다(소방기본법, 제30조).

또한 소방공무원과 경찰공무원은 화재조사에 있어서 서로 협력하여야 하고, 소방본부장 또는 소방서장은 화재조사 결과 방화, 또는 실화의 혐의가 있다고 인정하는 때에는 지체없이 관할 경찰서장에게 그 사실을 알리고 필요한 증거를 수집 · 보존하여 그 범죄 수사에 협력하여야 한다. 기타 소방본부 · 소방서 등 소방기관과 관계 보험회사는 화재가 발생한 경우 그 원인 및 피해 상황의 조사에 있어서 필요한 사항에 대하여 서로 협력하여야 한다(소방기본법, 제31조~제33조).

제 2 절 화재 예방 및 경계정책

1. 화재 예방정책

소방의 근본적인 목적을 달성하기 위해 우선적으로 화재 예방 및 경계정책을 집행하게 된다. 즉, 소방본부장 또는 소방서장은 화재의 예방상 위험하다고 인정되는 행위를 하는 사람이나 소화활동에 지장이 있다고 인정되는 물건의 소유자·관리자 또는 점유자에 대해 ① 불장난, 모닥불, 흡연, 화기(火氣) 취급, 그 밖에 화재 예방상 위험하다고 인정되는 행위의 금지 또는 제한, ② 타고 남은 불 또는 화기의 우려가 있는 재의 처리, ③ 함부로 버려두거나 그냥 둔 위험물, 그 밖에 불에 탈 수 있는 물건을 옮기거나 치우게 하는 등의 조치를 취할 수 있다. 즉, 화재 예방 조치를 취하고 있다(소방기본법, 제12조). 최근 화재 발생 현황을 보면, 다음과 같이 화재 건수가 매우 많고, 수많은 사상자가 발생한다는 것을 알 수 있다.

이와 같이 지속적으로 화재가 발생함에 따라, 소방 예방정책의 강화가 더욱 절실히 필요하다.

또한 화재 예방정책의 일환으로 소방검사 등을 실시한다. 소방검사 제도는 「화재예방 소방시설 설치·유지 및 안전관리에 관한 법률」 제4조(소방검사)에 근거하여, 소방본부장 또는 소방서장이 실시하게 된다. 검사 내용은 관계인에게 필요한

표 2-5-5 화재 발생 현황(2015~2018년)

(단위: 건, 명, 백만 원)

구 분 / 연도별	화재 발생	인명피해			재산피해
		계	사 망	부 상	
2018	42,338	2,594	369	2,225	5,597
2017	44,178	2,197	345	1,852	5,069
2016	43,413	2,024	306	1,718	4,206
2015	44,435	2,093	253	1,840	4,331

자료: 소방청(2019).

보고를 하도록 하거나 자료 제출의 명령과 소방 대상물의 위치 · 구조 · 설비, 또는 관리의 상황을 검사/관계인에게 질문으로 이루어진다. 검사 항목은 소방시설 등의 설치, 또는 유지 · 관리에 관한 사항, 피난시설 및 방화시설의 유지 · 관리에 관한 사항, 방화관리 업무 수행(공공기관 등의 방화관리 포함)에 관한 사항, 소방시설 등에 대해 실시한 자체 점검에 관한 사항, 화재 예방 조치에 관한 사항, 불을 사용하는 설비 등의 관리와 특수가연물 저장 · 취급에 관한 사항 등이다. 검사자의 자격은 소방기술사, 소방시설관리사 자격자, 소방설비(산업)기사 자격자, 위험물기능장 · 위험물산업기사, 또는 위험물기능사, 건축 · 전기 · 기계 · 가스 등 국가기술자격자, 소방 관련 학과 졸업자, 소방학교 전문교육 이수자, 기타 소방서장의 지정을 받은 자 등이 하게 된다(소방방재청, 2008).

2. 화재 경계정책

시 · 도지사는 도시의 건물밀집지역 등 화재가 발생할 우려가 높거나 화재가 발생하는 경우, 그로 인해 피해가 클 것으로 예상되는 일정한 구역으로서 「대통령령」이 정하는 지역을 화재경계지구(火災警戒地區)로 지정할 수 있고, 화재경계지구 안의 소방 대상물의 위치 · 구조 및 설비 등에 대해 「화재예방 소방시설 설치 · 유지 및 안전관리에 관한 법률」 제4조의 규정에 따른 소방검사를 하도록 명시하고 있다. 또한 소방검사를 한 결과 화재의 예방과 경계를 위해 필요하다고 인정하는 때에는 관계인에 대해 소방용수시설 · 소화기구, 그 밖에 소방에 필요한 설비의 설치를 명할 수 있다(소방기본법, 제13조).

또한 소방본부장 또는 소방서장은 「기상법」 제13조 제1항의 규정에 따른 이상기상(異常氣象)의 예보 또는 특보가 있는 때에는 화재에 관한 경보를 발하고, 그에 따른 조치를 하게 된다(소방기본법, 제14조). 그리고 불을 사용하는 설비 등의 관리와 특수가연물의 저장 · 취급 등에 더욱 주의를 기울이고 있다. 즉, ① 보일러, 난로, 건조설비, 가스 · 전기시설, 그 밖에 화재 발생의 우려가 있는 설비 또는 기구 등의 위치 · 구조 및 관리와 화재 예방을 위해 불의 사용에서 지켜야 하는 사항은 「대통령령」으로 정하고, ② 화재가 발생하는 경우 화재의 확대가 빠른 고무류 · 면화류 · 석탄 및 목탄 등 「대통령령」이 정하는 특수가연물(特殊可燃物)의 저장 및 취급의 기준은 「대통령령」으로 정하고 특별 관리하게 된다(소방기본법, 제15조). 이와 같이 소방은 화재를 예방하고, 국민의 생명과 재산을 보호하기 위해 지속적인 화재 경계정책을 펼치게 된다.

C·H·A·P·T·E·R 06

구조 및 구급정책

제 1 절 구조정책

소방청장 · 소방본부장 또는 소방서장은 위급상황에서 요구조자의 생명 등을 신속하고 안전하게 구조하는 업무를 수행하기 위하여 「대통령령」으로 정하는 바에 따라 119구조대(救助隊)를 편성하여 운영하여야 한다(119구조 · 구급에 관한 법률, 제8조).

구조대는 일반구조대, 특수구조대(화학구조대, 수난구조대, 고속국도구조대, 산악구조대, 지하철구조대), 직할구조대, 테러대응구조대, 그리고 항공구조대와 국제구조대가 있다(119구조 · 구급에 관한 법률 시행령, 제5조).

표 2-6-1 구조활동 현황(2015~2018년)

구 분	출동건수(건)	구조건수(건)	구조인원(명)
2018	837,628	663,526	104,335
2017	805,194	655,485	115,595
2016	756,987	609,211	134,428
2015	630,197	479,786	120,393

자료: 소방청(2019).

구조 및 응급활동 현황을 보면, <표 2-6-1>과 같이 구조 및 구급활동 건수는 매년 지속적으로 증가하는 추세이다. 즉, 국민들의 구조 및 구급 수요가 급증하고 있다는 것을 알 수 있고, 이에 따라 구조 및 구급정책의 강화가 향후 요청된다.

제 2 절 구급정책

소방청장 등은 위급상황에서 발생한 응급환자를 응급처치하거나 의료기관에 긴급히 이송하는 등의 구급 업무를 수행하기 위하여 「대통령령」으로 정하는 바에 따라 119구급대(救急隊)를 편성하여 운영하여야 한다(119구조 · 구급에 관한 법률, 제10조).

소방청장 등은 구조 · 구급활동을 함에 있어서 인력과 장비가 부족한 경우에는 「대통령령」으로 정하는 바에 따라 관할 구역 안의 의료기관, 「응급의료에 관한 법률」 제44조에 따른 구급차 등의 운용자 및 구조 · 구급과 관련된 기관 또는 단체에 대하여 구조 · 구급에 필요한 인력 및 장비의 지원을 요청할 수 있다. 이 경우, 요청을 받은 의료기관 등은 정당한 사유가 없으면 이에 따라야 한다(119구조 · 구급에 관한 법률, 제20조).

구급활동 건수를 보면, <표 2-6-2>와 같이 지속적으로 증가 추세를 보이고 있다는 것을 알 수 있다.

표 2-6-2 구급활동 현황(2015~2018년)

구 분	출동건수	이송건수	이송환자수
2018	2,924,899	1,843,105	1,879,725
2017	2,788,101	1,777,188	1,817,526
2016	2,677,749	1,748,116	1,793,010
2015	2,535,412	1,707,007	1,755,031

자료: 소방청(2019).

CHAPTER 07

대국민 재난안전정책

제 1 절 재난관리정책

소방은 화재의 진압 및 예방과 경계활동뿐만 아니라, 각종 재난 발생 시에도 국민의 생명과 재산을 지키기 위해 재난관리 활동을 하게 된다. 이는 「소방기본법」에도 명시되어 있는 사항으로 소방은 재난관리의 핵심 기관이라고 할 수 있다. 이처럼 소방청 및 지역 소방본부와 소방서는 「재난 및 안전관리 기본법」상 긴급구조기관이다. 즉, 중앙긴급구조통제단과 지역긴급구조통제단의 책임을 지게 된다(재난 및 안전관리 기본법, 제49조). 즉, 긴급구조에 관한 사항의 총괄 · 조정, 긴급구조기관 및 긴급구조지원기관이 하는 긴급구조 활동의 역할 분담과 지휘 · 통제를 위하여, 소방청에 중앙긴급구조통제단을 두도록 하고 있다. 중앙통제단장은 긴급구조를 위하여 필요하면 긴급구조지원기관 간의 공조 체제를 유지하기 위하여, 관계 기관 · 단체의 장에게 소속 직원의 파견을 요청할 수 있다. 이 경우, 요청을 받은 기관 · 단체의 장은 특별한 사유가 없으면 요청에 따라야 한다. 또한 지역별 긴급구조에 관한 사항의 총괄 · 조정, 해당 지역에 소재하는 긴급구조기관 및 긴급구조지원기관 간의 역할 분담과 재난 현장에서의 지휘 · 통제를 위하여 시 · 도의 소방본부에 시 · 도 긴급구조통제단을 두고, 시 · 군 · 구의 소방서에 시 · 군 · 구 긴급구조통제단을 두도록 명시하고 있다(재난 및 안전관리 기본법, 제50조). 한편, 지역통제단장은 재난이 발생하면 소속 긴급구조요원을 재난 현장에 신속히 출동시켜 필요한 긴급구조활동을 하도록 규정하고 있다(재난 및 안전관리 기본법, 제51조). 이와 같이 재난 발생 시에 소방은 국민의 생명과 재산을 지키기 위해 각종 재난관리 활동을 펼치게 된다.

제 2 절 국민생활 안전정책

소방청은 생활안전 수요 증가에 맞춰 119생활안전구조대를 운영하는 등 안전서비스를 대폭 확대하고 있다. 지난해 소방에서 처리한 생활안전 구조 건수는 약 39만 건으로 2016년도 37만 건과 비교했을 때 증가추세이며, 이로 인해 찾아가는 생활안전 서비스를 확대 운영하고 있다. 특히, 또 봄과 가을철에는 산악사고 다발지역에 '등산목안전지킴이'를 운영하고, 여름철에는 물놀이 사고위험지역에는 '119시민수상구조대'를 지속적으로 운영하고 있다. 또한 안전체험교육 확대를 통한 자율안전문화 확산 정책도 추진하며, 이를 위해 위기 대처 능력을 함양하고 안전 의식 제고를 위해 소방안전체험관과 이동안전체험 차량, 각 소방서 119안전체험아카데미 등을 운영하고 있다. 아울러, 전국 소방서 심폐소생술 교육센터를 활용한 일

표 2-7-1 119생활안전활동 현황(2016~2018년)

(단위 : 건)

구 분	계	벌퇴치, 벌집 제거	갇힘사고 처리 (실내, 차량, E/V 등)	위해동물 포획 퇴치	전기, 가스 안전조치	급배수 지원	위험 고드름 제거	기타 안전 조치	소방시설 오작동 처리
합계	1,196,973	484,194	197,024	317,360	13,288	9,053	5,031	128,754	42,269
'18년	396,343	147,003	69,785	88,050	5,669	3,347	3,485	58,559	20,445
'17년	423,055	158,588	70,194	125,423	5,440	3,653	862	44,418	14,477
'16년	377,575	178,603	57,045	103,887	2,179	2,053	684	25,777	7,347

자료: 소방청(2019).

반 국민의 심폐소생술 습득을 지속적으로 확대해 나가며, 매년 전국 심폐소생술 경연대회도 개최하고 있다(소방청, 2019).

한편, 최근 119생활안전활동은 전반적으로 증가 추세이다. 이처럼 최근 급증하고 있는 국민들의 생활안전에 대한 수요를 충족하기 위해 소방은 다양한 국민생활안전정책을 펼치고 있다. 즉, 소방은 대국민 안전예방정책의 효과적인 집행을 위하여, 소방의 역사와 안전문화를 발전시키고 국민의 안전 의식을 높이기 위하여, 소방청장은 소방박물관을, 시・도지사는 소방체험관을 설립하여 운영하고 있고(소방기본법, 제5조), 국민의 안전 의식과 화재에 대한 경각심을 높이고 안전문화의 정착을 위하여, 매년 11월 9일을 소방의 날로 정하여 기념행사를 하고 있다(소방기본법, 제7조).

표 2-7-2 소방안전체험관 운영실적(2018년)

구 분 / 연 도	합 계	서울 광나루	서울 보라매	대구 시민안전 테마파크	전북119 안전 체험관	충남 안전 체험관	부산119 안전 체험관	울산안전 체험관
2018	1,064,373	213,636	165,066	176,070	159,200	140,448	173,827	36,126

자료: 소방청(2019).

P·A·R·T

3

소방조직론

제 1 장 조직의 정의
제 2 장 조직이론의 발달 과정
제 3 장 소방조직 체계
제 4 장 조직 내의 리더십
제 5 장 의사전달

C·H·A·P·T·E·R

01 조직의 정의

제 1 절 조직의 의의

조직이란 공통의 목표를 가지고 있고, 이를 달성하기 위해 의도적으로 정립되고 체계화된 구조에 따라 구성원이 상호작용하고, 경계를 가지고 있으며, 외부 환경에 적응하는 인간의 사회집단이라고 한다(김인수, 1995: 61). 즉, 조직은 개인이 수행할 수 없는 목표를 달성하기 위한 여러 사람으로 이루어진 체계를 말한다. 이러한 조직은 다양한 관리 방법이 존재하는데, 대표자를 선출하고 총회를 개최하는 등 조직 운영에 대한 규범을 갖추어야 한다.

이와 같은 조직은 우리가 생활하는 데 필수적으로 존재하며, 당연한 존재라고 생각한다. 우리가 직접적으로 눈으로 확인할 수 있는 것도 아니고, 평소에 조직의 중요성을 못 느끼고 생활할 수 있겠지만 주변에서 어려움 일이 발생했을 때, 특히 집에서 갑작스러운 일로 사람이 쓰러지면 119로 전화를 하는 행위, 화재 발생 시 소방공무원 및 소방자동차가 출동하여 화재 진압을 하고, 인명을 구조하는 등의 행위를 보면 소방조직의 필요성에 대해 반드시 생각하기 마련이다.

조직의 생존과 활동에 영향을 미치는 중요한 요소로 구조, 인간, 환경을 들 수 있다. 조직의 구조는 조직의 제도, 법규, 업무 처리 절차·과정을 의미하고, 분업이나 조정 체계, 의사결정 등은 조직의 구조적 측면과 밀접한 관련성을 지닌다. 조직은 인간으로 구성되어 조직을 구성하고 있는 인적 요인은 조직의 운영과 활동에 영향을 미치고, 구성원들이 조직에 대해 갖는 충성도, 목표 수행 의지, 인간적인 관계 등은 조직의 운영 및 활동에 많은 영향을 미친다. 조직을 둘러싸고 있는 주변적인 요인들을 환경이라 하는데, 현대 사회에서 조직은 환경과 밀접한 관계를 지니게 되었고, 조직의 생존·소멸과 번영·위축에 결정적인 영향을 준다.

구조적인 측면에 역점을 둔 조직은 조직을 기계처럼 인식하고, 구조가 합리적이고 능률적으로 구축되면 조직목표도 잘 달성될 수 있을 것이라는 가정을 바탕으로 하고 있어 기계적 조직관에 입각하고 있다고 할 수 있다.

인간적인 측면에 초점을 맞춘 조직은 기본적으로 인간으로 구성된 실체라는 점에서 인간적인 요인이 조직의 성패를 결정한다는 믿음에 기초한다.

환경은 조직의 외부적인 요인을 다루는 것으로 조직은 환경과의 끊임없는 상호관계 속에서 활동하며, 이러한 현상은 시간이 갈수록 두드러져 환경이 조직연구의 중요한 요소로 등장했다.

제 2 절 조직의 목표

조직은 다양한 목표를 달성하기 위해 개인 혹은 집단에 의해 이용되는 수단이다. 조직에는 달성하고자 하는 무언가를 얻기 위해 노력하는 사람들의 집합적 지식, 가치, 비전 등이 스며들어 있다(Johns, 1995: 4). 조직의 목표란 행정조직이 추구하는 미래의 바람직한 상태 또는 획득되어야 할 결과를 말한다. 이러한 의미에서 목표는 계획성·의도성·미래지향성·행동지향성·규범성·가치성을 띤다.

또한 조직의 목표는 조직이 달성하려는 미래의 바람직한 상태로 조직에는 일반적으로 상충될 수도 있는 복수의 목표가 있다. 이러한 조직의 목표와 개인의 목표는 거의 상충되어 존재하는데, 이것들을 통합시키는 것이 조직관리의 차원에서 매우 중요하다(이창원·최창현, 2008: 27). 이처럼 조직은 당연히 추구해야 하는 목표가 설정되어야 하고, 그 설정된 목표를 달성하기 위해 조직구성원을 채용 및 관리하고 조직 내의 질서를 유지한다.

사람들이 공동의 목표를 달성하기 위해 조직을 형성하고 나면, 목표를 달성하는 데 필요한 모든 활동을 효과적으로 통제하기 위해 조직구조가 발달하게 된다. 조직구조는 규칙·과업·권한 관계의 공식적인 체계로 정의할 수 있는데, 조직구조에 의해 과업의 할당 방식, 보고 체계, 공식적인 통합, 상호작용 패턴, 자원 할당 등이 결정된다. 즉, 조직구조는 조직의 성공적인 활동을 위해 필요한 일과 부서, 직위나 권한 관계 등을 안정적으로 짜놓은 틀 또는 뼈대를 의미한다(박경원·김희선, 2002: 46).

조직효과성을 이해하는 첫 단계는 조직목표에 대한 이해에서 출발한다. 조직효과성을 조직목표를 달성한 정도로 본다면, 조직효과성과 조직목표는 떼려야 뗄 수 없는 개념이다(김인수, 1995: 251-252). 이처럼 조직목표는 조직이 실현하고자 하는 바람직한 상태이며, 조직효과성은 조직이 실현하고자 하는 바람직한 상황을 얼마나 잘 달성하는가의 문제이다(박경원·김희선, 2002: 52). 특히, 소방조직의 목표는 「소방기본법」 제1조에 명시된 것처럼 화재를 예방·경계하거나 진압하고 화재, 재난·재해, 그 밖의 위급한 상황에서의 구조·구급활동 등을 통해 국민의 생명·신체 및 재산을 보호함으로써 공공의 안녕 질서 유지와 복리 증진에 이바지함에 있고, 소방조직의 효율성을 극대화하기 위해 중앙 및 지방자치단체의 소방조직이 여러 차례 바뀌었다.

제 3 절 조직의 중요성

모든 조직에는 시간이 흐름에 따라 신념, 상징 체계, 의례, 신화, 관행 등이 생겨나게 되는데, 바로 이러한 것들이 우리의 조직은 어떤 조직이고, 왜 중요한지 알아야 하며, 조직의 구성원으로서 어떻게 행동해야 하는가에 대한 구성원들 사이의 공통적인 이해를 형성하게 되고, 조직 내의 행태를 형성하고 통제하며, 직면하는 상황에 대처하는 방법, 조직을 둘러싸고 있는 환경을 해석하는 등 조직의 중요성이 강조되어야 한다(박경원·김희선, 2002: 47).

일반적으로 조직의 중요성은 아무리 강조해도 지나치지 않다. 현대 사회에서 조직은 여러 가지 이유로 다양하게 존재하고 그 중요성도 서로 상이하다. 즉, 학교 및 학원조직은 학생들의 교육을 책임질 것이고, 이익을 추구하는 기업조직은 좀 더 잘살기 위해서일 것이고, 병원조직은 환자를 치료하는 것이고, 사회봉사를 하는 사회복지조직은 많은 사람에게 동등한 기회와 혜택을 주기 위해 모두 중요하다.

이러한 조직들과 달리 소방조직은 화재, 가스 폭발, 홍수, 태풍, 지진 등 재난이 발생하면, 너무도 긴급한 순간 현장에 출동하여 진압, 구조 및 구급활동을 펼쳐 국민의 생명과 재산을 보호하기 때문에 그 중요성은 더할 것이다.

제 4 절 조직의 유형

1. 에치오니의 분류

에치오니(Amitai Etzioni)는 조직을 강제적 조직, 공리적 조직, 규범적 조직으로 유형 구분을 하고 있다.

강제적 조직은 구성원의 조직 권위에 대한 복종이 구성원 자신의 의지나 의사에 반해 이루어지는 조직으로 보호감호소, 교도소, 수용소, 격리 목적의 정신병원 등이 이에 해당한다.

공리적 조직은 구성원의 조직 권위에 대한 복종이 조직으로부터 제공되는 일정한 반대급부, 또는 그러한 반대급부가 제공되리라는 기대되는 조직으로서 기업체 조직이 이에 해당한다.

규범적 조직은 조직구성원의 조직 권위에 대한 복종이 조직으로부터의 반대급부에 대한 기대에 기초한 것이 아니라, 구성원의 가치관에 기초하여 이루어지는 조직을 말하는데, 종교조직, 학교, 연구소 등이 이에 해당한다.

2. 블라우와 스콧의 분류

블라우(Peter M. Blau)와 스콧(W. Richard Scott)은 조직이 생산하는 재화·서비스의 주수혜자를 기준으로 하여 호혜결사, 사업조직, 봉사조직, 공익조직 등 네 가지로 분류했다.

노동조합이나 이익집단 등 조직의 구성원 전체가 주수혜자가 되는 조직을 호혜결사라 하고, 사기업체와 같이 조직의 소유자가 주된 혜택을 입는 조직을 사업조직이라 부른다. 이러한 조직들은 주수혜자가 조직 내부에 존재하는 데 대해, 조직 외부에 있는 사람들이 주수혜자가 되는 경우도 있다.

표 3-1-1 블라우와 스콧의 분류

주수혜자의 소재	주수혜자	조직 유형	예
조직 내부	구성원 전체	호혜결사	노동조합, 이익집단
	조직 소유자	사업조직	사기업
조직 외부	특정 고객	봉사조직	법률사무소
	일반 국민	공익조직	일반행정조직, 공기업체

3. 리커트의 분류

리커트(Rensis Likert)는 조직의 의사결정 과정에 대한 일반 구성원의 참여도를 중심으로 조직을 네 가지 유형으로 구분했다. 일반 구성원이 조직의 의사결정 과정에 어느 정도나 참여할 수 있느냐 하는 것은 상관이 부하를 얼마나 믿느냐에 따라 달라진다. 상관이 부하를 신뢰할수록 참여도가 높아지고, 불신하는 정도가 높을수록 참여 기회는 제한될 것이다.

리커트는 상관이 부하를 완전히 불신하는 조직을 권위적·수탈적 체제로 분류하면서 이를 관리 체제 Ⅰ이라고 부른다. 상관이 부하를 약간 신뢰를 하기는 하나 여전히 불신의 정도가 높은 조직을 권위적·온정적 체제 또는 관리 체제 Ⅱ라고 부른다. 상관이 부하에 대해 상당히 높은 정도의 신뢰감을 갖고는 있으나 약간 불신하는 측면도 있는 조직이 있을 수 있는데 이를 민주적·협의적 체제라 부르며, 관리 체제 Ⅲ이라 하기도 한다. 마지막으로, 상관이 부하를 완전히 신뢰하는 조직의 경우에는 조직의 의사결정 과정에 전 구성원의 광범위한 참여가 이루어진다. 이를 일컬어 민주적·참여적 체제 또는 관리 체제 Ⅳ라 부른다.

4. 파슨스의 분류

파슨스(Talcott Parson)는 사회 체계의 여러 하위 체계가 수행하는 기능에 상응하여 조직을 경제적 조직, 정치조직, 통합조직 및 형상 유지조직 등 네 가지로 나누고 있다. 즉, 사회 체계를 구성하는 하위 체계를 적응 기능 하위 체계, 목표 달성 기능 하위 체계, 형상 유지 기능 하위 체계 및 통합 기능 하위 체계 등 네 가지로 나눈 바 있다.

적응 기능 하위 체계는 국가사회가 환경 변화에 신축적으로 적응하도록 하는 역할을 수행하는 하위 체계이다. 이러한 기능을 수행하는 조직을 경제조직이라 부른다. 목표 달성 기능 하위 체계는 국가사회가 추구하는 목표, 예컨대 통일이라든가 국민복지의 향상, 치안 유지 등과 같은 사회가 추구하는 바람직한 상태의 달성을 그 주된 임무로 하는 하위 체계이다.

형상 유지 기능 하위 체계는 사회의 특징적인 모습을 유지하는 기능을 수행하는 체계이다. 우리나라의 학교는 학생들을 미국이나 일본의 시민이 아니라 대한민국의 건전한 시민으로 육성하는 일을 한다.

통합 기능 하위 체계는 지역이나 종교, 계층, 성 등 매우 다양한 이질적인 요소들을 하나로 묶어내는 기능을 담당한다. 이러한 기능을 수행하는 조직을 통합조직이라 부르며, 정당이 그 대표적인 예이다.

표 3-1-2 파슨스의 분류

체제의 기능	적응 기능	목표 달성 기능	통합 기능	형상 유지 기능
조직 유형	경제조직	정치조직	통합조직	형상 유지조직
예	회사, 공기업 등	행정기관	정당, 사법기관	문화조직(박물관), 종교기관, 교육기관

5. 베니스의 분류

베니스(Warren G. Bennis)는 조직이 수행하는 기능에 따라 조직을 습관적 조직, 문제 해결 조직, 교화적 조직, 서비스 조직 등으로 분류했다.

습관적 조직은 반복적인 과정을 거쳐서 표준화된 생산물을 산출해 내는 조직을 말한다. 예로서는 고도의 자동화·기계화된 시설을 갖춘 공장을 들 수 있다.

문제 해결 조직은 어떤 문제를 해결하기 위해 새로운 아이디어를 창안해 내는 것을 기능으로 하는 조직을 말한다. 예로서 연구기관이나 상담기관 등을 들 수 있다.

교화적 조직은 인간의 행태나 태도, 지식, 습관 등을 계획적으로 변화시키는 것을 주요 기능으로 하는 조직을 말한다. 예로서 대학, 병원, 교도소 등을 그 예로 들 수 있다.

서비스 조직은 일반 대중이나 다른 조직에 직접적으로 서비스를 제공하는 조직을 말한다. 정부나 기업 등을 그 예로 들 수 있다.

C·H·A·P·T·E·R

02 조직이론의 발달 과정

제 1 절 고전적 조직이론

고전이론은 과학적 관리론, 관료제론, 조직원리론을 중심으로 발달했다.

1. 과학적 관리론

과학적 관리론은 ① 과학적 분석에 의해 유일 최고의 작업 방법을 발견할 수 있다는 점, ② 과학적 방법에 따른 생산성 향상은 근로자와 경영자를 다 같이 이롭게 해 주며, 나아가 공익을 보호할 수 있다는 점, ③ 조직 내의 인간은 경제적 유인에 의해 동기가 유발되는 타산적 · 합리적 존재라는 점, ④ 조직의 목표는 명확하게 알려져 있고 과업은 반복적이라는 점 등을 기본 전제로 삼았다(오석홍, 2003: 20).

1) 개 념

최소의 노동과 비용으로 최대의 생산 효과를 확보할 수 있는 최선의 작업 방법을 찾아내기 위한 조직이론이다. 합리적 측정과 낭비 및 중복의 제거, 최선의 방법의 모색을 통한 조직의 생산성 향상을 추구하는 관리합리화 운동의 하나로 발전했다.

2) 주요 이론가

과학적 관리론을 테일러 시스템으로 부르는 것은 테일러가 과학적 관리론을 전개하는 데 핵심적인 역할을 수행했고, 로완(B. Rowan), 갠트(H. L. Gant), 길브레스(F. Gilbreth), 페이욜(H. Fayol), 포드(H. Ford) 등도 과학적 관리론의 발전에 기여했다.

3) 원 리

테일러(F. W. Taylor)는 근로자들의 조직적 태업의 원인을 ① 기계의 생산성 향상이 실업을 증대시킨다는 사고, ② 고의적 과업 지연이 개인의 이익을 증대시켜 준다는 사고, ③ 주먹구구식 작업 방식의 만연에서 찾고, 이에 대한 해결 방안 관리의 과학화를 모색했다(박연호, 2000).

조직을 관리하는 원리로서 진정한 과학의 발전, 직원의 과학적 선발, 직원의 과학적 훈련과 발전, 관리자와 직원 간의 긴밀한 협동 등이 있다.

과업관리의 5대 원리로서 테일러는 ① 근로자들에게 과업을 부여하고 이를 달성케 하는 데에 모든 근로자에게 명확하게 정한 충분한 과업을 부여할 것이고, ② 근로자가 과업을 확실히 수행할 수 있도록 표준적 여건을 마련해 줄 것이며, ③ 과업을 달성했을 경우 충분한 보상을 해 줄 것이고, ④ 과업 달성에 실패했을 경우, 임금 삭감을 통한 경제적 불이익을 줄 것이며, ⑤ 과업은 일류의 노동자만이 달성할 수 있을 정도로 곤란도가 높을 것이라는 원리를 준수해야 한다고 주장했다.

4) 특 징

과학적 관리론에서 가정하고 있는 인간형은 경제적·합리적 인간, 수동적·피동적 인간, 종속변수로서의 인간, 기계적 인간이라 할 수 있다.

동기 유발 또는 동기부여란 인간으로 하여금 목표 달성을 위해 열심히 움직이도록 하는 계기를 마련해 주는 것을 말한다. 성과급을 지급하거나 감봉 처분을 하는 등의 경제적 유인을 제공함으로써 근로자, 즉 조직구성원들의 동기 유발을 꾀한다.

성과급이나 감봉 등의 경제적인 보상과 징벌 수단의 동원을 통해 동기 유발을 기한다는 점에서 권위주의적인 조직관리를 선호한다.

또한 집권적 의사결정에 의존한다. 집권적 의사결정이란 조직의 모든 중요한 결정을 최고관리자가 내리는 것을 말한다. 구성원 개개인이 달성해야 할 목표량은 구성원들의 참여나 구성원과의 협의나 합의에 의하는 것이 아니라, 최고관리층의 결정에 의존한다는 점에서 집권적 의사결정 방식을 따른다고 할 수 있다.

상의하달적 의사전달이 주로 활용된다. 즉, 조직의 최고관리층에서 의사결정을 하고, 지시·명령과 같은 상의하달을 통해 결정된 의사를 집행하는 체제를 유지한다.

과학적 관리론은 조직구성원 개개인의 기량을 최대한 발휘하게 함으로써, 생산성 향상을 기한다는 점에서 상호 간의 경쟁에 의한 생산성 향상을 도모한다.

5) 평가 및 한계점

과학적 관리론은 직무를 전문화하고 대량 생산을 가능하게 함으로써 미국 산업계에 막대한 영향을 미쳤다. 또한 생산성 극대화를 위한 효율적인 관리 방법을 모색·개발함으로써 체계적인 조직연구에 선구적 역할을 했고, 폐쇄·합리적 조직이론의 기틀을 마련하는 데 큰 도움을 주었다(Moorhead & Griffin, 2004: 11-12).

이렇게 과학적 관리론은 기업경영과 행정관리에서 능률성 향상에 크게 기여한 바 있다. 그러나 여러 가지 문제점도 발견되었다.

첫째, 인간적 요인을 과소평가한다. 조직은 인간으로 구성되어 있기 때문에 인간의 감정이나 정서가 조직을 운영하는 데 매우 중요한 요소임에도 불구하고, 과학적 관리론은 인간적 요인을 배제하는 데 역점을 둔다.

둘째, 인간의 개성을 무시하며, 인간을 기계 또는 기계의 부속품으로 취급하고, 인간의 합리적·경제적 측면을 지나치게 강조한다.

셋째, 민간 부문의 능률 원리를 행정에 기계적으로 적용하는 데는 한계가 있다.

즉, 순전히 이윤 동기에 입각한 민간 부문의 능률 원리를 공익이나 사회적 가치를 중시하는 행정에 그대로 도입하여 적용하는 것은 무리이다.

2. 관료제론

1) 개 념

관료제론을 최초로 전개한 사람은 베버(Max Weber)이다. 그는 관료제를 지배의 수단으로 파악하고, 지배 유형에 따라 지배 수단으로서 관료제의 형태도 달라져야 한다는 입장에서 근대관료제론을 주장했다. 따라서 그의 관료제론은 지배유형론과 밀접한 관련성을 갖는다.

2) 분 류

베버는 권한의 형태에 따라 전통적 권한, 합리적 · 법적 권한, 카리스마적 권한 형태로 분류했다.

전통적 권한은 전통적인 것을 신성한 것으로 인식하고 전통이 규정하는 범위 안에서 지배자는 권한을 행사하며 피지배자는 이러한 권한에 복종하는 관계를 말하고, 합리적 · 법적 권한은 조직의 규범적 규칙이 합리적 · 합법적으로 제정되어 이렇게 제정된 규칙에 복종하는 것이 정당한 것으로 간주되는 권한을 말하며, 카리스마적 권한은 지배자에 대한 개인적인 헌신과 충성을 바탕으로 한 것으로서, 카리스마를 가진 지배자와 헌신적인 복종자 사이에 아주 개인적이고 밀접한 관계가 존재하는 권한을 말한다(이창원 · 최창현, 2008: 63).

이와 같은 분류를 통해 베버는 합리적 · 법적 권한을 기초로 한 합리적인 관료제를 조직의 구조로 규정할 경우 가장 효율적이고 합리적인 조직을 이룰 수 있다고 주장했다(오석홍, 2003: 408-409).

3. 조직원리론

1) 개 념

조직원리론은 행정관리학파에 속한 이론으로서 정치 · 행정이원론, 공사행정동질론에 기반을 두고 있다. 관련 학자로는 페이욜(H. Fayol), 무니(J. D. Mooney), 레일리(A. C. Reilly), 귤릭(L. Gulick) 등이 있다.

조직원리론은 "조직을 지배하는 보편적인 원리가 존재한다"는 가정에 입각해서 그러한 원리를 연구하는 학문적 노력을 말한다. 이러한 의미에서 조직원리론은 전형적인 공사행정동질론, 즉 정치 · 행정이원론적 입장에 처한 이론이라 할 수 있다.

조직의 주요 원리로서는 계층제의 원리, 통솔 범위의 원리, 전문화의 원리, 명령 통일의 원리, 조정의 원리 등이 있다.

과학적 관리론, 관료제론 등과 함께 조직학의 출범 초기에 그 기초를 쌓는 데 크게 기여했는데, 그들이 제시한 관리의 원리는 비록 보편적인 것이 아니라고는 하나 아직도 조직설계와 운영의 실제에서 중요한 기준을 제시하고 있다(오석홍, 2003: 22).

2) 평가 및 한계점

조직원리론을 비판한 대표적인 학자로서 사이먼(H. A. Simon)과 왈도(D. Waldo) 및 골렘비브스키(R. Golembiewski)를 들 수 있다.

사이먼은 "행정원리론은 격언 · 속설에 지나지 않는다"라고 비판함으로써 그 과학성을 부정했다. 그는 특히 단순한 기술마저도 속설에 바탕을 둘 수는 없다고 하면서 조직원리론의 비과학성을 비판했다.

왈도는 조직 원리를 "능률성의 복음"이라는 표현을 쓰면서 조직원리론이 띠고 있는 능률지상주의적 경향의 위험성을 경고함으로써 원리론을 비판했다.

골렘비브스키는 고전적 원리론을 압력이론이라고 비판하고, 조직구조 설계에서 수정이론으로서 견인이론을 제시했다.

제 2 절 인간관계론

신고전적 이론으로 불리는 인간관계론은 과학적 관리론의 한계에 대한 비판과 반성으로부터 출발한 이론이다. 인간관계론이 발전하게 된 계기는 호손실험이다.

1. 호손실험

호손(Hawthorne)실험은 미국 시카고 근교에 있는 서부전기회사(Western Electric Company)의 호손공장에서 실시된 일련의 실험으로서 하버드 경영대학의 메이요(G. E. Mayo) 교수와 화이트헤드(A. Whitehead), 뢰슬리스버거(F. J. Roethlisberger) 등의 노력에 힘입은 바 크다.

1) 사회적 능력과 사회적 규범에 의한 생산성의 결정

생산성은 근로자의 물리적 · 육체적 능력, 그리고 공식적 규범이 아니라 사회적 능력과 비공식 집단에서 자생적으로 형성된 규범에 의해 결정된다.

2) 생산성에서 사회심리적 요인의 중요성 인식

생산성은 물리적 여건의 합리화에 의해서가 아니라 근로자들의 사회심리적 요인에 의해 결정된다.

3) 사회적 보상과 제재에 의한 동기부여

근로자들은 성과급이나 감봉 처분과 같은 경제적인 보상과 제재에 의해서가 아니라 비공식집단 내에서 이루어지는 사회적 보상과 제재에 의해 동기가 유발된다.

4) 비공식집단의 중요성 부각

비공식집단에서 형성된 비공식적 규범과 권위가 공식적 규범과 권위에 우선하여 작동한다는 사실이 밝혀짐으로써, 과학적 관리법처럼 비공식집단을 무시할 것이 아니라 이의 적극적인 관리의 필요성과 중요성이 인식되었다.

5) 의사소통의 원활화와 참여의 중요성 인식

하의상달의 허용과 비공식집단 내에서의 횡적인 의사전달로 인해 조직 내 의사소통의 원활화를 꾀함으로써 조직의 활성화를 기할 수 있다. 또한 의사결정 과정에 일반 구성원들의 참여를 허용함으로써 이들의 사기를 높일 수 있다.

6) 민주적 리더십의 중요성

조직의 구성원들은 자신들의 업무를 감독자의 간섭 없이 스스로 관리할 수 있을 때 능력을 최대한 발휘할 수 있다. 따라서 권위적 조직관리보다는 민주적인 조직관리가 훨씬 바람직하다.

7) 사회적 인간관의 부각

인간은 개인으로서가 아니라 집단의 일원으로서 행동하며, 인간은 경제적·합리적 존재가 아니라 사회적 존재이다. 따라서 성과급과 같은 경제적 유인의 제공에 의한 개인 간의 경쟁을 유도하기보다는 집단구성원 간의 협조와 인화를 도모하는 것이 생산성 향상에 더 기여한다.

2. 특 징

인간관계론은 사회적 인간관, 능동적·적극적 인간관, 독립변수로서의 인간관, Y이론적 인간관에 입각해 있고, 조직구성원의 동기부여에서 과학적 관리론은 경제적 유인의 제공에 주로 의존하는 데 비해, 인간관계론은 사회심리적 욕구의 충족을 중시하게 되었다.

의사결정 과정에 조직의 일반 구성원을 참여시킨다거나 권한의 하향 위임을 통한 분권적 의사결정의 필요성을 강조하고, 이상과 같은 조직관리를 위해서는 과학적 관리론처럼 상의하달에만 의존할 수는 없으며, 하의상달과 수평적 의사전달이 활발하게 이루어져야 한다.

직장 내에 비공식적인 집단이 존재하고 이것이 조직의 공식적 목표 수행 활동에 많은 영향을 미친다는 사실이 발견되었으며, 따라서 조직의 운영에서 비공식집단을 어떻게 관리할 것인가가 중요한 변수로 등장했다.

과학적 관리론이 동료 종업원들 사이의 경쟁에 의한 생산성 향상을 추구한 반면, 인간관계론에서는 동료들 사이의 협력에 의한 생산성 향상을 기한다.

과학적 관리론이 추구한 능률성은 계량적·공리적 의미의 능률성으로서 이는 기계적 능률관에 입각한다고 할 수 있지만, 인간관계론은 능률성을 제고하는 데 인간적 요인을 고려한다. 즉, 인간의 만족감을 충족시키면서 능률성을 달성할 수 있는 방법을 모색한다는 점에서 과학적 관리론의 능률성과는 다르다. 그와 같은 의미에서 인간관계론적 능률성을 사회적 능률성이라 할 수 있다. 사회적 능률성은 민주성과 능률성을 조화시키는 방안이라 하겠다.

3. 평가 및 한계

인간관계론은 중간관리층 역할의 중요성 인식, 인사행정의 개선과 적극화, 민주적 행정관리의 지향, 비공식집단의 중시, 행태론의 발달에 영향을 주는 등 행정이론 및 실무에서 긍정적인 영향을 미친 것으로 평가된다.

하지만, 인간의 감정 논리를 강조함으로써 인간의 이성적인 측면을 지나치게 등한시하게 되었고, 비록 조직에서 인간적인 측면을 중시하기는 하나 인간을 목적으로서 취급하는 것이 아니라, 생산성 향상을 위한 수단으로서 취급한다는 한계점을 안고 있다. 인간을 사회인적인 측면에서만 파악하고 합리적 경제인관을 과소 평가함으로써 인간의 자기 이익 추구 행동을 설명하지 못했다.

제 3 절 행정행태론

행정행태론은 행태론적 접근법을 동원하여 행정조직을 형성하는 인간의 행동을 과학적 · 체계적으로 연구하는 노력을 총칭하는 말이다. 이는 인간관계론과 1940년대에 등장한 행태론적 접근법의 영향을 받은 것이다.

1. 행태론

행태론은 인간의 행동을 연구 대상으로 한다. 여기서, 인간의 행동은 인간 내면을 형성하는 가치관, 욕구, 태도, 동기와 겉으로 표출된 행동을 함께 일컫는 말이고, 인간 행동에서 법칙성 · 규칙성의 존재를 가정한다. 다시 말해서, 인간의 내면세계와 표출된 인간 행동 사이에 어떤 법칙적 관계가 존재한다는 것을 가정한다.

인간의 행동을 지배하는 법칙을 발견함으로써 인간의 행동에 대한 과학적 이해와 설명 및 예측을 도모한다. 즉, 행태과학은 인간 행동을 구성하는 변수 사이의 인과 관계나 상관 관계를 밝힘으로써, 인간의 행동을 지배하는 법칙을 발견하려는 순수과학적 노력이라 할 수 있다.

행태과학은 연구로부터 의미 있는 결론을 얻기 위해 엄격한 자연과학적 방법론에 의존한다. 그러한 방법론으로서 실험, 준실험, 관찰, 현장답사 등을 들 수 있으며, 인간의 내면 세계를 관찰하기 위해 면접이나 설문조사와 같은 서베이법이 동원된다.

가설 설정과 가설 검증을 통해 인간 행동을 지배하는 법칙을 객관적으로 입증한다. 가설 설정은 어떤 사실과 다른 사실 사이의 관계성 존재에 관한 가설을 설정하는 것이고, 가설 검증은 현실의 경험을 통한 가설의 참 · 거짓을 객관적으로 증명한다.

2. 행정행태론

행정행태론이란 행태론적 접근법을 행정 현상의 연구에 적용하여 행정 현상을 설명하려는 행정학이론으로 행태론적 접근법을 행정학에 적용을 시도한 초기의 노력에 중요한 역할을 한 사람은 바너드(C. I. Barnard)와 사이먼(H. A. Simon)이다. 사이먼은 행정연구의 요체는 의사결정에 관한 연구이며, 이러한 연구는 경험적·실증적 방법에 의해 연구되어야 한다는 입장을 취했다.

행정행태론의 특징은 다음과 같다.

첫째, 행정조직의 의사결정 과정에 대한 연구 관심을 집중시킨다. 행정조직 내에서는 정책결정과 집행결정이 이루어지는데, 집행결정에 연구의 초점을 맞춘다.

둘째, 행정행태론은 행정조직 내에서 정책결정과 집행결정이 이루어지고 있다는 점을 지적함으로써, 사실상 정치와 행정의 연속체적 성격을 인정하고 있다.

셋째, 행정행태론은 논리실증주의와 가치사실이원론을 바탕으로 전개된다. 이는 과학적 연구를 위한 방법론적 기초를 이룬다.

넷째, 경영행정동질론 또는 공사행정일원론적 관점에 입각한다. 즉, 조직구성원의 행동을 지배하는 보편적인 법칙을 발견하기 위해서는 행정조직과 경영조직을 구분할 필요가 없다.

그러나 행태론은 연구의 신뢰도를 확보하기 위해 변수의 계량화와 측정을 엄격히 요구하는데, 이러한 요구를 충족시켜주는 연구 대상은 행정 현상에서 사실상 제한되어 있다. 또한 행정행태론에서 연구 초점을 행정조직 내의 의사결정 과정에 맞춤으로써, 의사결정 외의 중요한 행정 현상들을 연구 대상에서 제외시키는 결과를 초래했다.

행태론은 연구자나 관찰자로 하여금 자신의 주관·가치관을 완전히 배제하도록 요구하고 있으나, 현실적으로 자신의 주관을 완전히 배제한 채 순수객관적인 입장에서 현실을 관찰하기란 어렵다.

제 4 절 체계이론

체계의 개념에 대해 여러 학자들이 다른 의견이 제시되지만 일련의 연관된 요소, 연관된 요소들의 공동 목표 달성 지향, 연관된 요소들이 하나의 총체적인 관계 형성 등이 포함되어야 한다는 것에 대해서는 일반적으로 공통된 인식을 보이고 있다(오석홍, 2003: 49).

체계란 하나의 실체인 바 그 안의 모든 것은 모든 것에 연관되는데, 체계는 전체의 목적을 위해 함께 일하는 부분으로 구성된다(Henry, 1992). 즉, 연구 대상을 하나의 개방 체계로 인식하고 연구 대상과 주변 환경 사이의 상호 역학적 관계에 역점을 두는 연구접근법을 말한다.

특히, 행정학에서는 행정조직 내부의 구조나 인간에만 역점을 두던 종전의 연구 경향에서 벗어나 행정 현상이나 행정조직을 연구할 때 그 환경과의 관련성을 분석하게 된 계기를 마련했다.

1. 체계의 종류

1) 폐쇄 체계

환경과 전혀 교류가 없는 체계이다. 폐쇄체계관적 조직이론은 조직을 진공 속에 존재하는 어떤 실체로 가정하는 이론으로서, 조직과 환경과의 관계는 고려하지 않고 조직 내부만 연구 대상으로 삼는 이론이다. 베버의 관료제론, 과학적 관리론, 조직원리론 등은 폐쇄체계관에 입각한 대표적인 이론이다.

2) 개방 체계

환경과 끊임없이 교류를 하면서 생존을 유지하는 체계를 말한다. 이는 체계를 살아 있는 생명체, 즉 유기체로 간주하는 입장이다. 개방체계관적 조직이론은 조직을 하나의 유기체로 간주하고 조직과 환경 사이의 상호 역학 관계를 분석하는 연구 경향이다.

2. 개방 체계의 개념

첫째, 개방 체계는 여러 개의 부분으로 구성된 하나의 전체이다. 이러한 의미에서 개방 체계이론은 전체성을 강조하는 거시적 분석이론이라 할 수 있다.

둘째, 하나의 체계는 경계를 중심으로 환경과 내부가 구분된다. 개방 체계는 경계를 창구로 하여 환경과 끊임없이 역동적인 상호작용을 한다.

셋째, 체계는 환경과 끊임없이 교류를 하면서 생존을 유지한다. 체계는 살아 있는 어떤 실체이며 환경과 영향을 서로 주고받으면서 그 생명력을 이어간다. 이러한 의미에서 개방 체계는 유기체로 인식된다.

넷째, 부분들 사이에는 상호 의존적 · 역동적 관계가 존재한다.

다섯째, 하위 체계는 각기 어느 정도의 독자성 · 자율성을 유지한다. 사법 체계의 경우, 그 하위 체계들은 서로 독자성과 자율성을 갖고 움직인다. 즉, 개방 체계의 하위 체계들은 상호 의존적이면서도 독자적으로 운행한다.

3. 체계의 요소

1) 투 입

환경으로부터 체계에 유입되는 물자 · 정보 · 에너지 등을 말한다. 행정 현상에서는 인적 · 물적 투입과 요구 · 지지 · 반대 등이 포함된다. 예컨대, 조세를 징수하는 것은 행정 체계를 운영하는 데 필요한 물적 투입이며, 공무원을 채용하는 것은 인적 투입이다.

2) 전환 과정

투입물을 가공 · 처리하여 산출물로 변환시키는 과정으로서 행정 현상에서는 행정조직 내부를 말한다. 변환 과정이라고도 한다. 고객의 요구를 행정조직에 대한 투입이라고 할 때, 그러한 요구를 충족시키기 위한 수단을 마련하고 조직이 보유하고 있는 인적·물적 자원을 동원하는 것은 전환 과정이라 하겠다.

3) 산 출

체계 내부로부터 환경으로의 유출물을 가리킨다. 행정 현상에서는 행정 서비스나 정책 등이 이에 해당한다. 고객의 요구나 여망이 행정 체계에 대한 투입이고, 이를 실현할 수 있는 각종 조처를 마련하는 것이 전환 과정이라면, 이와 같은 조처를 실행하겠다는 의지를 표명하는 것이 정책이며, 조처의 실행은 행정 서비스가 된다.

4) 환 류

체계의 활동 결과에 대한 환경의 평가를 담은 정보 또는 신호를 일컬어 환류라 한다. 이는 산출을 다음 단계의 투입으로 연결시켜 주는 역할을 한다. 환류작용으로 인해 체계의 순환·반복적 활동이 이루어지며, 따라서 환류작용으로 말미암아 체계는 그 생존을 유지한다고 할 수 있다.

4. 특 징

체계이론은 환경에 대한 조직의 의존성을 인정함으로써 조직과 환경의 상호연관성을 연구 관심에 포함시키게 되었다.

체계이론은 조직 운영에서 유일 최선의 방식이 존재하지 않는다는 사실을 인정한다. 즉, 다수의 서로 다른 조직 장치가 나름대로 성공적일 수 있다는 점을 인정하고, 체계적 관점은 조직이 환경에 미치는 영향에 관한 정보의 필요성을 강조한다.

체계적 접근법은 전체로서의 체계(행정 체계, 조직 등)와 환경 상호 간의 관계에 역점을 두며 고전이론이나 신고전이론과는 달리 체제 내부에서 이루어지는 구체적인 과정에 대해서는 관심이 없다.

5. 평가 및 한계점

체계이론은 본질적으로 보수주의적이며 현상 유지에 치중한다. 체계이론은 현실의 분석에서 기존의 여건을 주어진 것, 고정의 것으로 받아들이고 변화에 대해 부단한 관심을 갖는 행정학과 같은 분야에서 대폭적인 변화를 다루지 않는다.

체계적 접근법은 거시적 분석에 치중함으로써 체계 내부의 구체적인 과정을 간과하며 이론에 치우치는 경향을 보인다. 이러한 맹점을 보완하기 위해서는 중범위이론의 적용이 필요하다. 중범위이론은 검증 가능성과 측정 가능성을 증대시켜 줌으로써 거시적 관점을 현실적이고 운영적인 조직 과정으로 확장시켜 준다.

환경을 독립변수로, 조직을 종속변수로 각각 인식하고 조직을 분석하기 때문에 환경의 변화가 없는 한 조직의 변화도 기대하지 않는다.

C·H·A·P·T·E·R

03 소방조직 체계

제 1 절 조직구조

1. 조직구조의 변수

조직구조는 건물의 골격에 해당하는 것으로서 그 가장 기본적인 단위는 역할이라 할 수 있다. 여기서, 역할이란 사회적인 규범에 기초해서 일정한 기대를 받는 지위를 말한다.

사회적 규범이라고 하는 것은 사회구성원의 행동을 규율하는 규범으로서 윤리・도덕이나 사회적 통념 등과 같은 것을 포괄하는 개념이다. 조직의 법규나 조직문화 등은 사회적 규범의 예라 하겠다.

조직의 구조를 결정짓는 변수로서 일반적으로 복잡성, 공식화, 집권화 등을 들고 있다.

1) 복잡성

복잡성은 조직 목적을 달성하기 위한 활동이 분화되어 있는 정도를 말한다. 그런데 이 분화는 수평적 분화와 수직적 분화, 그리고 장소적 분화의 세 가지를 포괄하는 개념으로 인식되고 있다(Hall, 1991). 즉, 복잡성은 조직 내 역할의 수직적·수평적·지역적 분화의 정도를 말한다. 이는 다른 측면에서 보면 전문화의 정도라 할 수 있다.

조직 내 역할이 수평적·수직적·지역적 분화의 정도가 심할수록 조직의 복잡성은 높아진다. 조직이 성장·발전할수록 복잡성이 높아지나 양자는 반드시 정비례하는 것은 아니다.

2) 공식화

공식화란 누가, 언제, 어떻게 과업을 수행해야 하는가를 구체적으로 지시하는 규칙과 규정의 정도를 일컫는다. 물론 규정과 규칙이 반드시 문서화되어 있을 필요는 없다. 문서로 되어 있지 않는 규범이나 표준적인 요령 등도 문서화된 것 못지않게 구성원의 행위를 구속하게 된다(김병섭·박광국·조경호, 2009: 97). 즉, 공식화란 조직구성원의 행동이 얼마나 일정성·규칙성·몰인격성을 갖는가 하는 정도를 말한다. 다시 말해서, 조직구성원의 역할이 얼마나 객관적이고 안정적으로 규정되고 있는가 하는 것이 공식성의 문제인 것이다.

3) 집권화

조직의 의사결정권이 조직의 어느 한 점에 집중되어 있는가, 아니면 여러 곳에 분산되어 있는가의 정도를 말한다. 즉, 조직 내 의사결정을 하는 역할이 조직의 최고관리층에만 독점적으로 부여되고 있는가, 아니면 여러 계층에 걸쳐 골고루 주어져 있는가 하는 문제인 것이다. 의사결정권이 조직의 정점, 즉 최고관리층에 집중되어 있을수록 집권화되어 있다고 한다. 또한 집권화는 권한에 대한 배분과의 관련성이 있어 조직구조의 특성을 분석하는 데 가장 중요한 지표이다.

2. 조직 규모와 조직구조의 관계

1) 복잡성과의 관계

조직 규모가 커지면 일정 규모까지는 복잡성이 증대하다가 어느 수준부터는 체감한다. 즉, 조직 규모가 커질수록 일정 수준까지는 전문화가 지속되다가 그 이후부터는 전문화의 속도가 떨어진다. 같은 맥락에서, 소규모 조직에서는 조직 규모와 복잡성의 관계가 높으나 대규모 조직으로 갈수록 양자 간의 관계는 저하된다.

2) 공식화와의 관계

규모가 커질수록 공식화의 정도가 높아진다. 다시 말하면, 조직의 규모가 커질수록 대면적 리더십이 허용되지 않고 최고관리층의 직접적 감독의 수준이 떨어지기 때문에 법규나 절차에 의존하는 정도가 높아지는 것이다. 또한 규모가 커질수록 조직 내 대인 관계는 점차 몰인격성을 띠게 된다.

3) 집권화와의 관계

조직 규모와 집권화 사이에는 강한 역관계가 존재한다. 소규모 조직에서는 최고관리자에 의한 집권적인 의사결정이 가능하나 대규모화할수록 의사결정권의 위임은 불가피하다. 조직의 규모가 커질수록 분권화가 촉진된다.

3. 기술과 조직구조의 관계

기술이란 조직이 그 투입을 어떻게 산출로 전환하는가 하는 것과 관련된다. 모든 조직은 인적 · 재정적 · 물리적 자원을 상품이나 서비스로 변환시키는 데 하나 이상의 기술을 사용한다.

1) 복잡성과의 관계

조직이 사용하는 기술이 대체로 일상적인 기술일수록 복잡성이 높고 비일상적인 기술일수록 복잡성이 낮아진다. 반복은 필연적으로 수평적·수직적 분화를 증가시키며 이로 인해 고층의 복잡한 구조가 발생한다(Hage & Aiken, 1969: 366-367).

2) 공식화와의 관계

일상적인 기술일수록 공식화가 높고 비일상적인 기술일수록 공식화는 낮아진다. 일상적인 기술일수록 예측 가능성이 높기 때문에 조직의 하위 계층에서는 작업규칙 및 업무편람 등에 대한 필요성이 높아진다.

3) 집권화와의 관계

기술과 집권화/분권화 사이에는 일반적으로 일정한 관계가 없다. 그러나 공식화를 고려하면 문제는 달라진다. 공식적인 법규와 집권화된 의사결정은 둘 다 통제장치이기 때문에 관리층은 이를 서로 대체하면서 활용한다.

4. 환경과 조직구조의 관계

조직환경도 조직구조에 영향을 미친다. 조직을 둘러싼 환경은 안정적일 수도 있고 불확실성을 띠는 수도 있다. 불확실성이 높으면 조직은 급변하는 환경에 적응하기 위해 유연성을 띠게 된다. 반면에, 불확실성이 낮으면 관리층은 가장 능률적이면서 관리층에게 가장 높은 통제권을 부여하는 구조를 선택하게 된다.

1) 복잡성과의 관계

환경적인 불확실성과 조직구조의 복잡성은 역관계에 있다. 이는 조직 내 부서의 경우 더욱 그렇다. 환경에 대한 의존성이 높은 부서, 예컨대 마케팅부서나 연구개발부서는 전형적으로 복잡성이 낮다.

2) 공식화와의 관계

공식화과 환경적 불확실성 사이에는 역관계가 존재한다. 확실하고 안정적인 환경은 높은 공식화를 초래한다. 그것은 안정적인 환경은 신속한 반응에 대한 필요성을 최소화시키기 때문이다.

3) 집권화와의 관계

환경의 불확실성과 집권화 사이에는 역관계가 존재한다. 환경의 규모가 크고 다면적일수록 관리층이 환경을 일일이 점검하는 것이 곤란하다. 따라서 환경의 불확실성이 높아질수록 조직구조는 분권화하게 된다.

제 2 절 우리나라 소방조직의 변천 과정

화재에 대한 『삼국사기』 기록을 보면, 신라 미추왕 원년(262년)에는 금성 서문에 화재가 발생해 인가 100여 동이 연소되었다는 기록이 있으며, 고려 헌종 12년(1021년)에는 인수문 외 2,000여 호가 소실되었다고 한다.

조선조 태종 17년(1417년)에는 금화법이 시행되었으며, 세종 8년(1426년)에는 금화도감을 설치하고 3년 후에는 금화군이 조직되었다. 그 이후 광무 9년(1905년)에 경무청이 전국 경찰과 소방 업무를 관장하면서부터 점차 근대적 의미의 소방제도가 모습을 갖추기 시작했다.

우리나라 소방조직이 언제부터 기원했고, 어떠한 과정을 거쳐 발달되어 오늘날에 이르렀는가에 대해 아직 전문가들의 확고한 사증(史證)이 없어서 우리나라 소방조직의 역사적 발자취를 각종 자료를 중심으로 하여 살펴보고자 한다.

1. 삼국 시대

여러 부족국가는 점차 중앙집권적 고대국가를 이룩하게 되었고, 차츰 수렵 시대로부터 농경 시대로 옮겨갔는데, 이 시대를 삼국 시대라고 한다.

국가조직의 완성과 신분 제도의 확립으로 사회구성원들 사이에 계층분화와 부족 간 잦은 전란으로 도성이나 읍성 등 대건축물이 축조되고 인가를 서로 인접하게 지어 화재가 사회적 재앙으로 등장하게 되었으며, 『삼국사기』에 대화재 시 왕이 친히 이재민을 위문하고 구제했다는 기록으로 보아 국가에서 구휼한 것으로 기록되어 있으나 소방이 전문적인 행정 분야로 분화되지 않았다(김광수 · 김국래 · 이원희, 2001: 30). 이렇게 삼국 시대는 문물 제도가 발달했고, 사적도 꽤 있으나 소방에 대한 기록은 거의 찾아볼 수 없다.

2. 통일신라 시대

서기 668년(문무왕 8년) 무렵 도읍인 서라벌, 지금의 경주를 살펴보면 만여 호에다 재성(在城: 임금이 머무는 성)이 1,630방으로서 더욱이 건물을 초옥으로 하지 않고 기와집으로 지었고, 취사로서 목탄을 사용한 것을 볼 때 그 시대의 사람들의 높고 호화로운 생활 수준을 말해 주고 있고, 또한 방화 의식과 예방소방의 측면을 볼 수 있다.

3. 고려 시대

고려의 사기에서 소방에 관한 기록을 찾아볼 길이 없고 구전되어 오는 바에 의하면, 그 당시 화재 원인이라고 하는 것이 대개가 서화(쥐구멍불), 돌화(아궁이 및 굴뚝의 불), 농화(장난불)에 의한 것으로 소규모의 피해였던 모양이다. 그래서 백성들로 하여금 각기 야간 취침 시 '자리끼'라는 것을 머리맡에 준비하도록 했다는데, 자리끼는 화재가 발생했을 때 초기 소화에 사용했을 것으로 예상된다.

통일신라 시대보다 화재가 많이 발생했는데 민가가 200호 이상 소실된 화재만도 20건 이상 달한 것으로 기록되어 있으나, 별도의 금화관서와 금화조직은 없었으며 각 관아에서는 금화하는 일을 엄격히 하도록 하고 화재사고가 있을 때에는 이를 규찰하며, 대창(大倉)[1]에는 금화를 담당하는 관리를 배치하고 화재를 방어하기 위해 지하에 창고를 쌓았고, 사요(私窯)[2]를 설치하여 기와집을 짓게 하는 등의 제도가 있었다(김광수 · 김국래 · 이원희, 2001: 31).

즉, 별도의 소방조직으로 금화조직은 없었지만 금화 제도를 시행했고, 금화관리자를 배치, 실화(失火) 및 방화자에 대한 처벌 제도, 초가를 기와로 교체하고 화재 대비를 위해 지하창고 설치, 화평도감을 설치했으며, 화약 제조에 대한 특별한 관리를 했다.

4. 조선 시대

소방사무를 관장하는 기구로서 세종 때에 새로 금화도감이라는 일종의 소화사영을 두었다. 이는 병조 산하에 둔 하나의 소방관리 부서였고, 화재가 발생하면 타종하여 이로써 화재 발생을 일반 백성들에게 알리도록 하는 동시에 그 진화 작업에 적극 협력하도록 했다. 이를 병조 산하에 둔 것은 궁궐 내 종묘, 관가 등에서 발생하는 화재에 대해 군대로 하여금 진화 작업을 담당하게 했기 때문이다. 이에 금화도감은 우리나라 최초의 소방행정 기관이라고 할 수 있다. 이후 금화도감은 같은 해 수성금화도감으로 개칭되었고, 세조 6년(1460년)에 폐지되었다.

문명이 발달함에 따라 소방에 대한 인식이 중요한 요인으로 부각되어 경종 때(1718년) 중국의 수총(水銃)을 수입해서 이를 모방한 수총을 제작하여 우리나라에 처음으로 소화기구를 비치했다. 수총은 대죽을 이용해 만든 일종의 피스톤식 펌프로서 높은 곳 화재에 사용하기 위한 것이다.

---

1) 고려 시대 서경(西京)의 속관(屬官), 서해도(西海道)의 세미(稅米)를 운반, 저장했다가 서경관(西京官)들의 녹봉을 지급했다. 1088년(선종 5년) 이미 그 존재가 확인되므로, 아마도 녹봉제가 정비되는 문종 때에 설치되었을 것으로 추정된다.

2) 관의 허가 없이 개인이 사사로이 경영하는 가마이다.

5. 일제 시대

1911년 7월 경성소방조를 조직했고, 1912년 5월 스웨덴제 가솔린 펌프를 구입했는데, 우리나라에 들어온 최초의 소방기계일 것이다. 경무총감부 내의 보안과, 경무국 보안과, 경무국 방호과, 경비과 등에서 소방사무를 담당하는 등 수차례 소방조직을 개편했다. 이 시대의 소방조직이란 경찰에 예속되어 일본인 위주로 각종 재난을 방지하는 것으로 관장해 왔고, 우리나라의 안전을 위한 개편보다는 그들의 생명과 재산 보호 측면에서 개편되었다고 할 수 있다.

6. 미군정 시대(1945~1948년)

미군정 시대의 주요 특징은 소방위원회의 창설로 인해 경찰로부터 완전 독립한 자치소방의 확립이라고 할 수 있다. 소방위원회는 중앙소방위원회와 도소방위원회로 이루어졌고, 중앙소방위원에서 전국소방예산안을 책정하고 소방 운영에 대한 경비 할당을 추진했으며, 1947년 4월 1일자로 각 시 · 도별로 50개의 소방서로 증설되었다.

미군정 시대는 3여 년의 짧은 기간이었지만 선진화된 미국식으로 지방자치제를 향한 기초를 닦게 해 주는 중요한 시기였다고 할 수 있다. 1947년 4월 1일 임시정부 수립과 함께 소방청이 설치되고, 소방에 관한 정책 · 기획 · 예산을 담당하는 중앙소방위원회 설치와 도소방위원회 설치 등 소방이 분리 · 독립되어 발전할 수 있는 중요한 계기가 마련되었다. 하지만, 이후 시대에 소방조직이 축소된 것은 안타까운 일이다.

7. 대한민국 정부 수립 이후(1948~1970년)

1948년 대한민국 정부가 수립되자 그해 9월 중앙소방위원회를 인수한 내무부(현 행정안전부)는 11월 4일 내무부 직제를 확정, 소방행정을 경찰행정 체계로 흡수시켜 중앙은 치안국(소방과)에, 각 도의 소방청(서울은 소방국, 청주는 소방과)

은 지방 경찰국에 두는 등 미군정 시대의 소방청과 자치소방 기구는 경찰기구에 인수되어 소방행정은 다시 경찰행정 체계 속에 흡수되었다(김광수・김국래・이원희, 2001: 33).

그 이후에 중앙의 소방과는 보안과 내 소방계로 축소되고, 소방계는 경비과의 방호계와 통합되어 방호계로 개칭되는 등 수차례 개정되었으며, 지방의 경우도 소방 업무가 경비계로 흡수 등 소방조직 자체가 축소되었다.

8. 발전기(1970~1992년)

중앙소방조직은 1975년 8월에 내무부 민방위본부가 창설되면서 그 산하에 소방국(소방과, 방호과, 예방과)과 민방위국이 신설되었다.

지방소방조직은 1971~1974년 동안에 있었던 「정부조직법」의 개정으로 서울과 부산이 자치소방인 소방본부를, 기타 지역은 국가소방인 도의 경찰국 소방과로 개편되었다. 그 이후에 대구・인천・광주・대전・울산시도 직할시(현재 광역시)로 승격됨에 따라서 소방본부를 각각 설치하게 되었다.

9. 광역자치 시대(1992~2004년)

중앙소방조직은 1995년 5월에 소방국에 구조구급과가 신설되었다.

1992년 1월 1일부터 광역자치 소방 체계로 전환되면서 1992년 4월에 각 도에 소방본부를 설치하여, 국가직과 지방직으로 소방본부장과 지방소방학교장을 제외한 나머지 소방공무원의 신분을 지방직화하고, 이와 더불어 소방사무도 지방사무화했다(행정자치부 소방국, 1999: 87-94).

1990년대 수많은 대형 화재를 경험하면서, 특히 1995년 6월 29일 발생한 삼풍백화점 붕괴사고를 계기로 1995년 7월에 「재난관리법」[3)]이 제정되었고, 1995년 11

3) 자연재난은 「자연재해대책법」에서 관리하고, 인적재난은 「재난관리법」에서 관리했는데, 고도산업 성장기를 거쳐 1990년대 이후 많은 인명과 재산 피해를 초래한 각종 대형 사고가 반복해서 발생함에 따라 정부 차원의 근본적 제도 개선 및 안전관리 시스템 개선이 필요하여, 재해・재난 관련 법 통합 및 안전 관련 다른 법령과의 유기적 관계를 설정하고, 재해와 재난으로 이원화되어 있는 전통적 재난의 개념을 통합하고자 2004년 3월 11일에 「재난 및 안전관리 기본법」을 제정하

월에 내무부의 민방위본부가 민방위재난통제본부로 확대・개편되면서 재난관리국(재난총괄과, 재난관리과, 안전지도과)이 신설되어 인적재난을 체계적으로 관리하기 시작했다. 그 이후에 1998년 2월에 행정자치부 민방위통제본부의 재난관리국이 폐지되면서 그 업무가 민방위재난관리국의 재난관리과, 안전지도과로 이관되었고, 1999년 10월에 민방위재난관리국에 민방위방재국으로 명칭이 변경되면서 재난관리과에서 인적재난관리 업무를 담당하게 되었다(송윤석, 2009: 43-44).

10. 소방방재청(2004~2014년)

2003년 2월 18일 발생한 대구지하철 방화사고는 사망 192명의 엄청난 인명 피해를 초래하는 등 국가적 재난관리상 총체적인 문제가 제기되어 소방방재청 개청 준비단과 국가재난관리 시스템 기획단을 설치하여 국가재난관리 종합대책을 수립함으로써 범정부적인 재난관리 기반 체계를 구축했다.

그동안 재난과 재해로 이원화된 개념을 재난으로 통합했으며, 재난관리 시스템 개선을 통해 국가 최초의 자연 및 인적재난관리의 전담기구로서 상설 재난관리조직인 소방방재청이 2004년 6월 1일에 개청되었다. 이에 그동안의 재난 시 각 부서의 업무 중복으로 인한 문제점이 해결되어 업무효율화를 가져왔지만, 내부 조직구도, 중앙과 지방 간의 상호 협력 관계, 소방 예산과 소방장비 등 아직도 해결되어야 될 과제가 많다.

11. 국민안전처 중앙소방본부(2014~2017년)

2014년 4월 16일 발생한 세월호 참사는 사망자 295명, 실종자 9명으로 사고 자체의 기술적 원인보다는 해안재난관리의 전 과정에서 드러난 잘못된 관행과 실수, 형식적인 법령과 제도의 완비에도 불구하고 현실에선 작동하지 않는 재난관리체계, 그에 따른 국가에 대한 신뢰의 하락(이동규・민연경, 2014)으로 정부는 2014년 11월 19일 국민안전처를 신설했다.

여 분산된 법을 대부분 통합했다.

안전 및 재난에 관한 정책의 수립·운영 및 총괄·조정, 비상대비, 민방위, 방재, 소방, 해양에서의 경비·안전·오염방제 및 해상에서 발생한 사건의 수사에 관한 사무를 관장하기 위하여 국무총리 소속으로 국민안전처를 두고, 국민안전처에 장관 1명과 차관 1명을 두되, 장관은 국무위원으로 보하고, 차관은 정무직으로 하고, 국민안전처에 소방사무를 담당하는 본부장을 두되 소방총감인 소방공무원으로 보하고, 해양에서의 경비·안전·오염방제 및 해상에서 발생한 사건의 수사에 관한 사무를 담당하는 본부장을 두되 치안총감인 경찰공무원으로 보한다(정부조직법, 제22조의2).

중앙소방본부는 소방방재청의 소방·구조·구급 업무를 인계받아 설치되었다.

12. 소방청(2017년~현재)

2014년 11월 국민안전처의 발족 이후 중앙소방본부로 관련 업무를 이관하고 폐지되었다가 2017년 7월 「정부조직법」 개정에 따라 국민안전처가 해체되면서 중앙소방본부의 관련 업무를 승계하여 행정안전부의 외청으로 소방청이 재창설되었는데, 설립목적은 국민이 안심하고 신뢰할 수 있는 국가재난관리 정보 시스템의 구축과, 재난 방지를 위한 환경 조성, 국민의 안전 의식 함양을 목적으로 한다. 특히,

표 3-3-1 중앙정부 소방조직의 변천 과정

연 도	주요 내용
1975.8.	내무부 민방위본부 산하 소방국(소방과, 방호과, 예방과) 신설
1995.5.	소방국의 구조구급과 신설
1995.11.	내무부 민방위재난통제본부 재난관리국(재난총괄과, 재난관리과, 안전지도과) 신설
1998.2.	행정자치부 민방위재난통제본부 재난관리국 폐지, 민방위재난관리국(재난관리과, 안전지도과)
1999.10.	안전지도과 폐지, 민방위방재국(재난관리과)
2004.6.1.	소방방재청 개청
2014.11.19.	국민안전처 신설
2017.7.26.	소방청 재창설

자료: 내무부 중앙재해대책본부(1995). 『재해극복 30년사』. 수정·재작성.

표 3-3-2 소방조직 체계 연혁

자치소방 체계 (1946~1948)	⇨	• 중앙: 소방위원회(소방청) • 지방: 도소방위원회(지방소방청)
국가소방 체계 (1948~1970)	⇨	• 중앙: 내무부 치안국 소방과 • 지방: 경찰국 소방과, 소방서 ※ 「소방법」 제정(1958.3) 「경찰공무원법」 적용
국가+자치소방 체계 (1971~1974)	⇨	• 중앙: 내무부 치안국 소방과 • 지방: 서울, 부산(본부), 도(경찰국 소방과) ※ 1973년 「지방소방공무원법」 제정, 지방과 국가직
국가+자치소방 체제 (1975~1991)	⇨	• 중앙: 민방위본부 소방국 • 지방: 시・도(민방위국), 시・군(민방위과)
국가+광역소방 체제 (1992~1994)	⇨	• 중앙: 내무부 소방국 설치 • 지방: 민방위국 소방과, 소방서 ※ 1992년 9개도 소방본부 설치
국가+광역소방 체제 (1995~2013)	⇨	• 중앙: 행정자치부 소방국 설치(1998) 소방방재청 개청(2014) • 지방: 소방본부, 소방서 ※ 「정부조직법」 개정으로 '소방' 국가사무로 명문화(1998)
국가+광역소방 체제 (2014~2017.6)	⇨	• 중앙: 국민안전처 소속 중앙소방본부(2014)로 변경 • 지방: 소방본부로 운영
국가+광역소방 체제 (2017.7~2020.3)	⇨	• 중앙: 소방청 재창설(2017) • 지방: 소방본부로 운영
국가소방 체계 (2020.4~현재)	⇨	• 중앙: 소방청 • 지방: 소방본부로 운영

자료: 국민안전처(2014: 3). 수정・재작성.

소방 관련 업무를 전담하며, 소방 및 방화, 방재, 대국민 신변안전관리 및 감독, 재난대비 및 복구관리, 사후관리대책 등을 수행한다(양기근 외, 2019: 76-78).

제 3 절 소방조직의 특성과 환경[4)]

1. 소방조직의 의의

소방조직은 화재를 비롯한 각종 재난과 사고로부터 국민의 생명과 재산을 보호하여 국민복지의 향상과 삶의 질을 높이기 위한 공익조직이라고 할 수 있다.

소방조직은 화재를 예방 · 진압하며 각종 재난과 사고로부터 국민의 생명과 재산을 보호함으로써, 공공의 안녕 질서의 유지와 사회의 복리 증진을 목적으로 구성된 조직이다. 한 개인의 힘보다는 집단의 힘이, 집단의 힘보다는 조직의 힘이 강하기 때문에 재난과 사고로부터 위급한 상황에서 시민의 생명과 재산을 보호하는 안전 확보의 수단으로서, 소방조직은 존재 의의를 부여받으며 소방공무원은 그 구성원이 된다.

소방 업무는 대민 중심으로 살펴보면, 화재의 예방 · 경계 · 진압과 구조 · 구급 및 재난대응 업무 등으로 대별할 수 있는데, 소방조직의 기능은 국민의 안전을 주요 대상으로 다루는 것이라 할 수 있다. 국민의 안락하고 안전한 삶을 보장하기 위해서는 다른 국가의 침입으로부터 국민을 보호하는 것과 함께 각종 재난으로부터 국민의 안전을 보호하여 국민의 삶의 질을 향상시키고 안정된 삶을 영위하도록 하는 것이 중요한 국가의 존재 이유라고 할 수 있다. 소방조직의 활동은 인간의 생명과 직접적으로 관계되어 있을 뿐만 아니라 사회 변동에 따라 그 수요는 급증 추세를 보이고 있으며, 소방조직의 영역은 시대적 변화에 따라 지속적으로 확대되어 왔다.

2. 소방조직의 학습 필요성

소방조직론은 행정에서 이루어지는 조직 현상을 대상으로 연구하는 학문이다.

4) 송용선(2009)의 『소방조직론』을 참고하여 수정 · 작성함.

따라서 소방조직학을 공부한다는 것은 공공성을 특징으로 하는 소방조직 현상에 관한 지식, 가치, 기술을 학습하는 것이다. 그렇다면 소방조직학을 연구하고 공부하는 이유는 어디에 있을까? 학생들이 소방조직학을 선택하여 공부하는 이유는 다양할 것이다. 소방조직학을 왜 공부하는가에 대한 구체적인 동기를 살펴보면 다음과 같다.

첫째, 소방조직학을 공부하는 일차적인 목적은 좋은 정부를 구현하여 국민의 삶의 질을 높이기 위해서이다. 소방행정은 우리 생활 곳곳에 영향을 미치는 무소부재한 현상이다. 따라서 좋은 정부와 좋은 행정이 구현될 때 우리의 삶의 질이 높아질 수 있다. 정부와 소방조직이 엉망이면 그만큼 국민들은 피곤해진다. 소방조직학을 공부하는 일차적인 이유는 교양인으로서, 깨어 있는 시민으로서 좋은 정부와 행정을 구현하기 위해서이다.

둘째, 소방조직학을 공부하는 중요한 동기는 문제 해결 능력을 향상시키기 위해서이다. 공공문제는 문제의 성격이 복잡할 뿐 아니라 해결하기가 곤란한 경우도 많다. 여러 집단의 이해관계가 얽혀 있고, 추구하는 목표도 다양하며, 필요한 인적 · 물적 자원은 부족한 경우가 대부분이다. 이러한 문제들을 해결하기 위해서는 문제의 정의, 대안의 모색 및 결과의 예측, 자원의 동원 및 관리에 필요한 능력이 요구된다. 특히, 인간 협동의 기술이 매우 중요하다.

소방조직학 교육의 핵심은 이러한 문제 해결 능력을 향상시키는 데에 있다. 이러한 소방조직학 교육이 그동안 이루어지지 않았다면 이 방향으로 나가야 한다. 특히, 지식정보화 사회에서의 문제 해결 능력은 전문 지식과 수평적 사고, 창조적 아이디어로 무장되는 데에서 함양된다. 또한 새로운 것에 도전하는 의지, 위험을 떠맡는 주체성, 자원 부족을 극복하는 창조성을 기를 필요가 있다.

셋째, 소방조직학을 공부하는 또 다른 이유는 직업으로서의 교육을 받기 위해서이다. 우리 사회에서 공무원은 사회적 영향력 면에서 아주 중요한 위치에 있다. 공무원으로서 국가와 국민을 위해 봉사하고 싶은 사람은 우선 공직에 진출해야 한다. 공직에 진출하기 위해서는 행정고시 등 공무원 채용시험에 응시해야 한다. 최근에는 개방형 임용제가 도입됨으로써 외부 전문가가 공직에 채용되는 길이 열려 있다. 그러나 공직 진출의 주된 통로는 공무원 시험이다. 현재 많은 공무원 시험에 행정학 과목이 들어 있고, 행정학의 주된 내용을 이루고 있는 것이 조직이론이라

할 수 있다. 아직 없는 시험에는 행정학 과목이 추가될 필요가 있다. 소방공무원 시험 과목으로 행정학 과목이 채택된 것도 이 때문이라 할 수 있다.

그런데 공직에서 하는 일은 재정, 경제, 교육, 환경, 문화 등 매우 다양하다. 어느 분야이든 공통된 능력은 관리자로서의 능력이다. 행정 계층에 따라 약간의 차이는 있지만 프로그램 관리자, 인력관리자, 정책분석가 등이 필요하다. 소방조직학은 이러한 관리자로서의 능력을 함양하기 위해 공부한다고 할 수 있다.

3. 소방조직 환경의 변화

현재 우리 사회에는 도시의 인구집중화 현상, 날로 늘어만 가는 고층 건축물들, 지하생활공간의 확대, 가스 · 위험물 시설 및 사용량의 증가, 차량 증가, 불특정 다수가 운집하는 백화점이나 극장 등의 증가 등 생활환경의 변화로 인해 과거와는 다른 새로운 양태의 위험 요소가 도처에 도사리고 있다. 특히, 가장 편안한 휴식처이며 삶의 터전으로서 최대한 안전을 보장받아야 할 가정에서조차도 위험 요소가 흩어져 있어, 현대를 살아가고 있는 우리는 더 이상 안전한 공간을 기대할 수 없을 뿐만 아니라 개인의 노력만으로 모든 위험을 배제할 수 없다. 소방 수요는 일반적으로 지역의 인구 · 건축물 · 차량 · 가스 · 위험물 · 각종 사용량 등의 증감에 따라 변화된다고 할 수 있는 바, 1960년대 후반부터 경제 성장과 산업구조의 급속한 변화에 따른 인구와 산업의 도시집중 현상으로 도시권이 확대되면서 건물의 고층화와 대형화를 가져왔다.

또한 공업단지의 규모가 확대되고, 국민생활의 수준이 높아짐에 따라 차량의 증가, 유류 · 가스 · 전기의 사용량도 계속적으로 증가하고 있어 현대 사회에서 소방의 역할은 점점 더 커지고 있다.

소방의 역할에서 가장 고전적이며 정체성을 갖는 것은 화재 발생 시 화재 진압이다. 그러나 과거나 현재나 소방의 업무 대상이 화재에 국한되는 것은 아니다. 화재는 가장 광범위하고 철저하고 신속한 예방 · 대비 · 대응을 요하는 사고이며, 따라서 이러한 고난도의 대처를 위해 훈련된 위기관리 전문조직이라는 이미지를 부각시키는 과정에서 마치 소방의 업무가 화재 전담인 것으로 축소 이해되는 경우가 많다.

우리나라 근대 소방조직의 시초이자 소방의 용어가 등장한 것은 대한제국의 '수화소방(水火消防)'에서 비롯되었다는 것을 보더라도 소방은 '인명 안전'을 위한 공공의 공통 업무이다.

우리나라의 경우, 1958년 3월 10일 「소방법」(법률 제485호)이 제정된 당시부터 1963년까지 소방활동 영역은 화재 · 풍수해 · 설해의 예방, 경계, 진압 등 광의의 개념으로 설정했으나, 1967년 4월 14일 「소방법」(법률 제1995호) 개정으로 "풍수해와 설해" 부분이 삭제되고 "화재의 예방 · 경계 · 진압"으로 소방활동 영역이 화재로 국한되어 전통적인 소방 개념으로 축소되었다.

그러나 1981년 야간 응급환자 이송 업무를 시범 실시하기 시작한 후 국민의 호응과 이용빈도가 날로 증가함에 따라 1982년부터 소방서에 119구급대를 편성 · 운영하면서 1983년 12월 30일 「소방법」(법률 제367호)을 개정하여 구급 업무가 소방 업무에 포함되었고, 1988년 서울 올림픽 안전대책의 일환으로 1988년 6월 8일 '119 구조대'를 발족하여 3개 소방서(서울 종로 · 중부 · 강동)에 60명을 배치 · 운영해 오다가, 1989년 12월 30일 「소방법」(법률 제4155호)을 개정하여 구조 업무를 소방의 고유 업무화했다.

그러나 성수대교 붕괴를 비롯한 1995년 6월 삼풍백화점 붕괴 등 대형 참사의 빈발로 재난관리 체계의 효율성 제고를 위해 1995년 7월 18일 「재난관리법」(법률 제4950호)이 제정되어 소방은 명실공히 재난관리의 중추조직으로 활동 영역을 넓혀 왔으며, 그간 경찰에서 관장해 오던 내수면(內水面)에서의 수난사고 수습 업무가 1995년 7월 18일 「수상에서의 수색 · 구조 등에 관한 법률」(법률 제4950호) 개정으로 소방에 이관됨으로써 모든 사고의 해결 역할을 충실히 이행해 오고 있다.

현재 지방의 재난관리에서 소관 분야별 위험 예방 대책은 주무 부서에서 담당하고 있으나, 화재와 관련한 재난사고가 발생했을 경우 소방의 역할은 그 대상에 따라 화재 예방 차원과 진압 차원에서 그 책임 한계가 규정되어 있다. 화재와 관련한 재난관리에서 이러한 책임 한계에서 소극적 의미의 소방행정을 수행하는 것으로 이해할 수 있다.

한편, 소방의 적극적인 활동 차원에서 보면, 재난관리에서 소방의 역할은 좀 더 다양하고 광범위하게 이루어지고 있다. 특히, 소방조직의 경우 어떤 유형의 재난사고가 발생하더라도 화재 발생에 대한 진압과 구조 및 구급 업무, 그리고 기타 지원 업무를 담당하는 등 재난관리에서 소방의 역할은 재난의 발생에서 광범위하게 관여하고 있는 활동을 구체적으로 재난관리의 각 단계 구분에 따라 그 역할이 어떠한지를 살펴보면 다음과 같다.

재난의 진행과 대응활동에 따라 재난관리 과정은 재난 이전과 재난 이후, 즉 사전 재난관리와 사후 재난관리로 나눠고, 이는 다시 완화 · 예방, 대비 · 계획, 대응, 복구의 4단계로 구분된다. 이러한 단계는 상호 순환적인 성격을 갖고 있으며, 각 과정이 별개로 이루어지는 것이 아니라 단순히 시간적인 활동 순서를 의미하는 것으로, 각 과정의 활동 결과 및 내용은 다음 단계의 활동에 영향을 미치는 것으로 볼 수 있다.

이러한 재난관리 단계에서 볼 때, 일반적으로 소방조직이 관여하는 단계는 재난 발생 이전의 예방 단계는 물론, 재난 발생 시부터 현장에 신속하게 투입되어 구조 구난을 실시하는 대응 단계를 거쳐 그 임무를 수행한다. 본래 소방행정의 고유 기능은 화재 예방 · 진압 · 경계를 수행해 왔으나, 국민의 삶의 질 향상과 안전 욕구의 증대로 점차 다양하게 그 역할이 지속적으로 확대되고 있는 추세이다.

그리고 1990년대 중반 잇따른 대형 재난사고의 발생으로 적극적인 대응으로 국민들로부터 많은 신뢰를 받게 되면서 소방은 재난관리의 중추조직으로 활동 영역이 증대되어 왔다. 소방국이 설치된 1975년도의 소방 수요 현재의 소방 업무량, 소방 인력, 예산, 장비 등을 비교하면 많은 변화가 있었음을 알 수 있다. 인적재난은 물론, 자연재해에 이르기까지 모든 재난의 1차적 대응은 소방 분야에서 전담하고 있는 것이 현실이며, 이는 소방 업무가 재난관리 핵심 부서로서 확실히 자리매김하고 있다.

우리나라는 '사고 공화국'으로 규정될 정도로 각종 재난 · 재해사고가 빈발하고 있으며, 특히 '대구지하철 방화 참사' 이후 도시 · 지역 안전에 대한 사회적 필요성이 매우 높아지고 있는 실정이다.

더욱이 21세기 불확실성의 시대에 '국민의 안전권'을 확보하기 위해서는 재난관리의 중추기관이 '119소방'의 역할이 중요하며, 이러한 측면에서 국가 안전관리의 3대 축은 국방(군), 치안(경찰), 재난(소방)으로 자리매김되어야 한다는 주장이 소방방재청(현 소방청) 신설과 관련하여 점차 설득력을 더해가고 있다.

현대 사회에서, 특히 경제 · 산업적 성장에 따른 변화가 물적 · 정서적으로 급속히 발달되어 나타나는 대도시 권역에서 소방의 수요는 급증하고 있다. 즉, 생존을 위한 초기 조치나 기동성 있는 대처를 요하는 모든 유형의 재난에서 소방은 일차적 대응 업무를 맡게 된다. 사고의 발생 요인이 범죄에 의한 것이든, 실수에 의한 것이든, 자연 현상에 의한 것이든 그 원인적 구분에 앞서서 피해 확산을 최소화하기 위한 초기 조치는 사고의 규모나 피해 정도에 관계없이 소방부서에서 대응하도록 되어 있다. 이와 같은 개념에서 「소방기본법」에도 인명구조를 그 주요 업무로 명시하게 되었으며, 구급으로 일컬어지는 병원 전 처리 과정을 우리나라뿐 아니라 미국 · 일본에서도 소방부서에서 담당하고 있다.

생활 수준 향상으로 인해 국민의 안전 욕구가 증대하고 있으며, 국민이 행정기관에 원하는 것은 규제행정보다는 서비스 행정이므로 소방행정의 수요는 지속적으로 증가하게 될 것이다. 또한 고령화 사회의 도래, 핵가족화에 따른 독거노인의 증가, 레저 · 여가활동의 증가 및 복지정책의 강화에 따라 구조 · 구급 수요가 증가되고 있으며, 국민생활 안전과 작은 불편 사항도 도와주는 '생활 속의 119'라는 인식이 확산됨으로써 소방행정 수요의 지속적 증가가 예상되고 있다.

4. 소방조직의 특수성 고찰

1) 소방조직의 목표와 효과성

(1) 소방조직의 목표

① 조직목표의 개념

조직은 특정 목표를 추구하는 사회적 단위로서 파악된다. 조직이 구성되는 이유는 어떠한 사회적 욕구를 충족시키기 때문이다. 조직목표란 조직이 실현하고자 하는 바람직한 미래의 상태를 의미한다.

그런데 조직은 이러한 바람직한 미래상을 성취할 수도 있고 성취하지 못할 수도 있으며, 또한 목표가 일단 달성되고 나면 그 목표는 조직의 목표가 되지 못하고 조직 또는 그 환경에 동화되어 버리게 된다. 어떻든 조직 본래의 목표는 조직이 공식적으로 그 존재 이유를 주장하는 목표이며, 조직활동은 모두 이 목표에 따라서 행해져야 한다.

② 조직목표의 기능

조직목표의 주요한 기능을 지적하면 다음과 같다.

첫째, 인지적(認知的) 기능으로 조직이 실현하고자 하는 미래의 상태를 밝힘으로써 조직활동에 대한 지침을 제시하고 의사결정의 대안 선택 기준과 방향, 그리고 제약 요인 등을 밝혀준다.

둘째, 정서적 기능으로 조직구성원의 참여에 대한 동기를 부여하고 일체감을 느끼게 하며, 조직에 대한 반발의 극복과 환경으로부터 자원 획득을 위한 이데올로기적 수단을 제공할 수 있다.

셋째, 상징적 기능으로 조직이 옹호, 봉사, 대표하고 있다고 생각하는 목표의 중요성을 관계 공중·시민, 고객·납세자와 규제기관에 대해 밝히고 조직의 정당성, 동조 세력, 자원, 그리고 인재를 획득하는 능력에 큰 영향을 미친다.

넷째, 평가적 기능으로 조직구성원의 형태와 전체 조직활동에 대한 평가 기준, 즉 조직의 효과성을 평가할 수 있는 기준을 제시한다.

(2) 소방조직의 효과성

① 효과성의 개념

조직을 하나의 체계로서 생각할 경우 우리는 두 가지 문제를 생각할 수 있다. 그 하나는 조직을 유지하는 에너지의 최대화이며, 다른 하나는 조직 체계의 항상성, 즉 조직 내적 상태가 항상 보존되도록 조절해야 한다. 이 두 가지 문제를 적절히 해결해 나가는 가운데서 조직은 그 존속과 발전을 이루며 주어진 목표의 달성을 추구해야 한다.

조직의 효과성은 어느 조직이 어느 정도 목적을 달성하고 있는가에 주로 관심을 가진다. 이러한 조직의 효과성은 여러 가지 시각에서 접근하고 있기 때문에 그 개념과 구성 요소도 다채로울 수밖에 없다. 말하자면, 조직이란 하나의 체계이며 체계로서의 기능 요건을 지닌다고 볼 때, 조직의 효과성 개념을 단순히 목표 달성 차원에서만 규정하는 것은 지나치게 단순한 논리인 것으로서, 그와 같은 정의 속에는 많은 모호성이 내포되어 있어 연구자들이나 관리실무자들이 효과성의 개념을 파악하거나 적용하는 데 적지 않은 어려움을 겪게 된다.

② 효과성의 접근 방법

소방조직의 효과성 측정에서 여러 가지 접근 방법을 적용할 수 있겠으나 경쟁가치 접근 방법을 중심으로 보면, 이 접근 방법이 사실상 조직 효과를 평가하기 위한 모든 요소의 통합적인 구조를 갖고 있기 때문에 소방조직의 효과성 접근 방법으로 가장 적절하다고 하겠다.

첫째, 현장 중심의 소방조직은 주로 화재 · 구조 · 구급 등의 업무와 건축, 위험물 등 규제적 성격의 업무와 관련됨으로써 신속한 업무 처리와 능률성을 위해 주로 조직 체계는 집권화되어 있으며, 법규 및 규칙에 의해 움직이는 공식화된 형태로 정통적인 명령통일 체계가 확립되어 있는 것이 일반적인 특성이다. 따라서 통제적 소방조직은 이러한 조직의 특성상 일반 조직과는 다른 효과성 요인을 갖고 있는데 재난 현장에서 일사불란한 명령 체계 유지와 규제적 업무를 효과적으로 수행하기 위해 정보관리, 의사소통, 통제가 얼마나 잘 이루어지느냐에 따라 효과성이 달라질 수 있다.

둘째, 봉사적 소방조직은 주로 예방 소방 기능이나 구조 · 구급 서비스 기능, 수해 시 복구 기능 등을 수행하는 조직으로 업무의 특성상 업무 자체가 예측 가능하지 못하고, 법규나 규제에 따라 처벌할 수 있도록 공식화되어 있지도 않기 때문에 그때그때 상황에 환경의 변화에 능동적으로 대처해 나가기 위해 신축적이고 복합적인 조직구조를 갖는 것이 필요하다. 따라서 지도나 서비스도 그 대상과 내용에 따라 다양할 수 있기 때문에 이러한 성격의 조직은 신축적인 개방 체계 지향의 조직모형이 더 효과적이라고 할 수 있다.

셋째, 이러한 명령적 조직과 봉사적 조직은 그 조직의 특수성으로 인해 효과성 요인 면에서 다소 차이를 나타낼 수 있으나, 이 두 조직 모두 조직의 구성원이 조직인이라는 점에서 조직의 목표를 달성하고 조직을 유지 · 발전시켜 나가는 데 직접적으로 영향을 미칠 수 있는 인간 요소, 즉 사기, 직무 만족, 보수, 인사문제 등이 조직의 효과성의 영향 변수로서 주요한 변인이 된다. 따라서 조직효과성은 인간 요소를 독립변수로 한 소방복지 혹은 소방의 안녕에 관련시켜서 볼 때 일생을 소방의 발전을 위해 헌신하는 데 후회 없도록 보상하는 것은 조직 효과를 상당히 높여주는 요인이 된다고 하겠다.

2) 소방조직의 특수성

(1) 법제적 특성

소방행정은 현장 대처 능력·상황 처리 능력, 사명감, 희생정신, 책무 완수, 명예심 등이 필연적으로 요구되는 화재 진압, 긴급구조·구급 등의 전문적 업무를 수행하기 때문에 경찰, 검찰, 외무, 교육, 군 등의 업무와 마찬가지로 일반직과는 다른 소방 업무 고유의 특수성과 전문성을 인정할 필요가 있다. 이와 같은 취지로 현장 중심의 재난관리라는 특수 분야의 업무를 담당하는 특정직 공무원으로서의 소방공무원에 대해서는 「국가공무원법」의 특별법이 우선적으로 적용되어 일반행정직 공무원들과 그 임용 절차, 자격, 계급 구분, 징계 방법, 보수 체계, 신분 보장 등을 달리하며, 일반행정직 공무원들과의 신분 교류 없이 소방행정 조직 내에서만 순환되는 독특한 시스템을 유지하고 있다.

한편, 특정직 공무원의 경우 조직상 인사정책과 예산 운영 등은 대부분 독립된 관련 부처에서 자율적으로 정책을 수립하여 업무를 추진하는 것을 원칙으로 한다.

(2) 조직적 특성

소방은 경찰, 검찰, 군 등의 조직과 마찬가지로 국가위기 관리조직의 일부로서 위급한 국가재난 관리 상황에서 그 대응을 중심으로 한 생명과 신체에 대한 위험을 무릅쓰고 임무를 수행해야만 하는 특수 분야의 업무 독립적으로 수행하고 있고, 이를 원활히 수행하기 위해 군, 경찰 등과 같은 계급 체계를 기초로 한 강력한 위계 질서와 상명하복의 지휘·명령 체계를 가지고 있으며, 이로 인해 일반 행정조직과는 다른 독특한 조직문화를 이루고 있다.

(3) 업무적 특성

소방 업무라 함은 소방행정을 위해 중앙정부 및 지방정부가 직·간접적으로 수행하는 업무 일체를 말한다. 소방 업무라는 개념과 별도로 흔히 소방에서 사용하는 용어로서 '소방사무'라는 말이 있다. 전자가 정태적 개념으로서 정책적 관리 위주의 소방 업무를 의미하는 것이라면, 후자는 동태적 개념으로서 기술적 현장 대응 위주의 소방작용으로서 소방 업무를 뜻한다. 보통 전자를 광의로 보아 후자를 포함하는 개념으로 사용하는 것이 일반적이다. 소방 업무의 법적 성격을 살펴보면, 「지방자치법」은 자치단체의 사무로 예시하고 있다. 따라서 소방 업무는 원칙적으로 자치사무라 할 수 있다.

① 현장성

소방사무는 직전 사고 현장에 긴급 출동하여 자신의 생명을 담보로 한 위험 대상물과 맞서 싸워야 하는 '현장 기능 중심'의 행정이다. 따라서 소방행정은 재난관리에 관한 이론과 실무를 바탕으로 한 현장 활동이 중심이 된다. 재난관리와 소방 · 긴급구조 관련 업무는 동일한 '인적재난' 담당부서로서 상호 연계성이 높은 것이 사실이나 재난관리 업무가 '관리적'이라면, 소방 · 긴급구조 업무는 '현장 지향적' 특성을 갖는다고 할 것이다.

② 대기성

언제 발생할지 모르는 재난에 대비하여 소방사무는 재난 발생 후 5분 내 즉시 현장에 대응 태세를 상시적으로 갖추어야만 하는 특성이 있다. 만약 어떤 상황에 대처하지 못하거나 시간 등이 지연될 때에는 곧바로 대형 사고로 이어지게 되며 막대한 인적 · 물적 재산 손실이 발생하기 때문이다.

③ 신속 · 정확성

소방사무는 무엇보다도 업무 수행 시에 신속 · 정확성이 절실히 요구된다. 즉, 전문적 지식과 풍부한 경험으로 무장된 소방공무원이 자신의 위험을 감수하고 촌각을 다투는 한정된 시간 내에 업무를 종결해야 하는 특수한 임무를 수행하기 때문에 그 시점을 놓치면 소방의 기능은 무용지물이 되고 마는 것이다.

④ 전문성

소방사무는 전기 · 가스 · 위험물 · 건축 · 화공 · 물리 등을 필요로 하는 전문기술 업무로서 종합과학성이 요구된다. 이렇게 소방공무원은 화재 현장에서 생명의 위협을 무릅쓴 화재 진압 전술뿐만 아니라, 다양한 유형의 재난 현장에서 인명 구조작업을 실행해야 하기 때문에 다양한 분야의 전문성이 요구된다. 특히, 현대의 복합적 재난에 과학적으로 대응하기 위해 소방사무는 무엇보다 전문성을 바탕으로 한 고도로 훈련된 정규 인력과 재난 형태에 따른 특수장비로 무장된 독립적인 인프라(장비, 전산, 통신망)를 갖추는 것이 절실하다고 할 수 있다.

⑤ 일체성

소방사무는 일반 행정사무와는 달리 재난이라는 위급 상황에서 신속한 재난 수습을 위해서는 그 특성상 강력한 지휘 명령권과 기동성이 확립된 일사불란한 지휘체계를 갖추어야 한다. 즉, 소방행정 업무 수행 시에 '일체성'이 전제된다. 최근 광범위한 국가적 재난에 대비하기 위해 중앙소방기관의 지방 소방력에 대한 지휘·통제·동원 등의 중앙통제권의 강화 방안에 대한 논의도 이와 같은 일체성과 밀접한 관련이 있다.

⑥ 가외성

가외성이란 외관상 당장은 무용하고 불필요하거나 낭비적인 것으로 보일지 몰라도 특정한 체제가 장래 불확실성에 노출될 때 발생할지도 모를 적응의 실패를 방지하며, 특정 체제의 환경에 대한 동태성을 제고할 수 있도록 하는 중복 현상이나 중첩 장치를 말한다. 소방조직이 여유자원을 많이 가지고 있을 때 이를 가리켜 가외성이 높다고 한다. 소방은 미래의 불확실한 재난사고를 대비하는 조직이므로 현재 필요한 소방력보다 많은 소방력을 보유해야 한다. 이러한 가외성의 논리에 따라 재난에 대응 가능한 충분한 소방 인력과 장비가 항상 갖추어져 있어야 하며, 재난사고가 없어 설령 대기 상태에 있다고 하더라도 남아도는 자원으로 간주되지 않는다. 따라서 환경이 불확실한 상황에서 소방행정의 안정성, 정확성, 신뢰성, 적응성 등의 확보를 위해서는 여분의 것이 필요하다.

⑦ 위험성

소방행정은 각종 사고·사건 접수, 사고 현장으로 출동, 사건·사고 마무리 단계까지 항상 예측할 수 없는 위험성이 내재되어 있다. 따라서 긴급을 요하는 화재 현장과 구조·구급에 투입되는 소방공무원은 많은 위험으로부터 자신의 생명을 희생당할 수 있다. 소방공무원의 자격 요건으로 적정한 신체적 기준을 정해 체력이 강건하고 사명감이 강한 자를 채용하고 있는 것은 이 때문이라고 할 수 있다.

⑧ 결과성

일반행정은 과정이나 절차를 중요시하지만 소방조직은 과정이나 절차의 준수보다 결과를 상대적으로 중요시하는 측면이 강하다. 소방행정은 대형 재난으로 인명과 재산 피해가 발생했을 때 그 책임을 면하기 어렵다는 사정에서 기인하는 특성일 수 있다. 따라서 재난 현장 활동의 특성으로서 규칙이나 절차에 따라 행동하는 것보다 결과를 중요시하고 조직에 대한 효과성을 평가할 때 결과를 가지고 판단하는 경향이 높다.

제 4 절 우리나라 소방조직 체계

우리나라의 소방 업무는 법령·제도 운영 등 정책업무를 수행하는 소방청과 집행 및 현장대응을 담당하는 시·도의 소방본부·소방서로 되어 있다. 중앙은 소방청으로 중앙소방학교, 중앙119구조본부, 기획조정관, 소방정책국, 119구조구급국으로 구성된 조직이다. 시·도는 특별시·광역시/도/특별자치도/특별자치시에 19개 소방(안전·재난)본부, 8개 지방소방학교, 219개 소방서, 1,055개 119안전센터, 238

그림 3-3-1 우리나라 지방소방조직 체계

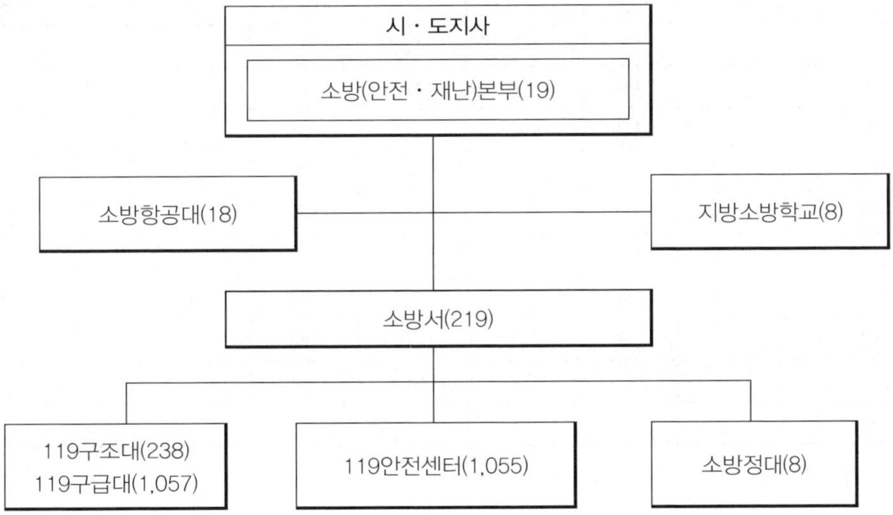

자료: 소방청(2019: 15).

개 119구조대, 1,057개 119구급대, 18개 소방항공대, 8개 소방정대, 420개 119지역대로 구성된 조직이다(소방청, 2019: 13-15).

우리나라 소방조직 체계는 현재 국가소방 체계로 국가직 소방공무원 598명, 지방직 소방공무원 51,149명인데(소방청, 2019: 14-16), 모든 소방공무원이 2020년 4월 1일 국가소방공무원으로 신분이 전환되었다.

표 3-3-3 우리나라 소방관서 현황 (2018.12.31 기준)

구 분	소방본부	소방학교	소방서	119안전센터	119구조대	119구급대	소방항공대	소방정대	119지역대
합계	19	8	219	1,055	238	1,057	18	8	420
서울	1	1	24	117	24	117	1		
부산	1	1	11	58	11	58	1	2	3
대구	1		8	48	10	46	1		7
인천	1	1	10	52	12	53	1	1	14
광주	1	1	5	24	6	24	1		
대전	1		5	26	5	26	1		
울산	1		5	25	5	25	1		4
세종	1		2	8	2	8			5
경기	1	1	23	124	26	125	1		39
경기북부	1		11	57	12	59			27
강원	1	1	16	71	16	67	3		50
충북	1		12	42	12	42	1		25
충남	1	1	16	78	16	78	1	1	20
전북	1		11	51	11	51	1	1	47
전남	1		16	60	22	60	1	1	103
경북	1	1	19	97	21	97	1		45
경남	1		18	69	20	76	1	1	27
제주	1		4	23	4	23	1		4
창원	1		3	25	3	22		1	

자료: 소방청(2019: 15).

표 3-3-4 우리나라 시·도 소방관서 인력 현황 (2018.12.31 기준)

구분	총계	소방본부					소방서			소방서 소속 출동대						체험관
		본부	상황실	소방학교	특구단	항공대	행정	예방	재난대응	현장대응단	안전센터			구조대	소방정대	
											진압대	구급대	지역대			
계	51,149	1,262	1,231	323	618	305	2,274	3,309	1,598	2,989	20,636	10,039	2,379	3,935	133	118
서울	7,002	167	171	51	129	15	290	601	216	480	2,992	1,380		504		6
부산	3,225	110	103	36	48	19	114	219	110	165	1,340	594	27	263	41	35
대구	2,513	67	52		28	22	104	159	64	128	1,145	470	54	202		18
인천	2,848	76	62	33	26	21	113	196	98	210	1,166	518	68	242	19	
광주	1,386	49	45	35	36	15	58	102	58	48	596	264		80		
대전	1,450	58	45		41	7	55	75	45	80	655	279		110		
울산	1,053	35	33		16	16	51	61	27	45	437	207	24	86		15
세종	396	30	22				16	15	8	18	152	76	33	26		
경기	8,941	179	232	66	67	24	383	665	196	652	3,750	1,629	370	728		
강원	3,225	66	69	40	81	45	164	133	113	259	1,117	621	300	217		
충북	2,070	44	52		51	16	132	95	36	108	780	384	156	216		
충남	3,006	61	62	23	25	16	136	171	114	140	1,261	660	120	192	10	15
전북	2,120	44	44			16	96	100	77	133	764	389	259	155	15	28
전남	3,012	62	56		15	17	145	173	115	117	1,049	516	438	284	25	
경북	4,193	77	67	39	31	23	196	270	171	190	1,713	876	276	264		
경남	3,081	65	72		24	16	153	198	116	162	1,055	726	224	257	13	
제주	819	40	19			17	38	33	22	25	315	234	30	46		
창원	809	32	25				30	43	12	29	349	216		63	10	

자료: 소방청(2019: 16).

1. 국가 소방조직 체계

1) 소방청

소방청의 주요 임무는 다음과 같다.

첫째, 소방정책 수립 및 조정으로 소방 업무 종합계획 수립, 소방력 기준 설정 및 운영, 소방공무원 인사·교육훈련·복지 및 상훈 제도 기획·운영, 지방소방관서 설치 및 지방소방행정에 대한 지도·감독을 한다.

둘째, 화재 예방 및 소방시설 관련 제도 운영으로 「화재예방, 소방시설 설치·유지 및 안전관리 법률」 제·개정, 국가화재안전기준 운영, 다중이용업소·초고층 건물 안전관리, 소방대상물 화재 예방대책 수립 및 소방특별조사를 한다.

셋째, 화재 진압 기술개발 및 화재조사로 화재 진압 기술개발·보급, 화재경계 및 진압훈련 지도, 화재원인조사·분석·감식 및 소방특별사법경찰관리 운영, 위험물 안전관리 및 석유화학단지 사고예방 대책 수립을 한다.

넷째, 긴급구조 역량 강화 및 구조·구급정책 기획·조정으로 구조·구급제도

그림 3-3-2 소방청 조직 체계

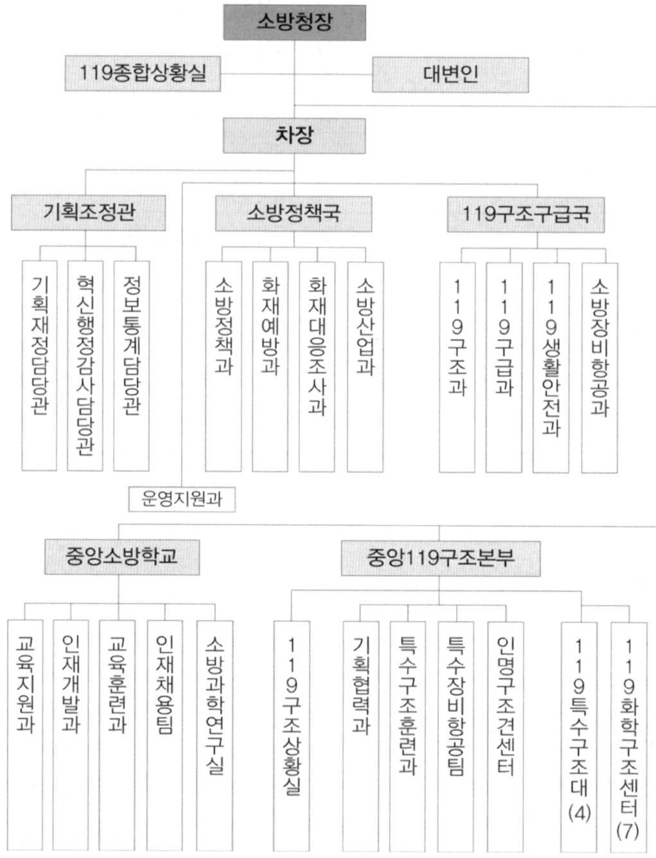

자료: 소방청(2019: 13).

운영 및 정책 기획·조정, 긴급구조 역량 강화 및 통합적 대응 체계 구축, 구조·구급대원 교육·훈련, 응급환자 대상 의료지도·상담을 한다.

다섯째, 소방산업진흥 및 국민생활안전 기반 강화로 소방시설업 및 소방기술자 지도·관리, 소방산업진흥 정책 개발 및 소방용품 형식승인, 생활안전사고 예방·대응, 대국민 소방안전교육·홍보를 한다.

여섯째, 소방장비 보급 및 항공구조구급 정책 개발로 소방장비 관련 제도 제·개정 및 관리 체계 고도화, 소방장비 표준화 및 소방정보통신 체계 구축, 항공구조·구급 정책 개발 및 재난현장 헬기 통합 운영을 한다.

2) 중앙소방학교

21세기 정보화 시대에 국가 안전문화를 책임지는 신지식 소방공무원과 급변하는 복잡하고 다양한 소방 환경 변화에 능동적으로 대응하고, 대규모 재난과 국제행사 등 소방의 역할 증대에 쉽게 적응할 수 있는 유능한 소방인 양성을 목표로 1978년 9월 4일 경기도 수원시에 소방학교가 설립되었다. 수원에 설립된 소방학교는 1986년 12월 31일 충남 천안시로 신축 이전했고, 1995년「대통령령」제14649호에 근거하여 중앙소방학교로 개칭되었으며, 2019년 7월 충청남도 공주시 국민안전교육연구단지로 이전했다.

중앙소방학교의 주요 업무는 국내 최고의 소방교육기관으로서 소방공무원에 대한 교육훈련과 소방 관련 각종 시험을 관리하는 곳이다.

소방공무원에 대한 교육훈련은 신임교육, 기본교육, 직무전문교육 등으로 나누어 간부후보생반, 관리자반, 간부반 및 간부 리더십 과정, 지휘통제 과정, 긴급대응 과정, 유형별 대응전문가 과정, 응급구조 과정, 화재조사전문가 과정, 안전교육전문가 과정 등 다양한 교육 과정을 두어 체계적인 교육훈련을 운영하고 있다. 그리고 소방 관련 각종 시험으로는 소방간부후보생 선발시험, 경력경쟁채용시험, 지방소방위 승진시험, 의무소방원 선발시험, 화재조사관 자격시험 등을 관장해 운영하고 있다.

중앙소방학교는 교육지원과, 인재개발과, 교육훈련과, 인재채용팀, 소방과학연구실로 구성된 조직이다. 교육지원과에서 소방안전관리 계획수립 및 정기소방교육

그림 3-3-3 중앙소방학교 조직도

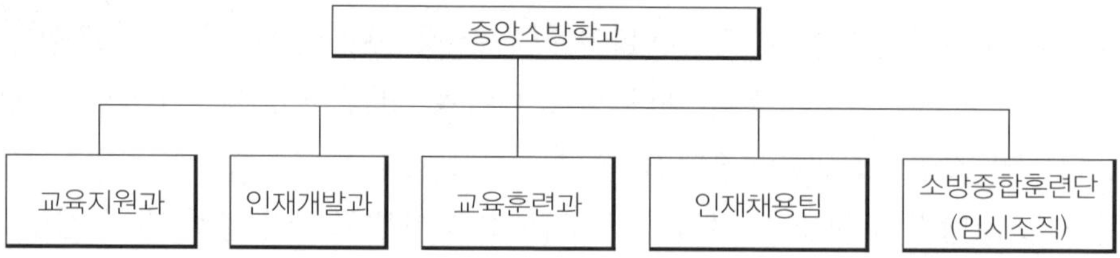

자료: http://www.nfsa.go.kr/(검색일: 2020년 4월 22일).

훈련, 소방시설 정기검사 및 유지관리 등을 담당하고, 인재개발과에서 연간교육훈련 계획 수립 조정 및 심사평가, 전문교육과정 설계 · 운영, 교육과정안내 및 입교생 안내 등을 담당하고, 교육훈련과에서 소방행정 · 의전 및 상훈 교과목 학술연구 및 교재개발연구 · 강의, 소방훈련교육대 시설 관리 전반에 관한 사항 등을 담당하고, 인재채용팀에서 소방공무원 채용시험의 운영 전반에 관한 사항 등을 담당하고, 천안소방훈련단에서 교육운영, 청사관리, 교육생지도 등을 담당한다.

3) 중앙119구조본부

1995년 10월 19일「대통령령」제14791호 의해 중앙119구조대 직제가 공포되어 국가적 차원의 재난 대응을 위한 긴급 구조기관으로 창설되었고, 2011년 1월 28일 중앙119구조단으로 승격되었고, 2013년 9월 17일 중앙119구조본부로 승격되었다.

중앙119구조본부는 기획협력과, 특수구조훈련과, 특수장비항공팀, 인명구조견센터, 119구조상황실로 구성된 조직이다.

각종 대형 · 특수재난사고의 구조 · 현장지휘 및 지원, 재난유형별 구조기술의 연구 · 보급 및 구조대원의 교육훈련, 시 · 도지사의 요청 시 본부장이 필요하다고 판단하는 재난사고의 구조 및 지원, 그 밖의 중앙긴급구조통제단장이 필요하다고 판단되는 재난사고의 구조 및 지원 업무 등을 수행하고 있다.

그림 3-3-4 중앙119구조본부 조직도

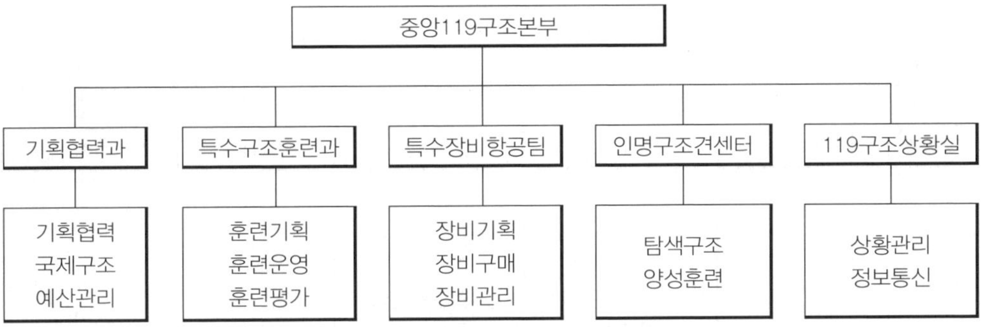

자료: http://www.rescue.go.kr/(검색일: 2020년 4월 22일).

2. 국가 소방조직 체계 – 광역자치단체 소방조직 체계

1) 서울 소방재난본부

2008년 1월 서울특별시 조직 개편에 의해 소방방재본부의 명칭이 소방재난본부로 명칭이 바뀌었다.

우리나라 광역자치단체에서 최초로 2001년 7월 종합방재센터를 구축함으로써 상황실이 통합 운영되고 있다. 센터의 소장과 항공대장은 서울특별시장의 명을 받아 센터의 업무와 항공대의 업무를 총괄하고, 소속 직원을 지휘 · 감독하는 별도의 직속기관으로 그 기능이 확대되었다고 볼 수 있다.

서울 소방재난본부는 소방행정과, 재난대응과, 예방과, 안전지원과, 현장대응단, 소방감사담당관으로 이루어진 소방조직이다.

소방행정과에서 주요 소방정책 연구 및 보고서 최종검토 · 작성, 소방조직 · 예산 중 · 장기계획 수립 · 조정, 본부, 소속기관 예산사업평가 · 관리, 소방학교 운영 등 책임 운영관리, 세입 · 세출예산 재정합의 사항 감독, 총괄지휘부 연락공보담당에 관한 사항 등을 담당하고, 재난대응과에서 화재 진압 업무 등 대외협력 사업에 관한 사항, 긴급구조 통제단 작전계획반 업무 수행, 구조장비 수급에 관한 업무 확인지도, 구조대원 교육 · 훈련 및 지원에 관한 업무 확인지도, 대테러 업무 등 구조

그림 3-3-5 서울 소방재난본부 조직도

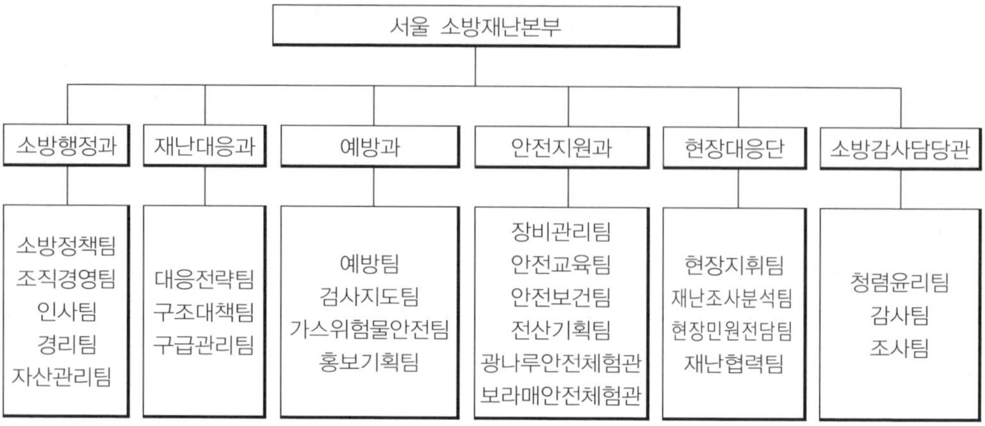

자료: http://fire.seoul.go.kr/(검색일: 2020년 4월 22일).

업무 대책수립 업무 확인지도 등을 담당하고, 예방과에서 연간 화재안전대책 기본계획 수립, 건축 허가동의 등 소방시설업 업무 운영, 소방특별조사 기본계획 수립 및 운영, 특정소방대상물 소방안전관리 지도사항, 가스·위험물 안전관리 기본계획 수립, 연간 소방안전홍보 기본계획 수립 등을 담당하고, 안전지원과에서 소방장비 분야 법령·제도 및 업무 개선에 관한 사항, 시민안전체험관 운영, 재난현장 안전관리 운영, 119긴급구조 시스템 등 정보통신사업 업무 등을 담당하고, 현장대응단에서 비상시 본부 긴급구조지휘대 운영에 관한 사항, 서울종합방재센터 및 상황실 책임운영, 재난 및 안전사고조사 기본계획 수립 및 조직관리 운영, 현장민원전담 인원 및 장비 등 관리 운영, 재난안전한국훈련 업무 기획 및 개선 등을 담당하고, 소방감사담당관에서 청렴도 향상 종합대책 업무, 감사행정 기능 강화를 위한 대외 업무, 공직기강 감찰 계획 및 활동에 관한 사항 등을 담당한다.

2) 부산 소방재난본부

1897년 10월 1일 부산 거주 일본인의 재산을 화재로부터 보호하기 위해 50명의 인원으로 부산 소방조를 편성 운영한 것이 효시로, 1939년 관설 부산소방서가 설치되었다가 1945년 광복과 더불어 왜인으로부터 소방시설 및 장비 일체를 인수받아 소방 인원 115명과 소방 차량 24대로 미군 소방대와 합동 소방본부를 설치했으며, 1946년 4월에는 「군정 법령」 제66호로 도청에 소방청이 설치되고 위원회를 구성하여 소방 업무를 담당하게 되었다.

부산의 직할시 승격 이후 시세의 확장과 소방 여건의 변천으로 대형 화재 발생 등 소방 수요의 급격한 증가에 대처하기 위해 기구, 장비, 인력을 점차 증강하여 오던 중 소방 업무가 1970년 8월 30일 지방자치 업무로 이관됨에 따라 1972년 6월 1일 「지방자치에 관한 임시조치법」 제10조 및 「도와 부산시의 행정기구에 관한 규정」 제4조 제3항에 의거 부산직할시 소방본부가 발족되어 소방본부장이 경찰국장의 소방사무를 인수받음으로써, 단순한 내부 보조기관이 아니라 시장의 명을 받아 관내 소방서장을 직접 지휘하여 소방 업무를 집행할 권한과 책임이 있는 외부 집행기관으로 2과(소방행정과, 방호과) 5계 1실의 소방조직으로 출발하게 되었다.

2006년 7월 12일에 부산, 울산, 경남의 오랜 숙원이었던 부산소방학교를 신설하여 열악한 소방공무원의 교육여건을 개선하게 되어 진정한 지역 안전지킴이로서의 역량을 다할 수 있게 되었고, 2013년 새정부 국정목표인 안전사회 구현을 뒷받침하기 위해 종전 소방본부를 "소방안전본부"로 명칭을 변경하였다. 이는 화재와 더불어 급증하고 있는 구조·구급, 응급의료상담 및 생활안전 서비스 등 도시안전에 총괄 대응하는 기관으로 변화하는 119소방정책의 시대흐름을 반영하게 된다.

2016년 1월 1일 부산광역시 119안전체험관을 설치하였으며, 이는 세월호 사고 이후 안전에 대한 국민적 관심이 높아지면서, 부산시민의 안전의식을 높이고 다양한 재난으로 부터 자신을 보호 할 수있는 종합안전체험시설이 요구되어 부산, 경남 일대에 최초로 설치하게 되었다.

2016년 7월 1일 부산광역시 소방재난본부는 부서별로 나눠져 있는 현장대응 기능을 한곳으로 집결시켜 본부에 현장대응과 신설, 2개 소방서(북부, 해운대소방서)에는 현장대응단을 신설하여, 현장 대응 중심의 조직으로 개편했다. 이에 소방재난본부는 3과(소방행정과, 현장대응과, 구조구급과), 1실(종합작전상황실), 2담당관(예방안전담당관, 감사담당관), 1단(특수구조단), 1관(119안전체험관)으로 변경, 11개 소방서, 54개 센터, 11개 구조대, 55개 구급대, 2개의 소방정대, 소방차량 431대, 소방헬기 2대, 소방정 3척 등으로 구성되어 있으며, 소방공무원과 의용소방대원 전

그림 3-3-6 부산 소방재난본부 조직도

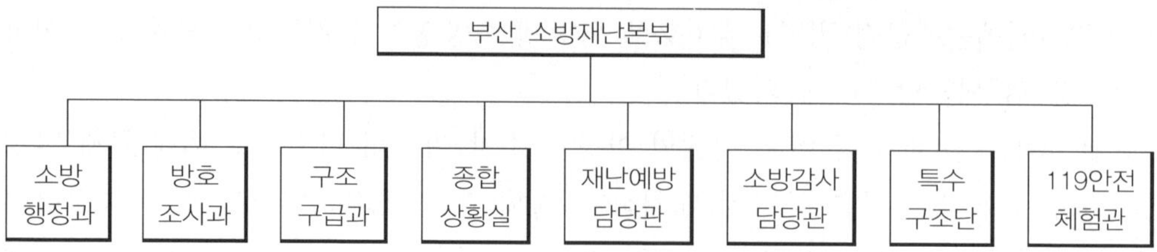

자료: http://119.busan.go.kr(검색일: 2020년 4월 22일).

원이 재난현장에서 국민의 생명과 안전을 지키는 최후의 보루로서 최상의 안전 서비스를 제공할 것이다.

부산 소방재난본부는 소방행정과, 방호조사과, 구조구급과, 종합상황실, 재난예방담당관, 소방감사담당관, 특수구조단, 119안전체험관으로 구성된 조직이다.

3) 인천 소방본부

2013년 9월 17일 인천광역시 「행정기구설치조례 및 시행규칙」 개정으로 청렴감찰팀, 감사평가팀, 안전보건팀으로 구성된 소방감사담당관이 신설되었다.

인천 소방본부는 소방행정과, 예방안전과, 119재난대책과, 현장대응단, 소방감사담당관, 119종합상황실, 119특수구조단, 소방학교이전추진단으로 구성된 조직이다.

소방행정과에서 소방공무원 인사 업무, 기획예산 업무, 조직운영, 소방력 보강 업무 등을 담당하고, 예방안전과에서 화재 예방대책 추진, 주택용 소방시설 설치촉진 업무, 성능위주 및 건축심의, 다중이용업소 안전관리, 인터넷홍보매체 운영, 방송지원 등을 담당하고, 119재난대책과에서 소방기술경연대회, 의용소방대, 특수재난, 시기유형별 구조안전대책, 의용소방대 운영 관리에 관한 사항 등을 담당하고, 현장대응단에서 긴급구조대응계획 수립에 관한 사항, 재난현장 지휘체계 개선 및 관리・운영에 관한 사항, 재난현장표준작전절차 운영에 관한 사항, 지휘역량 강화에 관한 사항 등을 담당하고, 소방감사담당관에서 청렴감찰 업무, 감사 업무 등을

그림 3-3-7 인천 소방본부 조직도

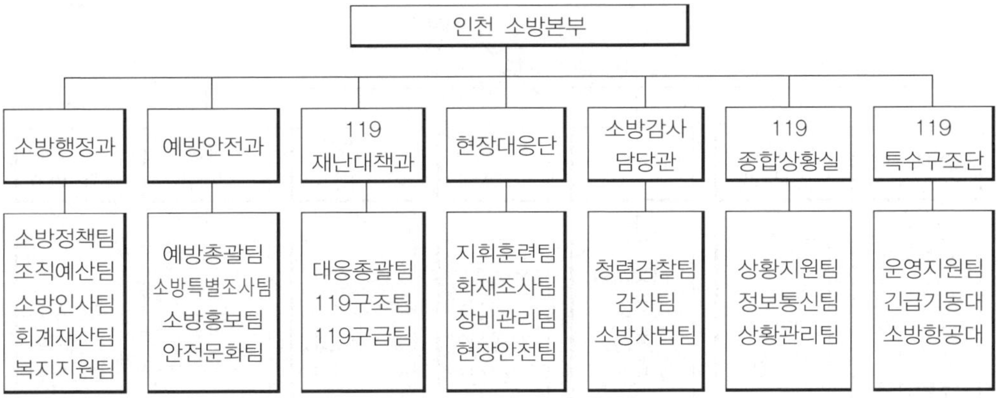

자료: http://119.incheon.go.kr(검색일: 2020년 4월 22일).

담당하고, 119종합상황실에서 상황지원팀 업무, 정보통신팀 업무, 상황관리 업무 등을 담당하고, 119특수구조단에서 대테러소방안전대책에 관한 사항, 소방항공대 항공기 정비 등을 담당한다.

4) 대구 소방안전본부

「행정기구설치 조례 시행규칙」 제2728호(2013.11.11)에 의해 대구 소방안전본부 내 119특수구조단이 신설되었다.

대구 소방안전본부는 소방행정과, 예방안전과, 현장대응과, 119종합상황실, 119 특수구조단, 소방감사담당관, 시민안전테마파크로 구성된 조직이다.

소방행정과에서 인사조정관, 상훈, 행사, 채용, 인사 등을 담당하고, 예방안전관에서 예방홍보기획, 소방협력단체 관리, 홍보교육 등을 담당하고, 현장대응과에서 화재 진압 기획 및 손실보상, 소방훈련, 소방용수, 화재 진압 장비, 풍수해, 소방출동로 업무 등을 담당하고, 119종합상황실에서 정보통신 업무, 소방정보화사업 기획 및 조정에 관한 사항 등을 담당하고, 119특수구조단에서 특수전략팀 업무, 특수구조단 예산 및 기획 등을 담당하고, 소방감사담당관에서 소방감사, 재산등록, 퇴직공직자 취업심사 등을 담당한다.

그림 3-3-8 대구 소방안전본부 조직도

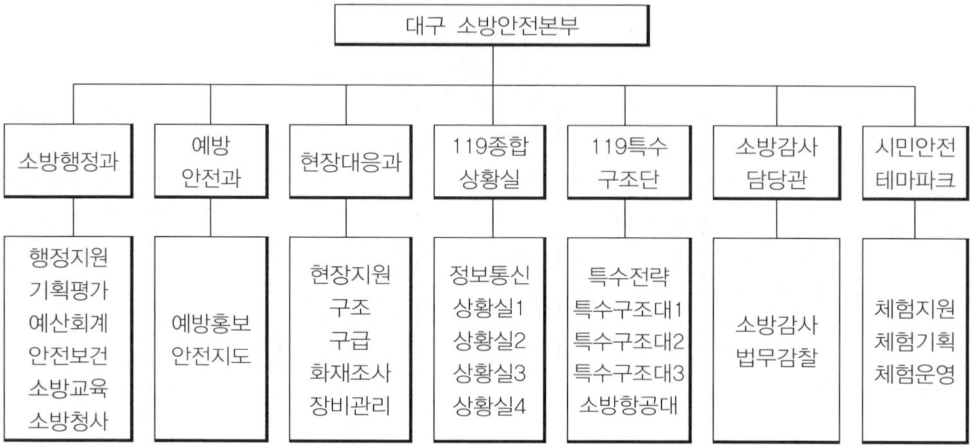

자료: http://deagu.go.kr(검색일: 2020년 4월 22일).

5) 대전 소방본부

1989년 1월 1일 대전직할시 「소방본부 설치에 관한 법률」을 공포하여 소방본부가 설치되었다.

대전 소방본부는 소방행정과, 예방안전과, 대응관리과, 119종합상황실, 119특수구조단으로 구성된 조직이다.

소방행정과에서 소방 예산 편성, 특별회계 세입·세출 예산 결산, 소방안전교부세 투자계획 수립, 지방재정 투자심사, 소방차량 등 국고보조 예산관리 등을 담당하고, 예방안전과에서 화재경계지구 소방안전관리에 관한 사항, 주택화재 예방대책 및 기초소방시설 보급, 대형 행사 관련 화재 예방 기본대책 수립 등을 담당하고, 대응관리과에서 화재 진압 전술 및 현장대응종합대책에 관한 사항, 특정소방대상물 소방훈련계획 및 지도·점검, 긴급구조대응계획 수립 및 운영, 구급·관리 업무 종합계획 수립 및 운영에 관한 사항, 특별사법경찰 운영에 관한 사항 등을 담당하고, 119종합상황실에서 소방상황 종합관리에 관한 사항 보고, 재난상황처리 분석업무 총괄 지도감독, 소방종합정보통신망 계획수립 및 추진, 화재, 구조 등 119신고접수 및 관제, 출동 지령 등을 담당하고, 119특수구조단에서 특수사고 대응계획 수

그림 3-3-9 대전 소방본부 조직도

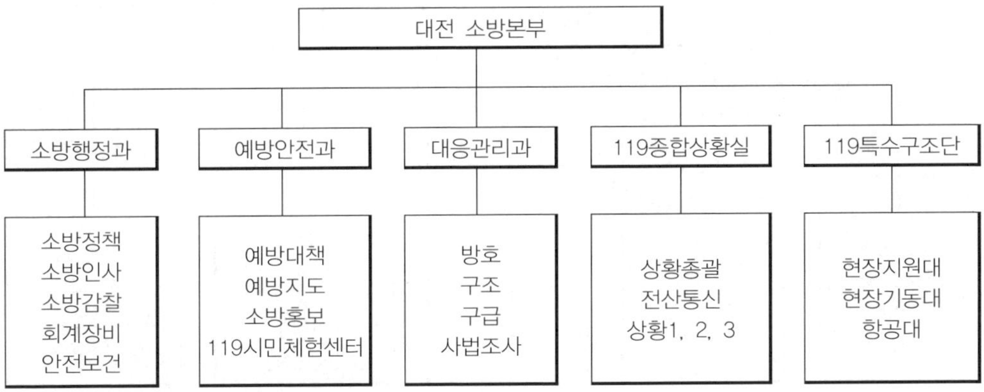

자료: http://daejeon.go.kr(검색일: 2020년 4월 22일).

립 및 사고대응 추진, 대테러 소방안전대책 추진, 특수구조단 예산 운영에 관한 사항, 특수구조단 행정 업무에 관한 사항, 테러대응 긴급구조 활동에 관한 사항 등을 담당한다.

6) 광주 소방안전본부

「행정기구설치 조례 시행규칙」 개정(훈령 제2904호)에 의해 소방안전본부 소방행정과 소방행정, 안전감찰, 예산장비에서 소방행정과 소방행정, 소방감찰, 안전보건, 예산장비로 변경되었고, 대응구조와 대응기획, 예방홍보, 구조구급, 현장조사에서 방호예방과 방호기획, 예방지도, 현장조사로 변경되었고, 구조구급과 구조, 구급, 생활안전이 신설되었다.

광주 소방안전본부는 소방행정과, 방호예방과, 구조구급과, 119종합상황실, 119특수구조단으로 구성된 조직이다.

소방행정과에서 소방행정 기본운영계획 수립 및 평가, 소방력 기준책정 및 관할 구역 조정에 관한 사항, 소방 예산의 집행, 소방공무원 안전관리에 관한 사항 등을 담당하고, 방호예방과에서 화재 방호활동전술 운용에 관한 사항, 화재 예방대책・교육・홍보에 관한 사항, 소방시설 및 유지관리 지도에 관한 사항, 화재조사

그림 3-3-10 광주 소방안전본부 조직도

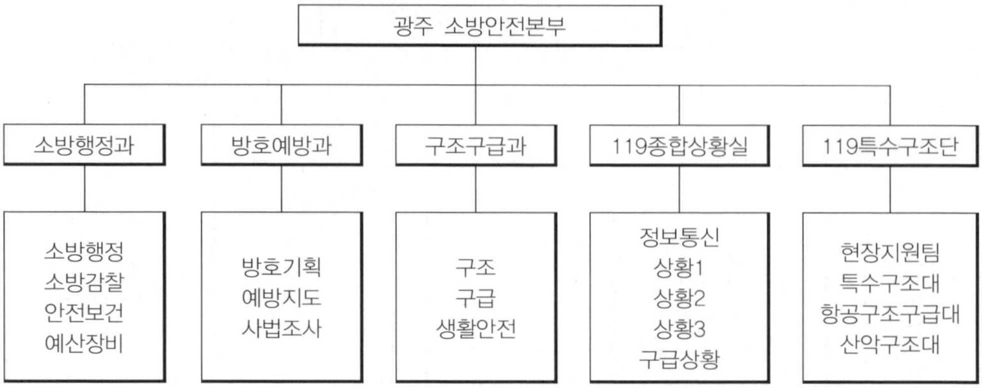

자료: http://fire119.gwangju.go.kr(검색일: 2020년 4월 22일).

운영에 관한 기획·조정·지도 등을 담당하고, 구조구급과에서 긴급구조 대응 업무에 관한 사항, 구조·구급대원 훈련 교육에 관한 사항, 119생활안전구조대 운영에 관한 사항 등을 담당하고, 119종합상황실에서 소방정보화 기본계획 수립·조정, 소방활동 및 119종합상황실 통계 관리 등을 담당하고, 119특수구조단에서 특수사고 대응계획 수립·시행 및 훈련에 관한 사항, 화학·수난·특수사고 구조 활동에 관한 사항, 항공구조구급대 운영에 관한 사항, 산악사고 예방캠페인·순찰 및 산악인명구조훈련 등을 담당한다.

7) 울산 소방본부

1999년 7월 19일 소방본부가 2과 4계 1상황실로 정원 21명으로 발족되었다.

울산 소방본부는 소방행정과, 예방안전과, 119재난대응과, 119종합상황실로 구성된 조직이다.

소방행정과에서 소방공무원 교육훈련, 소방공무원의 인사·상훈 및 복무관리, 소방서 총괄 지도·감독, 소방 예산의 편성 및 총괄 운영 등을 담당하고, 예방안전과에서 화재 예방·홍보에 관한 사항, 화재현장 출동 및 화재조사 총괄 지휘·감독, 겨울철 및 봄철 소방안전대책 수립 및 집행, 화재조사 전문화 추진 연구·지도,

그림 3-3-11 울산 소방본부 조직도

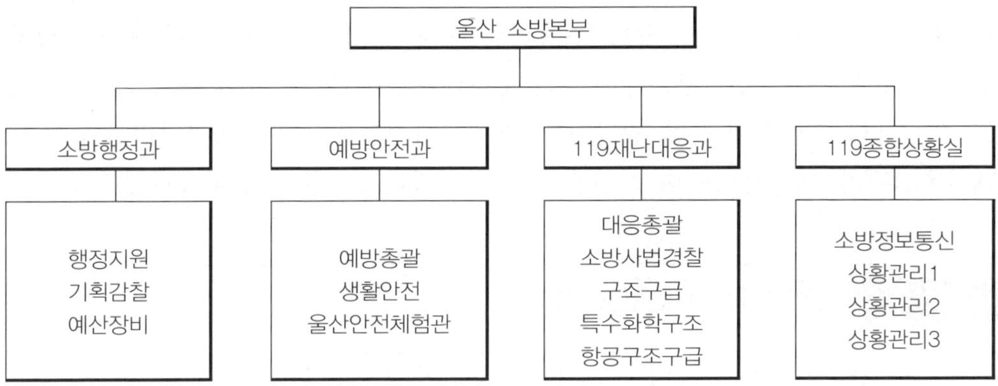

자료: http://fire.ulsan.go.kr(검색일: 2020년 4월 22일).

구조·구급대 운영 및 교육훈련, 화재 진압대책 계획수립 및 화재출동지침 연구·지도, 소방항공기 정비 및 물품의 수급관리 등을 담당하고, 119재난대응과에서 소방통로 확보 및 소방용수 보강계획 연구·지도, 특수재난 대응 및 대테러 대응, 화재진압대책 계획수립 및 화재출동지침 연구·지도 등을 담당하고, 119종합상황실에서 종합방재센터 운영전반에 관한 사항, 소방정보화 기본계획 수립·조정, 소방통신장비 보강·유지관리 등을 담당한다.

8) 경기도 소방재난본부

1992년 4월 1일 경기도 직제규칙 개정「도규칙」제2284호에 의거 소방본부가 신설되었고, 1998년 9월 14일 기존의 소방본부에서 소방재난본부로 명칭이 변경되었으며, 2014년 9월 25일 경기도 재난안전본부로 명칭이 변경되었는데, 다시 소방재난본부로 명칭이 변경되었다.

경기도 재난안전본부는 소방행정과, 재난예방과, 재난대응과, 구조구급과, 재난종합지휘센터, 생활안전담당관, 청문감사담당관, 회계장비담당관, 특수대응단으로 구성된 조직이다.

소방행정과에서 조직관리, 정원조정, 사무진단, 정책평가, 인사통계, 예산편성

관리, 현장안전 등을 담당하고, 재난예방과에서 소방안전대책, 성능위주설계, 예방통계, 위험물안전관리, 소방특별조사, 소방사범수사 등을 담당하고, 재난대응과에서 화재 진압대책, 소방통로확보, 현장지휘 체계, 화재조사, 재난협력 등을 담당하고, 구급구급과에서 긴급구조대책, 긴급구조대응, 구급기획, 구급교육, 특수재난대책, 역량센터 훈련진행 등을 담당하고, 재난종합지휘센터에서 상황관리센터 운영, 재난통신관리, 개인정보보호, 상황관리 등을 담당하고, 생활안전담당관에서 안전체

그림 3-3-12 경기도 소방재난본부 조직도

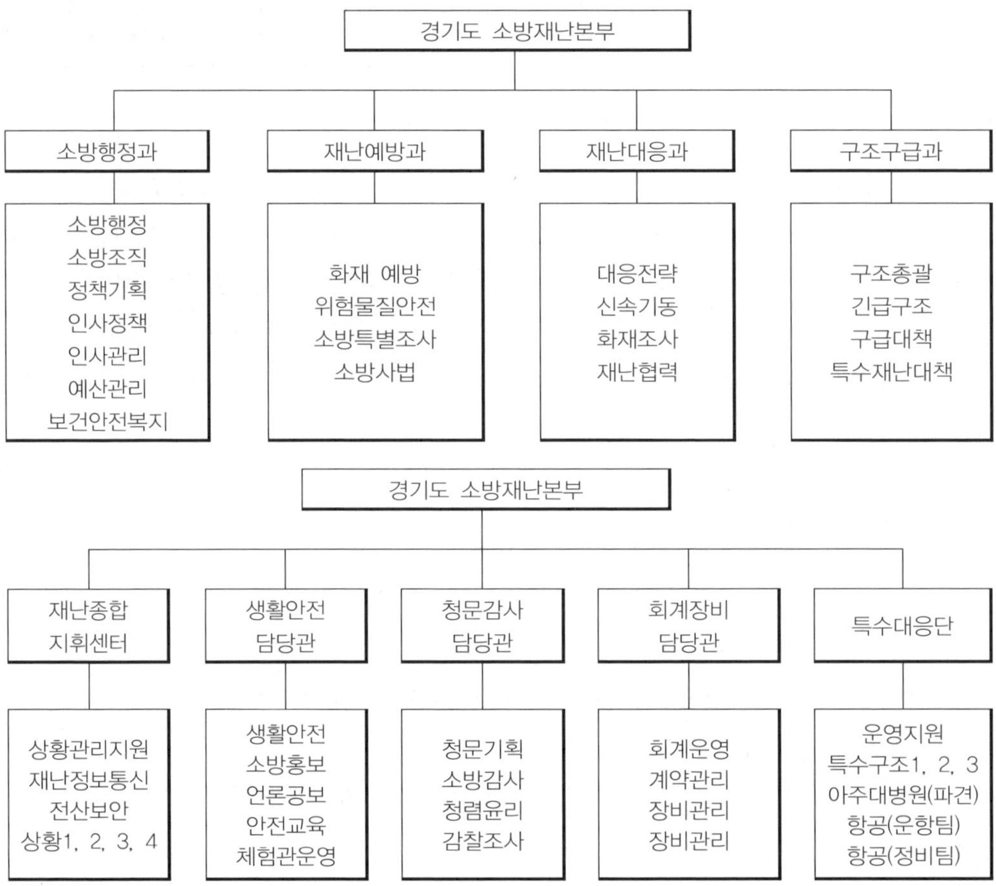

자료: http://119.gg.go.kr(검색일: 2020년 4월 22일).

험 프로그램 운영, 소방홍보, 언론공보, 안전교육, 체험관 운영 등을 담당하고, 청문감사담당관에서 청문기획, 공직기강대책, 감사기획, 종합감사, 청렴도, 감찰조사 등을 담당하고, 회계장비담당관에서 회계 운영, 계약관리, 공사계약, 소방장비운영계획, 소방장비보강 등을 담당하고, 특수대응단에서 훈련관리, 특수구조, 헬기조종 등을 담당한다.

9) 경기도북부 소방재난본부

2006년 9월 1일 제2소방재난본부를 개청했고, 2012년 3월 5일 경기도북부 소방재난본부로 변경되었고, 2014년 9월 25일 경기도북부 재난안전본부로 변경되었고, 다시 경기도북부 소방재난본부로 변경되었다.

경기도북부 소방재난본부는 소방행정기획과, 예방과, 대응과, 북부재난종합지휘센터, 북부특수대응단으로 구성된 조직이다. 소방행정기획과에서 인사, 근무성적 평정, 예산, 공유재산, 소방장비 기동점검, 복무감찰, 화재조사 등을 담당하고, 예방과에서 화재 예방기획, 소방시설업, 대응과에서 대응전략, 화재조사, 구조 및 구급 등을 담당하고, 북부재난종합지휘센터에서 상황정보통신, 상황분석, 통계, 정보보

그림 3-3-13 경기도북부 소방재난본부 조직도

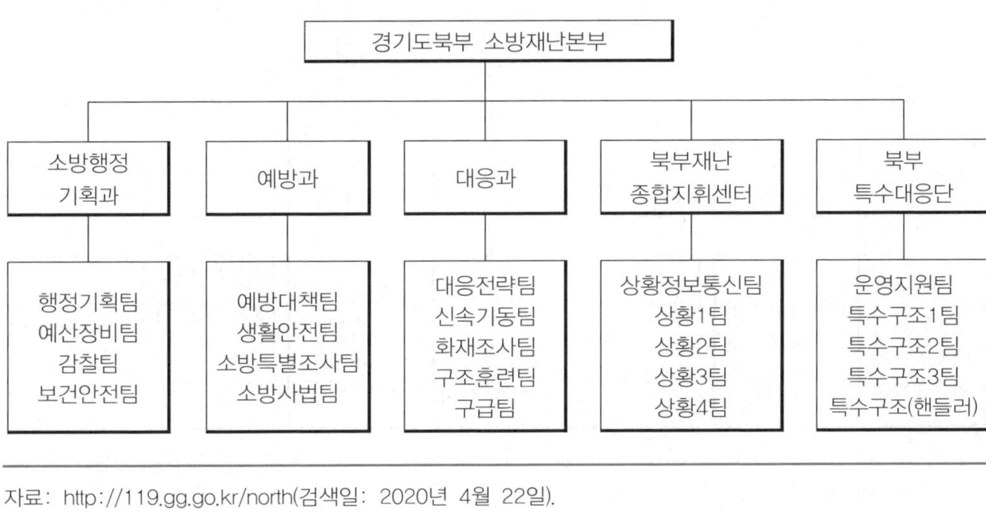

자료: http://119.gg.go.kr/north(검색일: 2020년 4월 22일).

안, 시스템관리 등을 담당하고, 북부특수대응단에서 특수재난출동 등을 담당한다.

10) 강원도 소방본부

2013년 7월 26일 소방본부에 특수구조단이 신설되었고, 2015년 1월 2일 소방본부에 민방위경보통제소를 포함한 안전총괄과가 편입되어 소방안전본부로 변경되었다가, 2015년 7월 22일 안전총괄과 조직개편 기구조정으로 다시 소방본부로 명칭이 변경되었다.

강원도 소방본부는 소방행정과, 소방장비회계과, 예방안전과, 방호구조과, 종합상황실, 특수구조단, 환동해특수재난대응단으로 구성된 조직이다. 소방행정과에서 인사운영계획 수립, 소방 분야 예산편성 기본계획 수립, 장비관리 분야 시책사업 추진, 소방공직기강 확립 기본계획 수립 및 지도 등을 담당하고, 소방장비회계과에서 예산회계, 시설장비, 계약관리 등을 담당하고, 예방안전과에서 화재안전정책 시행계획 수립 및 추진, 특정소방대상물 소방안전관리 지도 · 감독에 관한 사항, 소방안전특별관리 대상물의 안전관리에 관한 사항, 화재안전특별조사 기본계획 수립 및 추진, 특정소방대상물 성능위주 설계에 관한 사항, 위험물 사고대응 매뉴얼 개

그림 3-3-14 강원도 소방본부 조직도

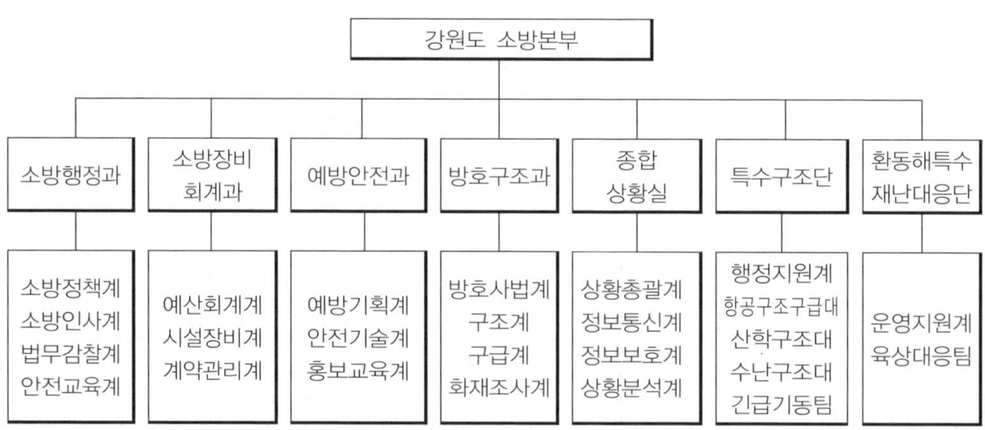

자료: http://fire.gwd.go.kr(검색일: 2020년 4월 22일).

발 및 사고예방에 관한 사항 등을 담당하고, 방호구조과에서 화재 진압 작전 기획 및 지도에 관한 사항, 화재 예방대책 기획 및 지도에 관한 사항, 구조 업무의 기획 및 조사에 관한 사항, 구급활동 기술연구 및 지도에 관한 사항, 화재조사 정책 및 운영에 관한 사항 등을 담당하고, 종합상황실에서 상황관리 업무 기획 · 조정 및 운영에 관한 사항, 종합상황관리 및 상황보고서 작성, 소방정보통신 정책수립 및 관리, 119신고 접수처리 통계분석에 관한 사항 등을 담당하고, 특수구조단에서 각종 재해 · 재난현장 인명구조 지휘 · 지원, 항공 인명구조 및 화재 진압, 산악구조 · 응급조치에 관한 사항, 수난구조에 관한 사항 등을 담당하고, 환동해특수재난대응단에서 환동해특수재난대응단 소관 업무 조정에 관한 사항, 산불 등 각종 재해 · 재난현장 대응업무 지원, 대형 화재 및 공단, 가스기지, 대형 위험물 등 화재 등 지원활동 등을 담당한다.

11) 충남 소방본부

2013년 7월 15일 충청남도 「행정기구 및 정원운영에 관한 조례」 개정(제3768호)으로 재난민방위과가 자치행정국 이관에 따라 소방안전본부가 소방본부로 명칭이 변경되었다.

충남 소방본부는 소방행정과, 화재대책과, 119특수구조단, 119종합상황실로 구성된 조직이다. 소방행정과에서 소방행정 기본운영 및 종합계획 수립에 관한 사항, 소방인사행정지원 시스템 운영 및 관리, 소방정책기획에 관한 사항, 소방관서 회계사무 지도 · 감독에 관한 사항, 소방감사 및 연간 공직감찰계획 수립에 관한 사항, 현장 안전관리 정책추진 및 점검, 복합시설팀 소관 업무 전반에 관한 기획 · 조정 등을 담당하고, 화재대책과에서 화재 예방정책 및 조정에 관한 사항, 화재 예방대책 수립 · 시행, 안전교육 프로그램 개발에 관한 사항, 화재원인 및 피해조사에 관한 기본계획 운영, 의용소방대 교육 · 훈련에 관한 사항, 체험시설 유지 및 안전관리 전반에 관한 사항 등을 담당하고, 119특수구조단에서 재난대책 관련 종합기획 · 시행에 관한 사항, 구급 종합계획 수립 · 시행에 관한 사항, 구조대 운영 및 관리에 관한 사항, 특수재난 긴급구조 현장지휘 · 통제에 관한 사항, 소방항공기 운항통제 및 현장지휘 총괄 등을 담당하고, 119종합상황실에서 재난 관련 상황전파훈

그림 3-3-15 충남 소방본부 조직도

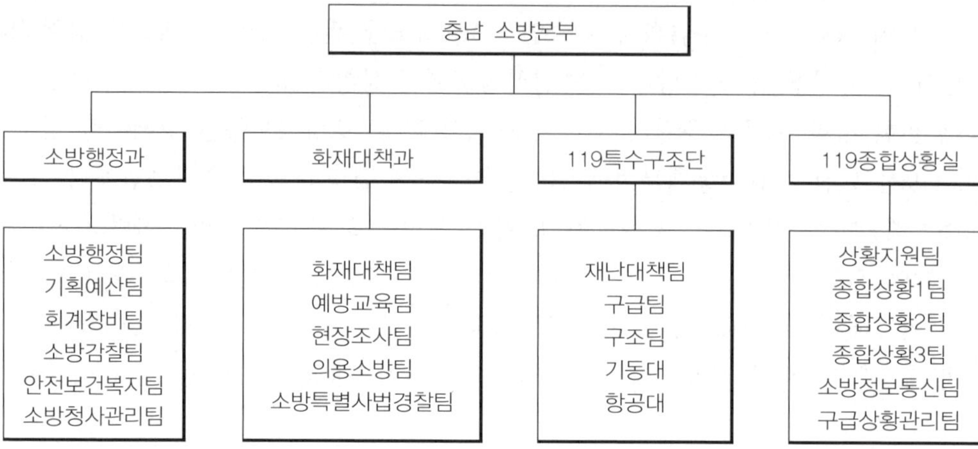

자료: http://www.cn119.go.kr(검색일: 2020년 4월 22일).

련 및 매뉴얼정비에 관한 사항, 119종합상황팀 상황관리 업무, 소방무선통신시설 및 장비 운영관리에 관한 사항 등을 담당한다.

12) 충북 소방본부

2016년 1월 1일 소방본부가 대응예방과(대응조사팀, 예방안전팀), 구조구급과(구조팀, 구급상황관리센터, 소방항공구조대), 소방종합상황실(상황관리1, 2, 3팀, 정보통신팀)로 조직이 개편되었다.

충북 소방본부는 소방행정과, 대응예방과, 구조구급과, 광역119특수구조단, 119종합상황실로 구성된 조직이다. 소방행정과에서 소방조직, 인사행정에 관한 조정, 소방행정 감사·감찰 기획조정, 물품 수급관리 및 재물조사 등을 담당하고, 대응예방과에서 화재 진압 대응전략 및 기술개발에 관한 사항, 소방홍보·기획에 관한 사항 등을 담당하고, 구조구급과에서 긴급구조통제단 운영에 관한 사항, 재난현장표준작전절차(SOP)에 관한 사항, 구급 업무 대책수립에 관한 사항, 헬기조정 업무 등을 담당하고, 광역119특수구조단에서 특수재난·수난·항공구조구급대의 운영, 특수구조계획·대응·훈련 지도 및 지원에 관한 사항, 유해화학물질, 위험물, 테러

그림 3-3-16 충북 소방본부 조직도

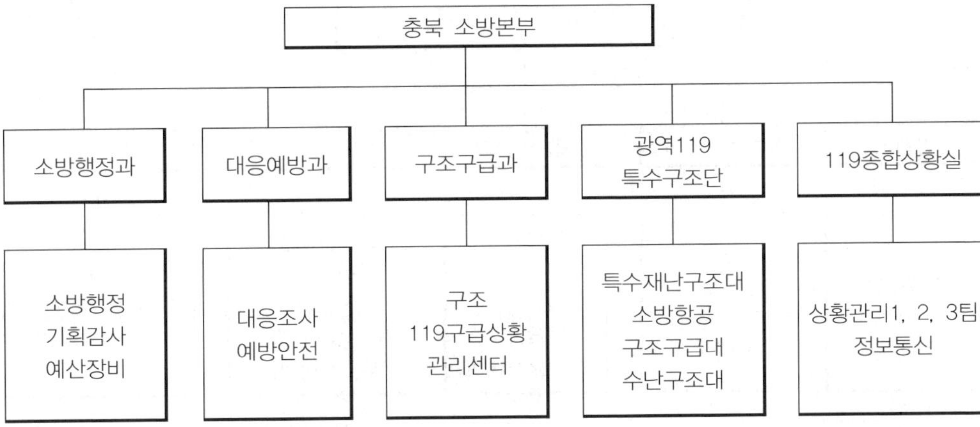

자료: http://www.cb119.net(검색일: 2020년 4월 22일).

등 특수사고 전문 대응 및 인명구조에 관한 사항, 특수사고 관련 유관기관 협력에 관한 사항, 유해화학물질, 위험물, 테러 등 특수사고 전문 대응 및 인명구조 등을 담당하고, 119종합상황실에서 긴급구조표준 시스템 및 광역 통합상황실 운영, 주요 정보통신 기반시설 업무 등을 담당한다.

13) 경남 소방본부

경남 소방본부는 소방행정과, 방호구조과, 예방안전과, 119종합상황실, 119특수구조단으로 구성된 조직이다. 소방행정과에서 소방공무원 인사 운영, 소방공무원 임용 및 퇴직에 관한 사항, 소방서 종합감사 및 복무 감찰, 소방 예산 편성·집행의 기획 및 심사 업무를 담당하고, 방호구조과에서 화재 진압 및 소방훈련 지도·감독, 화재방어검토회의에 관한 사항, 소방용수시설 설치 및 관리에 관한 사항 등을 담당하고, 예방안전과에서 소방안전교육 계획 수립 및 시행에 관한 사항, 소방교육방법 및 연구개선에 관한 사항을 담당하고, 119종합상황실에서 「소방기본법」에 따른 긴급상황보고, 출동대에 정보지원 등 상황관제 등을 담당하고, 119특수구조단에서 특수사고 및 대형 재난현장 전문대응과 인명구조활동, 항공대 업무총괄

그림 3-3-17 경남 소방본부 조직도

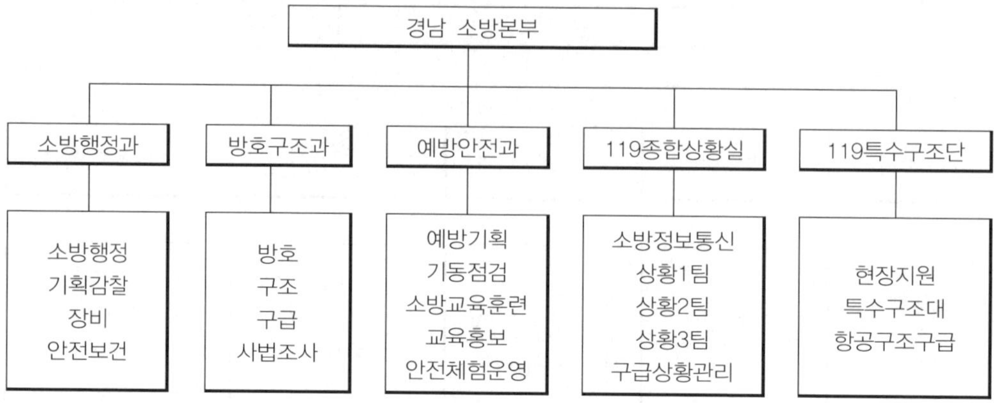

자료: http://gnfire.go.kr(검색일: 2020년 4월 22일).

및 소속 직원 지휘감독 등을 담당한다.

14) 경북 소방본부

2015년 7월 2일 경상북도 「행정기구설치 조례 시행규칙」(제3630호)으로 소방본부 직제 개편으로 구조구급과를 설치했다.

경북 소방본부는 소방행정과, 대응예방과, 구조구급과, 119종합상황실, 119특수구조단으로 구성된 조직이다. 소방행정과에서 소방공무원 보건안전 및 복지후생 업무, 소방행정의 기획・평가 업무 전반, 예산회계 소관 의회 업무에 관한 사항, 감찰계획 수립 및 결과 처리에 관한 사항 등을 담당하고, 대응예방과에서 화재대응 업무 종합계획의 수립 시행, 소방장비 보강 및 관리 운영 기본계획에 관한 사항, 예방홍보 분야 전반적인 업무추진사항, 시설지도 분야 관련 소방안전대책 계획수립, 사법조사 업무 전반에 관한 지도 등을 담당하고, 구조구급과에서 구조 분야 종합계획수립, 특수재난대책 전반에 관한 사항, 구급상황관리센터 전반에 관한 업무 등을 담당하고, 119종합상황실에서 소방정보화 사업 기획 및 운영, 국가통합통신망 구축 및 운영, 상황 관련 보고 및 전파에 관한 사항 등을 담당하고, 119특수구조단에서 특수구조단 단계별 출동 기준 정비, 항공대 안전 업무에 관한 사항, 첨단장비

그림 3-3-18 경북 소방본부 조직도

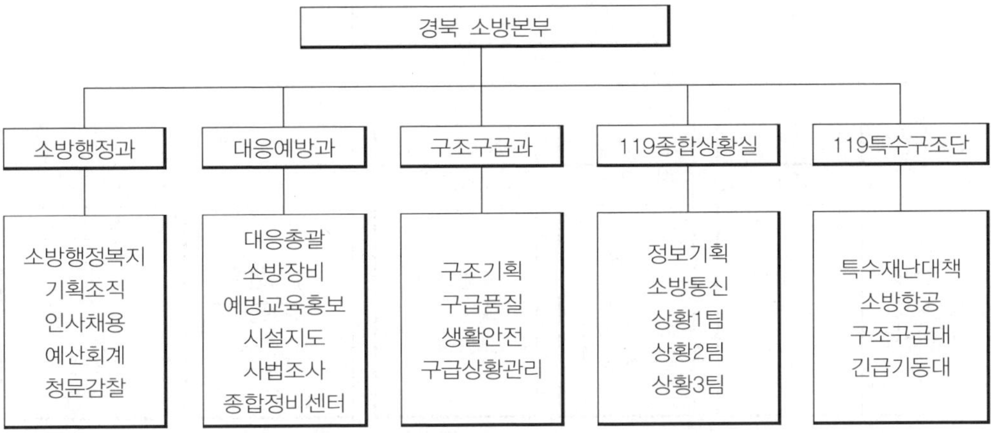

자료: http://gb119.go.kr(검색일: 2020년 4월 22일).

유지관리에 관한 사항 등을 담당한다.

15) 전남 소방본부

2015년 7월 15일 소방본부 방호구조과를 방호예방과 및 구조구급과로 변경, 119안전종합상황실을 119종합상황실로 변경되었다.

전남 소방본부는 소방행정과, 대응예방과, 구조구급과, 소방감사담당관, 소방교육과, 119종합상황실로 구성된 조직이다. 소방행정과에서 소방공무원 인사발령, 정원 및 계급관리, 소방공무원 복무규율 및 사정 업무, 소방 예산 편성 및 운영, 소방통신·전산정보화 사업계획의 기획·조정 및 분석 등을 담당하고, 대응예방과에서 소방용수시설 보강 및 관리, 소방홍보 및 소방시설의 설치, 화재원인조사 및 피해조사, 교육훈련 성과 측정 분석 및 지도·감독 등을 담당하고, 구조구급과에서 119구조대 편성 및 운영, 응급구조사 등 전문 구급대원 육성관리, 소방항공대 운영 및 관리 등을 담당하고, 소방감사담당관에서 소방관서 종합평가 및 국민행복소방정책 추진, 소방행정감사 및 소방공무원 자체감사, 소방공무원 비위조사 및 익명신고시스템 운영을 담당하고, 소방교육과에서 소방공무원 교육훈련에 관한 사항, 화재

그림 3-3-19 전남 소방본부 조직도

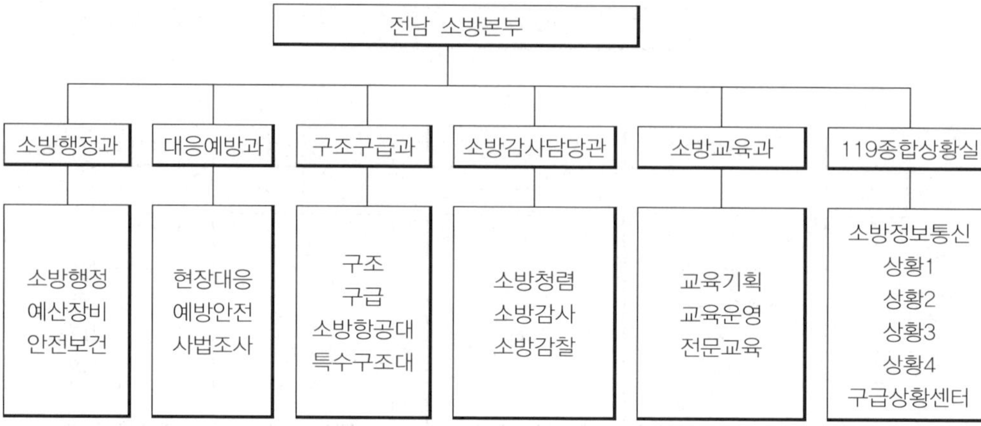

자료: http://www.jnsobang.go.kr(검색일: 2020년 4월 22일).

대응능력(2급) 평가 및 현장실무교육 운영을 담당하고, 119종합상황실에서 화재·구조·구급·생활안전사고 및 각종 재난재해사고 신고접수 및 상황처리 등을 담당한다.

16) 전북 소방본부

1992년 4월 8일에 소방본부가 신설되었다. 전북 소방본부는 소방행정과, 방호예방과, 구조구급과, 119종합상황실로 구성된 조직이다. 소방행정과에서 인사제도, 조직기획, 차량, 장비, 공사 교육감찰 등을 담당하고, 방호예방과에서 화재조사, 소방안전대책, 안전체험관 교관 업무 등을 담당하고, 구조구급과에서 재난훈련, 구급기획, 정보보안, 항공기 정비 등을 담당하고, 119종합상황실에서 상황 업무 등을 담당한다.

그림 3-3-20 전북 소방본부 조직도

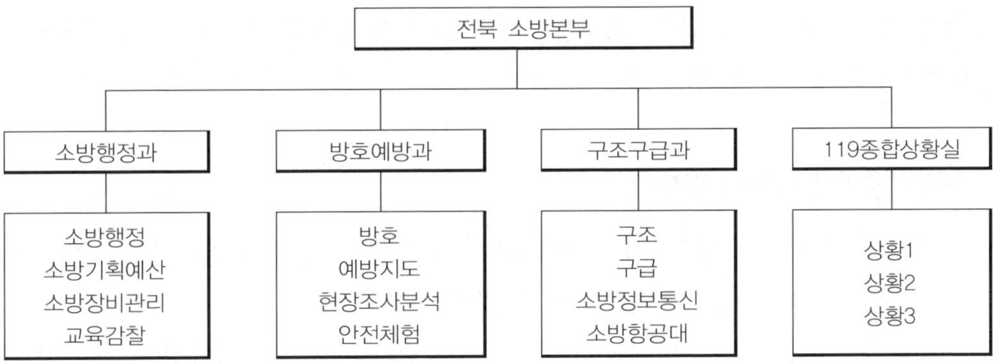

자료: http://www.sobang.kr(검색일: 2020년 4월 22일).

17) 제주도 소방안전본부

제주도 소방안전본부는 소방정책과, 예방대응과, 구조구급과, 119종합상황실로 구성된 조직이다. 소방정책과에서 인사 조직관리, 소방기획 및 조정 업무에 관한 사항, 예산장비 업무 기획 및 조정, 안전도시 업무 기획 및 조정, 교육훈련총괄 기

그림 3-3-21 제주도 소방안전본부 조직도

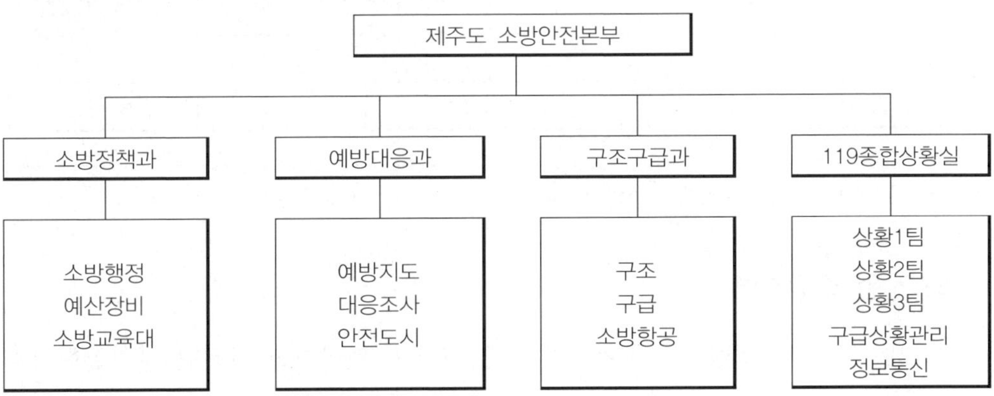

자료: http://www.jeju119.go.kr(검색일: 2020년 4월 22일).

획 및 조정 등을 담당하고, 예방대응과에서 예방지도 업무, 화재안전특별조사, 특별사법경찰, 대응조사 업무, 안전도시 업무 등을 담당하고, 구조구급과에서 긴급구조대응, 구조장비, 구급 업무, 소방항공대 업무 등을 담당하고, 119종합상황실에서 119신고접수 및 상황관제 등을 담당한다.

18) 세종특별자치시 소방본부

2012년 7월 1일 소방본부가 신설되었다. 세종특별자치시 소방본부는 소방행정과, 대응예방과, 119종합상황실로 구성된 조직이다. 소방행정과에서 소방공무원 인사, 채용 업무, 감찰 및 진정민원 조사에 관한 사항, 소방관서 예산편성, 세입세출, 회계사무에 관한 사항, 특수구조활동 및 구조기술 교육훈련에 관한 사항 등을 담당하고, 대응예방과에서 소방훈련계획 수립 및 추진에 관한 사항, 구조・구급장비 확충 및 장비운영에 관한 사항, 예방민원 업무 처리에 관한 사항 등을 담당하고, 119종합상황실에서 재난 상황 전파 및 보고에 관한 사항, 재난피해자 지원센터 운영에 관한 사항, 소방정보 시스템 구축 및 유지관리 등을 담당한다.

그림 3-3-22 세종특별자치시 소방본부 조직도

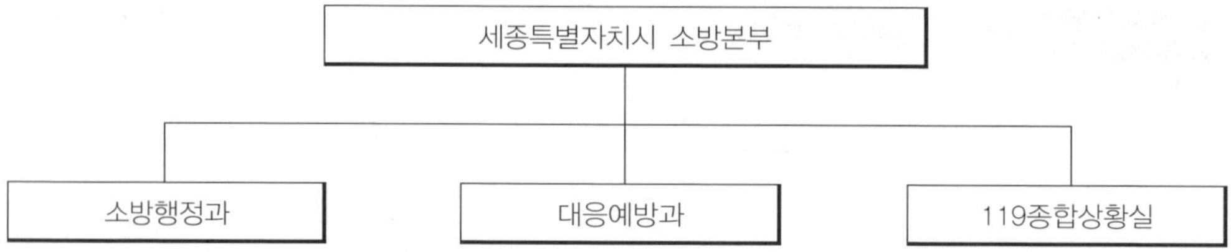

자료: http://119.sejong.go.kr(검색일: 2020년 4월 22일).

19) 창원 소방본부

2012년 1월 1일 소방본부가 신설되었다. 시민이 편안하고 안전한 창원실현이라는 비전으로 전략과제는 소방보건안전 및 복지 효율성 제고, 현장 중심 전략적 소방안전관리, 자율과 책임이 조화된 소방안전 인프라 구축, 대형 재난 및 특수사고 대

그림 3-3-23 창원 소방본부 조직도

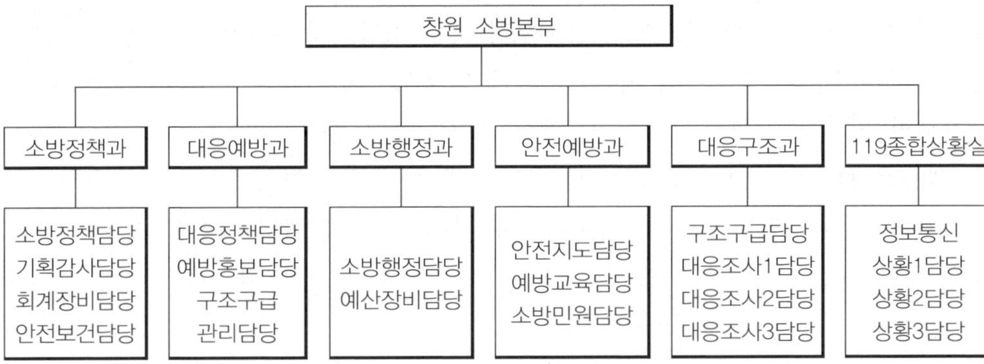

자료: http://www.changwon.go.kr(검색일: 2020년 4월 22일).

비 실질적 소방훈련 추진이고, 정책여건은 소방역량 향상을 위한 안전한 환경 조성, 첨단 장비와 전문인력 운용으로 초기대응능력 향상, 시민참여와 체험 중심의 민간 자율 소방안전의식 제공, 소방 환경 변화 및 소방 수요 증가에 따른 대응 체계 개선 등이다. 창원 소방본부는 소방정책과, 대응예방과, 소방행정과, 안전예방과, 대응구조과, 119종합상황실로 구성된 조직이다.

3. 민간 소방조직

1) 의용소방대

의용소방대라 함은 화재는 물론 각종 재난의 방지와 그 수습에 적극 참여해 주민의 생명과 재산을 보호하고, 지역 발전을 도모하기 위해 각 시 · 읍 · 면 단위로 그 지역에 거주하는 주민 중에서 봉사와 희생정신을 가진 자들로 조직된 무보수의 자율적 봉사단체이다.

의용소방대는 일제 시대의 소방조에서 비롯되어 경방단(警防團)이라는 이름으로 이어져 운영되어 오다가, 1958년 「소방법」을 제정하면서부터 화재 진압 업무가 가지는 비상시성(非常時性)과 예산의 효율성이라는 양 측면을 고려하여 비로소 법률에 도입해 그 설치 규정을 마련하게 되었고, 「소방기본법」 제37조 및 각 시 · 도의 의용소방대 설치 조례에 의거 그 조직적 체계를 정비하여 오늘에 이른다.

의용소방대는 「민법」상 법인으로서 법률의 규정에 따라 각 지방자치단체의 조례로써 설치되고 조직된다. 즉, 소방본부장 또는 소방서장은 소방 업무를 보조하게 하기 위해 특별시 · 광역시와 시 · 읍 · 면에 의용소방대를 둔다고 규정하고 있고(소방기본법, 제37조 제1항), 각 시 · 도에는 의용소방대 설치 등에 관한 조례가 있다.

의용소방대는 지역 주민 중에서 희망자에 한해 구성하되, 그 설치 · 명칭 · 구역 · 조직 · 정원 · 임면 · 훈련 · 검열 · 복제 및 복무 등에 관한 사항은 시 · 도의 조례로 정한다.

2) 특정 소방 대상물의 소방안전관리자

특정 소방 대상물의 소방안전관리 제도는 관계인의 책임 아래 수행하도록 하면서, 일정 규모 이상의 대형 소방 대상물의 경우는 소방안전관리자를 두도록 의무화하여 자율적인 화재 예방 및 소방 업무를 수행하는 제도를 말한다. 이때 특정 소방 대상물의 관계인은 그 장소에 대한 소방안전관리 업무를 수행해야 하며, 「대통령령」이 정하는 일정 규모 이상의 특정소방 대상물(소방안전관리 대상물)의 관계인은 「대통령령」이 정하는 자를 소방안전관리자로 선임하거나 일정한 자로 하여금 그 소방안전관리 업무를 대행하도록 하되, 그 소방안전관리자가 소방안전관리 업무를 성실히 수행할 수 있도록 지도 · 감독해야 한다(화재예방, 소방시설 설치 · 유지 및 안전관리에 관한 법률, 제20조).

방화관리자를 선 · 해임하는 특정 소방 대상물의 관계인이라 함은 해당 특정 소방 대상물의 소유자 또는 임차인을 말한다. 한편, 건물 임대차에서 해당 건물 소유자의 소방안전관리자 선임 의무에 관해 대법원은 "…… 임차 건물에 대하여는 선관 의무를 진 임차인들이 소방계획을 수립하고 소방안전관리인을 선임하여 운영해야 할 책임이 있고, 현실적인 관리 관계에 있지 아니한 단순한 소유자에 불과한 자에게는 임차인과 중첩하여 소방안전관리인을 선임해야 할 의무가 없다"고 판시하고 있다(대법원 1984.8.21 선고84도781 판결).

3) 자체소방대

「위험물안전관리법」은 다량의 위험물을 저장·취급하는 제조소 등으로서 「대통령령」이 정하는 제조소 등이 있는 동일한 사업소에서 「대통령령」이 정하는 수량 이상의 위험물을 저장 또는 취급하는 경우 당해 사업소의 관계인은 「대통령령」이 정하는 바에 따라 당해 사업소에 자치소방대를 설치해야 한다고 규정하고 있다(동법, 제19조).

또한 「위험물안전관리법 시행령」은 자체소방대를 설치해야 하는 대상 사업소를 지정 수량의 3천 배 이상의 제4류 위험물을 취급하는 제조소, 이송취급소 및 일반취급소라고 규정하고 있다(동법 시행령, 제18조 제1항 내지 제2항).

그리고 이러한 자체소방대는 화학소방자동차(일정한 소화 능력 및 설비를 가진 것으로 해야 하고, 소화활동에 필요한 소화약제 및 방열복 등 개인장구를 포함한 기구를 비치해야 한다)와 그 조작 인원으로 편성되며, 그 대수와 인원은 사업소의 구분에 따라 달라진다.

C·H·A·P·T·E·R

04

조직 내의 리더십

제 1 절 리더십의 개념

한 사람이 공동의 일을 추구하기 위해 다른 여러 사람의 도움과 지지를 얻는 사회적 영향의 과정이다. 즉, 리더십(leadership)이란 조직의 목표 달성을 위해 리더가 집단이나 사람들에게 영향을 미칠 수 있는 능력을 말하고, 리더십은 지도력, 통솔력 등이라고도 한다.

리더십의 개념을 살펴보면 다음과 같다(민진, 2010: 206-207).

첫째, 리더십은 지도자와 추종자의 관계에서 나타나는 현상이다. 인간 관계는 수직적인 관계와 수평적인 관계로 구분할 수 있는데, 리더십은 지도자와 추종자라는 수직적인 관계를 상정한다. 지도자가 이끌고 추종자가 이에 따르는 관계이다. 공식조직에서 지도자는 상관이고 추종자는 부하이나 비공식적 조직에서는 동료 간에도 지도자와 추종자로 구분된다.

둘째, 리더십은 사회적 단위에서 발견할 수 있는 현상이나 개념이다. 사회적 단위로는 집단, 조직, 지역사회, 그리고 국가나 국제기구를 들 수 있다. 정치적 조직, 기업조직, 행정조직은 물론 각종 사회조직에서 리더십은 발견된다.

셋째, 리더십은 공동의 목표를 달성하는 데 기여하도록 영향을 주는 기술이나 과정이다. 조직 내의 문제라 하더라도 개인적 문제를 해결하는 데 관련되는 것은 리더십에 포함되지 않는다. 리더십은 사회적 단위 내의 공동의 목표와 이익을 증대시키는 것과 관련이 있다.

넷째, 리더십은 추종자의 자발적인 행동을 전제로 한다. 지도자의 강제적인 행동이나 강압적인 요구에 의해 추종자가 끌려온다면 그것은 진정한 의미의 리더십이 아니다. 추종자의 자발적 노력은 지도자의 권위에 의존한다.

제 2 절 리더십의 이론

1. 자질이론

자질이론은 우수한 리더십은 리더의 선천적·천부적인 자질에 의존한다는 가정에 입각한다. 즉, 리더십은 지능, 결단력 등과 같은 생래적으로 부여받은 어떤 자질에 의해 결정된다는 것이다.

우수한 리더들에게서 공통적으로 발견되는 자질적 요소가 무엇인가를 과학적으로 발견하려는 노력에 의존한다.

자질이론의 비판은 과연 그러한 우수한 자질을 고루 갖춘 사람이 현실적으로 존재할 수 있는지, 그러한 자질 중 우선순위를 정할 수 있는지, 자질이 풍부하더라도 상황이 바뀜에 따라 충분히 자질을 발휘할 수 있는지에 대한 의문이 제시되었고, 또한 리더가 아닌 범상한 사람들에게서 오히려 우수한 자질이 발견되는 일이 많고, 대부분의 자질이론은 효과적인 리더와 비효과적인 리더를 구분하지 못하며, 자질이론은 리더와 추종자 사이, 리더와 리더행동, 그리고 리더와 리더십 과업 사이의 관련성을 검토하지 않는다.

하지만, 비록 정확한 과학적 근거는 희박하지만 개인적 자질의 체계적인 분석은 감독직에 근무할 직원의 선발에 유용하고, 연구방법론을 개선하면 자질이론과 관련된 일부 난점을 해소할 수 있다.

2. 행태이론

자질이론이 "누가 리더십을 발휘하느냐"에 주된 관심을 두었던 데 비해, 행태이론은 "리더십이 어떻게 행사되느냐"에 역점을 둔다. 리더가 부하들과의 관계에서 어떤 행동을 하는가에 따라 리더십의 효과성이 달라진다는 가정에 입각한다. 즉, 부하들로 구성된 집단의 종류, 성격, 내부구조에 따라 리더와 부하 간의 관계인 리더십의 내용이나 유형이 달라진다는 것이다.

자질이론은 리더 개인의 속성에 초점을 맞추는 데 비해, 행태이론은 리더와 부하집단 사이의 관계에 초점을 맞춘다.

행태이론은 리더십의 효과성은 리더와 부하 사이의 관계에 의해 결정되며, 모든 조직에 보편적으로 적용되는 최선의 유일한 리더 행동 유형이 존재한다는 가정에 입각한다.

1) 미시간주립대학교 연구

리더십 유형을 종업원중심형과 생산중심형으로 선정하고, 각각의 행동 유형이 조직의 생산성에 미치는 효과를 검토했다.

(1) 리더십 유형

① 종업원중심형: 리더가 부하에게 관심을 갖되 동료 직원 사이의 관계와 개인적 욕구의 실현에 특히 관심을 갖는다.

② 생산중심형: 리더가 부하에게 관심을 갖되 부하 직원의 생산과 직무의 기술적 측면을 중시하는 유형이다.

(2) 연구 결과

두 유형 모두가 생산성 향상과 관련성이 있는 것으로 나타났다. 그러나 생산중심형은 불만·전직·결근율의 상승 등 직원들의 사기에 악영향을 미친 것으로 나타났다. 따라서 같은 효과를 초래한다면 직원들에게 만족감을 주는 종업원중심형이 더 나은 유형이라는 결론을 내렸다.

2) 오하이오주립대학교 연구

연구자들은 리더십 유형을 선도형 또는 구조창설형과 배려형 등 두 가지 기본 유형을 각각의 축으로 4개의 행동 유형으로 구분하고, 각각의 행동 유형이 조직의 생산성에 미치는 영향을 분석했다. 이를 2차원적 리더 행동 유형 구분이라 한다. 1차원적 방식이 하나의 직선상에 리더 행동 유형을 구분하는 것과는 달리, 이 모형에서는 두 개의 축에 의해 형성되는 하나의 평면상에 리더 행동 유형을 표시하기 때문이다.

(1) 리더의 행동 유형 구분 기준

① 구조창설형 또는 선도형: 부하들에게 특정 과업을 부여하고 표준규칙과 법규 준수를 요구하는 리더 유형을 말한다. 미시간주립대학교 연구의 생산중심형과 유사하다.

② 배려형: 리더와 부하들 사이에서 우애·상호 신뢰·존경 및 온정을 보여주는 리더 유형을 말한다. 미시간주립대학교 연구의 종업원중심형과 유사하다.

(2) 측정 도구

리더 행동 유형을 구분하기 위해 연구자들은 두 개의 측정 도구를 개발했다. 그 하나는 리더행동기술서이며 다른 하나는 리더의견조사서이다.

리더행동기술서는 리더들이 자신의 업무를 어떻게 수행하는가에 관한 자료 획득의 목적으로 고안된 설문지로서 15개 항목은 리더의 배려적 측면에 관한 것이고, 15개 항목은 구조창설적 측면에 관한 것이다. 리더의견조사서는 리더 자신이 어떤 유형에 속하는가에 관한 스스로의 인지에 관한 자료를 얻는 데 목적이 있다.

(3) 리더의 리더십 유형

리더행동기술서 자료를 분석해 본 결과, 리더 행동을 구성하는 구조창설적 측면과 배려적 측면은 서로 별개의 차원이라는 사실이 밝혀졌다. 즉, 조사 대상 리더들은 한 측면에서 높은 점수를 받았다 하더라도 다른 측면에서 반드시 낮은 점수를 받는 것은 아니었던 것이다.

이러한 조사 결과를 바탕으로 리더 행동 유형을 단일의 연속선이 아니라, 두 개의 서로 다른 축을 중심으로 구분했다. 리더 행동 유형을 이렇게 구분하는 것을 2

차원적 구분이라 하며, 오하이오주립대학교의 연구에서 최초로 시도되었다.

리더 유형별로 부하 직원들의 만족도와 이직률을 조사해 본 결과 고(高)구조창설-고(高)배려형(Ⅳ형)의 리더 하에서 부하 직원들의 불만도와 이직률이 가장 낮은 것으로 나타났다. 즉, 오하이오주립대학교 연구에서는 Ⅳ형이 가장 이상적이며 최선의 리더 유형인 것으로 결론지었다.

오하이오주립대학교의 리더십 연구 이후 리더의 배려와 구조 주도가 다양한 리더십 효과성의 기준과 어떠한 관련이 있는가를 조사하는 연구가 많이 수행되었으나, 연구 결과 어떠한 리더의 행동도 리더십 효과성과 일관성 있게 관련이 있는 것은 없다는 사실이 밝혀졌다(이창원 · 최창현, 2008: 263-265).

3) 관리망 모형

블레이크(R. R. Blake)와 모튼(J. S. Mouton)은 리더의 "인간에 대한 관심"과 "생산에 대한 관심"이라는 두 개의 축에 나타내고 리더가 갖는 관심의 정도에 따라 각각의 차원을 10단계로 나누었다. 관심의 정도가 '매우 높음'을 9, '매우 낮음'을 1, '중간'을 5로 각각 정의한 다음 두 변수를 조합하여 리더 행동 유형을 다섯 가지로 나누고, 각각의 행동 유형이 생산성에 미치는 영향을 분석했다.

그림 3-4-1 관리망의 리더 행동 유형

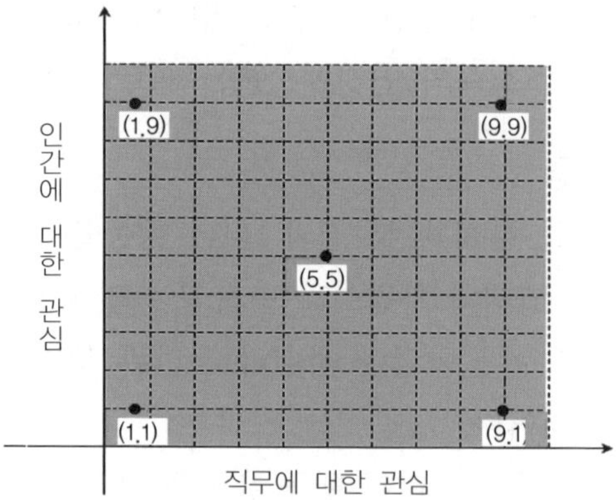

(1) 리더 행동 유형

이러한 두 가지 차원을 이용하여 리더의 행동을 다섯 가지로 분류했다(Blake & Mouton, 1964).

첫째, 무관심형(1, 1)으로 허약형, 무위도식형으로 부르기도 한다. 조직구성원으로서의 자격을 겨우 유지할 정도로 주어진 일의 수행에 최소한의 노력을 기울이는 리더 유형이다. 즉, 리더가 생산 및 인간에 대해 관심을 기울이는 것을 최소의 수준이고, 주로 조직 내 자신의 직분을 유지하기 위해 최소의 노력만을 한다는 유형이다.

둘째, 친목형(1, 9)으로 상호 만족스러운 인간 관계를 유지하고자 하는 조직구성원들의 욕구에 대해 깊은 배려를 함으로써, 아늑하고 우호적인 조직분위기와 작업 속도를 유지하고자 하는 리더 유형이다. 즉, 리더는 주로 구성원의 욕구와 만족에 관심을 갖고 인간적인 분위기를 조성하는 데만 주력하는 인기형 리더 유형이다.

셋째, 과업형(9, 1)으로 독려형으로도 부른다. 인간적인 요소의 개입을 최소한으로 줄일 수 있도록 근무 여건을 조성함으로써, 능률성을 기하는 리더 행동 유형이다. 즉, 인간적인 요소는 최소화하고 과업에 대한 능력을 중시하는 유형이다.

넷째, 중도형(5, 5)으로 타협형이라고도 부른다. 직무 수행의 필요성과 구성원의 사기 유지를 만족할 만한 수준에서 균형시킴으로써, 조직의 성과가 충분히 달성될 것으로 믿는 리더 유형이다. 즉, 생산에서의 능률과 인간적 요소를 절충하여 적당한 수준의 성과를 지향하는 유형이다.

다섯째, 단합형(9, 9)으로 인간과 생산이 통합될 수 있다고 믿는 리더 유형이다. 이러한 유형의 리더는 과업이 헌신적인 구성원에 의해 달성되며, 조직목표에 대한 공동의 이해관계를 통한 상호의존성이 신뢰와 존경의 관계를 형성한다고 생각한다. 즉, 구성원들 간에 신뢰와 존경의 관계가 형성되고 조직목표 달성을 위해 헌신하도록 유도하는 유형이다.

(2) 결 론

블레이크와 모튼은 단합형이 가장 이상적인 리더 유형이라고 보았다. 이 이론은 조직 내 관리자 훈련 프로그램에서 활용되고 있다. 즉, 이 이론의 결론은 단합형적 리더를 이상적인 리더로 보고, 무관심형, 친목형, 과업형 또는 중도형에 해당되는 리더를 훈련을 통해 단합형적 리더로 양성하기 위한 목적으로 응용되고 있다.

4) 행태이론의 한계점

대부분의 연구가 리더의 행동과 집단 성과를 동시에 측정하는 정태적 상관 관계 분석 방법에 지나치게 의존하여 리더의 행동과 집단 성과 간의 인과 관계를 파악하기가 어렵다는 점을 지적할 수 있겠다. 정태적 상관 관계 분석에 주로 의존하는 연구에서는 양 변수 간에 유의성 있는 상관 관계가 있을 때에도 양 변수 간 인과 관계의 방향이 파악될 수 없고, 양 변수 이외의 외생변수의 영향을 통제할 수 없으므로 연구 결과의 내적 타당성을 높이기 힘든 것이다(이창원 · 최창현, 2008: 268).

3. 상황이론

행태이론은 보편적으로 적용 가능한 가장 이상적인 리더 행동 유형이 존재한다는 가정 하에 유일 최선의 리더 행동을 탐색하는 데 역점을 두었다. 그러나 이는 현실적인 타당성이 낮다는 비판을 받으면서 상황이론이 주목을 받게 되었다. 상황이론은 다음과 같은 두 가지 가정을 바탕으로 한다.

첫째, 리더 행동의 효과성은 리더와 부하 간의 관계에 의존한다.

둘째, 최선의 보편적인 리더 행동 유형은 존재하지 않으며, 상황에 따라 가장 효과적인 리더 행동 유형이 달라진다.

상황이론은 리더 행동 유형을 구분하고 상황이라는 변수를 고려하여 어떤 상황에 어떤 리더 유형이 가장 적합한가를 탐색한다.

1) 피들러 이론

피들러(F. E. Fiedler)의 상황이론적 리더십이론에 의하면 리더의 효과성은 상황에 따라 결정되고, 리더의 효과성이 어떤 상황에서는 효과적일 수 있지만 다른 상황에서는 효과적이지 못할 경우도 있다고 한다.

(1) 요기피 인물(LPC) 점수의 파악

리더로 하여금 자신이 일하는 집단의 모든 동료 종업원을 머리에 떠올리게 한 다음, 이 중에서 함께 일했을 때 업무성취도가 가장 낮은 사람을 지목하게 한다. 이러한 사람을 요기피 인물(The Least Preferred Coworker: LPC)이라 부른다.

그 다음 이들에게 자신이 지목한 요기피 인물의 사람 됨됨이를 서술하는 20여 개 종류의 형용사로 이루어진 설문지를 주고 이에 답하도록 한다. 각 형용사마다 8개의 등급을 부여하여 그 사람의 사람 됨됨이 정도를 표시하도록 한다. 이렇게 하여 20여 개에 달하는 형용사 모두의 점수를 합산하면 그 리더의 LPC 점수가 된다.

(2) 리더 행동의 분류

리더별로 LPC 점수를 파악하여 이 점수가 높은 리더는 관계중심형, 낮은 리더는 업무중심형으로 각각 구분한다.

① 관계중심형: LPC 점수가 높은 리더를 말한다.

② 업무중심형: LPC 점수가 낮은 리더 유형을 업무중심형으로 분류한다.

(3) 상황의 분류

① 직권은 리더의 공식적 지위에 부여된 권한으로서 임용, 해임, 훈련, 승진, 승급 등에서 권한을 행사할 수 있는 정도를 말한다.

② 업무구조는 작업집단의 업무가 얼마나 정형화되어 있는가, 그리고 얼마나 단계적으로 명시되어 있는가 하는 것과 관련이 있다.

③ 리더-구성원 관계는 리더와 구성원 간의 인간적 관계로서 부하들이 리더에 대해 애정과 존경, 그리고 신뢰를 얼마나 갖고 있는가와 관련된다.

(4) 결 론

피들러는 업무중심형 리더는 리더에게 유리하거나 불리한 상황에서, 그리고 관계중심형 리더는 중립적인 상황에서 각각 적합하다는 사실을 발견했다.

2) 수단-목표이론

수단-목표이론은 에반스(M. Evans)와 하우스(R.J. House), 그리고 미첼(T. R. Mitchell)에 의해 개발된 이론으로, 리더의 특성보다는 상황과 리더의 행동에 초점을 맞추었다(Evans, 1970; House, 1971; House & Mitchell, 1974). 수단-목표이론은 오하이오주립대학교의 선도형·배려형 및 동기부여이론의 기대이론에서 도출되었다. 수단-목표이론은 이론 전체의 타당성을 입증하지 못했다.

(1) 개 요

부하들이 자신들의 작업 목표·개인적 목표 및 목표 달성에 이르는 수단에 대해 갖는 인지에 따라 리더가 어떻게 영향을 미치는가에 주된 관심을 갖는다. 즉, 이 이론은 리더십이 효과적으로 발휘되기 위해서는 리더의 권위가 부하들에 의해 수용되어야 한다는 것을 전제로 한다.

부하들에게 제시된 작업 목표와 개인적 목표가 얼마나 근접하는가, 그리고 목표에 이르는 수단이 얼마나 명확하게 제시되는가에 따라 리더의 권위가 수용되는 정도가 달라지게 될 것이며, 이러한 리더의 행동에 대한 부하들의 수용도를 높이기 위한 리더십의 발휘는 상황에 따라 달라진다는 것이다.

(2) 이론의 가정

① 리더의 행동이 부하들에게 즉각적인 만족감을 가져다 주거나 장래의 만족 달성에 대한 수단성을 띤다고 생각되는 범위 내에서 리더 행동은 부하들에 의해 수용된다.

② 리더의 행동은 그것이 부하들의 욕구 충족을 성공적인 업무 수행과 결부시키고, 성공적인 업무 수행에 필요한 행동을 지원해 주는 경우에만 동기 유발을 시킨다.

(3) 리더의 역할

리더의 행동이 부하들에게 수용되고 이로 인해 동기 유발이 이루어지기 위해서는 리더가 다음과 같은 역할을 해야 한다.

첫째, 목표의 명확화이다. 목표의 명확화를 통해 리더는 어떤 행동이 보상을 받을 것인가를 부하들에게 명확하게 주지시킨다.

둘째, 수단의 명료화이다. 리더는 부하들로 하여금 이용 가능한 보상을 획득하는 수단을 명확히 해 주며, 목표 달성에 이르도록 장애물과 함정을 제거해 준다.

셋째, 보상의 증대이다. 리더는 어떤 보상이 부하들에게 소중한가를 파악하고 이러한 보상을 증대시켜 준다.

(4) 리더 행동의 유형

① 지원적 리더십

부하들의 욕구에 대해 관심을 보여주는 리더로서 부하들이 업무를 더욱 원활히 진행되도록 해 주는 리더십으로 오하이오주립대학교 연구의 배려형과 유사하다.

② 지시적 리더십

오하이오주립대학교 리더십 연구의 선도형과 유사한 리더 행동 유형으로서, 부하들에게 업무 수행 내용과 성과 기준, 그리고 업무 수행을 위한 세부적인 지침을 제공하는 리더 행동 유형이다. 즉, 부하들의 활동을 계획, 통제, 조정하는 리더십이다.

③ 성취 지향적 리더십

야심적인 목표를 설정하고 부하들로 하여금 최고 수준의 성과를 달성하도록 기대한다. 즉, 부하가 어떤 목표 달성을 추구하는 데 자신감을 갖게 해 주는 리더십이다.

④ 참여적 리더십

의사결정을 내리기 전에 부하들과 협의를 하며 이들의 제안을 활용하는 리더 유형이다. 즉, 부하들이 과업목표, 계획, 절차 등에 대해 참여하는 리더십이다.

3) 레딘의 3차원모형

(1) 개 요

레딘(W. J. Reddin)은 관리망이론의 영향을 받아 3차원망을 개발했다. 이 이론은 허시(P. Hersey)와 블랜차드(K. H. Blanchard)의 3차원적 효과성모형의 발전에 영향을 미쳤다.

(2) 3차원적 축

관리망이론에서 제시된 리더의 생산에 대한 관심과 인간에 대한 관심을 각기 직무지향성과 관계지향성 등 두 개의 기본축으로 하고, 여기에 제3의 축으로서 효과성 차원을 추가하여 3차원적 축을 구축했다.

① 직무지향성

리더가 조직목표의 달성을 향해 부하들의 노력을 경주시키는 정도를 말한다. 이는 기획, 조직화 및 통제로 특징지어진다.

② 관계지향성

리더가 개인적인 직무 관계를 갖는 정도를 말하며, 상호 신뢰, 부하의 아이디어에 대한 존중, 부하들의 정서에 대한 배려 등으로 특징지어진다.

③ 효과성

리더가 자신의 지위에 대해 요구되는 산출 요건을 달성하는 정도를 말한다.

(3) 리더 행동 유형의 구분

효과적인 리더 유형을 단합형, 선의독재형, 개발형, 관료형으로 구분한다. 또한 비효과적인 유형으로서 타협형, 독배형, 유화형, 도피형으로 구분한다.

① 기본형

직무지향성과 관계지향성의 높낮이에 따라 통합형, 헌신형, 관계형, 분리형 등 네 가지 유형으로 구분한다.

② 효과적인 유형과 비효과적인 유형

기본형이 상황에 따라서 효과적일 수도 있고 비효과적일 수도 있다.

(4) 리더 행동 유형

첫째, 통합형 관리자는 부하들로 하여금 조직에 관심을 갖도록 하는 리더 유형이다. 이러한 리더 하에서는 다른 사람과의 자유로운 쌍방적 의사소통이 가능하고 팀워크가 중시된다.

① 효과적인 유형: 단합형 관리자가 된다. 이는 높은 기준을 설정하고 부하들을 개인으로 취급하며 팀워크를 강조한다.
② 비효과적인 유형: 타협형이다. 과업이나 관계 중 어느 측면에서도 높은 관심을 요하지 않는 상황에서 과업에 대한 관심과 관계에 대한 관심이 높은 리

더 유형이다. 이들은 빈약한 결정자로서 자신들에게 영향력을 행사하도록 하는 압력을 너무 많이 허용한다.

둘째, 헌신형 관리자는 위압적이고, 생산에만 관심이 있으며 부하들과 동질감을 전혀 느끼지 않는다. 이들은 권력이 없으면 직무를 수행하지 못한다. 또한 생산을 위해 절대적으로 필요한 이상의 부하들과의 의사소통은 일절 하지 않으며, 일탈을 교정하기 위해 징벌을 사용한다.

① 효과적인 유형: 선의독재형으로 나타나는데, 이들은 지시형 관리자로서 자신이 원하는 바를 잘 알고 반발을 사지 않고서 이를 달성하는 리더이다.

② 비효과적인 유형: 독재형으로 된다. 이는 눈앞의 직무에만 관심이 있으며, 다른 사람에 대한 배려는 전혀 하지 않는다.

셋째, 관계형 관리자는 다른 사람들을 보이는 그대로 받아들이며 시간에 대해 걱정을 하지 않고, 조직을 사회적 체제로 간주하면서 좋은 예를 설정함으로써 다른 사람의 협력을 구하는 리더 유형이다. 부하들이 지시를 받지 못해 곤란을 겪는 것이 특징이다.

① 효과적인 유형: 개발형은 부하들을 묵묵히 신뢰하는 리더이다.

② 비효과적인 유형: 유화형은 화합에만 관심을 갖는 리더 유형이다.

넷째, 구별형 관리자는 일탈을 교정하는 데 관심을 갖는 리더이다. 그는 규칙과 정책을 정해 이를 엄격히 시행한다. 이러한 리더 하에서는 정규적 · 일상적인 직무 외의 것은 기피하며 부하들은 자신의 성취가 인정받지 못한다고 생각한다.

① 효과적인 유형: 관료형은 규칙 그 자체에 대한 신뢰를 갖는 리더 행동 유형이다.

② 비효과적인 유형: 도피형은 무관심하고 수동적인 리더 유형이다.

4) 허시와 블랜차드의 이론

(1) 개 요

허시(P. Hersey)와 블랜차드(K. H. Blanchard)의 이론은 오하이오주립대학교의 리더십 연구와 레딘의 3차원적 리더십 유형론을 종합하고, 여기에 부하들의 성숙도를 상황 변수로 사용한 이론으로 리더 행동 유형을 지시형, 설득형, 참여형 및 위임형 등 네 가지로 분류하고, 이들 유형 각각의 효과성이 부하들의 성숙도에 따라 어떻게 달라지는가를 연구했다(Hersey & Blanchard, 1982).

(2) 기본 가정

이 이론은 리더십의 효과성은 부하들의 성숙도에 따라 달라진다는 가정에 입각해 있다. 수단-목표이론이 리더십의 효과성은 부하들의 개인적인 이해관계에 입각한 수용에 의해 결정된다는 가정을 바탕으로 하는 데 비해, 허시와 블랜차드의 이론은 부하들의 능력에 의해 리더십 효과성이 결정된다는 가정을 바탕으로 한다는 점에서 비교된다.

(3) 리더 행동 유형

인간관계적 행동과 직무 행동의 고저를 중심으로 리더 행동 유형을 구분한다.

① S1형

지시형 리더로서 고업무-저관계형에 속한다. 리더가 부하들의 역할을 규정하고 지시하며 업무 수행 활동을 철저히 감독한다. 수단-목표이론에서의 지시적 행동에 해당한다.

② S2형

설득형 리더로서 고업무-고관계형에 속한다. 리더가 거의 모든 의사결정을 하나 내려진 결정에 대해 설명을 하고, 이에 대해 부하들이 명확한 이해를 할 수 있는 기회를 제공한다. 지시적 행동과 지원적 행동 모두를 제공한다.

③ S3형

참여형 리더로서 저업무-고관계형이다. 리더와 부하 모두가 의사결정 과정에 참여한다. 이때 리더는 조성·권장·촉진의 역할을 하며 의사결정 과정에서 부하들과 활발한 의견 교환을 한다.

④ S4형

위임형 리더로서 저업무-저관계형이다. 리더는 지시도 지원도 거의 하지 않으며 의사결정 및 집행 책임을 부하들에게 위임한다.

(4) 상황적 요인

허시와 블랜차드는 부하들의 성숙도에 따라 리더 행동의 효과성이 달라진다고 하면서 성숙도를 네 단계로 유형화했다.

성숙도를 결정짓는 요인은 부하들의 성숙도를 결정짓는 요인으로서 직무성숙도와 심리적 성숙도가 있다. 이때 직무성숙도는 지식, 능력 등을 말하고, 심리적 성숙도는 의지, 동기 유발 등을 가리킨다.

성숙도의 단계는 두 유형의 성숙도가 각기 높으냐 낮으냐를 기준으로 부하의 성숙도를 다음과 같이 4단계로 나눈다.

① M1: 어떤 직무를 수행할 의지와 능력 모두가 결여되어 있는 경우

② M2: 필요한 직무를 수행할 능력은 없지만 의지는 있는 경우

③ M3: 리더가 원하는 행동을 할 능력은 있으나 의지가 없는 경우

④ M4: 부하들이 능력과 의지 모두를 갖춘 경우

여기서, M1은 성숙도가 가장 낮은 단계이며, M2와 M3는 중간 단계, 그리고 M4는 가장 성숙도가 높은 단계이다.

(5) 결 론

허시와 블랜차드는 부하들의 성숙도가 M1일 경우에는 지시형 리더가, M2일 경우에는 설득형 리더가, M3일 경우에는 참여형 리더가, 그리고 M4일 경우에는 위임형 리더가 각각 가장 효과적이라고 결론지었다.

C·H·A·P·T·E·R

05 의사전달

제 1 절 의사전달의 의의

1. 의사전달의 개념

의사전달이란 복수의 행위 주체가 정보를 교환해서 의미를 공유하는 과정이라고 할 수 있다. 대부분 인간들은 다른 사람과 끊임없는 상호작용을 하며 살아가는데, 의사전달은 사람들 사이에서 일어나는 상호작용 중 가장 근본적인 현상 중의 하나라고 할 수 있고(이창원 · 최창현, 2008: 353), 2인 이상의 사람들 사이에 의견 · 정보 · 감정 등의 교환을 통해 공통적 이해를 이룩하고 수신자 측의 의식 · 태도 · 행동 등에 변화를 일으키게 하는 일련의 행동이라고 할 수 있다(박연호, 2000: 264).

조직에서 이루어지는 지시나 명령 또는 보고와 같은 것은 모두 의사전달의 과정을 통해 일어난다. 조직구성원, 집단, 그리고 부서와 부서 사이에 의사전달이 얼마나 활발하고 정확하게 전달되느냐 하는 것은 조직 운영의 성패와 직접적인 관련성을 갖는다. 조직구조가 골격에 해당한다면 의사전달은 신경 계통에 해당된다고 할 수 있다.

의사전달은 현대 사회에 오면서 정보의 양이 많아지고, 정보의 내용도 다양해져서 의사전달에 대한 관심과 중요성이 더욱 높아져 가는 것도 사실이다.

2. 의사전달의 기능

조직 내 의사전달은 다음과 같은 여러 기능을 수행한다.

첫째, 구성원들의 행동통제 기능으로 조직은 계층적 권위구조를 가지며 조직원들이 따라야 하는 공식적 지침이 있다. 의사전달은 계층적 구조를 따라 지침을 전달하는 중요한 수단이다. 다시 말해서, 의사전달은 명령과 통제의 기능을 수행한다. 베버(Max Weber)의 관료제 모형에서 중요시하는 기능이다.

둘째, 동기 유발 기능으로 의사전달은 조직원들에게 과업을 부여하고 업적을 평가하며, 업적을 개선할 수 있는 방법을 제시해 줌으로써 이들의 동기를 유발시킨다.

셋째, 감정적 표현이나 사회적 욕구의 충족 수단의 기능으로 조직구성원들로서는 자신이 속한 작업집단이 사회적 상호작용의 기본적 원천이다. 따라서 이러한 작업집단 내부에서 일어나는 의사전달은 구성원들이 자신의 감정을 표현하는 기본적인 장치이자 사회적 욕구를 충족시키는 수단이기도 하다.

넷째, 정보 제공 기능으로 의사전달은 의사결정을 위한 대안을 파악하고 평가할 수 있는 자료를 전달함으로써 결정에 필요한 정보를 제공한다.

다섯째, 정책결정의 합리화 수단으로 의사전달은 정책결정 대안의 파악과 평가를 위한 정보를 제공함으로써 정책결정의 합리화에 기여한다.

여섯째, 리더십의 발휘 수단으로 의사전달은 지시나 명령, 보고 등의 전달 수단이다. 조직 상하 간에 이러한 메시지를 전달함으로써 리더는 부하들에게 권위나 영향력을 행사할 수 있다.

일곱째, 연결 기능으로 의사전달은 조직의 서로 다른 여러 부분을 사이에 정보의 흐름을 촉진시킴으로써 어느 정도의 응집력을 달성한다. 하의상달과 수평적 의사전달이 연결 기능에서 특히 중요하다.

여덟째, 사회화 기능으로 직무 그 자체보다는 직무를 수행하는 수단이나 대인관계 또는 동기 유발 등에 중점을 두는 의사전달은 조직구성원들의 사회화에 기여한다.

제 2 절 의사전달의 유형

의사전달은 공식적 의사전달과 비공식적 의사전달로 크게 나뉜다. 공식적 의사전달은 공식적 권한 계통을 따르는 의사전달로서 상의하달, 하의상달, 수평적 의사전달 등은 공식적 의사전달의 수단이다. 비공식적 의사전달은 친분, 상호 신뢰를 바탕으로 한, 직책을 떠난 대인 관계에서 이루어지는 의사전달로서 소문이나 풍문 등이 이에 해당한다.

1. 공식적 의사전달

1) 상의하달

정보가 조직의 상부로부터 하부로 흘러가는 현상을 말하며, 지시, 명령, 칭찬, 질책 등은 중요한 상의하달 방법으로 다른 유형에 비해 가장 빈도가 높다.

편람, 핸드북, 게시판, 벽신문, 기관지, 구내방송, 강연회, 강습회, 영화, 슬라이드 등과 같은 일반 정보도 이에 속한다.

상의하달은 다음과 같은 여러 가지 기능을 수행한다.

첫째, 상의하달은 업무지시 역할을 한다. 업무지시는 부하들에 대한 직접적인 명령, 훈련 및 직무기술서를 통해 이루어지는데 그것은 업무 수행의 신뢰성을 확보하는데 목적을 둔다.

둘째, 상의하달은 조직 내 여러 절차 및 실무에 관한 정보로서의 역할을 한다.

셋째, 상의하달은 부하들의 업무 수행에 관한 환류 기능을 한다. 즉, 부하들의 업무 성과에 대한 상관의 평가와 관련이 높다.

넷째, 부하들의 사회화 수단으로서도 중요한 역할을 한다. 즉, 상의하달은 부하들로 하여금 조직의 목표, 규범 및 이념 등에 익숙해지도록 하는 역할을 한다.

2) 하의상달

조직계층의 하위 단위로부터 상위 단위로 흐르는 정보를 말한다. 보고, 제안 제도, 직원 의견조사, 면접, 품의, 고충처리, 인사상담 등은 하의상달의 중요한 수단이다.

하의상달은 상급자 주도의 의사전달과 하급자 주도의 의사전달 등 두 가지 유형이 있다. 상급자 주도로 이루어지는 하의상달은 법규나 상관의 특별한 요구에 의해 이루어진다. 보고서는 상급자 주도의 하의상달 형태로서 이는 대개 표준적인 서식에 따라 제출된다. 하급자 주도의 하의상달로서는 제안이나 고충 등이 있다.

하의상달의 주된 기능은 조직활동의 결과에 관한 정보를 제공하는 것이다. 하의상달은 모든 정보가 있는 그대로 전달되지 못하게 여과를 하는 중간관리층에 의해 차단되는 경우가 많다.

상위관리층은 업무 성과나 부하들의 생각에 관해 구체적으로 알고 싶어하기 때문에 통제의 목적으로 활용될 경우, 하의상달은 특히 객관적으로 이루어져야 한다. 하의상달이 효과적으로 이루어지기 위해서는 부하들이 거리낌 없이 의사 표시를 할 수 있는 환경이 조성되어야 한다. 하의상달의 효과성을 기하기 위한 방법으로서는 고충처리 제도, 개방정책, 인사상담, 참여의 허용 및 옴부즈맨(ombudsman)의 활용 등을 들 수 있다.

3) 수평적 의사전달

횡적 의사전달이라고도 한다. 조직 내 동일 계층에 위치한 집단이나 개인 사이의 의사전달을 수평적 의사전달이라 한다. 사전심사, 회람·통보, 회의 등은 수평적 의사전달의 중요한 예이다. 이는 여러 부서의 인사들로 구성된 위원회나 팀에서도 일어나는 의사소통이다.

이러한 유형의 의사소통은 정보 흐름의 가속화와 상호 이해의 증진 및 조정, 그리고 구성원들의 사회화를 위해 필요하다. 횡적 의사전달은 또한 구성원 개인에 대한 감정적·사회적 지지를 제공하기도 한다.

근래에 와서 수평적 의사전달의 중요성이 크게 인식되어 왔는데, 그 이유는 각 구성원 간 및 부서 간의 갈등을 관리하고 조정활동을 강화함으로써 조직목표가 달성되기 때문이다. 특히, 계층이 많은 대조직의 경우 서로를 경쟁 관계 또는 적대 관계로 인식하여 수평적 의사전달이 원활히 이루어지지 못하는 경우가 많다. 이런 경우 부서 간의 연결 역할을 전담하는 개인이나 부서를 공식적으로 설정하기도 한다(이창원 · 최창현, 2008: 368).

4) 대각적 의사전달

직접적인 보고 계통에 속하지 않은 개인끼리의 의사전달을 대각적 의사전달 또는 사각적 의사전달이라 한다. 이는 프로젝트팀(project team)이나 태스크포스(task force) 등 팀형 조직 내에서 발생한다.

5) 쌍방적 의사전달

쌍방적 혹은 교류적 의사전달은 상의하달과 하의상달이 동시에 이루어지는 형태의 의사전달이다. 이는 계층제의 상하 간에 이루어질 뿐만 아니라 수평적 의사전달에서도 이루어진다. 목표에 의한 관리는 쌍방적 의사전달에 의해 이루어지며 노사 협상도 이러한 유형의 의사전달을 통해 진행된다.

6) 공식적 의사전달의 장점 및 단점

(1) 장 점

공식적 의사전달은 다음과 같은 점에서 장점을 찾을 수 있다.

① 상관의 권위 유지

공식적 의사전달은 상의하달과 하의상달을 통해 상관의 권위를 유지하는 데 기여한다.

② 의사전달의 확실성 보장

공식적 의사전달은 메시지 전달의 경로가 명확하게 구축되어 있기 때문에 관련된 모든 구성원 모두에게 전달되는 것이 확실하게 보장된다.

③ 책임 소재의 명확성

발신자와 수신자가 구체적으로 알려져 있기 때문에 의사전달상의 오류에 대한 책임 소재를 가리기가 쉽다.

(2) 단 점

공식적 의사전달은 다음과 같은 점에서 단점을 찾을 수 있다.

① 시간 소모

메시지가 공식적인 명령 계통을 철저히 지키면서 전달되는 데는 필요 이상으로 많은 시간이 걸린다. 이러한 현상은 문서로 전달되는 정보의 경우에 특히 두드러지게 나타난다.

② 정보 손실

명령이나 지시 등과 같은 상의하달은 내용에 대해 부하들이 이해를 하지 못하거나, 아니면 아예 읽지 않음으로써 정보 손실을 많이 겪는다.

③ 경직성 및 낮은 신축성

조직의 공식적 구조는 안정된 환경을 전제로 설계된 것이기 때문에, 이와 같은 공식적인 경로를 통한 의사전달 역시 환경 변화나 상황 변화에 신속하게 적응하기가 곤란하다.

④ 형식화

문서화된 정보는 의미를 전달하는 것이 아니라 단순히 단어나 상징을 전달할 뿐이다. 관리정보 체제 역시 마찬가지로 데이터를 전달할 따름이지 의미를 전달하는 것은 아니다.

2. 비공식적 의사전달

비공식적 의사전달은 조직의 요구에 의해서가 아니라 조직구성원들 사이에 자생적으로 형성된 사회적 집단을 통해 이루어지는 의사전달이다.

일반적으로 비공식적 의사전달은 문서보다는 구두(口頭)에 의해 주로 이루어지며, 좀 더 자발성이 높고 직접적인 권위의 행사가 개재되지 않는다. 또한 비공식적 의사전달은 직위가 아니라 사람 사이를 연결하는 비공식적인 경로를 통해 이루어진다.

이는 주로 수평적으로 이루어지기는 하나 어떠한 방향으로도 흘러다닐 수 있다.

비공식적 의사전달망은 공식적 의사전달망에 비해 복잡하며 조직화의 정도가 낮고, 조직의 생존과 성공에서 공식적 의사전달에 못지않게 중요하다.

1) 비공식적 의사전달망

조직구성원들의 정보와 의사소통에 대한 욕구는 공식적인 수단만으로는 충족되지 않는 것이 일반적이다. 따라서 이들은 비공식적인 경로에 의존하는 경우가 많다.

(1) 그레이프바인

그레이프바인(grapevine)이란 비공식적인 의사전달 경로를 말한다. 이는 정보가 일정한 연결점을 통해 전달되는 것이 아니라, 서로 다른 정보가 서로 다른 연결점을 통해 전달되는 매우 복잡한 의사전달망을 가리킨다.

그레이프바인은 첫째, 공식적 의사전달 경로에 비해 훨씬 신속한 정보 교환 수단이다. 둘째, 신축성 · 유연성이 높고 면대면 접촉을 통해 광범위한 사람들에게 도달된다. 셋째, 그레이프바인을 통해 전달된 정보의 75% 정도가 정확하다는 보고가 있을 만큼 정확한 정보전달 수단이다. 넷째, 그러한 의미에서 그레이프바인은 뛰어난 환류의 원천이 되기도 한다.

관리자들은 이러한 비공식적인 의사전달망을 바람직하지 않은 것으로 볼 수도 있겠지만 좀 더 현실적인 관점에서 보면, 이는 역동적인 조직에서 필수적인 일부분이라 할 수 있다.

(2) 소 문

소문은 그레이프바인을 통해 전달되는 비공식적 메시지이다. 이는 구성원들로 하여금 불안감을 느끼게 하는 조건 하에서 모호성이 존재하며 구성원들에게 중요한 상황에 대한 대응으로서 나타난다.

대규모 조직에서 지배적으로 나타나는 비밀과 경쟁은 소문을 부추기고 지속시키는 조건을 낳는다. 소문은 불확실성의 원인이 되는 소망과 기대가 충족되거나 불안감이 해소될 때까지 계속된다. 소문은 완전히 제거할 수는 없지만 그 범위와 충격을 제한함으로써 부정적인 결과를 최소화시킬 수는 있다.

(3) 순방식 의사전달

순방식 의사전달 또는 배회관리식 의사전달이란 UA항공사가 개발한 기법으로서, 조직의 최고관리층이 사무실 이곳저곳을 돌아다니며 직원들과 대화를 하면서 의사전달을 하는 방식이다(황윤원, 1999: 298).

(4) 감정적 의사전달

상의하달적 의사전달의 한 형태로서 수신자의 감정에 호소하는 방식이다. 이는 여러 가지 목적으로 사용될 수 있는데, 그중 중요한 것으로는 부하로 하여금 긍정적인 자아상(自我像)을 갖도록 격려하려는 의도를 담은 것을 들 수 있다.

(5) 비공식적 의사전달의 장점 및 단점

① 장 점

비공식적 의사전달은 다음과 같은 장점이 있다.

첫째, 의사전달의 신속성이다. 비공식적 의사전달은 공식적 의사전달에 비해, 좀 더 신속하며 때로는 좀 더 능률적이기도 하다. 공식적인 의사전달을 위한 서류를 작성하는 데는 많은 시간이 소요되는 데 대해, 비공식적 의사전달은 주로 구두로 이루어진다.

둘째, 최소 노력의 법칙이다. 조직구성원들은 이른바 '최소 노력의 법칙'에 따라 정보를 획득하려는 경향이 있는데, 비공식적인 의사전달은 바로 이러한 정보 선택 행동에 매우 적합하다.

셋째, 여론이나 감정의 정확한 전달이다. 비공식적 의사전달 과정에서는 전달자의 솔직한 감정이 꾸밈없이 반영될 수 있다. 그리고 조직구성원들은 공식적인 메시지보다는 비공식적인 의사전달망을 통해 유통되는 메시지를 좀 더 정확하고 신뢰할 만한 것으로 믿는다.

넷째, 의사소통의 원활화이다. 비공식적 의사전달은 수평적 · 수직적 · 대각적 ·

쌍방적 방향으로 매우 자유롭게 이루어지기 때문에 조직 내 의사전달을 매우 원활하게 한다.

다섯째, 공식적 의사전달 기능의 보완이다. 비공식적 의사전달은 공식적 조직의 문제점을 보완해 준다. 즉, 구성원들은 위기나 예외적인 상황에 신속하게 대처하기 위해 비공식적인 경로를 이용한다. 다시 말해서, 이들은 불확실하거나 모호하거나 또는 위험한 상황을 파악하기 위해 비공식적인 접촉을 하는 것이다.

여섯째, 의사결정의 개선이다. 비공식적 의사전달망은 구성원들로 하여금 비공개적으로 말하고, 생각을 거리낌없이 말할 수 있게 함으로써 공식적인 입장을 취하는 데서 오는 부정적인 결과를 회피하게 하기 때문에 조직의 의사결정을 개선시키는 효과를 갖는다.

② 단 점

비공식적 의사전달은 다음과 같은 단점이 있다.

첫째, 정보의 왜곡화이다. 비공식적 의사전달은 주로 구두로 이루어지며 책임성이 없기 때문에 전달되는 정보가 왜곡되기 쉽다.

둘째, 의사전달의 조정·통제 곤란이다. 비공식적 의사전달은 매우 복잡한 경로를 통해 이루어지고 관리자의 의지와 관계없이 때문에, 이를 조정하거나 통제하기가 쉽지 않다. 또한 대부분의 비공식적인 의사전달이 매우 은밀하게 음성적으로 이루어지는 것도 조정과 통제를 어렵게 하는 요인으로 작용한다.

셋째, 공식적 권위의 손상이다. 상사들에게 알려지기를 꺼려하는 정보가 있는 경우 부하들은 의사전달 경로에서 상사를 제외시키고 자기들끼리 정보를 주고받게 된다. 또한 조직의 최고관리자가 공식적인 하의상달이 중간계층에 의해 차단되는 것으로 의심할 경우, 일선에 있는 직원들과 비공식적으로 직접 의사소통을 할 수도 있다. 이와 같은 경우에는 공식적인 권위가 손상되기 쉽다.

다섯째, 책임 소재의 불명확이다. 무책임한 정보나 근거 없는 소문이 나돌 경우, 그 진원지를 파악하기가 곤란하기 때문에 그 책임 소재를 밝히기가 대단히 곤란하다.

제 3 절 의사전달의 개선 방향

1. 개방성

조직구성원들로 하여금 상사와 함께 모든 종류의 정보에 대해 허심탄회하게 상의할 수 있도록 언로(言路)를 개방하며 정보를 공유케 하는 것이 필요하다. 그러나 이러한 개방성이 모든 경우에 바람직한 것은 아니며, 상황론적인 접근이 필요하다는 점에 유의해야 한다. 즉, 어떤 상황에서는 의사전달을 유보하고 어떤 상황에서는 정보를 완전히 공유해야 할 것이다.

2. 신뢰성

상사에 대한 부하의 신뢰성을 확보해야 한다. 즉, 상사가 믿을 만하며 약속대로 행동할 것이라는 확신을 가져야 한다. 신뢰성은 개방성과 의사전달의 효과성 사이에 매개적인 역할을 하기도 한다. 다시 말해서, 상사와 부하 사이에 고도의 신뢰 관계가 존재할 경우에만 개방성은 의사전달의 효과성에 긍정적인 영향을 미치는 것이다.

3. 계층제의 완화

계층제의 수가 많고 엄격할수록 의사전달의 경직성과 형식성이 높아지기 때문에 계층제를 완화시키는 것도 의사전달의 활성화와 효과성 증진을 위한 좋은 방안이 된다.

4. 참여의 권장

참여적 관리기법을 도입하여 구성원들로 하여금 자유로운 의사 표현을 허용할 경우, 좀 더 원활한 하의상달이 이루어질 수 있다.

P·A·R·T

4

소방인사론

제 1 장　소방인사행정의 의의
제 2 장　소방인사행정의 변천과 발전 과정
제 3 장　소방인사행정의 과정
제 4 장　소방공무원의 동기부여
제 5 장　소방공무원의 행동규범 및 권익 보장

C·H·A·P·T·E·R

01 소방인사행정의 의의

제 1 절 소방인사행정의 개념 및 중요성

어떤 사람에게 어떤 일을 맡기느냐에 따라 일의 성패가 좌우된다. 따라서 조직의 목적을 달성하기 위해서는 소요 인력을 관리하는 활동이 필요하다. 인사행정이란 정부조직 내의 인적 자원을 관리하는 활동을 의미한다. 즉, 정부조직의 목표를 달성하기 위해 인적 자원인 공무원을 획득하고 관리하는 활동이 인사행정이다. 전통적 인사행정은 인간을 타율적이고 제한된 능력의 소유자로 보아 왔으나, 현대 인사행정은 인간의 능력을 개발하고 발전시킬 수 있다는 자원의 관점에서 접근하고 있다(유민봉 · 임도빈, 2007: 5-8). 오늘날 인적 자원(human resource), 인간자본(human capital) 또는 인력(manpower)이라는 용어가 사용되는 이유도 구성원을 자원 내지 자본으로 인식하는 최근의 흐름을 반영한 것이다.

소방인사행정이란 소방 인적 자원을 관리하는 활동을 의미한다. 따라서 소방인사행정의 주요 내용은 소방공무원의 모집과 선발, 교육훈련, 인사 이동과 경력 발전, 동기부여, 평정 제도, 보수 및 연금, 행동규범과 권익 보장, 그리고 퇴직 및 사후관리 등이 포함된다.

이러한 소방인사행정의 중요성은 다음과 같다.

첫째, 단순 화재 진압뿐만 아니라 최근 재난관리 전반으로 그 역할이 확대되고 있는 소방행정과 소방 서비스는 소방공무원에 의해 좌우되기 때문이다. 즉, 소방공무원의 가치관, 태도, 기술, 지식에 대한 변화와 요구가 높아지면서 소방인사행정이 더욱 중요해지고 있다.

둘째, 오늘날 조직의 중요한 목표 중 하나는 조직의 목표와 구성원의 목표를 어떻게 통합하느냐이다. 인사행정은 정부의 목표 달성이라는 전체적 차원과 공무원 개개인의 이익과 발전에도 기여할 수 있도록 할 수 있어야 한다.

셋째, 소방인사행정의 역량에 따라 소방공무원의 효율적인 관리 및 성장을 통해 소방행정 또는 소방정책의 결정 및 집행 능력을 제고할 수 있기 때문이다. 우리나라의 소방인사행정은 그 시작이 늦어서인지 다른 분야의 인사행정에 비해 향후 발전해야 할 내용들이 많은 것 같다.

제 2 절 소방인사행정의 환경

인사행정 체계는 개방 체계로서 그 환경과 교호작용하면서 발전해 나간다. 즉, 소방인사행정을 둘러싸고 있는 외부 환경 요소는 소방행정의 효과성, 소방인사 결정 과정 등에 영향을 미치게 된다. 소방인사행정의 중요한 외부 환경 요소로는 법적 환경, 정치적 환경, 경제적 환경, 사회·문화적 환경, 기술적 환경 등이 있다(권경득, 2009: 3-4).

첫째, 소방인사행정은 「소방공무원법」 등 인사 관련 법규에 근거하여 이루어진다. 인사 관련 법규는 소방인사행정의 합리성과 공정성을 담보하기도 하지만, 민간부문의 인사관리에 비해 법적 제약이 강하다 보니 소방인사행정의 경직화를 초래하기 쉽다. 즉, 강한 법적 신분보장 때문에 부적격자에 대해 면직처분을 하기 쉽지 않고, 긴급히 필요한 인력이 있어도 예산이나 공고절차 규정 등으로 인해 적시에 채용하기 곤란할 때도 있다. 소방인사행정에 미치는 법적 영향을 법 체계에 따라 헌법, 법률, 명령 등으로 나누어 볼 수 있다. 「헌법」은 국가 최고기본법으로서 기본권과 통치구조에 관한 내용을 규정하고 있다. 소방인사행정에 관련된 모든 하위법의 규정이나 인사 결정은 헌법에 위배될 수 없다. 소방인사행정은 주로 법률에 근거하여 행해지게 되는데, 소방인사 관련 법률에는 「국가공무원법」과 「소방공무원법」이 있다. 「국가공무원법」은 공무원 인사행정의 전반적인 분야에 대한 규정을 모두 포함하고 있다. 다만, 소방공무원의 책임 및 임무의 중요성과 신분 및 근무조건의 특수성 때문에 소방공무원의 임용·교육훈련·복무·신분 보장 등에 관해 「국가공무원법」과는 별도로 「소방공무원법」을 따로 두어 소방공무원에 관한 특례를 규정하고 있다. 명령으로는 「소방공무원임용령」과 「소방공무원임용규칙」 등이 있다.

둘째, 정치적 환경으로 소방인사행정은 대통령, 국회, 정당, 지방자치단체장, 언론, 시민단체, 그리고 일반 국민 등으로 구성되는 정치적 환경으로부터 다양한 요구와 기대를 받는다. 대통령이나 국회는 책임정치의 실현과 공무원에 대한 통제라는 차원에서 소방인사행정에 공식적인 영향을 미치고, 정권이 교체되어 부처가 통·폐합되는 조직 개편이 일어나는 경우에도 소방 인력의 구성과 운영에 변화가 있게 된다. 문재인 정부는 소방공무원의 국가직화를 국정과제로 선정하여 2017년 정부조직개편에 따라 소방청을 독립 기관으로 개청하였으며, 2019년 4월 강원도 산불을 계기로 2020년 4월 소방공무원의 국가직 전환이 이루어지게 되었다.

셋째, 인사행정의 제도와 활동은 경제적 환경에 의존적이다. 1997년 IMF관리체제 하에서 공무원의 정년 단축, 채용 규모 축소, 보수 인하, 해외 교육훈련 규모 축소 등이 대표적인 예이다. 소방인사행정의 기능과 활동은 경제적 환경에 의해 영향을 받으며, 정부예산의 영향도 크게 받는다. 소방공무원의 국가직화에 따라 「지방교부세법」을 개정하여 소방안전교부세를 45%로 조정하고, 그 사용목적을 지방자치단체의 소방인력의 운용에 활용할 수 있도록 범위를 확대하였다. 또한 소방재정의 통일적이고 독립적인 운영기반의 마련을 위하여 「소방재정지원 및 시·도 소방특별회계 설치법」을 제정하였다.

넷째, 사회·문화적 환경으로 무엇보다 일반 국민의 소방공무원에 대한 인식은 소방공무원직의 선택이나 소방공무원의 근무 태도 및 행동 등에 중요한 영향을 미치게 된다. 일반 국민의 소방공무원에 대한 선호가 높으면 우수한 인적 자원이 소방직을 더 많이 선택하게 될 것이고, 일반 국민이 어떠한 사회적 규범 내지 신념(문화)을 가지고 있느냐에 따라 소방공무원의 근무 태도와 행동, 나아가 소방 서비스의 질도 결정될 것이다. 그리고 소방공무원의 직업관도 중요한 환경 요소인데, 최근 직업에 대한 인식의 변화는 소방인사행정 전반의 개혁을 요구하게 된다.

다섯째, 고도의 정보사회가 진전되어 감에 따라 행정에도 새로운 기술이 도입되고 있다. 정보통신기술의 발전은 구성원의 인간 관계, 의사소통, 조직의 생산성, 구성원의 사기, 인적 자원계획 등에 많은 영향을 미치고 있다. 또한 과학기술의 발전은 소방 업무를 수행하는 소방 인력의 성격과 관리 방식의 변화를 초래한다. 즉, 소방공무원의 모집과 선발 기준, 인적 자원계획, 경력 개발, 근무성적평정, 교육훈련 방법 등 소방인사행정의 전반적 내용에 직접적인 영향을 미치고 있다.

제 3 절 소방인사행정의 이념과 목표

1. 인사행정이 추구하는 이념

공무원을 확보하고 유지·관리하는 과정에서 항상 지침으로 삼고, 또한 추구되어야 할 가장 중요한 가치는 무엇인가? 일반적으로 인사행정이 추구하는 이념과 가치로는 효율성, 민주성, 사회적 형평성, 공무원의 권익 보호 등이 열거되고 있다(권경득, 2009: 12-15; 강성철 외, 2008: 69-74; 박천오 외, 2007: 12-15; 유민봉·임도빈, 2007: 38-44).

1) 효율성

효율성이란 일반적으로 비용최소화 측면에서의 경제성(economy), 투입-산출의 비율로서 능률성(efficiency), 목표달성도를 의미하는 효과성(effectiveness)을 모두 함축하는 의미이다. 효율성은 정부 인적 자원의 충원, 개발, 활용 및 보상 등 인사행정의 모든 기능 수행 과정에서 추구되어야 할 이념과 가치이다. 즉, 최소의 충원 비용으로 좀 더 유능한 인재를 뽑아야 하고, 한정된 교육훈련 예산으로 더 많은 인원에게 필요한 지식과 기술을 교육훈련해야 한다. 또한 모든 인적 자원은 능력과

적성에 맞도록 적재적소에 배치되어야 하고, 불필요한 유휴 인력이나 근무 실적이 극히 저조한 공무원은 조직에서 축출될 것이 요구된다. 소방인사행정의 효율성은 소방 인적 자원의 충원, 개발, 활용 및 보상 등 인적 자원관리의 모든 과정에서 추구되는 가치이다(권경득, 2009: 12).

2) 민주성

행정의 민주성은 국민과의 관계와 관료조직 내부의 의사결정 과정의 두 가지 측면에서 논의될 수 있다.

첫째, 국민과의 관계에서 국민의 의사를 존중하여 국민의 요구를 수렴하고, 이를 행정에 반영시킴으로써 대응성(responsiveness) 있는 행정을 실현하고, 국민에게 책임을 지는 책임행정을 구현하며, 일부 특수계층을 위한 행정이 아닌 국민 전체를 위한 행정을 의미한다.

둘째, 행정조직 내부에서의 민주성이다. 행정 내부의 조직 과정이 민주적이며, 의사결정의 과정이 권위주의적 상의하달식 의사전달이 아닌 조직의 구성원들이 참여할 수 있는 기회가 보장되어야 한다.

소방은 화재를 예방·경계하거나 진압하고 화재, 재난·재해, 그 밖의 위급한 상황에서의 구조·구급활동 등을 통하여, 국민의 생명·신체 및 재산을 보호함으로써 공공의 안녕 질서 유지와 복리 증진에 이바지함을 목적으로 한다(소방기본법, 제1조). 소방은 국민 개개인의 생명과 재산을 직접 보호하는 것이므로 소방의 조직과 제도도 민주주의의 정신에 입각해야 한다. 민주사회에서 소방의 역할과 권한은 국민으로부터 유래하는 것으로 국민에게 봉사하고 국민에 대해 책임을 지는 것을 말한다. 소방의 민주성을 확보하기 위해서는 소방위원회 제도의 민주성 확보, 공개행정을 통한 행정 과정의 민주화, 소방윤리의 확립 등이 이루어져야 한다(우성천, 2007: 65). 최근에는 고객 지향적 행정이 강조되면서 소방의 국민에 대한 직접적이고도 실질적인 대응성의 확보가 중요하게 인식되고 있다.

3) 사회적 형평성

형평성은 본래 인종 차별의 오랜 역사로 흑인을 포함한 소수민족의 권익이 경시되어 온 미국에서 이들에 대한 차별 대우를 방지하기 위한 이념으로 등장한 것이다(유민봉·임도빈, 2007: 41-42).

인사행정의 이념으로서 형평성은 관료제의 인적 구성에서 사회구성원의 인적 구성의 특성을 반영하려는 것을 의미한다. 소극적 의미의 형평성은 인종, 성별, 연령, 출신지역 등에 상관없이 동등한 기회를 부여하는 것을 의미하고, 적극적 의미의 형평성은 과거로부터 누적되어 왔거나 겪었던 희생이나 차별을 보상하고자 특정 집단을 선발이나 승진 등에서 우대하는 것이다(Thompson, 1990).

적극적 의미의 형평성을 확보하려는 목적을 지닌 인사 제도로는 공무원의 인적 구성을 성별, 계층, 지역, 인종과 같은 사회구성원의 인구학적 특성과 비례가 되도록 설계하는 대표관료제(representative bureaucracy)를 들 수 있다(권경득, 2009: 14). 우리나라에서는 장애인, 국가유공자, 여성에게 공무원 채용 시 혜택을 부여하고 있는데 형평성 이념을 적극적으로 적용하고 있는 예이다.

4) 공무원의 권익 보호

공무원의 권익 보호는 신분 보장이나 불이익 처분에 대한 소청의 기회 부여 제공과 같은 소극적 의미에서부터 한 국민으로서의 기본권이 공무원이라는 이유로 침해되어서는 안 된다는 의미, 더 나아가 법적인 측면뿐만 아니라 경제적·사회적·문화적·심리적 측면에서 인간다운 삶을 향유할 수 있도록 하는 적극적 의미까지 다양하다.

이상의 이념과 가치들은 상호 보완적인 성격을 띠기도 하고, 갈등적인 관계에 놓이는 경우도 있다. 따라서 어느 한 가치를 극단적으로 추구하게 되면 다른 가치들을 희생시키는 결과를 초래한다. 즉, 소방인사행정에서 민주성이나 형평성을 지나치게 강조하면 효율성이 저해될 수 있고, 반대로 효율성을 지나치게 강조하면 민주성과 형평성이 저해될 수 있다. 최근 소방인사행정의 경우에는 소방 업무의 특성상 대응성이 강조되고, 또한 소방공무원의 열악한 근무환경과 불만으로 인한 근무의욕 저하 등으로 소방공무원의 권익 보호가 중요시되고 있다.

2. 인사행정의 목표

조직은 분업과 전문화의 원리에 따라 분화된 수많은 직무가 다시 상호 연관성을 갖고 하나로 통합되어 있는 체계이다. 따라서 조직목표의 달성은 개별 공무원이 각자 맡은바 직무를 성공적으로 수행할 때 가능해진다. 인사행정의 목표는 공무원 각자에게 주어진 직무목표가 성공적으로 달성될 수 있도록 지원하는 활동이다. 즉, 우수한 인재를 모집 · 선발하고, 직무 수행에 필요한 능력을 개발시키며, 그 능력을 최대한 발휘할 수 있도록 동기를 부여하고, 조직목표와 연계시켜 직무 성과를 평가하고 성과평가를 토대로 공정한 보상을 실시하는 것이다.

사용자 내지 조직 중심의 전통적 인사관리는 조직과 직무가 개인보다 우선시되기 때문에 개인의 욕구를 경시해 왔다. 공무원을 전체 국민에 대한 봉사자라는 명분 하에 일방적 희생을 강요하는 등 공무원을 정부의 목표 달성을 위한 수단적 가치 이상으로 간주하지 않는 것이다. 그러나 현대의 인사행정은 조직 · 직무 중심의 성과 달성뿐만 아니라 개인 차원의 만족과 삶의 질 향상도 중요한 목표로 설정하게 된다. 즉, 개인의 만족과 직무의 성과를 조화롭게 통합시키는 것이 현대 인사행정의 목표이다(유민봉 · 임도빈, 2007: 44-48).

표 4-1-1 인사행정의 주요 활동별 목표

주요 활동		주요 목표
인적 자원의 확보	⇨	• 우수 인력 확보(실적 기준) • 기회 균등
인적 자원의 개발	⇨	• 직무 수행 능력 향상 • 적재적소의 배치
인적 자원의 유지 · 활용	⇨	• 동기부여 • 공무원 권익 보호
인적 자원의 평가	⇨	• 타당성 · 신뢰성 확보 • 조직목표 달성의 기여도 제고
인적 자원의 보상	⇨	• 공정성 확보(동일 직무 · 동일 보수) • 직무 성과와 연계

자료: 유민봉 · 임도빈(2007: 45).

C·H·A·P·T·E·R 02

소방인사행정의 변천과 발전 과정

제 1 절 인사행정 제도의 발전 과정

1. 실적주의제와 직업공무원제

실적주의제와 직업공무원제는 현대의 대부분 국가에서 인사행정의 근간으로 삼고 있는 제도이다. 실적주의제와 직업공무원제는 인사행정의 여러 활동과 병렬적인 관계에 있는 것이 아니라, 그 모든 활동에 원리와 철학을 제공하는 인사행정의 토대이다. 「국가공무원법」 제2조는 공무원을 경력직과 특수경력직으로 나누면서, 경력직 공무원을 “실적과 자격에 의하여 임용되고 그 신분이 보장되며 평생토록 공무원으로 근무할 것이 예정되는 공무원”이라고 정의함으로써 실적주의제와 직업공무원제가 우리나라 공무원 제도의 기본 원리임을 분명히 밝히고 있다(유민봉 · 임도빈, 2007: 55).

1) 실적주의제

(1) 의 의

실적주의제는 실적이 모든 인적 자원을 확보하고 활용하는 근간이 된다는 뜻이다. 여기서, 실적(merit)의 의미는 무엇인가? 인사행정에서의 실적의 의미는 흔히 생각할 수 있는 이루어 놓은 결과나 업적보다 훨씬 다의적이며 인사활동 전반을 지배하는 기본적인 시각 내지 철학을 담고 있다. 미국의 인사행정의 경험 내지는 역사를 이해하는 것이 실적주의제를 이해하는 데 많은 도움이 된다(유민봉 · 임도빈, 2007: 55-59).

오늘날 실적주의의 근간이 된 「펜들턴 법(Pendleton Act)」(1883)이 있기 전까지는 엽관주의가 인사행정의 지배 원리였다.

(과 거) ⬅	1883년	➡ (현 재)
엽관주의(spoils system)	「펜들턴 법(Pendleton Act)」	실적주의(merit system)

엽관주의란 선거에서 승리한 대통령 당선자가 정부의 모든 공직을 전리품(spoils)으로 획득하게 되고 그 전리품, 즉 공직을 선거에서의 충성도에 따라 정당원들에게 나누어 주는 제도이다. 엽관주의가 미국 정치에서 받아들여진 배경에는 여러 원인이 있을 수 있지만, 그 하나는 엽관주의가 민주주의 원리에 부합된다는 사고 때문이다. 미국 건국 초기부터 상류 계급의 엘리트들이 관직을 지배하면서 그들의 이익만이 대변되고 있었고, 관직이 이들에 의해 장시간 지배되면서 부패되어 가고 있었다. 따라서 공직을 소수의 엘리트에 의한 독점이 아닌 일반 국민을 좀 더 잘 대표하고 그들의 의사를 대변할 수 있는 사람들에게 공유시킴으로써 민주정치 발전에 기여한다고 본 것이다.

그러나 엽관주의는 공직의 질적 저하로 이어졌다. 정치적 이념이나 대통령에 대한 충성심이 일을 수행할 수 있는 능력이나 자격에 우선했기 때문이다. 따라서 엽관주의는 1880년대 들어 정부개혁 운동가를 중심으로 그 병폐를 인식하기 시작했고, 1881년 가필드(James A. Garfield) 대통령 암살 사건을 계기로 실적주의가 탄생하게 된다. 그러나 1883년의 「펜들턴 법」은 엽관주의 해악을 어떻게 하면 줄일 것인가의 소극적 측면의 부정적·소극적 인사관리였다. 공직을 정치적으로 중립화시킴으로써 정치적 충성심이나 개인적 정실이 공직 임명에 개입하는 것을 막고자 했던 것이다.

이러한 소극적 실적주의는 1990년대 초 과학적 관리론의 영향으로 실적주의 개념에 커다란 변화가 일기 시작하여 오늘날의 적극적 인사관리로 전환하게 된다. 즉, 관심의 초점이 정치적 중립에서 채용 후의 승진, 교육훈련, 활용, 보수 등과 같은 인사활동으로 이동하게 되어 인사활동의 모든 과정에 실적주의가 적용되기 시작했다. 그리고 실적주의를 적용해서 인사관리의 능률성을 높이는 데 가장 기초가 되는 것이 바로 과학적 관리를 적용한 공직의 분류이고, 직무의 과학적 분석을 토대로 직위분류제가 도입된 것이다. 직위분류제는 공무원의 채용, 교육훈련, 근무성적평가, 보수 등 모든 인사관리 활동에 기준을 제공해 줌으로써 실적주의 확산에 지대한 공헌을 했다.

실적주의는 인종·성 차별 금지라는 인권의 문제와 결부되면서 또다시 변화를 맞게 된다. 즉, 공직 채용에서 인종·성·지역 등에 대한 정치적 고려가 개입될 여지가 없어지고 오로지 직무 수행에 대한 개인의 능력이 중시되자, 결과적으로 소수민족과 여성의 공직 진출이 전체 인구 구성비에서 볼 때 절대적으로 낮아지는 결과를 초래했다. 결국, 실적주의는 공직의 국민 대표성을 확보하는 대중민주정치를 유지하기는 했지만 그 대표성이 도전을 받게 된 것이다. 그리하여 인종·성·지역·직업 등의 여러 가지 기준에서 국민 전체 또는 지역 주민 전체(지방자치단체의 경우)의 인적 구성에 비례하도록 공무원을 구성함으로써, 공직의 인적 대표성을 확보해야 한다는 소위 대표관료제(representative bureaucracy)가 나오게 된다. 최근 대표관료제는 산술 비례에 의한 대표성을 충족하는 과정에서 다시 능력 있는 사람이 채용이나 승진에서 배제되는 역차별 발생의 문제로 실적주의는 새로운 도전을 맞고 있다.

(2) 실적주의제의 원칙

실적주의제의 원칙으로는 공개적 경쟁, 개인적인 자질과 능력에 근거한 선발, 정치적 중립, 자의적인 제재로부터의 공무원의 보호 등을 들 수 있다. 1978년 카터(Jimmy Carter) 대통령에 의해 주도되고 채택된 「인사개혁법(Civil Service Reform

Act)」에서는 실적주의의 아홉 가지 원칙은 ① 공직 취임의 기회 균등, ② 신분 보장, ③ 동일 직무 동일 보수, 성과급, ④ 직무 성실 의무, ⑤ (인사행정의) 효율성 원칙, ⑥ 실적 원칙, ⑦ 교육훈련, ⑧ 정치적 중립, ⑨ 내부고발자 보호이다.

이상의 실적주의 원칙에 대해 요약해 보면, 실적주의는 역사적 변천 과정을 거치면서 진화되어 온 개념을 모두 포함한다. 우선, 엽관주의의 폐해에 대한 개혁 과정에서 등장한 공직 취임의 기회 균등, 정치적 중립, 신분 보장을 포함하고 있다. 그뿐만 아니라 여기에는 이러한 전통적 의미의 실적주의 원칙 외에 인사행정의 전 과정에서(채용·교육훈련·승진·근무성적평정·보수) 인적 자원을 능력, 자격, 성과에 따라 관리함으로써, 행정의 효율성을 높이고자 하는 적극적·발전 지향적 실적주의 원칙이 포함되어 있다. 그리고 현대에 들어 실적주의는 정치 권력의 배제라는 전통적인 방어적·소극적 의미와 인적 자원의 적극적·효과적 활용이라는 발전적 의미를 포괄하는 의미로 받아들여진다(유민봉·임도빈, 2007: 60).

2) 직업공무원제

(1) 의 의

직업공무원제(career civil service system)란 젊고 유능한 인재가 공직에 들어와서 국민에 대한 봉사를 보람으로 알고 공직을 일생의 본업으로 하여 일할 수 있도록 준비된 인사 제도를 말한다(유민봉·임도빈, 2007: 73). 직업공무원제는 공무원들로 하여금 정권의 변동에도 불구하고 신분 보장을 받으면서 교체되어 들어오는 새로운 정권 담당자들에게 계속 봉사하게 함으로써, 행정의 계속성과 안정성을 유지하는 인사 제도이다. 직업공무원제는 공무원들의 성실한 직무 수행과 장기근속을 유도하기 위한 제도와 원칙들을 토대로 수립되며, 그 대표적인 것이 계급제, 폐쇄형 충원 체제, 일반 능력자 중심의 임용 및 신분 보장 등이다(권경득, 2009: 16).

계급제란 공무원의 인적 특성을 기준으로 공직을 종적으로 구분하여 계층을 만들고, 여기에 행정 업무를 수준별로 담당케 하는 사람 중심적인 제도로서, 공무원의 신분을 강하게 보장하는 특성을 갖는다. 폐쇄형 충원은 공직의 계층구조 중간에 빈 자리가 생겼을 때, 이를 내부의 승진이나 인사 이동으로 채우고 외부로부터의 신규채용을 허용하지 않는 인사 제도이다. 일반 능력자 중심의 임용은 공무원 임용

기준을 당장의 직무 수행 능력이 아니라 잠재적인 발전 가능성에 두는 것으로서, 특정한 직무 수행에 요구되는 구체적 전문지식을 임용 기준으로 삼는 전문가주의와 대조를 이룬다. 신분 보장은 부당한 정치적 압력으로부터 공무원의 권익을 보호하는 방어적 의미와 공무원이 공직을 일생의 본업으로 삼아 일할 수 있도록 직업의 안정을 보장해 주는 적극적 의미를 내포하고 있다.

(2) 소방공무원의 직업공무원 제도의 실태

소방공무원도 「소방공무원법」의 특례규정을 제외하고는 「국가공무원법」의 직업공무원 제도에 관한 규정을 적용받고 있다(권경득, 2009: 17-18).

① 소방공무원의 직업공무원 제도의 현황

현행 소방인사행정은 다음과 같은 점에서 직업공무원 제도의 특성을 지니고 있다.

첫째, 현행 소방인사행정은 직위분류제의 요소가 부분적이고도 형식적으로 가미되어 있기는 하지만, 실제로는 거의 모든 측면에서 계급제에 가깝게 운영되고 있다.

둘째, 소방공무원의 임용 형태가 폐쇄적이다. 소방간부후보생 제도와 중간간부직에 대한 특채가 극히 일부 실시되고 있지만, 대부분이 소방사·지방소방사로 입직하고 있으며, 소방교·지방소방교 이상으로의 승진은 대부분이 내부승진에 의해 임용된다.

셋째, 「소방공무원법」 제25조에서 연령정년과 계급정년을 명시하고 있기 때문에 정년까지 신분을 보장하고 있다. 연령정년은 60세(2008년 12월 31일 개정), 계급정년(2001년 12월 29일 개정)은 소방감은 4년, 소방준감은 6년, 소방정은 11년, 소방령은 14년이다.[1)]

넷째, 소방공무원에게 교육훈련 등을 통한 능력 발전의 기회를 부여하고 있다.

1) 소방공무원과 경찰공무원의 계급정년

소방공무원		경찰공무원	
소방감	4년	치안감	4년
소방준감	6년	경무관	6년
소방정	11년	총경	11년
소방령	14년	경정	14년

자료: 국민안전처(2015: 71). 『2015 소방행정 자료 및 통계』.

「소방공무원교육훈련규정」에 의해 재직자 교육훈련을 실시하고 있으며, 교육훈련 성적을 승진에 반영하고 있다.

② 소방공무원의 직업공무원 제도의 문제점

행정을 비직업 공무원 내지 정치인들에게 맡기지 않고, 직업공무원에게 맡기는 것은 무슨 의미가 있는가? 즉, 직업공무원제의 기대 효과는 무엇인가? 첫째, 직업공무원제는 공직의 안정성을 목적으로 탄생하고 발전되어 왔다. 둘째, 직업공무원제는 역사적으로 공직의 윤리성 확보를 중요한 목적으로 하고 있다. 셋째, 직업공무원제는 공직의 우수성을 추구한다(유민봉 · 임도빈, 2007: 75-76).

그러나 일반적으로 직업공무원 제도는 공무원에 대한 민주적 통제가 어려워 관료주의화가 심화될 우려가 있으며, 직업공무원은 행정환경의 변화에 무관심하거나 저항을 나타낼 수 있다. 소방공무원의 직업공무원 제도의 일반적 문제점을 다음과 같이 정리할 수 있다(권경득, 2009: 18).

첫째, 계급제를 토대로 인사관리가 이루어지고 있기 때문에 소방공무원들의 직무 분야별 전문 능력이 낮다.

둘째, 폐쇄형 충원 제도에 기초하기 때문에 우수한 외부 인적 자원에 대한 충원의 기회가 상당히 제한되어 있다.

셋째, 연령정년은 평상시 소방공무원들 사이에 신분에 대한 위기 의식 없이 최소한의 직무 수행으로 신분을 유지해 나가려는 무사안일과 적당주의를 만연시킴으로써 소방인사행정의 비효율성을 초래할 수 있다. 연령정년의 문제점을 보완하기 위해 소방의 경우 계급정년 제도를 도입하고 있지만, 소방경 이하에 대해서는 계급정년제를 도입하고 있지 않다.

넷째, 정년형 신분 보장과 폐쇄형 충원 제도로 말미암아 소방행정 서비스의 질과 대응성이 낮아질 수 있다. 신분 보장은 국민에 대한 책임성과 대응성을 저하시키고, 우수한 외부 인적 자원의 충원 제한은 소방행정의 전문성 향상에 저해될 수 있다.

(3) 직업공무원제 수립을 위한 조건

직업공무원제 목표를 달성하기 위해서는 제도적으로 신분 보장과 젊고 유능한 재원을 확보하는 것이 필수적이다. 신분 보장은 주로 공직의 안정성과 윤리성에 기여하고, 유능한 재원의 충원은 주로 공직의 우수성 확보에 기여하게 될 것이다(유민봉 · 임도빈, 2007: 76).

소방직의 직업공무원제를 확립하기 위한 조건도 일반적인 직업공무원제 확립 조건과 같은 차원에서 논의될 수 있다(권경득, 2009: 18-19).

① 소방공무원의 신분 보장

신분 보장은 정치의 부당한 압력으로부터 공무원의 권익이 보장되어야 하는 방어적 의미와 공직을 일생의 본업으로 하여 일할 수 있도록 신분을 보장해 주는 적극적 의미가 있다. 소방공무원은 「소방공무원법」상 특정직으로 분류되어 소방공무원의 정치적 중립과 신분 보장을 엄격히 실행함으로써 정치적 영향력을 배제하고 경력직 공무원으로서 직업공무원제와 실적주의의 확립을 도모할 수 있다.

② 젊고 유능한 인재의 채용 및 육성

신분 보장의 실질적인 조건들인 폐쇄형 충원 제도, 보수의 형평성, 적절한 연금 제도가 보장된다면 유능한 인재들을 공직으로 유도하는 데 중요한 효과를 가져올 것이 분명하다. 이에 더해, 공직의 우수성을 확보하기 위해서는 정부가 민간기업과의 우수 인재 유치 경쟁자로서 장기적인 계획에 따라 적극적인 모집에 나서야 하며, 이들의 꾸준한 능력 발전을 위해 노력해야 한다. 그러기 위해서는 첫째, 적극적 모집과 선발 방식의 다양화, 둘째, 인적 자원계획으로 인적 자원에 대한 장기적인 수요와 공급의 균형, 셋째, 능력 발전의 기회 부여가 필요하다.

소방공무원 신규채용에서 응시 상한 연령을 제한하고 있는 이유 중의 하나도 젊고 유능한 인재의 채용 및 육성과 관련이 있다.

③ 소방공무원에 대한 높은 사회적 평가

한국 사회는 전통적으로 공직에 대한 사회적 평가가 높다. 그 원인은 관존민비 사상을 바탕으로 한 관료가 지배자로 군림하여 특권을 누리고 치부할 수 있다는 전근대적 · 비민주적 사고 방식에도 일부 기인한다. 그러나 앞으로는 국민의 공복(公僕)으로서 민주주의적 공직관이 확립되고 소방공무원의 공공봉사와 희생정신에 대한 사회적 평가가 높아져야 할 것이다.

또한 IMF 이후 민간 부문의 경우 신분 보장이 제대로 되지 못하고 있는 것과 달리, 공무원은 신분 보장으로 인한 직업의 안정성 등이 높은 사회적 평가의 주요 원인으로 작용하고 있는 것 같다.

[읽을거리] 미국에서 가장 매력적인(섹시한) 직업은 소방관

소방관이 돈 잘 버는 최고경영자나 의사 · 변호사보다 훨씬 매력적이다(섹시하다)는 조사 결과가 나와 돈을 많이 버는 직업을 갖고 있다고 섹시해 보이는 것은 아닌 것으로 나타났다. 임금 수준과 고용 환경 등을 전문적으로 조사하는 '샐러리닷컴(www.salary.com)'이 최근 미국인 5,000여 명을 대상으로 '가장 섹시한 직업'을 조사한 결과 소방관이 전체의 16%로 1위를 차지했다. 그 다음은 항공기 승무원이 2위(13%), 최고경영자(CEO)가 3위(11%)를 차지했고, 기자와 인테리어 디자이너, 이벤트 플래너가 10%의 득표율로 4~6위에 올랐으며, 간호사(9%), 교사(8%), 의사(7%), 변호사(4%), 수의사(3%)가 그 뒤를 이었다.

출처: 동아일보(2005.2.27)

④ 소방 교육훈련을 통한 능력의 발전

소방공무원 중에는 여러 가지 사회적 여건으로 자기의 소질을 충분히 발전시키지 못하고 하위직에 임용된 경우도 있다. 입직 후에는 개개인이 지니고 있는 소질을 전문 교육훈련을 통해 발전시키고, 그들의 능력과 자질을 극대화할 수 있는 직무를 수행할 수 있도록 적재적소에 배치해야 한다.

⑤ 직무별 인력 수급계획의 수립

소방인사의 공정성과 투명성을 제고하기 위해 직급별 인력 수급계획을 수립하여 소방인사 운영의 적절성을 도모해야 한다. 외부로부터 신규채용이 많은 경우에는 상대적으로 재직 공무원의 사기에 영향을 미치므로 양자의 적절한 조화 및 균형이 필요하다.

⑥ 채용 및 승진 제도의 합리화

채용과 승진에서 엄격한 실적주의 원칙을 적용해야 하며, 소방정 이상에 대해서는 광범위한 전보의 기회를 주어 탄력적이고 신축성 있는 인사행정을 하여 소방공무원의 역량이 개발될 수 있는 기회를 제공해야 한다.

⑦ 보수의 적정화 및 연금 제도

보수가 적정해야 하며, 장기 근무를 장려하기 위해서는 장기 근무한 하위 계급 소방공무원의 보수를 상위 계급 소방공무원의 보수에 버금가는 수준으로 비슷하게 책정할 필요가 있다. 또한 장기간 근무해도 상위 계급으로 승진하기 어려운 경우에는 동일 계급 내에 보수를 차등화할 필요가 있다. 아울러, 소방공무원으로 일생 동안 근무하다 퇴직한 후에는 연금 수입으로 생계가 이루어질 수 있다는 기대감을 가질 수 있을 정도로 연금 제도가 발전되어야 한다.

2. 공직의 분류 제도: 계급제와 직위분류제

인적 자원을 확보하고 유지·활용하며 평가하는 일련의 인사활동은 공직이 어떻게 분류되었는가에 의해 영향을 받게 된다. 수많은 공직을 상황에 따라 개별적으로 관리할 수는 없기 때문이다. 동일한 성격의 공직은 한데 묶어 동일하게 취급하는 것이 인적 자원관리의 일관성과 효율성을 확보하는 데 훨씬 도움이 된다. 공직의 분류는 인적 자원을 체계적이고 효율적으로 관리하고 일을 공평하게 부과하며 보상하기 위해 인사행정에서의 필수적인 과정이다.

인사행정에서 직무와 사람(개인)은 동전의 양면처럼 결코 떼어서 생각할 수 없다. 이는 공직을 분류하는 경우 사람을 기준으로 할 수도 있고, 직무를 기준으로 할 수도 있음을 말해 주는 것이다. 사람을 기준으로 분류하는 방식을 계급제, 직무를 중심으로 분류하는 방식을 직위분류제라 부른다(유민봉·임도빈, 2007: 90).

1) 계급제

(1) 계급제의 의의

역사적으로 계급제의 전통(조선 시대: 정1품~종9품, 군대 계급 체계: 이병~대장)을 가진 우리나라는 아직도 직무를 중심으로 하기보다는 사람을 중심으로 하여 공무원을 1급에서 9급까지로 나누고 있다. 사람 중심의 분류는 정부뿐만 아니라 일반 기업에서도 널리 제도화되어 있는 실정이다.

계급을 나누는 기준은 사람의 특성, 즉 학력·경력 등의 자격 내지 일을 수행할 수 있는 능력이 된다. 계급이란 사람이 어떠한 일을 수행하느냐에 따라 변하는 것이 아니다. 오히려, 그 계급이 어떠한 일을 할 수 있는가를 결정지어 준다. 즉, 동일한 계급에 속한 사람들은 그들이 수행하는 직무의 성격에 무관하게 모두 동일한 자격과 능력을 갖춘 것으로 간주된다. 이러한 계급제는 직업의 분화가 심하지 않았던 농경사회의 전통을 가진 영국, 독일, 프랑스, 그리고 아시아의 많은 국가에서 주로 채택되고 있다(유민봉 · 임도빈, 2007: 91). 일반적으로 군대조직, 경찰조직 및 소방조직 등은 계급제의 전형적인 모습을 지니고 있다.

(2) 계급제의 특징

계급제의 특징은 일반적으로 다음과 같다(박동서, 1994: 155-159; 유민봉 · 임도빈, 2007: 91-95; 박천오 외, 2007: 104-105; 강성철 외, 2008: 198-200; 권경득, 2009: 32-33). 이러한 계급제의 특징은 직위분류제와 비교된 특성이며, 계급제의 전형(典型)에서나 찾아볼 수 있는 것이다. 현대에는 이의 변형 내지 직위분류제 요소가 가미된 다양한 형태가 나타나고 있다는 점을 염두에 두고 이해해야 한다(유민봉 · 임도빈, 2007: 91).

① 계급군 간의 폐쇄성과 차등성

계급제는 공직을 수행하는 사람의 자격과 능력을 기준으로 여러 계급(level, rank)으로 나누게 된다. 그런데 이들 계급들은 다시 자격과 능력의 질적 수준이 유사한 것들을 묶어 하나의 계급군(class group)으로 구분하여 이해할 수 있다. 계급제의 특성은 이들 계급군 간에 경계가 엄격히 구분되어 있기 때문에 다른 계급군으로의 이동이 폐쇄적일 뿐만 아니라 차등이 심하다. 즉, 충원 과정에서부터 각 계급군은 서로 다른 경로를 통해 이루어지며, 일단 어느 한 계급군에서 공직을 출발하게 되면 그 계급군 내에서만 승진이 이루어지는 것이 보통이다. 그리고 계급군 간의 이러한 엄격한 구분은 당연히 각 계급군에 대한 사회적 평가와 보수상에 분명한 차등화를 가져오게 된다.

② 일반행정가의 원리

공무원은 그 전문성에 따라 크게 일반행정가(generalist)와 전문행정가(specialist, professionalist)로 나눌 수 있다. 계급제는 일반적 교양을 갖춘 인재를 육성하는 데 적합하다. 즉, 계급제는 폭넓은 식견을 갖춘 일반행정가를 양성한다는 철학에 바탕을 두고 있다. 이러한 특징은 계급에 기초하여 사람들의 상대적인 지위와 능력을 구분할 수 있다고 가정하기 때문에 가능하다. 계급제 하에서 공무원들은 폭넓은 식견과 경험을 갖게 되어 기관 간 또는 부서 간 교류와 협력을 촉진시킨다.

③ 폐쇄형 충원

폐쇄형 충원은 개방형과 대비되는 것으로 공직에서 자리가 비었을 때 그 빈 자리를 내부의 인사 이동이나 승진을 통해 채우는 것을 의미한다. 이에 반해, 개방형은 그 빈 자리의 업무 수행에 필요한 자격이나 능력의 요건들을 공개하여 내부뿐만 아니라 외부의 모든 사람에게 동등하게 지원 자격을 부여하고, 그중에서 가장 적격자를 선발하는 충원 형태를 말한다.

계급제는 폐쇄형 충원에 토대를 둔다. 따라서 계급제 하에서는 상위 직급의 점직자가 이동하게 되면, 연쇄적으로 하위 직급의 인사 이동이 이루어진다. 폐쇄형 충원은 내부임용을 통해 구성원의 사기 또는 근무 의욕 증진에 기여할 수 있다.

④ 계급의 신분화

계급제에서 계급은 사람에게 항상 붙어다니게 된다. 계급에 따라 보수도 결정된다. 따라서 사람과 계급·보수가 항상 함께하는 것이다. 계급은 곧 신분을 상징하는 것으로 이해하게 된다. 특히, 상위 계급으로 올라갈수록 사회적 평가가 높아지기 때문에 이를 신분의 상승으로 여기게 되고, 계급을 신분과 동일시하려는 경향이 강해진다. 따라서 계급제에 기반하고 있는 우리나라 공직사회에서 승진은 공무원들의 가장 중요한 관심사이다.

⑤ 강한 신분 보장

계급제 하에서 공무원은 자진하여 사퇴하거나 형의 선고나 징계처분 등 법적으로 문제가 되지 않는 이상 그 신분이 보장된다. 폐쇄형 충원 체제에 기초하는 계급제는 공무원에게 법률상 정한 정년까지 공직을 수행할 수 있도록 규정하고 있다. 따라서 계급제적 공직구조는 공직에 대해 자부심을 갖고 국민의 봉사자로서 평생토록 근무할 수 있도록 하는 직업공무원제의 목적을 수행하는 데 부합된다. 계급제하의 공무원은 사람 중심으로 채용되었기 때문에 자리와 생존을 같이해야 하는 직위분류제 하의 공무원이나 우리나라에서의 별정직 공무원과는 크게 구분되는 측면이 있다.

(3) 계급제의 장 · 단점

계급제의 장 · 단점은 위의 계급제의 특성에 유추할 수 있다.

계급제의 장점은 다음과 같다(유민봉 · 임도빈, 2007: 95-96).

첫째, 인적 자원을 탄력적으로 운용할 수 있다. 계급제 하에서는 전직과 전보 임용이 매우 탄력적으로 이루어질 수 있다. 따라서 한정된 인력만으로 다양한 종류의 직무를 수행할 수 있게 되어 인력 활용의 효율성을 높일 수 있다.

둘째, 직업공무원제의 확립에 기여하게 된다. 직업공무원제는 공직을 전 생애의 천직으로 여기고 이를 통해 생계를 유지하며 삶의 보람을 찾도록 제도화한 것이다. 계급제의 특성인 내부에서의 승진 기회 부여와 신분 보장은 곧 직업공무원제를 뒷받침하게 된다.

셋째, 계급제는 공무원의 부서와 직무를 달리하는 순환근무를 통해 공직 수행의 경험을 넓혀주기 때문에 일반행정가 육성에 적합하며, 공무원 자신의 경력 개발 기회를 증진시켜 준다.

계급제의 단점은 첫째, 일반행정가는 필요한 곳에 시의적절하게 인적 자원을 탄력적으로 활용할 수도 있지만, 한 가지 일을 깊이 있게 아는 전문가를 양성하기에는 곤란하다.

둘째, 계급군 간의 승진의 폐쇄성, 외부인사에 대한 충원의 폐쇄성, 그리고 신분 보장은 환경 변화에 적절하게 대응하지 못하게 하고, 공직사회의 정체와 부패, 그리고 공직의 특권집단화 및 경직화를 초래하게 할 수도 있다.

셋째, 동일 계급에 대해서는 직무의 종류나 성격과 관계없이 동일한 보수가 지급되므로, 동일 직무에 대한 동일 보수라는 직무급 체계를 확립하기 어렵다.

넷째, 사람을 기준으로 인사관리가 이루어지다 보면 객관적인 기준보다 연공서열과 같은 주관적 · 편의적 기준을 적용하기 쉽다.

2) 직위분류제

(1) 직위분류제의 의의

계급제가 사람의 자격과 능력을 기준으로 분류한 계급구조라면, 직위분류제는 사람이 맡아 수행하게 되는 직무와 그 직무 수행에 수반되는 책임을 기준으로 분류한 직위구조이다. 즉, 직위분류제는 한 사람이 맡아 수행할 수 있는 일과 책임의 단위인 직위에 따라 각 직위에 내포된 직무의 특성이나 차이를 기준으로 하여 유사한 직무를 수평적으로 분류하고, 직무의 곤란성이나 책임성이 유사한 직무를 수직적으로 분류함으로써, 공직의 구조를 체계화하는 것을 말한다([그림 4-2-1] 참조). 직렬, 직군, 직류가 수직적인 분류였다면, 등급은 수평적인 분류이다.

직위분류제와 계급제는 그 분류 대상과 기준에서 차이가 있다. 계급제가 사람을 대상으로 그 사람이 일을 '얼마나 잘' 수행할 수 있고, 주어진 책임을 '얼마나 효과적으로' 감당할 수 있는가를 기준으로 분류하는 것이라면, 직위분류제는 사람이 하는 일을 대상으로 그 일이 '무엇'이며, 그에 따르는 책임이 '어느 정도'인가를 기준으로 분류하는 것이다.

그림 4-2-1 직위분류제의 개념도

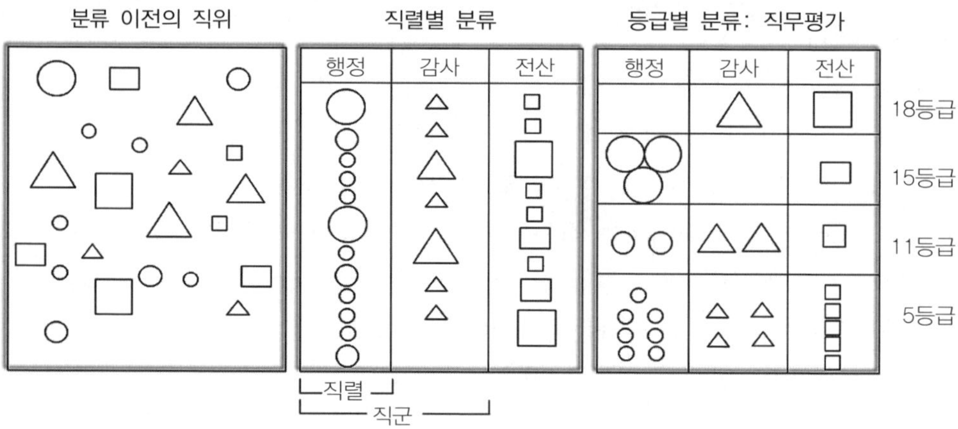

주: 직무의 종류는 모양으로 곤란도와 책임도는 크기로 표시.
자료: 유민봉・임도빈(2007: 100), 박천오 외(2007: 98).

그림 4-2-2 직위분류제의 예

용어 해설 및 그림 도해

직위(職位, position)	한 사람이 맡아 수행할 수 있는 직무와 책임
직급(職級, class)	직무의 종류, 곤란성과 책임도가 상당히 유사한 직위의 군
직렬(職列, series)	직무의 종류가 유사하고 그 책임과 곤란성의 정도가 상이한 직급의 군
직군(職群, group)	직무의 성질이 유사한 직렬의 군
직류(職類, sub-series)	동일한 직렬 내에서의 담당 분야가 동일한 직무의 군
등급(等級, grade)	등급은 직무의 종류는 다르지만 곤란도와 책임도 측면에서 유사하다는 것을 의미하고 동일 보수 지급

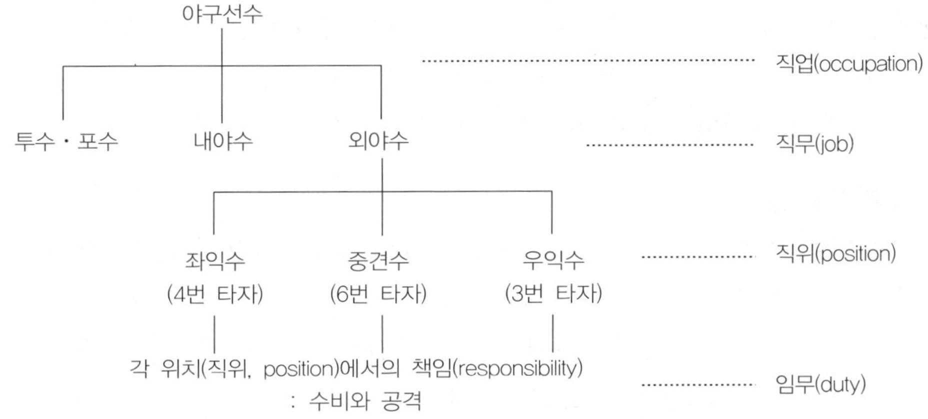

자료: 유민봉 · 임도빈(2007: 99) 재인용.

직위분류제는 산업사회의 전통과 능률적 관리가 강조되어 온 미국에서 시작되어 각국으로 확산되고 있는 실정이다. 직위분류제는 직위를 기본 단위로 하여 이를 수직 · 수평으로 배열하여 구조화하게 되는데, 이때 여러 가지 기술적인 용어가 등장한다. 우리나라 「국가공무원법」에는 직위, 직급, 직렬, 직군, 직류의 용어를 사용하고 있다.

우리나라 공무원의 직급(계급)분류는 직위분류제의 형식을 가미시키고 있다. 그러나 등급이라는 용어는 사용하고 있지 않는 등 직위분류제의 도입이 실질적이 아닌 선언 수준에 머물러 있다고 할 수 있다(유민봉 · 임도빈, 2007: 100-101).

(2) 직위분류제의 특징

직위분류제는 계급제와 분류 대상이 각각 직무와 사람이라는 차이에서 상당히 상반된 특성과 장·단점을 가지게 된다(유민봉·임도빈, 2007: 102-103; 권경득, 2009: 36-37).

① 전문가 육성을 위한 전직과 전보의 제약

계급제는 계급 내지 계급군 간의 수직적 폐쇄성을 갖는 반면, 직위분류제는 서로 다른 직무 사이에 엄격한 경계를 구분하는 수평적 폐쇄성을 갖는다. 예를 들어, 직위분류제 하에서는 인사 업무, 예산 업무, 정책집행 업무 간에 상호 이동이라는 것은 거의 불가능하다. 또한 계급제에서는 동일 계급 내에서 승진하는 것(예: 소방교에서 소방장)이 용이할 뿐만 아니라 직원의 능력 발전을 위해 필요한 것이다. 직위분류제에서는 원칙적으로 동일 직렬이라도 수직적 이동이 자유로운 것은 아니고, 신규채용과 유사한 절차를 통과하게 된다.

② 개방형 충원

직위분류제 하에서는 일반적으로 모든 계층에서 신규채용이 허용된다. 이러한 개방형적 인사 체제에서는 직무가 없어지면, 그 직무의 담당자도 퇴직하게 된다. 그리고 새로운 수요가 발생할 경우에는 그 직무를 수행할 수 있는 사람을 조직 내부에 국한하지 않고 조직 외부에서도 충원한다.

③ 미약한 신분 보장

직위분류제에서는 공무원의 신분은 직무의 필요성이나 수요에 따라 탄력으로 변화한다. 즉, 직무가 필요없게 되거나 조직 개편으로 부서가 사라지게 되면, 그 직무를 수행하던 사람들도 필요없게 되기 때문에 공무원의 신분 보장은 약할 수밖에 없다.

④ 직무몰입의 일상화

직위분류제 하에서는 조직구성원의 몰입 대상은 자신이 담당하는 직무 그 자체가 된다. 계급제 하에서 공무원들은 자신이 속한 부서의 장래를 위해 어떤 임무라도 주어지면 그것을 수행해야 하지만, 직위분류제 하에서 공무원들은 자신이 수행하는 직무에 몰입하게 되므로 조직의 목표나 문화의 영향으로부터 상대적으로 자유롭다.

⑤ 보상의 공정성 제고

직위분류제 하에서 공무원들은 자신이 담당하는 직무의 가치에 따라 상이한 보수를 받게 된다. 직위분류제를 채택하고 있는 미국에서는 일반행정직 공무원뿐만 아니라 현업공무원들도 직무의 책임도와 기술력, 육체적 노력의 빈도와 기간, 업무 환경 등을 고려한 직무의 종합적 가치에 입각하여 보수 등급을 설정하고 있다. 따라서 직무에 따라 보수 등급에서 차이가 나기 때문에 공무원들이 인식하는 보수의 공정성은 매우 높은 편이다.

표 4-2-1 계급제와 직위분류제의 특성 비교

구 분	특성 비교	
	계급제	직위분류제
경계 간의 이동성	계급/계급군 간의 수직적 이동 곤란	직무의 성격이 다른 직무 간의 수평적 이동 곤란
전문성 요구	일반행정가	전문행정가
충원	폐쇄형	개방형
신분 보장	강함	약함
직무몰입/보상의 공정성	낮은 편	높은 편

(3) 직위분류제의 장 · 단점

계급제의 장점과 단점은 오히려 직위분류제의 단점과 장점으로 작용하게 된다(유민봉 · 임도빈, 2007: 103-104).

첫째, 계급제가 인적 자원의 확보와 활용이 탄력적이고 직업공무원제의 확립에 기여할 뿐만 아니라, 공무원의 시각이 조직 전체의 종합적 시각을 지닐 수 있다는 장점을 갖는 반면, 직위분류제는 직무의 성격이 서로 다른 경우 수평적 이동이 제한되기 때문에 인사관리가 경직적이고, 외부 충원이 허용되고 신분 보장이 미약하기 때문에 직업공무원제의 확립에는 장애가 될 수 있으며, 공무원은 해당 분야에만 협소하게 지식을 갖추고 있어 다른 부서와 상호 협조하고 의사소통이 곤란하다는 단점이 있다.

표 4-2-2 계급제와 직위분류제의 장 · 단점 비교

구 분	장 · 단점	
	계급제	직위분류제
인적 자원의 채용과 인사 이동	탄력적	경직적
직업공무원제의 확립	기여	장애
공무원의 시각	종합적, 광범	부분적, 협소
행정의 전문화	장애	기여
보수 및 직무 수행의 형평성 확보	낮음	높음
인사관리(교육훈련, 승진, 평가, 보상 등)	연공서열 중심, 상관의 자의성 개입 용이	능력 · 실적 중심, 객관적 기준 제공

둘째, 이러한 단점과 달리 직위분류제는 직무의 과학적 분석과 합리적 구조화로 행정의 전문화와 능률화에 기여할 수 있고, 일반 국민의 시각에서 공직을 관찰해 오던 외부 인사에게 충원의 문호를 개방하기 때문에, 민의에 좀 더 민감하게 대응하고 조직의 정체성에 변화를 가져오는 효과가 있을 수 있다. 또한 보수와 직무 분담의 경우에도 동일한 업무를 수행하는 사람에게 동일한 보수를 제공하는 보수의 형평성을 확보하고 사람의 능력에 따라 상관이 업무량을 자의적으로 배분하는 불공정성을 배제할 수 있다.

셋째, 계급제가 연공서열의 인사관리를 주로 한다면, 직위분류제 하에서는 직무 수행에 대한 평가가 과학적으로 분석된 직무 기준과 비교하여 이루어지기 때문에 능력과 실적 중심의 인사관리가 더욱 용이하다. 즉, 직위분류제가 이루어지면 교육훈련, 근무성적평가, 보수, 승진 등 인사관리 활동에 객관적 기준을 제공해 줄 수 있다.

3) 직무분석과 직무평가

직위분류제의 수립 및 관리에서 가장 핵심적인 내용은 직무분석과 직무평가가 된다. 직위분류제의 수립은 철저한 계획과 합리적인 과정을 거쳐야 가능하다. 즉, 준비 과정이 있어야 하고, 분류의 집행 과정을 거친 다음, 이를 유지하고 관리하는 과정이 필요하다(유민봉 · 임도빈, 2007: 104-111).

그림 4-2-3 직위분류제 수립 절차

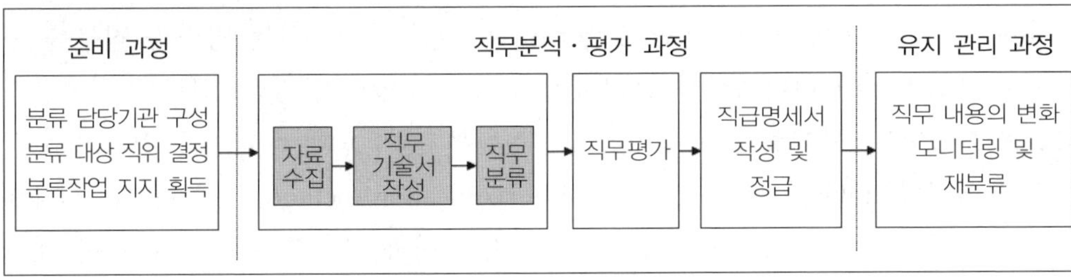

자료: 유민봉 · 임도빈(2007: 104).

(1) 준비 과정

첫째, 직위분류제를 수립하기 위해서는 이를 총괄적으로 계획하고 집행해 나갈 직위분류 담당기관이 필요하다. 둘째, 직위분류를 담당할 조직이 정비되면 실제 분석에 들어가기 전에 어느 직위를 분류의 대상으로 할 것인지에 대한 범위를 결정해야 한다. 셋째, 직위분류의 범위가 결정되면 그 대상 직위의 공무원과 대내 · 외의 지지를 확보하기 위한 설득 작업이 이루어져야 한다.

(2) 직무분석 · 평가 과정

준비 과정이 이루어지고 나면 대상 직위에 대한 자료를 수집하고 이의 분석 · 평가를 통해 새로운 직위구조를 만들고, 여기에 기존의 직위를 배정하는 작업이 필요하다. 이 과정은 직무분석, 직무평가, 직급명세서 작성 및 정급의 세 단계로 나누어 볼 수 있다.

첫째, 직무에 관한 정보를 획득하고 이를 토대로 그 직무에서 요구하는 구체적인 임무와 성공적인 임무 수행에 필요한 지식과 기술 등의 요건이 무엇인지를 결정하는 과정인 직무분석(job analysis)이다. 이러한 직무분석의 첫 번째 단계는 직무에 관한 자료를 수집하는 것이고, 두 번째 단계는 직무기술서를 작성하는 것이며, 세 번째 단계는 직무를 그 종류에 따라 나누어 직렬 · 직군을 결정하는 것이다.

둘째, 직무분석을 통해 획득한 직무기술서와 직무명세를 기초로 직무평가(job evaluation)를 한다. 직무평가는 해당 직무와 다른 직무와의 상대적 가치를 결정하는 기준이 된다. 즉, 직무의 중요도, 난이도, 책임도 등을 객관적으로 평가하여 다른 직무와의 상대적 가치를 결정하고, 이에 따른 성과평가와 보상이 이루어진다. 직무평가의 방법으로는 직무와 관련된 여러 요소에 대해 전체를 한꺼번에 두루뭉술하게 평가하는 종합적 직무(whole job)라는 개념에 기초하는 방법과 직무를 구성하는 요인(factor) 하나하나를 분리하여 평가하는 방법이 있다. 전자는 비계량적 기법으로 중요도, 난이도 등을 기준으로 각 직무 간의 상대적 가치를 평가하는 방법으로 서열법(ranking method)과 분류법(classification method) 등이 있다. 후자는 계량적 기법으로 직무 요인인 복잡성, 책임성, 지식과 기술의 요구 정도 등에 대한 계량적 분석을 통해 직무를 평가하는 방법으로 점수법(point method)과 요소비교법(factor comparison method) 등이 있다(유민봉 · 임도빈, 2007: 109, 163-173; 권경득, 2009: 50-57; 이진규, 2009: 142; 강성철 외, 2008: 175-193; 박천오 외, 2007: 154-161).

셋째, 직무분석과 직무평가를 통해 각각 직렬과 등급이 결정되면, 분류 대상이 되는 직위 전체에 대한 분류구조가 만들어지고 그에 따라 직급이 결정된다. 첫 번째, 직급에 대한 구체적인 내용을 명백하고 상세하게 기록하는 직급명세서가 작성된다. 직급명세서는 직무분석 및 직무평가를 마치고, 직급에 대한 내용에 그 직급에 요구되는 최소 자격 요건(교육, 경력 등)을 추가적으로 명시한 것이다. 두 번째, 직위분류제와 각 직급에 대한 명세서가 완료되면, 세 번째, 직무분석 과정에서 수집된 각 직위에 대한 정보와 직급명세서를 비교해 가면서 해당 직급에 분류 대상 직위를 배정하는 정급이 이루어진다.

(3) 유지 관리 과정

이렇게 해서 결정된 직위분류 체계는 직무 내용이나 기술의 변화에 끊임없이 적응시켜 나가는 유지 관리 과정이 중요하다. 각 직위에서 어떠한 변화가 발생하고 있는지를 정확히 모니터링하기 위해서는 분류 대상 직위에 대한 감사(audit)나 설문조사 등을 통해 좀 더 적극적인 정보 획득 노력을 해야 한다.

4) 우리나라의 공직 분류

(1) 공직 분류의 의의

공직의 분류는 각 국가와 시대에 따라 다양하다. 정부의 규모가 작고 공무원의 수도 적으며, 행정 기능이 양적으로나 질적으로 확대·심화되지 않았던 과거에는 공직의 분류가 단순했지만, 오늘날 정부의 규모가 크고 공무원의 수도 많아지며 행정 기능이 다양해짐에 따라 공직의 분류도 다양하고 확대되었다. 공직을 분류하는 기준으로는 임용 주체, 소속, 경비 부담, 실적, 신분 보장 등이 있으나, 국가의 사정에 따라 여러 기준이 복합적으로 적용된다(강성철 외, 2008: 147).

(2) 우리나라 공직 분류의 실태

우리나라의 공직 분류는 기본적으로 계급제를 채택하고 있으면서, 부분적으로 직위분류제적 요소를 가미하고 있다. 계급제의 특성 중에서도 일반행정가 원리, 폐쇄형 충원, 신분 보장이 두드러진다고 할 수 있다(유민봉·임도빈, 2007: 118-124; 권경득, 2009: 58-64).

첫째, 우리나라의 근대적 인사 제도가 확립된 시기는 조선 시대 초 왕권 집권 통치 체제가 완성된 때부터라고 할 수 있다. 그리고 조선 시대의 관직문화가 계급제적 전통으로 이어져 오늘날 행정문화를 형성하는 데 지대한 영향을 미쳤고, 계급제적 공직 분류는 정부조직, 군조직 등을 비롯한 사회의 거의 모든 분야에 광범위하게 제도화되었다.

둘째, 직위분류제는 광복 이후 미군정 기간 동안 처음으로 도입·실시되었다가 1948년 대한민국 정부 수립과 함께 계급제로 환원되었다. 1963년 박정희 정부에서 다시 직위분류제의 실시를 규정하고 이의 실시를 위한 작업까지 마쳤으나, 계급제의 토양에 접목시키기가 힘들었고 직무분석이 미비했던 등의 이유로 1973년에 법적 근거였던 「직위분류제법」이 폐지되었고, 직위분류제의 일반 규정만이 「국가공무원법」에 남아 있었다. 그 후 잠복기를 거쳐 2000년부터 기상청과 외교통상부(현 외교부)에 직무분석을 실시한 후 외교통상부에 직위분류제가 도입되었다. 직위분류제의 용어는 현재 직렬이 시험의 과목과 응시자격, 전보·승진의 경로, 교육훈련의 단위, 그리고 정원관리의 기준으로만 사용되고 있고, 직류는 시험 과목과 응시자격을 정하는 데만 사용되고 있다. 이들 직위분류제의 기본 용어들은 직무조사와 분석 및 평가를 거쳐 도입된 것이 아니라 단순히 공직을 분류하고 구분하기 위한 도구에 불과하여, 우리나라는 계급제를 기본으로 하는 공직 분류 체계를 채택하고 있다고 볼 수 있다.

(3) 우리나라의 공직 분류

① 경력직 공무원과 특수경력직 공무원

공무원은 국가공무원과 지방공무원으로 구분할 수 있다. 우리나라 공직 분류는 실적주의와 신분 보장의 여부에 따라 크게 경력직 공무원과 특수경력직 공무원으로 구분된다.

경력직 공무원이란 실적과 자격에 의해 임용되고, 그 신분이 보장되고, 정년에 이를 때까지 근무할 것이 예정되는 공무원으로 일반직 공무원, 특정직 공무원을 말한다. 특수경력직 공무원이란 경력직 이외의 공무원으로서 직업공무원제의 적용을 받지 않는 공무원을 의미한다. 특수경력직 공무원은 정무직 공무원, 별정직 공무원으로 구분된다.

그림 4-2-4 우리나라의 공직 분류

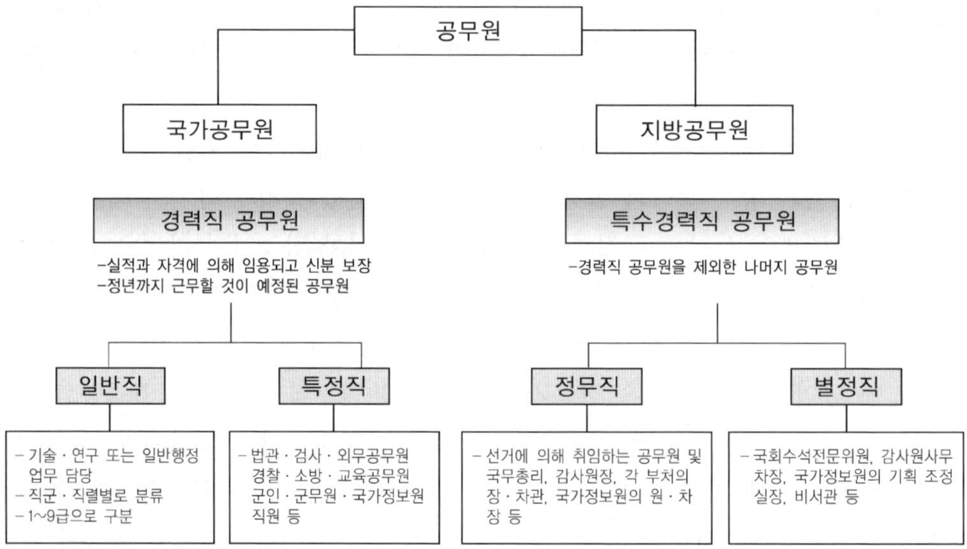

② 직군 · 직렬 · 직류

일반직 공무원과 기능직 공무원에 대해 직무 분야의 유사성의 기준에 따라 직군과 직렬, 그리고 직류로 구분하고 있다. 현재 일반직 공무원은 공안직군, 행정직

표 4-2-3 일반직 공무원 직급표(일부)

<table>
<tr><th rowspan="2">직 군</th><th rowspan="2">직 렬</th><th rowspan="2">직 류</th><th colspan="7">계급 및 직급</th></tr>
<tr><th>3급</th><th>4급</th><th>5급</th><th>6급</th><th>7급</th><th>8급</th><th>9급</th></tr>
<tr><td rowspan="13">행정</td><td rowspan="2">검찰
사무</td><td>검찰
사무</td><td rowspan="13">부이사관</td><td rowspan="12">서기관</td><td>검찰
사무관</td><td rowspan="2">검찰
주사</td><td rowspan="2">검찰
주사보</td><td rowspan="2">검찰
서기</td><td rowspan="2">검찰
서기보</td></tr>
<tr><td>검찰
수사</td><td>수사
사무관</td></tr>
<tr><td rowspan="8">행정</td><td>일반
행정</td><td rowspan="9">행정
사무관</td><td rowspan="8">행정
주사</td><td rowspan="8">행정
주사보</td><td rowspan="8">행정
서기</td><td rowspan="8">행정
서기보</td></tr>
<tr><td>법무
행정</td></tr>
<tr><td>재경</td></tr>
<tr><td>국제
통상</td></tr>
<tr><td>운수</td></tr>
<tr><td>노동</td></tr>
<tr><td>문화
홍보</td></tr>
<tr><td>교육
행정</td></tr>
<tr><td>세무</td><td>세무</td><td>세무
주사</td><td>세무
주사보</td><td>세무
서기</td><td>세무
서기보</td></tr>
<tr><td>사회
복지</td><td>사회
복지</td><td>사회복지
사무관</td><td>사회복지
주사</td><td>사회복지
주사보</td><td>사회복지
서기</td><td>사회복지
서기보</td></tr>
<tr><td>감사</td><td>감사</td><td>감사관</td><td>부감사관</td><td>감사
주사</td><td>감사
주사보</td><td>감사
서기</td><td>감사
서기보</td></tr>
<tr><td rowspan="6">기술</td><td>보건</td><td>보건</td><td rowspan="6"></td><td rowspan="6">기술
서기관</td><td>보건
사무관</td><td>보건
주사</td><td>보건
주사보</td><td>보건
서기</td><td>보건
서기보</td></tr>
<tr><td>식품
위생</td><td>식품
위생</td><td>식품위생
사무관</td><td>식품위생
주사</td><td>식품위생
주사보</td><td>식품위생
서기</td><td>식품위생
서기보</td></tr>
<tr><td rowspan="4">환경</td><td>일반
환경</td><td rowspan="4">환경
사무관</td><td rowspan="4">환경
주사</td><td rowspan="4">환경
주사보</td><td rowspan="4">환경
서기</td><td rowspan="4">환경
서기보</td></tr>
<tr><td>수질</td></tr>
<tr><td>대기</td></tr>
<tr><td>폐기물</td></tr>
</table>

군, 광공업직군, 농림수산직군, 물리직군, 보건의무직군, 환경직군, 교통직군, 시설직군, 정보통신직군, 연구지도직군 등 11개 직군, 75개 직렬, 141개 직류로 구분되어 있으며, 9급에서 1급까지 계급 구분을 하고 있다.

수직적 계급 구분의 기준인 직급은 연구지도직군(연구관·연구사 2계급)을 제외한 모든 일반직 공무원의 직급 체계는 9계급으로 되어 있으며, 직군과 직렬의 성격에 따라 같은 직군, 직렬의 승진 상한 직급이 설정되어 있는 것이 보통이다. 예를 들면, 행정직군의 사서와 통계 직렬의 경우 각각 4급과 5급까지 직급이 설정되어 있어 그 이상은 행정직으로 통합하여 승진이 가능하다(권경득, 2009: 62-63).

③ 소방공무원의 성격

소방공무원의 경우, 일반직 공무원에서 별정직 공무원, 다시 특정직 공무원으로 신분이 변화되어 왔다. 소방공무원의 신분법 변천 과정은 [그림 4-2-5]와 같다.

그림 4-2-5 소방공무원의 신분법 변천 과정

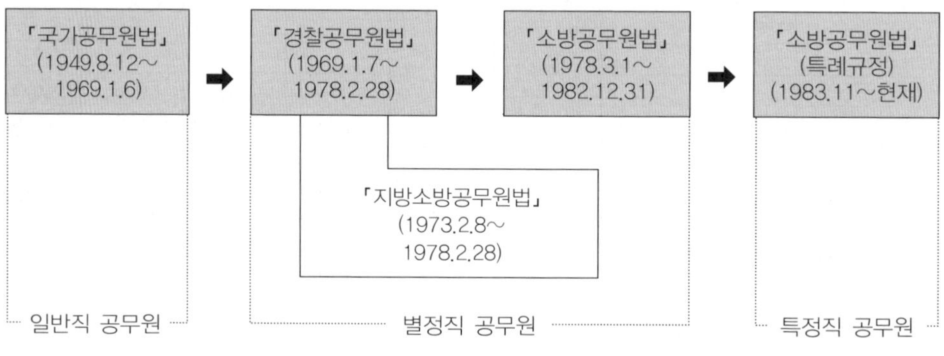

자료: 국민안전처(2015), 『2011 소방행정 자료 및 통계』.

그리고 소방공무원은 국가직의 경우 11계급으로, 지방직의 경우는 10계급으로 되어 있다.

표 4-2-4 소방공무원의 계급 구분

소방직 (국가직)	소방 총감	소방 정감	소방감	소방 준감	소방정	소방령	소방경	소방위	소방장	소방교	소방사
비교	차관급	1급상당	2급상당	3급상당	4급상당	5급상당	6급상당	6급상당	7급상당	8급상당	9급상당

자료: 「소방공무원법」 제3조, 개정 2019.12.10(http://www.law.go.kr/검색일, 2020.5.15).

한편, 우리나라 공무원의 정원은 다음과 같다([그림 4-2-6] 참조).

그림 4-2-6 우리나라 공무원 정원 분석표(2019년 6월 30일 기준)

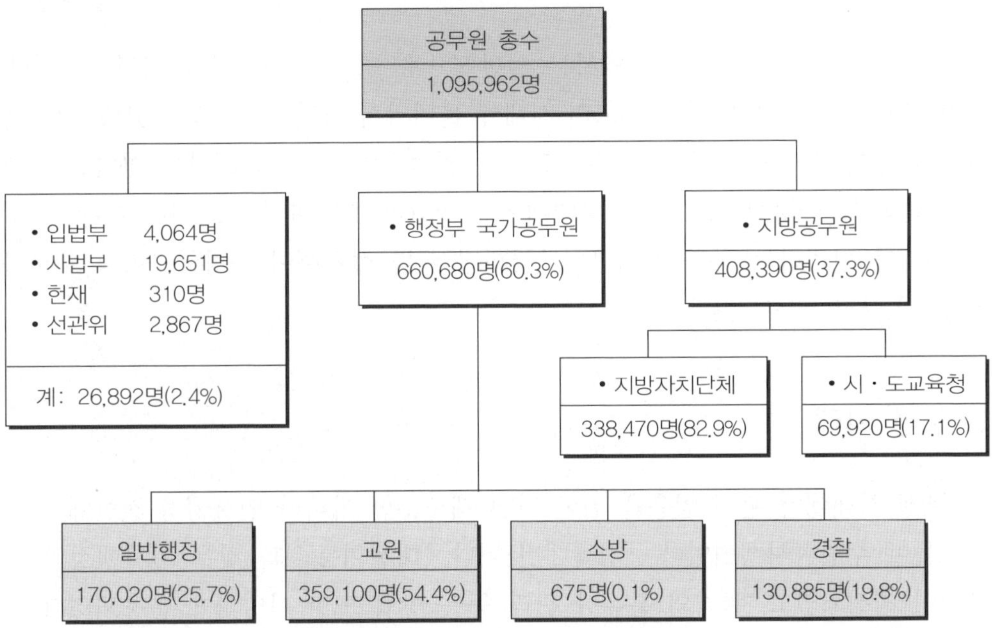

* 군인 및 군무원, 국가정보원 직원 제외.
* 지방공무원: 자치단체장, 시·도교육감, 지방의회의원 등 선출직 제외.
* 지방자치단체(지방자치) 및 시·도교육청(교육자치) 정원은 2019.6.30 기준임.

자료: 정부조직관리정보시스템(https://org.go.kr).

공무원의 총수는 1,095,962명이며, 행정부 국가공무원이 660,680명(60.3%)으로 가장 많고, 행정부 국가공무원은 교원(359,100명, 54.4%), 일반행정(170,020명, 25.7%),

경찰(130,885명, 19.8%), 소방(675명, 0.1%) 순으로 많다. 지방공무원은 408,390명(37.3%)으로, 지방자치단체 소속 공무원 338,470명(82.9%)과 시 · 도교육청 소속 공무원 69,920명(17.1%)이다. 그리고 입법부 소속 공무원은 4,064명, 사법부 소속 공무원은 19,651명, 헌법재판소 소속 공무원은 310명, 선거관리위원회 소속 공무원은 2,867명으로 이들 전체 공무원 수는 26,892명(2.4%)이다.

제 2 절 우리나라 소방인사행정의 발전 과정

우리나라 소방인사행정의 역사는 일반적으로 조선 시대부터 논의될 수 있다. 국가 차원의 소방 관련 제도는 고려 시대에 들어와서 마련되기 시작하였다. 그러나 현재와 같이 화재를 담당하는 전문 조직은 없었으며 "금화제도"라는 명칭으로 화재를 단속 및 예방하였고, 조선 시대에서 우리나라 소방관서의 효시라고 할 수 있는 화재를 방비하는 독자적 기구인 "금화관서"를 설치하여 소방인사행정 제도가 태동되었다고 할 수 있다.

1. 조선 시대

조선 시대에는 관리 임용을 위한 시험 제도뿐만 아니라 인사행정 전반에 걸친 제도들이 수립 · 시행되었다. 『경국대전』이나 『대전회통』[2]과 같은 인사행정의 기본법이 제정되었고, 관직의 분류나 관리 등용 방법 또한 다양하게 운용되었다.

정종 2년(1400년) 12월에 한성부 문묘에서 화재가 발생했고, 세종 8년(1426년) 2월 한성부 내에서 화재가 계속 빈발하여 이를 계기로 우리 역사상 처음으로 금화관서를 설치하게 되었다. 금화관서는 오늘날의 상비 소방 제도로서의 소방관서는 아니지만, 화재를 방비하는 독자적 기구를 갖추었다는 데에서 우리나라 최초의 소방관서 설립이라고 할 수 있다. 이에 따라 설치된 금화도감은 병조에 속하는 소방

2) 1865년(고종 2년) 왕명에 따라 영의정 조두순, 좌의정 김병학 등이 편찬한 조선 시대 마지막 법전으로 6권 5책이다(출처: 네이버 백과사전).

기관으로 제조(提調)[3] 7명, 사(使)[4] 5명, 부사(副使) 6명, 판관(判官) 6명으로 하며, 제조는 병조판서와 의금부도제조(義禁府都提調)[5]가 삼군의 우두머리가 되고, 도진무(都鎭撫)[6]와 군기감(軍器監)[7]이 관리제조가 되게 하며, 한성부판사(漢城府判事)[8]가 실제 사무를 맡고, 그 밖의 2명은 때에 따라 임명하도록 했다(우성천, 2007: 270-271).

금화도감은 특별대책기구의 성격을 가진 위원회와 같은 기구로 병조판서, 의금부 도제조삼군 진무소의 도진무, 군기감의 도제조와 한성부의 판사로 최고 대책기구를 만들어 한성부판사가 실제 사무를 맡고, 관련 관아의 상급 관리들로서 지휘부서를 만들었으며, 병조, 공조, 한성부 중급 관리들로 실무부서를 편성했다.

2. 일제 시대

중앙소방행정의 경무총감부는 총독제 실시 후에도 총독부의 외청격으로 존속하여 일제무단통치의 중추적인 역할을 담당했고, 지방소방행정은 1919년 경무총감부가 총독부 경무국으로 개편됨으로써 일대 변혁을 맞게 되었으며, 그 후에도 경무국 기구 개편에 따라 일부 조정이 이루어졌다.

소방인사관리는 경찰의 일부분(과 또는 계 단위)에 해당되었으므로 경찰행정을

3) 조선 시대에 잡무와 기술 계통 기관에 겸직으로 임명되었던 고위 관직. 각 사(司)·원(院)의 관제상(官制上) 우두머리가 아닌 종1품, 또는 2품의 품계(品階)를 가진 사람이 겸직으로 임명되고, 그 관청의 일을 지휘·감독한 관직이다. 제조 위에 도제조(都提調)를 둘 때에는 정1품으로 임명하고, 제조 밑에 부제조(副提調)를 둘 때에는 정3품 당상관(堂上官)으로 임명했다. 또 나라에 큰일이 있을 때 임시로 설치한 기구에도 도제조·제조 및 부제조를 두어 그 일을 총괄하게 했다(출처: 네이버 백과사전).

4) 사(使)는 정3품 관직에 대한 별칭, 부사(副使)는 사(使) 다음가는 관직으로 5~6품직, 판관(判官)은 중앙 각 관사의 낭관(郎官)으로 종 5품 관직이다.

5) 의금부는 조선 시대의 사법(司法)기관으로 왕명을 받들어 추국(推鞫)하는 일을 관장하는 기관으로, 당상관 4인은 다른 관원으로 겸임시켰는데, 의금부도제조라 함은 의금부 최고 책임자인 겸직 당상관을 말한다.

6) 고려 말 조선 초에 설치한 무관직, 군기(軍機)에 참여하고 군령을 전달하며 제반 군사 업무를 총괄하는 역할을 하며, 1466년(세조 12년)에 병마우후(兵馬虞侯)로 개칭되었다.

7) 고려·조선 시대에 병기(兵器)의 제조 등을 관장한 관청, 고려 목종 때 설치된 군기감(軍器監)을 1362년(공민왕 11년) 군기시로 개칭했다. 조선 시대에도 고려의 제도를 답습하여, 1392년(태조 1년) 군기감을 설치했으며, 1466년(세조 12년) 군기시로 개칭했다.

8) 한성부의 우두머리 정3품 관직, 후에 부윤, 판윤 등으로 바뀌었다.

중심으로 살펴보자. 1910년 일본은 한국의 경찰사무를 전담하는 것을 기점으로 하여 합병조약 체결 후 「조선총독부 관제」가 공포됨과 동시 우리나라 정치, 경제, 사회 전반에 걸친 통치권을 장악하여 총독하에 집권적 관료제를 확립시켰다. 따라서 경찰권도 완전히 상실했고 대륙법계의 관료제를 기초로 한 관료적 통치방법을 사용했으므로, 행정관리의 능률화에는 소홀했다고 할 수 있다. 또한 고시를 통한 관리의 등용 제도가 있었으나 대부분의 관리는 일본인들로 채워졌으므로, 한국인들은 행정 능력의 향상이나 이에 대한 훈련과 경험을 쌓을 기회가 거의 없었다. 예컨대, 소방조(消防組)[9]의 조두(組頭), 부조두(部組頭) 및 소두(小頭)를 경찰서장 또는 소방서장의 보고에 의해 도 경무부장(후에 도지사)이 임면하고, 소방수[10]를 경찰서장 또는 소방서장이 임면하도록 했다. 그러나 이들의 신분은 고용인 정도로서 불평이 있던 것을 1922년 3월 31일 조선총독부 지방관제를 개정하면서 경기도에 판임관 대우 소방수를 두게 되어 그 신분이 순사와 같아졌다.

또한 소방조[11]를 설치·운영할 때 소방수 직급을 분화하여 상위 직급을 실치할 필요성이 생겨 소방수 부장제를 두었는데, 소방수 부장은 소방수의 위 계급으로 소방사무에 관해 경부(警部) 및 경부보의 직무를 보조했다. 소방수, 소방수 부장은 오늘날 소방사, 소방장에 해당하며 그 위에 감독자로서 소방위, 소방경에 해당하는 경부보, 경부가 경찰관 신분으로 있었다. 소방조원은 해당 소방조 지역 내에 거주하는 18세 이상의 남자로서 신체가 건강하고 선량한 자로 임명하도록 했으며, 소방조직의 정원은 일률적으로 정하지 않고 지역별로 설치 시에 고치도록 했다.

---

9) 지명 명칭을 앞에 붙여 ○○소방조라 칭하고, 조 안에 부를 둘 경우에는 제○부라 칭했다.

10) 소방수란 소방에 종사하는 사람으로 소방관, 소방원, 소방대원과 비슷한 말이다.

11) 소방조는 일본인이 자신들의 생명과 보호를 위해 운영해 오던 소방조를 1915년 6월 23일 소방조의 조직과 운영에 관한 법규인 소방조규칙을 조선총감부령(제65호)으로 제정·시행함에 따라서 전국적으로 확대되었으며, 1915년 12월 평안남도 경무부에서 소방조규칙 시행세칙을 제정하기 시작하여, 황해도가 1931년에 마지막으로 제정함으로써 전국적으로 조직되었다. 1938년 당시 소방조는 1,393개조에 69,414명이었으며, 이 소방조는 1939년 7월에 경방단에 흡수되었다(자료: 검색일, 2010.2.20. http://cafe.naver.com/firegimhae.cafe?iframe_url=/ArticleRead.nhn%3Farticleid=267).

3. 미군정 시대

해방 이후 미군정은 아놀드(A. V. Arnold) 소장을 군정장관으로 하여 통치행위를 시작했으며, 포고령과 성명서, 그리고 군정 법령들이 인사관리의 기준이 되었다.

1946년 4월 10일 「군정법」 제66호로 소방부 및 소방위원회를 창설하고, 소방행정을 경찰에서 분리하여 자치화했다. 또 동년 8월 7일에는 상무부 토목국에 중앙소방위원회를 설치하고 위원회는 7인으로 구성하도록 했으며, 그중 1인은 서기장으로 했다. 또한 상무장관은 소방위원회의 기술보조역급 직원의 임면, 보수, 인사 이동의 권한이 주어졌으며, 1947년 남조선과도정부로 개칭된 후에는 동 위원회 집행기구로 소방청을 설치했고, 소방청에는 청장, 서기관, 군정고문 각 1명을 배치했다. 한편, 소방공무원의 신분은 미군정 실시 직후에는 일제 시대의 것을 답습해 오다가, 1945년 12월 10일 「경찰관명과 사무분장」 제정으로 국립경찰 제도가 탄생했다. 이에 따라 소방서에 근무하던 소방서장 이하의 간부도 새로운 관명을 사용하게 되어 소방서장은 감찰관 또는 경감으로 칭했고, 하위 직원은 소방수 부장과 소방수를 그대로 두어, 1948년 11월 17일 「공무원인사 사무처리 규칙」이 제정될 때까지 계속 유지되었다.

4. 대한민국 정부 수립 이후

1948년 8월 15일 대한민국 정부가 수립되자 미군정 시대의 경무부, 소방위원회를 인수한 내무부(현 행정안전부)는 1948년 11월 4일 내무부 직제에 따라 기구를 확장했는데, 자치소방 기구는 경찰기구에 편입되어 소방행정은 다시 경찰행정 체제 속에 예속되었다. 경무부는 내무부 치안국으로 축소되었으며, 1949년 8월 12일 실적주의를 표방한 「국가공무원법」을 제정, 인사행정의 기본법으로 운영했으나 실적주의 취지의 실효성을 거두지 못했다.

이 시기 소방행정은 경찰의 한 분야로서 다루어졌고, 계속 그 위치를 찾지 못하는 등 소방인사행정은 일제 시대나 미군정 시대와 마찬가지로 독자적인 행정을 할 수 없었으며, 경찰행정의 종속 관계를 면할 수 없었다. 또한 사회적 · 정치적 환경 요인인 한국전쟁과 자유당 정권의 소방 사병화로 소방인사행정의 전문화와 능률화는 기대할 수 없었다. 특히, 자유당 말기와 민주당 집권 후 경찰 중립화를 위한 경찰법안이 마련되었으나 좌절되고 마는 등 경찰인사행정은 실로 무질서와 정실인사에 얽혀 있었다. 그러므로 경찰인사행정의 하나로 다루어졌던 소방인사행정 또한 엉망이었던 시기이다.

5. 민방위 체제의 소방행정

1975년 민방위 제도가 실시되고 그동안 경찰공무원 신분을 유지하던 소방이 내무부 민방위본부 내 소방국이 창설되면서 경찰로부터 분리되었다. 그러나 민방위 체제에서도 국장 및 과장 보직은 모두 일반행정직이 차지했으며, 소방공무원에게는 한 자리도 할애해 주지 않았다. 그러나 1978년 8월 9일 「대통령령」 제9124호로 내무부 직제 개정을 통하여 방호과장 직위를 3급갑류상당 별정직 국가공무원에서 소방감으로 소방직화하였고, 1981년 4월 8일 법률 제3422호로 「정부조직법」을 개정하여 민방위 사무를 담당하는 국장 중 1인과 과장 중 2인에 한하여 소방공무원으로 보할 수 있도록 하였다.

또한 소방공무원의 숙원사업이었던 독자적인 소방교육기관을 마련하기 위한 노력 끝에 1978년 9월 4일 경기도 수원시 파장동 소재 내무부 지방행정연수원 부지 내에 교사를 건축하여 개교함으로써, 그동안 경찰에 의존해야만 했던 소방교육이 제자리를 잡게 되어 진일보한 교육을 하게 되었다. 내무부에 소방학교가 설치되기 전에는 소방공무원에 대한 교육은 경찰교육기관에서 맡아 왔다. 즉, 1949년 9월 19일에는 내무부 장관 소속 하에 경찰전문학교를 서울특별시장과 각 도지사 소속 하에 경찰학교를 설치했다. 소방관에 대한 교육을 경찰전문학교에서 전담했는데, 1963년 4월부터는 경찰전문학교 내에 소방학과를 설치했다. 1972년 2월 22일에는 경찰전문학교를 경찰대학으로 승격시켰고, 동시에 경찰대학교 부설 소방학교가 처음 설치되었다. 소방학교는 민방위본부가 발족되어 소방 업무를 인수하면서 폐지되었으나, 소방교육기관이 마련되지 않았기 때문에 경찰대학에 소방관 위탁교육을 실시했다.

1991년 4월 23일 소방연구실이 처음 설치되었고, 학교 명칭이 소방학교에서 중앙소방학교로 변경되었으며, 1995년 6월 29일 발생한 삼풍백화점 붕괴사고의 영향으로 중앙119구조대가 발족되었다. 1995년 12월 6일 「소방공무원법」을 개정하여 소방총감 직위를 신설했고, 1996년 2월 21일 소방국장 직급을 소방정감에서 소방총감 또는 소방정감으로 조정했으며, 1998년 2월 28일 「대통령령」 제15715호 및 1998년 3월 3일 「행정자치부령」 제1호로 작지만 경쟁력 있는 정부 구현을 위해 중앙과 지방정부에 대한 관리 · 조정 기능을 통합했다.

그 후 민방위 제도의 연구 · 개선, 각종 재난관리 및 지방행정 기능을 수행하기 위해 민방위재난통제본부를 설치하고, 민방위국과 재난관리국을 통합한 민방위재난관리국, 방재국, 소방국을 두었으며, 1998년 7월 22일 소방국은 장비통신과를 해체하여 장비계는 소방행정과로, 통신기술계와 전산정보계는 방호과로, 긴급구조상황실은 구조구급과로 조정했는데 이 과정에서 소방과장을 소방직으로 했다.

6. 국가재난관리 전담조직 체제의 소방행정

2000년대 이후 매년 되풀이되는 각종 재난으로부터 국민의 생명과 재산을 보호하기 위한 근본적이고 종합적인 재난관리 대책 수립과 국가재난관리 시스템의 혁신이 요구됨에 따라 2004년 6월 1일 우리나라 역사상 최초로 종합적인 국가재난관리 전담기구인 '소방방재청'이 개청되었다.

소방방재청 개청 이후 정부조직법에서 소방방재청장을 정무직 또는 소방공무원으로 보하도록 함에 따라 소방방재청장으로 보할 수 있는 소방공무원의 계급 마련의 필요성이 대두되어 2004년 12월 30일 법률 제7255호로 「소방공무원법」을 개정하여 소방공무원 계급에 소방총감을 차관급으로 상향조정하고, 소방정 · 지방소방정 위에 경찰공무원의 경무관에 해당하는 소방준감 · 지방소방준감을 신설하여 11계급 체계로 이르고 있다.

2014년 11월 19일 국민안전처가 신설되며 소방방재청은 국민안전처 중앙소방본부로 편입되며, 육상 특수재난 발생 시 선제적 대응을 위하여 전국을 4개로 권역화하여 119특수구조대를 신설하였다. 국민안전처 출범에 따라 소방사무를 담당하는 본부장은 소방총감인 소방공무원으로 보하도록 하고, 국민안전처 장관의 지휘 아래 인사 및 예산에 독자적인 권한을 수행할 수 있도록 하였다. 신분은 소방방재청 시절과 같이 중앙소방본부는 국가직, 시·도는 지방직으로 이분화되어 있었으며, 임용권자는 소방령 이상의 국가공무원은 국민안전처 장관의 제청으로 국무총리를 경유하여 대통령이 임용하도록 되어 있었고, 소방경 이하의 국가공무원은 국민안전처 장관이, 그 외에 지방소방공무원은 시·도지사가 임용하도록 하였다.

2017년 7월 26일 「정부조직법」의 개정으로 소방 정책 및 구조·구급 등 소방에 대한 현장 대응 역량을 강화하기 위하여 최초의 청 단위의 독자적 소방기관인 '소방청'이 신설되었다. 이로 인하여 국민안전처 중앙소방본부에서 수행하였던 소방정책, 화재 예방, 육상재난 대응, 소방장비 개발 관리 등의 기능이 소방청으로 이관되었고, 소방정책국과 119구조구급국도 소방청으로 이관되었다. 소방청의 개청으로 정부조직법에서는 소방에 관한 사무를 관장하기 위하여 행정안전부 장관 소속으로 소방청을 두며 소방청에 청장 1명과 차장 1명을 두되, 청장 및 차장은 소방공무원으로 보하도록 하였다.

2019년 4월 4일 강원도 초대형 산불을 계기로 국민들의 소방공무원 국가직화에 대한 국민적 공감대가 형성되었으며, 2019년 11월 19일 법률 개정안이 통과되고, 2020년 4월 1일 법률의 시행으로 소방공무원 국가직화가 시행되었다. 소방공무원 국가직화를 위하여 6개 관계 법률이 제·개정 및 시행되어 모든 소방공무원이 국가직으로 일원화하고, 소방령 이상의 임용권과 소방경 이하의 임용권은 각각 대통령과 소방청장이 갖고, 대통령이 갖는 임용권의 일부를 소방청장과 시·도지사에게 위임할 수 있도록 하였다.

7. 종 합

소방인사행정은 고정된 것이 아니라, 시대와 국가적 상황에 따라 늘 변화해 왔고 앞으로도 계속 변화 및 진화해 갈 것이다. 특히, 소방인사행정의 변화는 소방업무를 어떻게 규정하느냐에 따라 변화되고 왔음을 볼 수 있다. 즉, 일제 통치 시대 이후 대한민국 정부 수립 초까지는 화재 진압을 주요 소방활동으로 삼았다. 그러다가 1950년대 후반부터 화재의 예방활동에 중점을 두었으며(1958년 「소방법」 제정), 이때의 소방 업무의 범위는 "화재, 풍수해 또는 설해의 예방, 경계, 진압 또는 방어"였다. 그 후 1967년 4월 14일 「소방법」(법률 제1955호)을 개정하면서 소방 업무의 범위 중에서 "풍수해와 설해의 방어"를 삭제하고, "화재의 예방, 경계, 진압"으로 한정하게 되었다(양기근, 2010: 114-115).

그러나 오늘날 도시화가 진전됨에 따라 소방 수요가 급증하고, 재난·재해가 일상화되면서 소방 업무의 범위와 임무 및 역할이 더욱 확대되고 있다. 따라서 소방 인사행정 또한 이에 따라 전문화되고 실적주의에 근거하여 이루어져야 할 것이다.

제 3 절 소방인사기관

1. 의 의

소방인사기관이란 소방인사행정을 전문적으로 관장하는 기관을 말한다. 소방 행정조직에서 소방공무원의 인사는 소방청에 소방공무원인사위원회를 두어 담당하며, 특별시장·광역시장·특별자치시장·도지사·특별자치도지사가 임용권을 행사하는 경우에는 특별시·광역시·특별자치시·도·특별자치도에 인사위원회를 두어 담당하고 있다.[12] 소방인사위원회는 소방공무원의 인사행정에 관한 방침과 기준 및 기본계획, 소방공무원의 인사에 관한 법령의 제정 또는 개폐에 관한 사항, 그 밖에 소방청장과 시·도지사가 해당 인사위원회의 회의에 부치는 사항을 심의한다(소방공무원법, 제5조).

소방공무원의 승진심사를 위하여 소방청에 중앙승진심사위원회를, 소방청 및 대통령령으로 정하는 소속 기관에 보통승진심사위원회를 두고 있다(동법, 제16조). 소방공무원의 인사상담 및 고충을 심사하기 위하여 소방청, 시·도 및 「대통령령」으로 정하는 소방기관에 소방공무원 고충심사위원회를 둔다(동법, 제27조). 소방

12) 「소방공무원법」 제6조에 의하면, 소방령 이상의 소방공무원은 소방청장의 제청으로 국무총리를 거쳐 대통령이 임용한다. 다만, 소방총감은 대통령이 임명하고, 소방령 이상 소방준감 이하의 소방공무원에 대한 전보, 휴직, 직위해제, 강등, 정직 및 복직은 소방청장이 한다. 소방경 이하의 소방공무원은 소방청장이 임용하고, 임용권의 일부를 시·도지사 및 소방청 소속 기관의 장에게 위임할 수 있다. [시행 2020.4.1] [법률 제16768호, 2019.12.10, 전부개정]

표 4-2-5 소방공무원 인사위원회

구 분	내 용
설치목적	소방공무원의 인사에 관한 중요 사항에 관하여 소방청장 및 특별시장・광역시장・특별자치시장・도지사・특별자치도지사의 자문에 응하기 위해 설치
설치기관	소방청과 특별시・광역시・특별자치시・도・특별자치도
위원장 위원	소방청: 소방청 차장, 시・도: 부단체장(행정부시장, 행정부지사) 위원장은 위원회의 사무 통할, 위원회 대표, 직무 수행 곤란 시 위원 중 최상위의 직위 또는 선임 공무원이 직무대행. 위원은 인사위원회가 설치된 기관의 장이 소속 소방정 이상의 소방공무원 중에서 임명. 구성은 위원장 포함 5인 이상 7인 이하
간사	인사위원회가 설치된 기관의 장이 소속 공무원 중에서 임명하고, 위원장의 명을 받아 인사위원회의 사무 처리
운영	위원장은 회의를 소집하고 그 의장이 되며, 재적위원 3분의 2 이상의 출석과 출석위원 과반수의 찬성으로 의결
심의사항	① 소방공무원의 인사행정에 관한 방침과 기준 및 기본계획, ② 소방공무원의 인사에 관한 법령의 제정 또는 개폐에 관한 사항, ③ 기타 소방청장과 시・도지사가 해당 인사위원회에 부의하는 사항
보고	위원장은 인사위원회에서 심의된 사항을 지체 없이 당해 인사위원회가 설치된 기관의 장에게 보고

준감 이상의 소방공무원에 대한 징계의 의결은 「국가공무원법」에 의하여 국무총리 소속 하에 설치된 징계위원회에서 행하며, 소방정 이하의 소방공무원에 대한 징계의 의결을 행하게 하기 위하여, 소방청 및 「대통령령」이 정하는 소방기관에 소방공무원 징계위원회를 둔다. 시・도지사가 임용권을 행사하는 소방공무원에 대한 징계의결을 하기 위하여는 시・도 및 대통령령으로 정하는 소방기관에 징계위원회를 둔다(동법, 제28조). 행정기관 소속 공무원의 징계처분, 그 밖에 그 의사에 반하는 불리한 처분이나 부작위에 대한 소청을 심사・결정하게 하기 위하여 인사혁신처에 소청심사위원회를 둔다(국가공무원법, 제9조).

최근 행정환경의 변화와 복잡화・전문화되어 가는 소방행정의 수요에 부응하기 위하여 소방청이 개청됨에 따라 소방행정조직이 확대되고, 소방공무원의 수가 증가되고 있으며, 모든 소방공무원이 국가공무원으로 신분이 전환되었다. 따라서 소방공무원을 채용・관리하는 소방청의 인사관리 역량 강화와 좀 더 과학적인 인사관리 기술을 적극적으로 도입・운영할 필요가 있다.

2. 소방인사기관의 조직적 특성

인사기관에서 가장 중요한 쟁점은 인사기관의 조직이다. 조직을 어떤 식으로 구조화하고 어떠한 지위와 기능을 부여할 것인지에 따라 인사행정 전반에 지대한 영향을 미치게 된다. 따라서 각국이 인사 제도와 병행하여 인사기관을 항상 주요 개혁 대상으로 삼아 왔던 것이다.

정부조직을 생각할 때 중앙인사기관은 다음과 같은 세 가지 측면에서 특성을 생각해 볼 수 있다. 첫째는 행정수반과의 독립성 관계이고, 둘째는 중앙인사기관 자체 차원의 의사결정 형태이며, 셋째는 부처인사기관과의 권한위임 관계이다. 이는 [그림 4-2-7]에서 각각 ①, ②, ③으로 표시된 것이고, 이들 각 측면에서의 특성이 각각 독립성 · 합의성 · 집권성이다(유민봉 · 임도빈, 2007: 131-132).

첫째, 독립성이란 중앙인사기관이 정치적 영향으로부터 어느 정도 자유로운가를 말한다. 따라서 소방인사기관의 독립성이란 소방인사행정의 자의성과 정치적 압력을 배제하고, 능률적인 소방인사행정의 수행을 위해 인사권자의 신분을 보장(예: 국회 동의)하고 조직과 예산에서 자주성을 부여하는 것을 의미한다. 독립성이 보장됨으로써 공직 임용에서 엽관주의와 정실주의가 배제되고, 전문성 결여나 책임감 결여에서 오는 소방행정의 질적 저하를 극복할 수 있다. 또한 잦은 인사 교체

그림 4-2-7 중앙인사기관의 조직구조적 관계

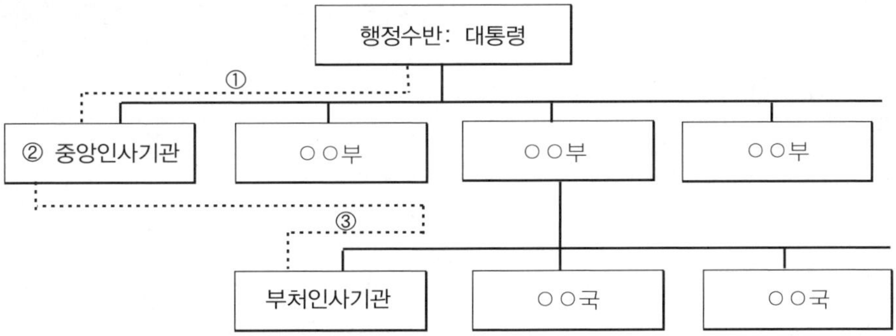

에서 오는 소방행정의 무질서나 행정상의 부패를 방지할 수 있게 된다.

둘째, 합의성이란 중앙인사기관의 결정이 다수 위원의 합의에 의해 결정되는 것을 의미한다. 따라서 소방인사기관의 합의성이란 소방인사정책의 결정이 다수 위원들의 합의에 의해 결정되는 것을 의미한다. 즉, 합의성을 통해 소방인사행정의 좀 더 신중한 결정이 가능하고, 이해관계자의 참여 및 이해 조정이 가능하다. 현재 소방공무원의 징계를 합의제기관인 징계위원회에서 결정하도록 하고 있고, 심사승진의 결정도 승진심사위원회에서 하도록 하는 것이 합의성에 해당된다(소방공무원법, 제16조, 제28조).

셋째, 집권성이란 인사 기능이 중앙인사기관과 각 부처 사이에 어떻게 배분되어 있는가를 뜻한다. 따라서 소방인사기관의 집권성이란 통일된 소방인사 원칙을 정립하기 위해 인사 권한을 집중시키는 것을 의미한다. 집권성을 통해 통일된 인사 원칙을 정립하여 공무원의 정치적 중립을 확립시키고, 전문화된 인사 담당 공무원이 채용, 직위 분류, 승진시험, 교육훈련 등과 관련된 제도와 규정을 연구·발전시킬 수 있다.

3. 소방인사기관의 기능

소방인사기관의 주요 기능으로는 소방인사정책의 수립, 소방인사 기준의 설정, 직위 분류와 직무분석, 소방 교육훈련, 소방 승진 기준의 개발, 소방 보수 체계의 수립, 소방공무원 징계, 업무 평가 기준의 개발, 고충 처리, 인력기획, 연구·조사 등을 들 수 있다(권경득, 2009: 28-30; 우성천, 2007: 303-308).

C·H·A·P·T·E·R

03 소방인사행정의 과정

제 1 절 소방인력기획

인력기획이란 조직이 추구하는 목표를 효율적으로 달성하기 위해 인력의 수급을 질적·양적으로 조정하는 것을 의미한다. 따라서 소방인력기획이란 소방조직의 인적 자원 수요를 예측하고, 그러한 수요를 충족시킬 수 있는 수단을 개발하는 과정이라 할 수 있다(권경득, 2009: 65). 인력기획의 중요성은 개인적·조직적 차원에서 살펴볼 수 있다. 개인적 차원에서 인력기획은 각 개인이 자신의 기술을 개발하고 능력과 잠재력을 최대한 활용하는 데 기여할 수 있으며, 조직적 측면에서 인력기획은 조직의 성과를 증진시키는 데 중요한 역할을 수행한다(박연호, 1996).

소방공무원 인력기획은 목표 지향적 활동으로 미래 지향적 과정이며, 소방 인적 자원의 수급에 관한 인적 자원의 기획을 의미하며, 서로 연관되고 교호작용하는 많은 요인을 분석 대상으로 하는 특징을 갖는다.

또한 소방인력기획은 소방 인력의 수요를 예측하고 그 공급 방안을 결정하여 집행하며, 그 결과를 평가하는 일련의 단계를 포함하는 연속적 과정이다. 즉, 소방인력기획의 과정은 조직목표의 설정, 인력 수요의 예측, 인력 공급 방안의 선택, 인력 공급 방안의 실용 가능성 분석, 인력기획의 집행, 인력기획의 평가 등의 여섯 단계로 진행된다.

제 2 절 소방공무원의 모집과 선발

1. 소방공무원의 임용 및 채용

공무원의 임용은 인사행정의 주요한 기능 중의 하나이다. 즉, 인사행정의 주요 기능을 유능한 자를 공무원으로 유치하여 적합한 지위에 배치하는 것과 공무원의 능력을 개발하는 것으로 파악할 때, 공무원임용은 전자의 기능에 속한다고 볼 수 있다. 임용이라 함은 공무원 신분관계의 발생 · 변경 · 소멸에 대한 행정적 처분을 말하며, 모든 인사활동으로 해석할 수 있다. 「소방공무원임용령」에서 규정하고 있는 임용행위는 다음과 같다. 공무원관계의 발생으로서의 신규채용, 공무원관계의 변경으로서의 승진 · 전보 · 파견 · 강임 · 휴직 · 직위해제 · 정직 · 강등 · 복직, 그리고 공무원관계의 소멸로서의 면직 · 해임 · 파면이 있다(박근종, 2010: 9).

그러므로 소방공무원의 임용이라 함은 신규채용 · 승진 · 전보 · 파견 · 강임 · 휴직 · 직위해제 · 정직 · 강등 · 복직 · 면직 · 해임 및 파면을 말한다(소방공무원임용령, 제2조). 소방공무원의 임용권자는 <표 4-3-1>과 같다.

소방공무원의 채용은 소방공무원이 될 수 있는 자격과 능력을 갖춘 사람에게 균등한 기회를 제공하여, 공정한 선발 과정을 거쳐 적재적소에 배치하는 것이다. 소방공무원의 채용 과정은 모집, 선발, 신임 교육훈련 및 시보임용의 순서로 이루어진다. 채용은 일반적으로 외부로부터의 임용을 의미하는 것으로서 공개경쟁채용과 경력경쟁채용이 있다.

공개경쟁채용 제도는 공무원 결원 보충의 일환으로서 불특정 다수인을 대상으로 경쟁시험을 실시하여 공무원으로 채용하는 제도로서, 공무원 채용의 균등한 기회 보장과 좀 더 우수한 인력의 공무원 채용을 목표로 한다. 즉, 공개경쟁채용이란 자격이 있는 모든 사람에게 공직에 지원할 기회를 주고 공개경쟁시험을 통해 채용 후보자를 결정하는 방법이다. 공개경쟁채용에서 가장 중요한 것은 평등의 원칙이

표 4-3-1 소방공무원 임용권자

<table>
<tr><th>계 급
임용구분</th><th>소방총감</th><th>소방정감</th><th>소방감</th><th>소방준감</th><th>소방정</th><th>소방령</th><th>소방경</th><th>소방위</th><th>소방장</th><th>소방교</th><th>소방사</th></tr>
<tr><td>신규채용</td><td rowspan="13">대통령</td><td colspan="5" rowspan="7">대통령
(소방청장이 제청하여
국무총리를 거침)</td><td colspan="5" rowspan="13">소방청장
– 중앙소방학교 소속 소방공무원 중 소방령에 대한 전보·휴직·직위해제·정직 및 복직에 관한 권한과 소방경 이하의 소방공무원에 대한 임용권을 중앙소방학교장에게 위임
– 중앙119구조본부 소속 소방공무원 중 소방령에 대한 전보·휴직·직위해제·정직 및 복직에 관한 권한과 소방경 이하의 소방공무원에 대한 임용권을 중앙119구조본부장에게 위임</td></tr>
<tr><td>승진</td></tr>
<tr><td>파견</td></tr>
<tr><td>강임</td></tr>
<tr><td>면직</td></tr>
<tr><td>해임</td></tr>
<tr><td>파면</td></tr>
<tr><td>전보</td><td colspan="3" rowspan="6"></td><td colspan="2" rowspan="6">소방청장
– 소방청과 그 소속 기관의 소방정 및 소방령에 대한 임용권과 소방정인 지방소방학교장에 대한 임용권을 소방청장에게 위임
– 시·도 소속 소방령 이상의 소방공무원(소방본부장 및 지방소방학교장은 제외)에 대한 임용권을 특별시장·광역시장·특별자치시장·도지사·특별자치도지사에게 위임</td></tr>
<tr><td>휴직</td></tr>
<tr><td>직위해제</td></tr>
<tr><td>정직</td></tr>
<tr><td>강등</td></tr>
<tr><td>복직</td></tr>
</table>

지배하는 공개경쟁을 보장하는 일이다. 공개경쟁의 조건은 적절한 공고, 공평한 지원 기회의 제공, 선발 기준의 현실성, 차별 금지, 능력을 기초로 한 순위 결정, 결과의 공개 등이다.

소방공무원의 신규채용은 공개경쟁시험으로 한다. 다만, 소방위의 신규채용은 「대통령령」으로 정하는 자격을 갖추고 공개경쟁시험으로 선발된 사람(소방간부후보생)으로서 정하여진 교육훈련을 마친 사람 중에서 한다.

소방간부후보생의 교육훈련, 경력경쟁채용시험 등을 통하여 채용할 수 있는 소방공무원의 계급, 임용예정직에 관련된 자격증의 구분, 근무실적 또는 연구실적,

의용소방대원을 소방공무원으로 임용할 수 있는 지역과 그 승진 및 전보 등에 관하여 필요한 사항은 「대통령령」으로 정한다(소방공무원법, 제7조 제3항).

경력경쟁채용 제도는 공개경쟁채용시험에 의한 소방공무원의 채용이 부적당하거나 곤란한 경우 또는 특별한 자격을 가지고 있는 사람을 채용하고자 하는 경우에 행해지는 채용 방법을 말한다. 소방공무원의 경우 전 계급을 대상으로 특별채용제도를 실시하고 있다(소방공무원법, 제7조 제2항, 소방공무원임용령, 제14조, 제15조, 제39조, 제40조, 소방공무원임용령 시행규칙, 제23조). 「소방공무원법」 제7조 제2항에 규정된 특별채용은 <표 4-3-2>와 같다.[1] 즉, 경력 등 응시요건을 정하여 같은 사유에 해당하는 다수인을 대상으로 경쟁의 방법으로 채용하는 시험(경력경쟁채용시험)으로 소방공무원을 채용할 수 있다. 다만, 다수인을 대상으로 시험을 실시하는 것이 적당하지 아니하여 「대통령령」으로 정하는 경우에는 다수인을 대상으로 하지 아니한 시험으로 소방공무원을 채용할 수 있다.[2]

표 4-3-2 소방공무원 경력경쟁채용(「소방공무원법」 제7조 제2항)

1. 「국가공무원법」 제70조 제1항 제3호에 따라 직위가 없어지거나 과원이 되어 퇴직한 소방공무원이나 같은 법 제71조 제1항 제1호에 따라 신체·정신상의 장애로 장기 요양이 필요하여 휴직하였다가 휴직기간이 만료되어 퇴직한 소방공무원을 퇴직한 날부터 3년(「공무원 재해보상법」에 따른 공무상 부상 또는 질병으로 인한 휴직의 경우에는 5년) 이내에 퇴직 시에 재직하였던 계급 또는 그에 상응하는 계급의 소방공무원으로 재임용하는 경우
2. 공개경쟁시험으로 임용하는 것이 부적당한 경우에 임용예정 직무에 관련된 자격증 소지자를 임용하는 경우

---

1) 소방공무원인사관계 법규

법령명	구 분	제 정
소방공무원법	법률	1977.12.31
소방공무원임용령	대통령령	1978.4.24
소방공무원승진임용규정	대통령령	1978.4.24
소방공무원복무규정	대통령령	1978.5.26
소방공무원징계령	대통령령	1978.4.24
소방공무원교육훈련규정	대통령령	1978.4.24
소방공무원채용후보자장학규정	대통령령	1980.3.11
소방공무원복제규칙	부령	1983.4.15
소방공무원임용령시행규칙	부령	1978.7.12
소방공무원승진임용규정시행규칙	부령	1978.7.12

자료: 국민안전처(2015: 64). 『2015 소방행정 자료 및 통계』.

2) [시행 2019.2.15] [법률 제15715호, 2018.8.14, 일부개정].

3. 임용예정직에 상응하는 근무실적 또는 연구실적이 있거나 소방에 관한 전문기술교육을 받은 사람을 임용하는 경우
4. 「국가공무원법」 또는 「지방공무원법」에 따른 5급 공무원의 공개경쟁채용시험이나 「사법시험법」(법률 제9747호로 폐지되기 전의 것을 말한다)에 따른 사법시험 또는 「변호사시험법」에 따른 변호사시험에 합격한 사람을 소방령 이하의 소방공무원으로 임용하는 경우
5. 「국가공무원법」 제85조에 따라 재학 중에 장학금을 받고 졸업한 사람을 임용하는 경우
6. 외국어에 능통한 사람을 임용하는 경우
7. 경찰공무원을 그 계급에 상응하는 소방공무원으로 임용하는 경우
8. 소방 업무에 경험이 있는 의용소방대원을 소방사 계급의 소방공무원으로 임용하는 경우

[전부개정 2019.12.10]

표 4-3-3 소방공무원 경력경쟁채용 등의 요건 등(「소방공무원임용령」 제15조)3)

① 종전의 재직기관에서 감봉 이상의 징계처분을 받은 사람은 경력경쟁채용 등을 할 수 없다. 다만, 「공무원 인사기록·통계 및 인사사무 처리 규정」 제9조 제1항 및 그 밖의 인사 관계 법령에 따라 징계처분의 기록이 말소된 사람(해당 법령에 따라 징계처분 기록의 말소 사유에 해당하는 사람을 포함한다)은 그러하지 아니하다. 〈개정 2014.12.9, 2016.4.5〉

② 법 제7조 제2항 제1호에 따른 경력경쟁채용 등은 전 재직기관에 전력(前歷)을 조회하여 그 퇴직사유가 확인된 경우로 한정한다. 〈개정 2014.12.9, 2020.3.10〉

③ 법 제7조 제2항 제2호에 따른 경력경쟁채용 등을 할 수 있는 사람은 「행정안전부령」으로 정하는 임용예정 분야별 자격증을 소지한 사람이어야 한다. 〈개정 2010.12.27, 2013.3.23, 2014.11.19, 2014.12.9, 2017.7.26, 2020.3.10〉

④ 법 제7조 제2항 제3호에 따른 근무실적 또는 연구실적이 있는 사람의 경력경쟁채용 등은 다음 각 호의 어느 하나에 해당하는 사람으로 한정한다. 〈개정 2003.1.20, 2014.12.9, 2019.1.15, 2020.3.10〉

1. 국가기관·지방자치단체·공공기관 그 밖의 이에 준하는 기관의 임용예정직위에 관련있는 직무 분야의 근무 또는 연구경력이 3년(소방공무원 외의 공무원으로서 다음 각 목에 해당하는 사람을 해당 부문·분야의 소방공무원으로 경력경쟁채용 등을 하는 경우에는 2년) 이상으로서 해당 임용예정계급에 상응하는 근무 또는 연구경력이 1년 이상인 사람
   가. 소방기관에서 별표 1에 따른 특수기술부문에 근무한 경력이 있는 사람
   나. 국가기관에서 구조업무와 관련있는 직무 분야에 근무한 경력이 있는 사람
2. 퇴직한 소방공무원으로서 임용예정계급에 상응하는 근무경력이 1년 이상인 사람
3. 의무소방원으로 임용되어 소정의 복무를 마친 사람

⑤ 법 제7조 제2항 제3호에 따른 소방에 관한 전문기술교육을 받은 사람의 경력경쟁채용 등은 「초·중등교육법」 및 「고등교육법」에 따라 설치된 고등학교·전문대학 또는 대학(대학원을 포함한다)에서 「행정안전부령」으로 정하는 임용예정 분야별 교육과정을 이수한 사람과 법령에 따라 이와 동등 이상의 학력이 있다고 인정되는 사람이어야 한다. 〈개정 1999.5.10, 2005.3.31, 2008.12.31, 2010.12.27, 2013.3.23, 2014.11.19, 2014.12.9, 2017.7.26, 2020.3.10〉

---

3) [시행 2019.1.15] [대통령령 제29487호, 2019.1.15, 일부개정].

⑥ 법 제7조 제2항 제5호에 따른 경력경쟁채용 등은 본인의 귀책사유로 장학금의 지급이 중단된 사람이 아니어야 한다. 〈개정 2014.12.9, 2020.3.10〉

⑦ 법 제7조 제2항 제6호에 따른 외국어에 능통한 사람의 경력경쟁채용 등은 소방위 이하 소방공무원으로 채용하는 경우로 한정하며, 그 외국어 능력은 해당 외국어를 모국어로 사용하는 국가의 국민이 고등학교교육 또는 이에 준하는 학교교육을 마치고 작문이나 회화를 할 수 있는 수준이어야 한다. 〈개정 1999.5.10, 2010.12.27, 2014.12.9, 2020.3.10〉

⑧ 법 제7조 제2항 제7호에 따른 경력경쟁채용 등은 경위 이하의 경찰공무원으로서 최근 5년 이내에 화재감식 또는 범죄수사업무에 종사한 경력이 2년 이상인 사람이어야 한다. 〈개정 2014.12.9, 2020.3.10〉

⑨ 법 제7조 제2항 제8호에 따른 경력경쟁채용 등은 다음 각 호의 어느 하나에 해당하는 지역에서 이미 5년 이상 의용소방대원으로 계속하여 근무하고 있는 사람을 그 지역에 소방서·119지역대 또는 119안전센터가 처음으로 설치된 날로부터 1년 이내에 그 지역의 소방공무원으로 임용하는 경우로 한정한다. 이 경우, 경력경쟁채용 등을 할 수 있는 인원은 처음으로 설치되는 소방서·119지역대 또는 119안전센터의 공무원의 정원 중 소방사 정원의 3분의 1 이내로 한다. 〈신설 1986.4.26, 1995.12.29, 2006.6.30, 2014.12.9, 2020.3.10〉

1. 소방서를 처음으로 설치하는 시·군지역
2. 소방서가 설치되어 있지 아니한 시·군지역에 119지역대 또는 119안전센터를 처음으로 설치하는 경우 그 관할에 속하는 시지역 또는 읍·면지역

⑩ 제3항부터 제6항까지, 제8항 및 제9항에 따른 임용예정계급별 자격증의 구분, 근무 또는 연구실적, 소방에 관련된 교육과정, 그 밖의 기준에 관한 사항은 「행정안전부령」으로 정한다. 〈개정 1986.4.26, 1999.5.10, 2008.12.31, 2013.3.23, 2014.11.19, 2014.12.9, 2017.7.26〉

[제목개정 2014.12.9]

2. 소방공무원의 모집

1) 모집의 의의

모집(recruiting)은 공무원을 채용할 때 지원자를 확보하는 활동이다. 즉, 자격과 능력을 갖춘 우수한 인재들이 소방조직에 매력을 느껴 경쟁적으로 소방공무원에 지원하도록 유도하는 과정이다. 종래의 소극적 모집은 채용계획을 일반 대중에게 알려주고 지원자가 지원하도록 기다리지만, 오늘날의 적극적 모집은 젊고 유능한 인적 자원이 소방직에 매력을 느끼고 지원하도록 유도하는 것을 의미한다. 직업으로 소방직을 선택하는 데 중요한 영향을 미치는 요소로서는 국민에 대한 봉사, 책임성이 있는 중요한 업무, 소방직의 긍정적 이미지, 안전 및 보수 등에 있다고 할 수 있다(권경득, 2009: 76).

「소방공무원법」 제11조에 의하면, 소방공무원의 신규채용시험 및 승진시험과

소방간부호보생 선발시험은 소방청장이 실시하게 되어 있다. 다만, 소방청장이 필요하다고 인정할 때에는 「대통령령」이 정하는 바에 의하여 그 권한의 일부를 시·도지사 또는 소방청 소속 기관의 장에게 위임할 수 있다. 시·도 소속 소방경 이하 소방공무원을 신규채용하는 경우 신규채용시험의 실시권을 시·도지사에게 위임할 수 있다. 또한 소방령 이상의 소방공무원 및 소방공무원법 제7조 제2항 제3호에 따라 소방청과 그 소속 기관 소속 소방공무원에 대하여 다음 각 목의 경력경쟁채용 등을 하는 경우 신규채용시험 및 경력경쟁채용시험 등의 실시권과 소방간부후보생 선발시험의 실시권을 중앙소방학교장에게 위임할 수 있다(소방공무원법, 제11조).

소방청장, 시·도지사 또는 「소방공무원임용령」 제34조의 규정에 의하여 시험 실시권의 위임을 받은 자는 소방공무원 공개경쟁채용시험을 실시하고자 할 때에는 임용 예정 계급, 응시 자격, 선발 예정 인원, 시험의 방법·시기·장소·시험 과목 및 배점에 관한 사항을 시험 실시 20일 전까지 공고하여야 한다. 공고 내용을 변경하고자 할 때에는 시험 실시 7일 전까지 그 변경 내용을 공고하여야 한다(소방공무원임용령, 제35조).

2) 소방공무원의 지원 자격

소방행정의 특수성 때문에 소방공무원 모집에서 지원 자격에 일정한 제한을 두고 있다. 소방공무원의 중요한 자격 기준은 소방관으로서의 공공봉사 정신, 발전 지향적인 가치관 및 태도, 전문지식 및 기술 등이다. 일반적으로 소방공무원에게 요구되는 자질로는 긴급 상황 속에서도 어려운 직무를 처리할 수 있는 능력, 사회적 성숙성, 신속하고 정확하게 상황을 판단할 수 있는 능력, 인간을 이해하고 협조할 수 있는 태도, 어떤 상황에서도 침착하고 객관성을 유지하며 리더십을 발휘할 수 있는 역량, 어렵고 힘든 임무를 수행하기 위한 신체적 강인성과 인내력 등을 들 수 있다.

일반적으로 공무원 모집 시 요구되는 자격 기준으로는 국적, 연령, 신체 조건, 학력, 거주지 등이다(권경득, 2009: 78-80).

첫째, 우리나라 「국가공무원법」은 특별한 경우를 제외하고는 대한민국 국적을 요구한다. 소방공무원은 업무 수행 과정에서 봉사해야 할 대상이 국민의 생명, 신체 및 재산이기 때문에 소방공무원의 그 책임을 효과적으로 완수하기 위해서는 국민과 일체감을 느껴야 하기 때문에 국적을 자격 기준으로 제시하고 있다.

둘째, 응시 연령의 제한은 직업공무원제와 밀접한 관련이 있다. 직업공무원으로서 소방관 양성은 나이가 젊을 때부터 시작하는 것이 효과적이다. 응시 연령을 제한하는 이유는 연령이 너무 어리거나 또는 너무 많을 경우 초래하기 쉬운 조직 운영상의 문제점들을 피할 수 있기 때문이다.

셋째, 소방 업무는 신체적 민첩성과 인내력이 요구되기 때문에 의학적 또는 신체적으로 적합한 자가 선발되어야 한다. 따라서 의학적 · 신체적 조건을 제시하고 있고, 체력시험을 통해 체력을 검정하고 있다.

넷째, 일반적으로 공무원시험에서 학력 제한을 두지 않는 것이 보통이나, 오늘날 학력이 강조되는 이유는 행정의 전문화와 기술화에 따른 고등교육 인력의 필요성에 기인하고 있다. 또한 공무원의 선발 과정에서 시험의 타당성을 완전히 확보하는 것이 사실상 불가능하고, 학교교육을 통해 일반 소양의 확대와 가치관 및 태도의 변화가 가능하며, 학력 제한을 통해 부적격자를 사전에 배제할 수 있는 장점이 있기 때문이다.

다섯째, 거주지의 제한은 지방자치에서 유래된 것으로서 이는 주민자치라는 관점에서 애향심과 생활 기반의 보존 등에 그 근거를 두고 있다. 거주지의 제한을 두면 주민자치에 의한 소방행정을 할 수 있는 정점이 있으나, 우수한 인적 자원의 확보라는 측면에서 볼 때 거주지의 제한은 소방공무원 자질의 저하를 초래할 수도 있다.

우리나라 소방공무원 신규채용 방법에는 공채(공개경쟁채용시험)와 경력채용(경력경쟁채용시험 등)이 있다. 공채는 소방령 · 소방위(간부후보생) · 소방사를 대상으로 하며, 경력채용은 전 계급을 대상으로 실시하고 있다. 신규채용의 지원(응시) 자격을 구체적으로 살펴보면, 소방사 경력채용의 경우 일부 학력 제한(소방 관련 학과 2년제 또는 4년제)을 두고 있으나, 전반적으로 학력의 제한은 없는 편이며, 연령과 신체 조건 등의 제한 조건이 있다.[4)]

---

4) 「국가공무원법」 또는 다른 법령에 따라 공무원으로 임용될 수 없는 사람 또는 「소방공무원임용령」 제51조 및 기타 관계 법령 등에 의해 응시 자격이 정지된 자는 응시할 수 없다(적용 기준일:

표 4-3-4 소방공무원 응시 자격

<table>
<tr><th>계급별</th><th>공개경쟁채용시험</th><th>경력경쟁채용시험 등</th><th>소방간부후보생 신체조건</th></tr>
<tr><td>소방령 이상</td><td>25세 이상
40세 이하</td><td>20세 이상 45세 이하</td><td rowspan="4">– 시력: 두 눈의 맨눈 시력이 각각 0.3 이상 또는 교정 시력 각각 0.8 이상
– 색각: 색맹 또는 적색약(약도 제외)이 아니어야 함
– 청력: 완전
– 혈압
• 고혈압(145mmHg, 90mmHg 초과)
• 저혈압(90mmHg, 60mmHg 미만)
– 운동신경: 각종 질환 후유증으로 인한 기능상 장애 없어야 함</td></tr>
<tr><td>소방경, 소방위</td><td></td><td>23세 이상 40세 이하
(사업·운송용조종사 또는 항공·항공공장정비사는 23세 이상 45세 이하)</td></tr>
<tr><td>소방장, 소방교</td><td></td><td>20세 이상 40세 이하
(사업·운송용조종사 또는 항공·항공공장정비사는 23세 이상 40세 이하)</td></tr>
<tr><td>소방사</td><td>18세 이상
40세 이하</td><td>20세 이상 40세 이하</td></tr>
</table>

자료: 「소방공무원임용령」 제43조 제1항 및 [별표 2] [개정 2016.4.5. 시행 2017.1.1].
「소방공무원임용령 시행규칙」 제23조 제7항 및 [별표 5] [개정 2019.1.24. 시행 2019.1.24].

3. 소방공무원의 선발

1) 선발시험의 의의

선발은 응모한 조직 내·외부의 후보자들 중에서 해당 직위에 가장 적합한 사람을 선택하는 활동이다. 조직 성과의 유지 및 향상을 위해서는 가정 적합한 사람이 선발되어야 하며, 선발 방법과 절차의 엄격함을 유지해야 한다. 특히, 선발에서의 타당성과 신뢰성이 확보되어야 한다.

2) 선발 과정

일반적으로 선발은 지원서류 전형, 선발시험, 면접, 신원조사 및 신체검사 등의 방법을 사용한다. 이들 선발 도구는 여러 개가 복합적으로 사용되며, 특히 일련의 전후 관계로 연결되어 있다(유민봉·임도빈, 2007: 224). 2012년부터 소방공무원의

당해 면접시험 최종일).

그림 4-3-1 소방공무원 선발 과정

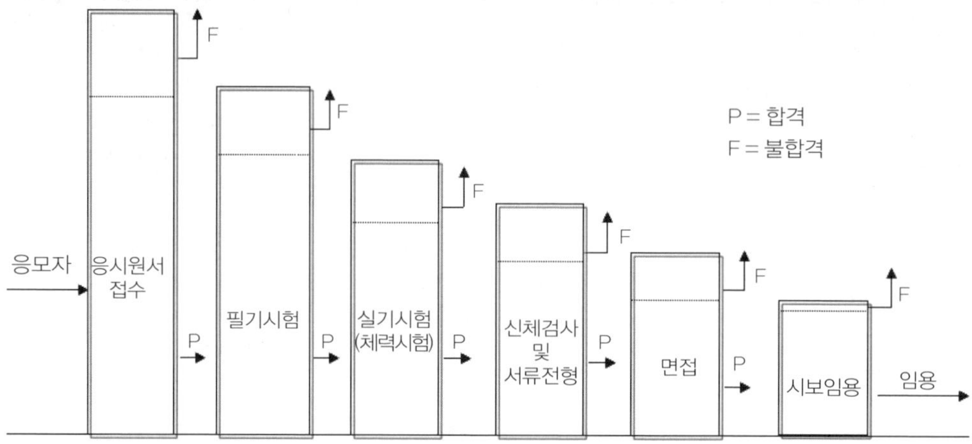

경우, 선 시험 후 체력의 순으로 변경되었다. 소방공무원의 경우 각 선발 과정의 반영 비율은 필기 75%, 체력 15%, 면접 10%이다. 다음에서는 소방공무원 채용시험을 중심으로 설명하고자 한다.

(1) 필기시험

필기시험은 공무원의 채용 과정에서 가장 오래되고 널리 쓰이는 시험 방법이다. 소방공무원의 채용을 위한 필기시험은 교양 부문과 전공 부문으로 구분하되, 교양 부문은 일반교양 정도를 전공 부문은 직무 수행에 필요한 지식, 기술 및 응용 능력을 평가한다. 일반적으로 필기시험은 비용 대비 효과적인 선발 방법이고, 필기시험 절차상의 동일성 때문에 상대적으로 상정된 선발 방법이기도 하며, 모든 응시자를 공평하게 대한다는 장점이 있다(권경득, 2009: 82).

(2) 체력검사와 실기시험

체력검사는 직수 수행에 필요한 민첩성·지구력 등 체력을 평가하는 것이다. 소방공무원의 직무는 화재 진압 및 재난구조와 같은 업무를 수행하기 때문에 상당한 민첩성과 지구력이 요구된다. 따라서 악력(握力, kg), 배근력(背筋力, kg), 앉아윗몸앞으로굽히기(cm), 제자리멀리뛰기(cm), 윗몸일으키기(회/분), 왕복오래달리

기(회)를 통해 측정하고 있다.[5)]

실기시험은 직무 수행에 필요한 지식 및 기술을 실습 또는 실기의 방법에 의해 평가하는 것이다. 도구나 장비를 써서 일을 해보게 하거나 기계 작동을 시켜 보거나, 또는 작업에 쓰는 설비의 모형을 놓고 일을 해보게 하는 방법 등이 여기에 해당한다. 실시시험은 직무 수행과 밀착되는 시험이므로 높은 타당성을 기대할 수 있다.

표 4-3-5 소방공무원 공개경쟁채용 필기시험 과목

<table>
<tr><th rowspan="2">구 분 \ 과목별</th><th rowspan="2">제1차 시험과목</th><th colspan="2">제2차 시험과목</th></tr>
<tr><th>필수과목</th><th>선택과목</th></tr>
<tr><td>소방령
공개경쟁채용시험</td><td>한국사, 헌법, 영어</td><td>행정법, 소방학개론</td><td>물리학개론, 화학개론, 건축공학개론, 형법, 경제학 중 2과목</td></tr>
<tr><td rowspan="3">소방사
공개경쟁채용시험</td><td colspan="3">제1차 시험과목</td></tr>
<tr><td>필수과목</td><td colspan="2">선택과목</td></tr>
<tr><td>국어, 한국사, 영어</td><td colspan="2">소방학개론, 행정법총론, 소방관계법규, 사회, 과학, 수학 중 2과목</td></tr>
</table>

비고: 1. 소방학개론은 소방조직, 재난관리, 연소·화재이론, 소화이론 분야로 하고, 각 분야별 세부 내용은 소방청장이 정한다.
2. 소방 관계 법규는 다음 각 목의 법령으로 한다.
가. 「소방기본법」, 같은 법 시행령 및 같은 법 시행규칙
나. 「소방시설공사업법」, 같은 법 시행령 및 같은 법 시행규칙
다. 「화재예방, 소방시설 설치·유지 및 안전관리에 관한 법률」, 같은 법 시행령 및 같은 법 시행규칙
라. 「위험물안전관리법」, 같은 법 시행령 및 같은 법 시행규칙

<table>
<tr><th></th><th colspan="2">필수과목(4)</th><th>선택과목(2)</th></tr>
<tr><td rowspan="2">소방간부후보생
공개경쟁채용시험</td><td>인문
사회
계열</td><td>헌법, 한국사,
영어, 행정법</td><td>행정학, 민법총칙, 형사소송법, 경제학, 소방학개론</td></tr>
<tr><td>자연
계열</td><td>헌법, 한국사,
영어, 자연과
학개론</td><td>화학개론, 물리학개론, 건축공학개론, 전기공학개론, 소방학개론</td></tr>
</table>

비고: 소방학개론은 소방조직, 재난관리, 연소·화재이론, 소화이론 분야로 하고, 분야별 세부 내용은 소방청장이 정한다.
자료: 「소방공무원임용령」 제44조 및 [별표 3] 〈개정 2020.3.10〉과 [별표 4] [개정 2017.7.26].

5) 자세한 내용은 「행정안전부령」 제97호(2019.1.24) 「소방공무원임용령 시행규칙」 제23조의2 참조.

표 4-3-6 소방공무원 경력경쟁채용시험 필기시험 과목

일반분야

계급별 \ 과목별	필수과목	선택과목
소방정, 소방령	한국사, 영어, 행정법, 소방학개론	물리학개론, 화학개론, 건축공학개론, 형법, 경제학 중 2과목
소방경, 소방위	한국사, 영어, 행정법, 소방학개론	물리학개론, 화학개론, 건축공학개론, 형법, 경제학 중 2과목
소방장, 소방교, 소방사	국어, 영어, 소방학개론	

소방 및 항공 분야

계급별 \ 과목별	필수과목	선택과목
소방위 이하 (항공 분야)	항공법규, 항공영어	비행이론, 항공기상, 항공역학, 항공기체, 항공장비, 항공전자, 항공엔진 중 1과목
소방사 (소방 분야)	국어, 소방학개론, 소방관계법규	

비고: 1. 위 표 제1호에서 일반분야는 위 표 제2호의 소방 분야 및 항공 분야 외의 경력경쟁채용 등으로 한다.
2. 위 표 제1호에서 소방사로 경력경쟁채용 등을 하는 경우 필수과목 중 "영어"는 소방활동에 필요한 생활영어 등으로 한다.
3. 위 표 제1호 및 제2호에서 소방학개론은 소방조직, 재난관리, 연소・화재이론, 소화이론 분야로 하고, 분야별 세부 내용은 소방청장이 정한다.
4. 위 표 제2호에서 소방관계법규는 「소방기본법」 및 같은 법 시행령, 「화재예방, 소방시설 설치・유지 및 안전관리에 관한 법률」 및 같은 법 시행령으로 한다.
5. 위 표 제2호에서 항공 분야는 「행정안전부령」으로 정하는 항공 분야 자격증 소지자를 경력경쟁채용 등을 하는 경우로 하고, 소방 분야는 소방에 관한 전문기술교육을 받은 사람 중에서 「행정안전부령」으로 정하는 소방 분야의 졸업자를 경력경쟁채용 등을 하는 경우로 한다.

자료: 「소방공무원임용령」 제44조 및 [별표 5] [개정 2020.3.10].

표 4-3-7 소방공무원 체력시험 종목 및 평가점수(「소방공무원임용령 시행규칙」 제23조의2)

종목	성별	평가점수									
		1	2	3	4	5	6	7	8	9	10
악력 (kg)	남	45.3~48.0	48.1~50.0	50.1~51.5	51.6~52.8	52.9~54.1	54.2~55.4	55.5~56.7	56.8~58.0	58.1~59.9	60.0 이상
	여	27.6~28.9	29.0~30.2	30.3~31.1	31.2~31.9	32.0~32.9	33.0~33.7	33.8~34.6	34.7~35.7	35.8~36.9	37.0 이상
배근력 (kg)	남	147~153	154~158	159~165	166~169	170~173	174~178	179~185	186~194	195~205	206 이상
	여	85~91	92~95	96~98	99~101	102~104	105~107	108~110	111~114	115~120	121 이상
앉아 윗몸 앞으로 굽히기 (cm)	남	16.1~17.3	17.4~18.3	18.4~19.8	19.9~20.6	20.7~21.6	21.7~22.4	22.5~23.2	23.3~24.2	24.3~25.7	25.8 이상
	여	19.5~20.6	20.7~21.6	21.7~22.6	22.7~23.4	23.5~24.8	24.9~25.4	25.5~26.1	26.2~26.7	26.8~27.9	28.0 이상
제자리 멀리 뛰기 (cm)	남	223~231	232~236	237~239	240~242	243~245	246~249	250~254	255~257	258~262	263 이상
	여	160~164	165~168	169~172	173~176	177~180	181~184	185~188	189~193	194~198	199 이상
윗몸 일으 키기 (회/분)	남	43	44	45	46	47	48	49	50	51	52 이상
	여	33	34	35	36	37	38	39	40	41	42 이상
왕복 오래 달리기 (회)	남	57~59	60~61	62~63	64~67	68~71	72~74	75	76	77	78 이상
	여	28	29~30	31	32~33	34~36	37~39	40	41	42	43 이상

비고: 1. 「소방공무원임용령」 제46조 제1항 제2호에 따라 총점 60점 중 30점 이상 득점자를 합격자로 한다.
2. 각 종목별 측정 방법 등은 소방청장이 정한다.

자료: 「소방공무원임용령 시행규칙」 제23조의2 및 [별표 7].

(3) 신원조사 및 신체검사

신원조사는 보통 추천인 확인과 배경 조사를 포함하고 있다. 신원조회는 국가에 대한 충성심과 기타 공무원으로서의 결격 사유를 조사하는 것이다. 조사와 판정이 비공개적이고 불이익에 대한 호소가 불가능하기 때문에 인권 침해 등의 문제점이 있는 제도이다(유민봉 · 임도빈, 2007: 229).

신체검사는 직무 수행에 필요한 신체 조건 및 건강 상태를 검사하는 것으로서 소방공무원 모집 시에 미리 공고한 신체 조건을 갖춘 사람이 지원했는지 여부를 확인하는 것이다. 소방 업무는 신체적 민첩성과 인내력이 요구되므로 의학적 또는 신체적으로 적합한 자가 선발되어야 하기 때문에 소방공무원 채용시험에서 신체검사는 매우 중요시되고 있다.

(4) 서류전형

서류전형은 직무 수행에 관련되는 자격 및 경력 등을 서면에 의해 심사하는 것이다. 지원자를 많이 유인하기 위해서는 서류작성과 준비가 간단해야 한다. 서류전형 방법은 다른 시험 방법에 비해 비용이 덜 들고, 응시자들에 관한 상세한 정보를 얻어 평가할 수 있는 장점이 있으나, 평정의 표준화가 곤란하므로 평정자의 편견이 개입될 가능성이 높다. 퇴직 소방공무원의 복직 또는 자격증 소지자와 대학이나 전문대학 재학생 중 장학금을 지급받은 자 등을 소방공무원으로 채용하는 경우의 시험 방법은 대개 서류심사의 방법에 의하는 경우가 많다.

(5) 면접시험

면접시험은 필기시험이나 서류전형을 통해 평가할 수 없는 지원자의 직무 수행에 필요한 능력, 발전성 및 적격성을 평가하는 것이다. 즉, 서류나 필기시험 등에서 테스트하지 못한 근무 의욕, 지원 동기, 그리고 제출한 서류는 정직하게 기록한 것인지 등을 응시자의 입을 통해 직접 확인할 수 있다. 물론 직무 수행과 관련해서도 시험의 형태로 묻기 곤란한 문제를 다시 질문하여 직무 관련 지식과 기술을 보완할 수도 있고, 그 밖에 발표력 · 순발력 · 지도력 · 성격까지 알 수 있는 기회가 된다. 면접은 적격자를 선발하는 데 중요하고도 유용한 방법이라 할 수 있다. 면접에는 개별면접과 집단면접이 있다.

(6) 적성 · 직무검사와 성격검사

적성 · 직무검사는 지원자의 소질 또는 잠재적 능력 등을 측정하려는 시험이다. 그리고 성격검사는 사람의 가치관 및 태도, 성격을 측정하려는 검사이다. 최근 일부 소방공무원 시험에서 도입되는 경우도 있다.

(7) 시보임용

시보임용은 공무원으로 정식 임용되기 전에 직무 수행에 과연 적격자인지를 임용 예정 부처에서 검증받는 것이다. 임용후보자에게 실제로 직무를 수행할 수 있는 기회를 부여하고 이를 관찰하여 적격자 여부를 결정하는 것이다. 시보 기간 동안은 신분이 보장되지 않는다. 시보가 다른 선발 도구에 비해 훨씬 비용이 많이 드는 것은 사실이지만, 선발의 타당성을 높이는 데는 가장 효과적일 수 있다. 그러나 이러한 중요성에도 불구하고 우리나라에서는 시보 제도가 거의 형식적으로 운영되고 있어, 선발의 효과보다는 초임 공무원에게 필요한 조직 적응 훈련의 의미가 더 강하다고 할 수 있다(유민봉 · 임도빈, 2007: 229-230).

소방공무원 시보임용은 계급별로 소방장 이하는 6월, 소방위 이상은 1년 동안 시보로 임용하고 해당 기간이 만료된 다음날에 정규 소방공무원으로 임용한다(소방공무원법, 제10조).

3) 선발시험의 요건

고무줄에 센티미터(cm)를 표시하여 사람의 가슴둘레를 잰다면 그것은 길이를 측정하는 측정 도구인 자로서의 요건을 갖추지 못한 좋은 측정 도구가 아니다. 이처럼 좋은 측정 도구로서 합리적인 선발시험은 시험의 타당성, 신뢰성, 난이도 및 객관성을 갖추어야 한다.

(1) 타당성

타당성(validity)이란 선발시험이 측정하고자 하는 것을 실제로 얼마나 정확하게 측정했는가를 의미한다. 타당성의 중요한 특성은 측정 결과만으로는 측정 도구와 타당성을 알 수 없고, "얼마나 정확하게 측정했는가"를 알려면 측정 결과를 비교할 수 있는 기준이 있어야 한다. 예를 들어, 손목시계의 타당성을 알려면 휴대폰 시간과 비교해 보면 되는 것과 같다.

시험의 경우, 기술이나 학업 능력의 측정만 가지고는 안 되고 이것이 예측하고자 하는 기준, 즉 직무 수행 실적과 같은 정보가 필요하다. 따라서 소방공무원 선발시험의 타당성은 선발시험을 통해 채용된 소방공무원의 근무성적과 채용 당시의 시험성적을 비교하여 양자의 상관도가 높은 경우 선발시험의 타당성이 높다고 할

수 있다.[6)]

(2) 신뢰성

신뢰성(reliability)의 일반적 의미는 측정 도구의 측정 결과가 보여주는 일관성을 의미한다. 따라서 시험의 신뢰성이란 시험 결과로 나온 성적의 일관성으로 같은 사람에게 여러 번 반복하여 치르더라도 결과가 크게 변하지 않을 때 신뢰성을 가진다고 할 수 있다.[7)] 시험의 신뢰성을 높이려면 채점의 객관성을 높이고, 출제 문항이 많도록 하고 답안 작성 시간을 적절하게 주어야 한다(권경득, 2009: 81).

(3) 난이도

난이도(difficulty)란 선발시험의 어려운 정도를 말하며, 식별력 · 판별력 · 변별력 등 여러 용어가 혼용되어 사용된다. 난이도는 타당성을 확보하기 위한 중요한 요건이다. 극단적인 예로 시험이 너무 어려워 모두 0점을 받았다거나, 너무 쉬워 만점을 받았다면 어떻게 되겠는가? 응시자 간 상대적 우열을 가릴 수 없고 시험의 타당성도 확보할 수 없다.

(4) 객관성

객관성(objectivity)이란 시험의 채점이 채점자의 주관적 판단에 따라 좌우되지 않고,[8)] 시험 외적 요인에 의해 영향을 받지 않는 것을 의미한다. 신뢰성이 시험을 여러 번 또는 복수의 양식을 가지고 실시하여 나온 성적 간에 확보되어야 하는 시험의 요건이라면, 객관성은 각 시험 관리에서 갖추어야 하는 요건이다. 즉, 객관성은 응시자 개개인의 공정한 경쟁을 보장해 주기 위해 필요한 요건이다. 객관성의 문제는 비록 시험뿐만 아니라 직무평가나 근무성적의 평가 등 모든 평가에서 항상 등장하는 문제이다.

---

6) 시험에서 가장 일반적으로 사용되는 타당성의 유형으로는 기준타당성과 내용타당성이 있고 드물게 구성타당성이 검토된다. 자세한 내용은 유민봉 · 임도빈(2007)의 『인사행정론』, pp.235-241 참조 바람.

7) 신뢰성을 검증하는 대표적인 방법으로는 재시험법, 동질이형법, 내적 일관성 검증이 있다. 자세한 내용은 유민봉 · 임도빈(2007)의 『인사행정론』, pp.233-235 참조 바람.

8) 대표적인 예가 객관식 시험으로 최근에는 OMR카드에 답을 기입하고 컴퓨터로 자동 채점함으로써 객관성을 확보하고 있다.

(5) 신뢰성과 타당성의 관계

신뢰성이 시험 그 자체의 문제인 반면, 타당성은 시험과 기준과의 관계이다. 신뢰성이 높든 낮든 그것은 근무성적이나 근무 행태와의 관계가 아니라 어디까지나 시험성적 그 자체의 문제이다. 한편, 타당성은 항상 근무성적, 결근율, 이직률, 안전사고 등 근무 행태의 여러 기준 측면과의 관계에서 나타난다. 타당성의 가치는 시험의 타당성이 높을수록 조직에 유익한 결과를 가져다 준다는 점이다. 타당성이 높을수록 근무성적이 우수한 사람이 선발되기 때문이다.

신뢰성이 있어야 타당성의 문제를 검토할 수 있다. 신뢰성이 없는 측정 도구가 타당성을 갖는다는 것은 불가능하다. 즉, 신뢰성은 타당성의 전제 조건이다. 괘종시계의 예를 들어보자. 매시간 2분씩 정확하게 빨리 가는 시계는 신뢰성은 있지만 타당성은 없다. 이 시계는 시계추의 길이를 늘여서 2분 늦게 가도록 조정하면 타당성을 확보할 수 있다. 한편, 어떤 시계가 정오부터 시작하여 시간당 2분 빠르기도 하고 늦기도 하고 때로는 정확히 맞기도 하면서, 하루 24시간의 오차평균은 0으로 다음날 정오는 정확히 맞는다고 하자. 그러나 이 시계는 신뢰성과 타당성을 모두 갖추지 못한 것이다. 이 시계는 시계추의 조정으로 고쳐질 가능성을 가지고 있지 않다(유민봉 · 임도빈, 2007: 242). 신뢰성과 타당성의 관계는 신뢰성이 없으면 타당성은 알아볼 필요도 없는 것이다.

그림 4-3-2 신뢰성과 타당성의 관계

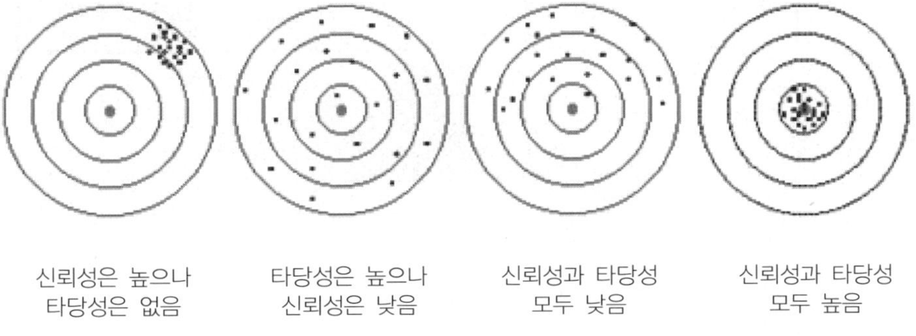

자료: 유민봉 · 임도빈(2007: 242).

신뢰성과 타당성의 관계를 간단히 나타내면 앞의 [그림 4-3-2]와 같다.

제 3 절 소방공무원의 교육훈련

1. 소방 교육훈련의 의의

교육훈련은 직무 수행 능력을 향상시킬 목적으로 지식, 기술, 태도, 가치관의 변화를 촉진하는 계획된 활동이다. 소방공무원 교육훈련의 목적은 소방공무원으로 하여금 소방행정의 목표 달성에 기여할 수 있는 능력을 개발하여 조직의 성과를 향상시키는 데 있다. 이는 크게 소방 업무에 대한 지식의 증진, 개인 능력과 기술의 향상, 동기부여와 대인 관계의 향상 등이 될 것이다.

그림 4-3-3 교육훈련의 필요성

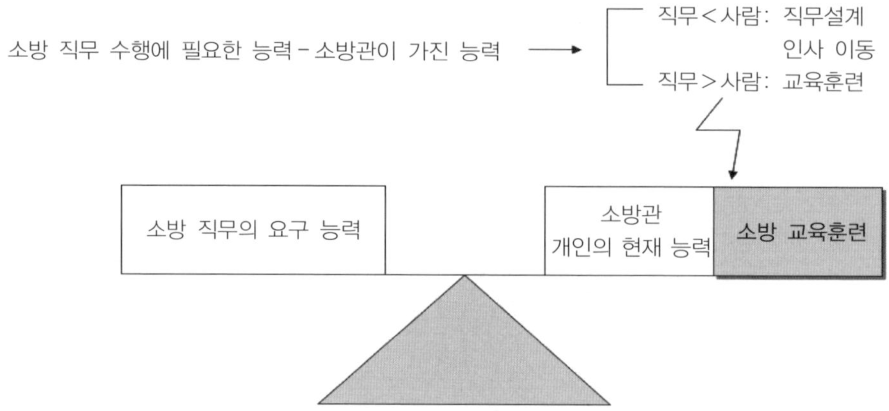

자료: 유민봉 · 임도빈(2007: 260)을 수정.

2. 교육훈련의 요소

교육훈련의 목적은 직무 수행 능력을 향상시키고 궁극적으로는 정책결정과 행정 서비스의 질을 높이는 것이다. 최근에는 교육훈련을 통해 개인의 성장 욕구를 충족시키는 것도 중요한 목적으로 부각되고 있다(유민봉 · 임도빈, 2007: 262). 이러한 교육훈련의 목적을 달성하기 위해서는 우수한 교수요원, 좋은 교육환경과 교육과정이 필요하다(권경득, 2009: 86-87).

첫째, 교수요원은 소방공무원 교육훈련기관에서 강의와 교육 운영을 담당하는 사람이다. 교수요원은 교육훈련 계획의 수립, 강의 및 교과 과정의 운영, 교육생의 지도 및 평가를 담당한다. 교육훈련의 성과는 교수요원의 자질과 교수법에 크게 좌우하기 때문에, 유능한 교수요원의 확보와 교수요원에 대한 교육이 필요하다. 일반적으로 교육훈련기관의 교수진은 자체의 교수요원과 외부교육기관(주로 대학)에서의 파견 또는 초빙교수 및 기타 전문가, 교습실무자 등으로 구성된다(박연호, 1998).

둘째, 교육환경으로 효과적인 소방 교육훈련이 가능하기 위해서는 현대화된 교육시설과 교육에 필요한 교육기자재 및 보조자료를 충분히 확보해야 한다. 소방공무원들이 자발적으로 교육훈련을 받고 싶고, 교육훈련에 대한 동기부여가 되어 있어도 교육시설과 교육기자재가 확보되지 않으면 효과적인 교육훈련은 기대할 수 없다.

셋째, 소방공무원의 전문성과 역량 제고를 목표로 하는 소방 교육훈련의 성과를 달성하기 위해서는 교수요원과 교육환경 못지않게 좋은 교육 과정이 마련되어야 한다. 교육훈련은 전체적 일관성과 체계성을 유지해야 한다.

3. 교육훈련의 형태

1) 신규채용자 교육훈련

신규채용자 교육훈련은 신규채용 소방공무원으로서 알아야 할 조직의 문화, 규범, 직업윤리 등의 기초 소양교육과 담당할 직무에 대한 성격, 필요한 지식, 기술,

태도 등 직무 적응에 필요한 요소들을 배양시키는 기본적인 안내 과정으로 적응훈련이라고도 한다.

2) 일반 재직자 교육훈련

일반 재직자 교육훈련은 재직 소방공무원을 대상으로 현재 담당하고 있거나, 장래에 담당할 직무에 대한 수행 능력의 향상과 변화에의 적응을 위해 새로운 지식과 기술, 새로운 규칙과 법령의 내용을 습득시키고, 새로운 행정환경의 분석과 대응 능력을 배양시킬 목적으로 정기적 또는 수시로 실시하는 교육훈련이다. 소방업무는 계속해서 변화하기 때문에 소방 업무를 능숙하게 수행하기 위해서는 계급에 관계없이 재직자 교육훈련을 꾸준히 받아야 한다.

3) 감독자 교육훈련

감독자 교육훈련은 감독자(중간관리자)의 감독 능력 향상과 증대된 책임성에 대한 준비를 위한 훈련으로 중요시되고 있다. 특히, 소방 업무는 긴급성, 위험성 등과 같은 업무의 성격상 하급자에 대한 관리·감독이 매우 중요하므로 감독자 교육훈련이 강조되고 있다. 감독자 교육훈련의 내용은 일선 소방공무원들의 업무 수행 관리·감독에 필요한 지식들로 사기관리, 리더십, 의사전달, 인간 관계, 인사행정 및 근무규율 등이다.

4) 관리자 교육훈련

관리자 교육훈련은 정책결정과 지휘 업무를 담당하는 관리자를 대상으로 하는 교육훈련이다. 관리자 교육훈련은 주로 기획·정책결정 등과 관련된 지식, 정치·경제·사회 전반에 대한 폭넓은 지식, 의사결정, 지도력, 통찰력, 창의력 등의 배양이 주요 교육 내용이 될 것이다.

4. 교육훈련의 과정

일반적으로 교육훈련의 과정은 수요 조사 단계, 집행 단계 및 평가 단계로 구성된다(권경득, 2009: 88).

첫째, 수요 조사 단계는 교육훈련을 체계적으로 실시하기 위한 첫 번째 과정으로 교육훈련 수요 조사를 통해 교육훈련을 필요로 하는 대상 공무원과 교육시킬 내용이 결정된다. 교육훈련 수요 조사는 직무가 요구하는 지식 · 기술 · 능력 · 태도와 이들 요소에 대해 공무원이 현재 갖고 있는 상태의 차이를 파악하는 것으로, 사회조사의 일반적 방법인 관찰, 면접, 설문지와 직무 능력에 대한 시험이나 각종 자료(근무성적평정 결과, 직무기술서, 이직률과 결근율 등)가 활용될 수 있다(유민봉 · 임도빈, 2007: 263-266).

둘째, 집행 단계에서는 적절한 교육훈련과 능력 개발 전략이 선택되고 집행된다. 즉, 교육훈련 수요 조사가 완료되면 수요를 충족시킬 수 있는 교육훈련 프로그램이 개발되거나 수정되어야 한다. 교육훈련은 실시되는 장소가 직장 내인가 외인가에 따라 직장훈련(On-the-Job Training: OJT)과 교육원훈련(Off-the-Job Training: Off JT)으로 나눌 수 있다.[9] 어떤 교육훈련 방법을 택하느냐에 따라 참여자의 지식, 기술, 능력, 태도, 행동 등의 변화에 미치는 효과가 다르다. 교육훈련의 목적에 따라 교육훈련 방법을 분류하면, ① 지식의 습득을 위한 방법으로 강의, 토론회, 사례연구, 시찰, 시청각 교육 등이 있다. ② 기술 연마를 위한 방법으로는 사례연구, 모의연습, 현장훈련, 전보 · 순환보직, 실무실습, 시청각 교육 등이 있다. ③ 태도 · 행동의 변화를 위한 방법으로는 사례연구, 역할연기, 감수성훈련 등이 있다. 이러한 교육훈련 방법들은 각각 장 · 단점이 있으므로, 교육훈련의 목적에 맞게 교육훈련 방법이 선택되어야 한다. 예를 들면, 사례연구는 문제 해결 능력을 향상시키는 데 효과적이며, 참여자가 수용하는 정도도 매우 높다. 반면, 많은 지식을 빨리 습득하는 방법으로는 회의 · 토론 방법과 프로그램화된 교육이 있다.

9) OJT는 평상시의 근무 상황에서 일을 하면서 배워 가는 훈련을, Off JT는 교육훈련만을 목적으로 특별히 마련된 장소와 시설에서 훈련을 말한다.

표 4-3-8 소방공무원에게 필요한 지식 및 실무기술 예시

구 분	내 용
지식 분야	소방기관의 조직·인사·예산, 소방기관의 운영의 범위, 운영 방법의 기준, 소방기관의 규칙과 규정, 화재의 유형 및 화학소방, 호흡기의 원리, 소방용수와 노즐 및 커플링의 사용, 소방장비의 형태, 인명 위험 손상, 통풍 방법, 구조절차, 소방검사의 절차와 기준, 보고서 작성 등
실무기술 분야	호스 전개, 사다리 전개, 호흡장비의 사용, 진입 실시, 소화전 사용 및 연결, 인명 소생법, 구조 활동, 로프 사용, 기본장비 유지 및 운영, 장비의 점검 및 정비, 호스와 노즐의 취급 주의

자료: 최종태·현성호(2006: 186)를 수정.

셋째, 평가 단계에서는 교육훈련의 전략이 구체적인 훈련 목적을 어느 정도 달성했는지에 관한 측정에 초점을 둔다(박연호, 1998). 평가의 대상에는 교관, 강의 방식, 훈련시설, 프로그램 자체 등이 포함된다. 교육훈련의 효과는 일반적으로 교육훈련이 실시되고 난 후에 생긴 변화로 측정될 수 있다.

5. 소방교육훈련기관 및 교육 과정

소방 교육훈련은 소방교육훈련기관의 교육훈련(Off JT)과 직장 내 교육훈련(OJT)으로 나눌 수 있다. 소방교육훈련기관으로는 중앙소방학교와 지방소방학교가 있다.

1) 중앙소방학교의 교육훈련 과정

중앙소방학교에서 실시하는 소방 교육훈련 과정에는 신임교육(소방간부후보생), 지휘역량교육, 전문교육(집합), 유관기관단체교육, 대국민교육, 사이버교육 등이 있다.[10]

10) 자세한 교육 과정은 중앙소방학교 교육정보안내 참조 바람.

2) 지방소방학교의 교육훈련 과정

지방소방학교에는 서울소방학교, 부산소방학교, 인천소방학교, 광주소방학교, 경기소방학교, 강원소방학교, 충청소방학교, 경북소방학교가 있다. 서울소방학교의 교육 과정에는 신임교육 과정, 기본교육 과정, 전문교육 과정, 특별교육 과정, 수탁교육 과정, 사이버교육 과정이 있다. 다른 소방학교의 교육 내용도 이와 비슷하며, 자세한 내용은 각 소방학교 홈페이지를 통해 확인할 수 있다.

3) 중앙119구조본부 교육훈련 과정

구조 업무의 전문성과 특수성을 반영한 교육훈련 과정이 중앙119구조본부[11)]에 개설되어 있다. 교육훈련 과정은 전문교육 과정으로 동계수난구조과정·도시탐색구조과정·신임핸들러 입문 및 심화 과정·항공기수색구조관리자 과정·로프전문인명구조 과정·특수항공기구조 과정·CBRN테러대응 과정 등이 있다.

제 4 절 소방공무원의 인사 이동과 경력 발전

1. 인사 이동과 경력 발전의 의의

인사 이동은 현 직위에서 다른 직위로 옮겨가는 모든 유형의 직위 변동을 의미하며, 승진, 강임, 전직, 전보, 겸임, 파견, 전·출입 등이 포함된다. 인사 이동은 전통적으로 통제의 가장 강력한 수단이었으나, 이제는 통제가 아닌 개인의 능력 향상을 위한 발전적 개념으로 받아들여지고 있다(박동서, 1998; 유민봉·임도빈, 2007: 294; 권경득, 2009: 103). 즉, 인사 이동은 승진과 적재적소의 인사 배치를 통해 각 개인이 가지고 있는 잠재적 능력을 최대한 발휘할 기회를 부여하고, 조직에서 일의

11) 2013년 9월 17일 특수사고대응단 창단 및 중앙119구조본부로 승격되었으며, 2013년 12월 5일 구미119화학구조센터 개소, 2014년 1월 13일 5개(시흥·익산·서산·여수·울산) 119화학구조센터 개소, 2014년 11월 19일 중앙119구조본부로 이전(대구시 달성군)하였다.

표 4-3-9	인사 이동의 종류
승진 · 강임	상하 직급 구조상에서의 인사 이동을 의미하는 것으로 승진은 상위 직급으로, 강임은 하위 직급으로 이동하는 것을 말함.
전직 · 전보	직무의 책임 수준이 유사한 직위 간의 수평적 이동 의미. 수평적 이동이 동일 직렬 내에서 이루어지는 것이 전보이고 직렬을 넘어서는 것이 전직이다.
겸 임	한 사람이 둘 이상의 직위에 임명되는 것. 대학교수를 교육훈련기관의 교관으로 임명하거나 연구원 원장으로 임명하는 것이 대표적인 예이다.
파 견	기관 간 업무의 공동 수행이나 업무량이 과다한 다른 기관의 행정 지원 등을 위해, 소속기관을 유지한 채 다른 기관으로 자리를 옮겨 근무하는 경우가 그 예이다.
인사교류	기관 상호 간에 직무 분야가 유사한 범위 내에서 공무원의 수평적 이동을 허용하는 제도. 기관 상호 간에 업무 협조를 증진시킬 수 있고, 공무원에게 능력 발전의 기회를 제공하는 효과 등이 있음.
전출 · 입	행정부, 입법부, 사법부 상호 간의 공무원 이동을 말함. 시험을 거쳐 전입하는 것이 원칙이나 일정 조건을 갖춘 경우 시험의 일부 또는 전부가 면제될 수도 있음.

성취감을 느낄 수 있도록 하기 위한 수단으로 활용되고 있다. 인사 이동에는 직위의 수직적 상승을 의미하는 승진과 수평적 이동을 의미하는 배치전환이 있다.

여기서, 더 발전된 형태가 경력 발전(career development)이다. 경력 발전은 개개인이 경력상의 목표를 설정하고 이를 달성하기 위한 계획을 수립하여 조직의 욕구와 개인의 욕구가 합치될 수 있도록 경력을 개발하는 활동을 의미한다. 경력 발전은 조직과 개인 모두의 의식적인 노력과 개인의 욕구와 조직의 욕구가 합치될 때 효과가 극대화된다.

인사 이동이 조직의 인사관리에 중점을 두고 있는 반면에, 경력 발전은 조직구성원 개인이 자신의 경력을 발전시키기 위해 인사 이동의 계획을 수립하고 조직이 이를 지원하는 개인 중심의 접근이다.

2. 승 진

1) 승진의 의의

승진이란 직급상의 직위 상승이다. 즉, 결원 보충의 한 방법으로 하위 직급에 재직하고 있는 공무원 중 일정 요건을 갖춘 자를 근무성적, 경력, 훈련성적 및 기타 능력의 실증에 의해 우수한 자를 상위 직급에 임용하는 것을 의미한다. 일반적으로 승진에는 책임의 증대, 보수의 증가 및 지위의 상승 등의 수반된다. 따라서 승진은 동일 직급 또는 동일 등급 내에서 호봉만 올라가는 승급과는 구분된다.

일반적으로 승진이 조직과 개인에게 미칠 수 있는 영향은 다음과 같다(김중양, 2004: 123; 유민봉 · 임도빈, 2007: 296). 조직 차원에서는 첫째, 결원을 보충하는 중요한 수단으로 상위직에 능력 있는 공무원을 임용하는 등 인적 자원의 효율적 이용을 통해 조직 업무 수행의 능률화를 도모할 수 있다. 둘째, 유능한 인재를 공직에 유치할 수 있게 되어 직업공무원제의 수립 및 경력 발전에 기여할 수 있다. 셋째, 승진은 자기성취욕과 직무에 대한 만족감을 증가시키는 등 동기를 유발시킨다.

개인적 차원에서는 책임과 의무의 증가에 비례하여 금전적 보수가 늘어나고, 심리적으로 성공 내지 성취감을 맛보게 한다. 또한 우리나라와 같이 신분을 중시하는 사회에서는 무형의 신분 상승 효과도 있다고 봐야 할 것이다.

2) 승진 제도의 고려 사항

(1) 승진과 신규채용과의 비율

일정한 직위에 결원이 발생했을 경우, 이에 대한 결원 보충 방법으로는 내부로부터 승진임용에 의해 충원할 수도 있고, 외부로부터 신규채용(공개경쟁채용과 특별채용)할 수도 있다. 문제는 내부 승진임용과 외부 신규채용의 비율을 어떻게 할 것인가 하는 문제이다. 양자의 비율을 결정하는 데 현직 공무원의 사기 문제, 재직 공무원의 능력과 자질의 정도, 인력시장의 공급적 측면, 정부의 인사정책 및 직업공무원제의 발전 정도 등이 주요 요인으로 작용한다(김중양, 2004: 124; 권경득, 2009: 104).

결원이 생긴 직위를 놓고 경쟁의 범위를 어디까지 허용할 것인가의 결정은 개인이나 조직 모두에게 중요한 문제로 공직 · 부처 · 직렬의 세 경계를 중심으로 개방과 폐쇄의 논쟁을 야기한다(유민봉 · 임도빈, 2007: 297). 첫째, 공직의 경계는 공직에 빈 자리가 생겼을 때 민간 부문에까지 경쟁을 허용할 것인가의 쟁점이다. 둘째, 부처 간 경계는 공직 외부의 채용을 허용하지 않는 경우에 해당 부처 내의 공무원에게만 경쟁을 허용할 것인지, 아니면 다른 부처에도 똑같은 기회를 줄 것인가의 문제이다. 셋째, 직렬 경계는 폐쇄적인 것이 원칙이다. 직무의 성격이 다른 직위에 승진을 허용한다는 것은 직렬 구분의 원칙을 훼손하는 일이기 때문이다. 그러나 이 원칙은 기술·연구 직렬과 같이 직렬에 포함된 직위 수가 많지 않아 직렬 내에서만 승진을 허용하는 경우, 고위직에의 진입 기회가 제도적으로 차단될 수 있다는 점에서 문제가 되기도 한다.

(2) 승진의 기준 및 승진 범위의 문제

승진의 기준으로는 일반적으로 경력을 중심으로 하는 연공서열주의와 실적을 중심으로 하는 능력주의가 있다(이학종, 1998: 369-374). 연공서열 기준은 조직에 들어와서 근무한 연수를 기준으로 하는 것으로 가장 객관적이면서도 간단한 승진 기준이다. 실적 기준은 승진 결정에서 근무연수보다는 실적을 중시한다. 실적은 결과로 나타난 직무 수행 실적이나 시험성적을 말하기도 하고, 그러한 결과의 원인 역할을 하는 능력을 말하기도 한다. 연공서열 기준은 근무연수와 경험을 중요시하는 반면, 실적 기준은 직무 성과와 이에 관련된 특성을 중요시하는 것이다.

승진 가능한 직급이 높으면 공무원의 사기가 앙양되고 행정 능률과 기술이 향상되며 직업공무원제의 확립에 기여한다는 장점이 있으나, 민주통제가 어려워지고 관료주의화할 우려가 있다.

3) 소방 승진의 유형

우리나라는 일반승진, 공개경쟁승진, 특별승진, 근속승진 등 네 종류의 승진 제도를 가지고 있다. 특별승진과 공개경쟁승진은 실적에만 의존하는 승진 제도이고, 근속승진은 근무연수만을 기준으로 허용하는 것으로 일반직 및 기능직의 8급 이하 하위직 공무원에게 적용된다. 일반승진이 우리나라에서 가장 일반적인 형태이다.

현행 소방공무원의 승진은 근무성적, 경력평정, 기타 능력의 실증에 의한다. 소방공무원의 승진임용에는 심사승진, 시험승진, 특별승진 및 근속승진이 있다. 소방준감 이하 계급에의 승진은 승진심사에 의한다. 다만, 소방령 이하 계급에의 승진에서는 「대통령령」이 정하는 비율에 따라 승진시험을 병행할 수 있다. 소방정 이하 계급의 소방공무원에 대하여는 「대통령령」이 정하는 바에 의하여 계급별로 승진심사대상자명부를 작성하여야 한다. 소방준감 이하 계급에의 승진은 승진심사위원회가 설치된 소속 기관의 장이 각 계급별로 작성한 심사승진후보자명부의 순위에 의한다. 다만, 소방령 이하 계급에의 승진 중 시험에 의한 경우는 성적 순위에 따른 시험승진후보자명부 순위에 의한다(소방공무원법, 제14조). 소방교, 소방장, 소방위, 소방경으로 근속승진임용을 할 수 있다(소방공무원법, 제15조).[12] 소방공무원이 승진함에 있어서는 필요한 최저 근무연수가 경과되어야 한다.[13] 승진 소요 최저 근무연수에는 휴가 기간, 직위해제 기간, 징계처분 기간 등이 산입되지 않는다. 징계처분의 집행이 종료된 날부터 강등·정직은 18개월, 감봉은 12개월, 견책은 6개월의 기간이 경과되지 아니한 자는 승진임용할 수 없다(소방공무원 승진임용 규정, 제6조).

3. 강 임

강임이란 하위 계급 또는 하위 직급의 직위로 이동하는 것을 말한다. 강임은 매우 드문 현상으로 조직 개편이나 예산 삭감으로 직위가 없어졌을 때 강임을 받아들임으로써, 계속 신분을 유지하고 싶을 경우와 본인이 원하는 부처로 가기 위해 스스로 강임을 감수하는 경우에 발생하게 된다.

4. 배치전환

배치전환은 보수나 계급의 변동 없이 수평적으로 직위를 옮기는 것을 말한다. 배치전환의 한 유형은 기관을 중심으로 하여 중앙정부의 부처 간, 중앙정부와 지방자치단체, 그리고 지방자치단체 간에 이루어지는 수평적 인사 교류이다. 인사 교류보다 훨씬 많이 이용되고 있는 배치전환의 유형은 전직과 전보이다. 전직과 전보는 직무의 성격을 달리하는 직렬의 경계를 넘는가의 여부로 구분된다. 전직은 직렬의 경계를 넘어 다른 직렬의 동일 계급으로 이동하는 것이고, 전보는 동일 직렬 내에

---

12) 「소방공무원법」 제15조에 의한 근속승진 기간은 소방사 4년 이상, 소방교 5년 이상, 소방장 6년 6개월 이상, 소방위 10년 이상 근속자이다.

13) 승진소요 최저 근무연수는 소방정: 4년, 소방령: 3년, 소방경: 3년, 소방위: 2년, 소방장: 2년, 소방교: 1년, 소방사: 1년이다(소방공무원 승진임용 규정, 제5조).

서의 수평적 이동이다. 전임임용을 하고자 할 때에는 원칙적으로 전직시험을 거치도록 규정하고 있다.

5. 경력 발전

1) 의 의

경력 발전은 경력을 중심으로 개인의 성장과 조직의 인사관리 간에 상호 조화를 이끌어내기 위한 계획된 인사활동이다. 즉, 경력 발전은 개인이 주된 역할을 해야 하는 경력계획(career planning)과 조직이 주된 책임을 져야 하는 경력관리(career management) 간의 밀접한 상호작용을 통해 달성될 수 있다(유민봉 · 임도빈, 2007: 316-317).

모든 직장인에게 직위는 자신이 직장생활에서 추구하는 경력상의 목표를 달성하기 위한 수단적 역할을 하며, 그 직위가 경력 목표에 기여하게 되면 직무에 대한 만족도와 근무성적 모두가 높아질 것이고, 그렇지 않으면 불만과 함께 저조한 근무성적이 나오게 될 것이다. 경력 발전은 이러한 개인의 경력상의 욕구를 고려한 인사관리 활동이다. 전통적인 교육훈련에서는 일을 담당하고 있는 당사자의 요구를 듣기보다는 위에서 훈련 수요 판단에 따라 하향식(top-down)으로, 그리고 의무적으로 훈련을 시켜왔다. 이에 반해, 경력 발전에서는 개인 측면을 강조하게 된다. 개인이 추구하는 경력상의 목표가 달성될 수 있도록 조직이 어떤 역할을 담당해야 한다는 것이다. 경력 발전은 개인의 욕구가 단순히 경제적 수준에 머물지 않고, 자기 성장의 높은 수준으로 옮아감에 따라 전통적인 통제와 과학적 관리의 원리로서는 동기부여에 한계가 있음을 인식하기 시작하면서 강조되었다.

적극적인 경력 발전이 되기 위해서는 상담 등을 통해 좀 더 현실적인 경력계획이 되도록 조직이 노력해야 한다. 한편, 경력관리는 경력을 축으로 해서 개인의 성장 욕구와 조직의 목표를 실현시키기 위한 활동들이 서로 일치하는 영역을 확대시켜 나가는 활동이라고 할 수 있다.

제 5 절 소방공무원의 평정 제도

1. 근무성적평정의 의의와 목적

인적 자원을 유지하고 활용하기 위한 활동이 끝나면, 그 다음으로 수행한 직무의 성과가 어느 정도인지를 평가하는 것이 순차적인 단계일 것이다. 프로야구에서 한 시즌이 끝나면 시즌 동안의 선수 성적을 평가하는 것과 마찬가지이다. 평가의 범위는 넓게는 인사행정 체제 전체를 포함시켜 이해할 수도 있으나, 인적 자원에 초점을 두고 확보, 개발, 유지 · 활용, 평가, 보상이라는 일련의 관리 과정 측면에서 이해할 때에는 조직구성원 개인의 근무 실적이 주된 평가의 대상이 된다. 다만, 최근에는 평가의 범위를 개인뿐만 아니라 부서, 조직 차원으로 확대시켜 이들 차원에서의 효과성, 즉 생산성에 대한 관심이 높아지고 있다(유민봉 · 임도빈, 2007: 452).

근무성적평정은 개별 공무원의 근무성적(근무 실적, 근무 수행 능력, 근무 태도 등)을 공식적이고 체계적으로 평가하는 것을 의미한다. 사람을 평가의 대상으로 한다는 점에서 직무의 가치를 평가하는 직무평가와 구분된다. 다만, 사람을 대상으로 하지만 직무 수행과 관련된 요소만이 평가되어야 하기 때문에 직무와는 불가분의 관계를 가진다.

근무성적평정도 근무성적을 평가하는 하나의 측정 도구이기 때문에 시험에서와 마찬가지로 평정 방법상의 타당성과 신뢰성, 그리고 식별력을 갖추어야 하며, 여기에 평정 방법을 실제 적용하는 과정에서 수용성과 실용성이 요구된다.

근무성적평정의 목적은 공무원의 능력 발전과 능률 향상 및 윤리관 확립, 인사관리의 평가 기준 확보, 공정한 인사행정의 기준 확보 등이다. 소방정 이하의 소방공무원에 대하여는 근무성적을 평정하여야 하며, 근무성적평정의 결과는 승진 · 전보 · 특별승급 · 성과상여금지급 · 교육훈련 및 보직관리 등 각종 인사관리에 반영하여야 한다(소방공무원 승진임용 규정, 제7조 제1항).

2. 근무성적평정의 방법

근무성적평정의 방법에는 여러 가지 방법이 사용되고 있다. 일반적으로 사용되고 있는 근무성적평정의 방법에는 도표식 평정척도법, 강제배분법, 서열법, 서술법, 자기평정법과 다면평정법, 목표관리제 평정법 등이 있다(유민봉 · 임도빈, 2007: 459-474; 권경득, 2009: 118-119).

1) 도표식 평정척도법(graphic rating scales)

가장 대표적인 평정 방법으로서 평정 요소마다 주어진 측정 척도에 따라 피평정자에 대한 평가를 표시하는 방법이다. 즉, 전형적인 평정 양식은 다수의 평정 요소와 각 평정 요소마다 실적 수준을 평가할 수 있는 등급으로 구성되어 있다. 평정 요소는 직무 및 사람과 관련된 실적과 능력, 그리고 태도를 구체적으로 평가할 수 있는 항목들이다. 한편, 등급을 나타내는 척도상에는 수 · 우 · 미 · 양 · 가 내지는 1 · 2 · 3 · 4 · 5 등과 같이 간단히 표기하거나, 때로는 각 등급의 의미를 구체적으로 기술하기도 한다.

도표식 평정척도법의 장점은 첫째, 일반적으로 직무분석에 기초하기보다 직관과 선험을 바탕으로 하여 평가 요소가 결정되는 것으로 작성이 빠르고, 쉬우며, 경제적이다. 둘째, 평가자가 해당하는 등급에 표시만 하면 되기 때문에 평정 또한 간단하다. 셋째, 평정의 결과가 점수로 환산되기 때문에 평정 대상자에 대한 상대적 비교를 확실히 할 수 있어 상벌 결정의 목적으로 사용하는 데 효과적이다.

도표식 평정척도법의 단점으로는 첫째, 평정 요소와 등급의 추상성이 높기 때문에 평정자의 자의적 해석에 의한 평가가 이루어지기 쉽다. 둘째, 첫 번째 평정 요소에 대한 평가가 그 다음 평정 요소에까지 파급되어 나타나는 연쇄 효과(halo effect)의 오류도 범하기 쉽다. 셋째, 평정 결과의 활용에서도 일반적인 요소를 기준으로 이루어지기 때문에 평정 대상자의 능력 개발을 위한 유익한 자료를 만들어 내기 곤란하다.

2) 강제배분법

강제배분법은 도표식 평정척도법에서 흔히 나타날 수 있는 관대화 경향이나 중심화 경향을 줄이기 위해 사용되는 방법으로서, 평정 요소마다 주어진 3~5개의 기술(척도) 중에서 피평정자에 해당하는 기술(척도)에 표시하도록 되어 있다. 평정 요소의 각 기술(척도)마다 점수를 배정하여 수치로 환산할 수 있으며, 각 평정 요소마다 평정 결과에 대해 정규분포를 적용함으로써, 평가의 집중화 경향을 피할 수 있다.

3) 서열법

서열법은 평정자들을 서로 비교하여 그 순위를 정하면서 그들을 평가하는 방법이다. 서열법에는 평정 요소별로 서열을 정해 이를 종합·평가하는 단순서열법, 가장 우수하거나 가장 열등한 사람을 뽑고 나머지 사람들 중에서 또 우수한 사람을 뽑아 나가는 교대 방법, 그리고 두 사람씩 쌍을 지어 비교하면서 서열을 정하는 쌍쌍비교법 등이 있다. 서열법은 대체로 피평정자 수가 제한되었을 때 사용될 수 있는 방법이다.

4) 서술법

서술법은 평정자가 평정 대상자의 실적, 능력, 태도, 장·단점 등에 대해 직접 기술하는 것으로, 기술 방식을 평정자의 재량에 완전히 맡기는 자유서술법과 정해진 형식에 따르도록 하는 제한서술법이 있다. 우리나라 공무원 근무성적평정서는 평정 대상자에게 근무 실적, 능력, 태도, 교육훈련 및 보직관리, 그리고 업무 목표 및 추진 실적에 대해 제한서술법의 형태로 기술하도록 하고 있다. 평정자와 확인자에게도 평정 대상자의 근무성적평정에 대한 종합평가 의견을 서술하도록 요구하고 있다.

5) 자기평정법과 다면평정법

자기평정법은 평정 대상자 본인에게 자신에 대한 평가의 기회를 줌으로써 감독자가 모르거나 잊었던 사실을 상기시켜 올바른 평정에 도움을 줄 수 있다. 다면평정법은 여러 사람을 평정자로 활용함으로써 평가에 참여하는 소수인의 주관적 편견, 그리고 이들 간의 개인 편차를 줄임으로써 객관성과 공정성을 높일 수 있는 제도이다. 또한 감독자 이외에도 동료 · 부하 · 고객 등 다양한 사람의 참여를 통해 평정에의 관심도와 지지도를 높일 수 있는 장점이 있다. 우리나라에서는 근무성적평정 단계에서가 아니고 승진심사 때 동료 · 하급자 · 민원인의 평정 결과를 반영할 수 있다.

6) 목표관리제 평정법(MBO appraisals)

목표관리제(management by objectives: MBO) 평정법은 비교적 근래에 많은 관심을 갖기 시작한 관리모형인 목표관리를 평정에 적용한 것이다. 목표관리란 관리자와 종업원이 함께 실적 기준으로 사용할 목표를 설정한 다음, 일정 기간 후 목표 달성도를 측정하여 종업원에게 피드백시켜 주고, 성과에 대한 공동 토의를 거쳐 새로운 목표를 설정하는 일련의 연속적 관리 과정이다. 우리나라에서는 평정 대상 공무원에 대해 매년 2월 말까지 연간 수행할 업무 목표를 설정하도록 하고 있다. 5급 이하 공무원의 경우에는 직무의 특성을 고려하여 생략할 수 있는 반면, 4급 이상 공무원의 경우에는 목표의 달성 정도가 점수로 평정되고, 그 결과는 성과상여금 내지는 성과연봉과 연결하도록 되어 있다.

3. 근무성적평정 체제

근무성적평정 체제는 평정자, 평정 요소, 평정 절차, 평정 결과, 평정 대상자를 구성 요소로 한다. 이 중에서 평정에 영향을 미치는 가장 중요한 변수는 평정을 실시하는 평정자, 평정을 받게 되는 피평정자, 평정 요소와 평정의 도구로 사용되는 평정 방법 등이다(유민봉 · 임도빈, 2007: 474).

1) 평정자

평정자는 평가 주체로서 평정의 결과에 직접적인 영향을 미친다. 따라서 평정자를 누구로 할 것인가는 전체 평정 체제의 개발에서 매우 중요한 문제이다. 평정 결과를 상벌 결정의 용도로 사용하는 대부분의 평정 체제에서는 상벌 결정에 대한 조직상의 책임을 지는 상위 감독자와 차상위 감독자가 평정자가 되는 것이 일반적이다. 그러나 평정의 목적이 상벌 결정보다는 개인의 능력 발전일 경우에는 상위 감독자 이외에 다른 부서의 상관, 부서 내·외의 동료 또는 부하, 심지어는 평정 대상자 자신이나 서비스를 제공받는 시민도 평정자가 될 수 있다.

소방공무원 근무성적평정의 평정자는 [그림 4-3-4]와 같다.

그림 4-3-4 근무성적평정 체제 구성 요소 간의 관계

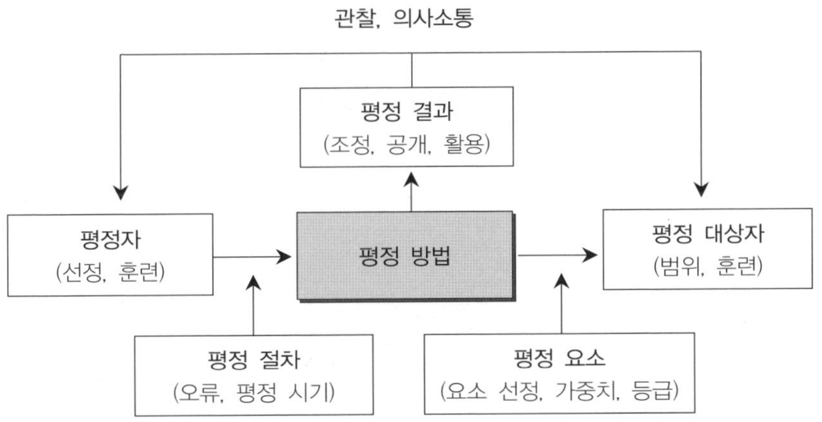

자료: 유민봉·임도빈(2007: 474).

2) 피평정자

우리나라는 과거 5급 이하의 공무원에만 적용되어 오던 근무성적평정을 1999년부터 4급 이상 공무원까지 확대했다. 5급 이하는 실적, 능력, 태도의 세 범주에서 구체적인 평정 요소를 선정하게 되고, 1~4급의 경우는 목표관리제 평정법에 따라 평정자와 평정 대상자가 합의한 목표의 달성도를 평정하게 된다.

표 4-3-10 소방공무원 근무성적평정의 평정자

<table>
<tr><th colspan="2">소 속</th><th>직 급</th><th>1차 평정자</th><th>2차 평정자</th></tr>
<tr><td rowspan="2">소방청</td><td>관·국</td><td rowspan="9">소방정</td><td>소속 국장</td><td rowspan="2">차장</td></tr>
<tr><td>관·국 외</td><td>소속 과장</td></tr>
<tr><td colspan="2">중앙소방학교</td><td>중앙소방학교장</td><td>차장</td></tr>
<tr><td colspan="2">중앙119구조본부</td><td>중앙119구조본부장</td><td>차장</td></tr>
<tr><td colspan="2">국립소방연구원</td><td>국립소방연구원장</td><td>차장</td></tr>
<tr><td colspan="2">시·도 소방본부</td><td rowspan="4">소속 시·도 소방본부장</td><td rowspan="4">소속 시·도 부시장 또는 부지사. 다만, 지방소방학교장의 경우에는 차장</td></tr>
<tr><td colspan="2">소방서</td></tr>
<tr><td colspan="2">지방소방학교</td></tr>
<tr><td colspan="2">서울종합방재센터</td></tr>
<tr><td rowspan="2">소방청</td><td>관·국</td><td rowspan="5">소방령</td><td rowspan="2">소속 과장</td><td>소속 국장</td></tr>
<tr><td>관·국 외</td><td>차장</td></tr>
<tr><td colspan="2">중앙소방학교</td><td>중앙소방학교장</td><td>차장</td></tr>
<tr><td colspan="2">중앙119구조본부</td><td>중앙119구조본부장</td><td>차장</td></tr>
<tr><td colspan="2">국립소방연구원</td><td>소속 과장</td><td>국립소방연구원장</td></tr>
<tr><td colspan="2">시·도 소방본부</td><td rowspan="4">소방령
및
소방경</td><td>소속 부서장(과장 등)</td><td rowspan="4">소속 시·도 소방본부장</td></tr>
<tr><td colspan="2">소방서</td><td>소속 소방서장</td></tr>
<tr><td colspan="2">지방소방학교</td><td>소속 지방소방학교장</td></tr>
<tr><td colspan="2">서울종합방재센터</td><td>서울종합방재센터소장</td></tr>
<tr><td rowspan="2">소방청</td><td>관·국</td><td rowspan="5">소방경
이하</td><td rowspan="5">소속 과장</td><td>소속 국장</td></tr>
<tr><td>관·국 외</td><td>차장</td></tr>
<tr><td colspan="2">중앙소방학교</td><td>중앙소방학교장</td></tr>
<tr><td colspan="2">중앙119구조본부</td><td>중앙119구조본부장</td></tr>
<tr><td colspan="2">국립소방연구원</td><td>국립소방연구원장</td></tr>
<tr><td colspan="2">시·도 소방본부</td><td rowspan="4">소방위
이하</td><td>소속 부서장(과장 등)</td><td>소속 시·도 소방본부장</td></tr>
<tr><td colspan="2">소방서</td><td>소속 부서장(과장, 안전센터장, 구조대장). 다만, 본인이 부서장인 경우에는 해당 소방서의 인사주무과장(소방행정과장)</td><td>소속 소방서장</td></tr>
<tr><td colspan="2">지방소방학교</td><td rowspan="2">소속 부서장(과장 등)</td><td>소속 지방소방학교장</td></tr>
<tr><td colspan="2">서울종합방재센터</td><td>서울종합방재센터소장</td></tr>
</table>

비고: 1. "관·국 외"란 운영지원과, 대변인실, 119종합상황실, 청장실 및 차장실을 말한다.
2. "소속 국장"에는 기획조정관을, "소속 과장"에는 대변인, 담당관, 실장, 팀장·구조대장·센터장 등 과장급 부서장을 포함한다.
3. 청장실 및 차장실의 경우 운영지원과장을 소속 과장으로 본다.
4. 소방청장 또는 특별시장·광역시장·특별자치시장·도지사·특별자치도지사는 위 표에도 불구하고 다음 각 목의 어느 하나에 해당하는 경우에는 평정자를 따로 지정할 수 있다.
가. 평정자가 누구인지 특정하기 어려운 경우
나. 위 표에서 정하지 않은 기관에 소속된 소방공무원의 경우

자료: 「소방공무원 승진임용 규정 시행규칙」 제6조 및 [별표 1].

3) 평정 요소

근무성적평정이란 실적뿐만 아니라 개인 측면의 직무 수행 능력이나 태도까지도 포함한다. 우선, 직무는 직무의 내용과 직무 수행에 필요한 자격 요건을 구체화시킴으로써 평정 기준을 제공하게 되며, 개인적 특성인 능력과 태도는 직무를 수행하면서 구체적인 행동으로 표출되어 실적을 낳게 하는 원인이자 과정이다. 그리고 실적은 최종적으로 나타난 결과라 할 수 있다.

근무성적평정에서 중요시되는 평정 요소는 조직에 따라 다르다. 그러나 근무성적평정의 목적을 달성하려면 평정 요소는 다음의 요건을 충족시켜야 한다(이학종, 1998: 309; 권경득, 2009: 117). 첫째, 성과의 연결성으로 평정 요소가 직무 성과와 직접적으로 연결되어 있고, 내용적으로도 높은 구성타당도를 지니고 있어야 한다. 둘째, 목적과의 연결성으로 평정 요소는 조직의 목적과도 밀접한 관련이 있어야 한다. 셋째, 실질성과 객관성으로 평정 요소는 실질적으로 측정 가능해야 하며, 편견

그림 4-3-5 근무성적평정 요소의 구조적 연관성

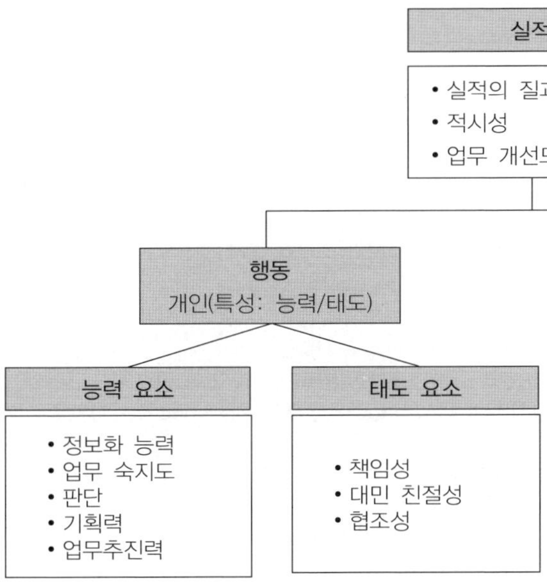

자료: 유민봉 · 임도빈(2007: 479).

표 4-3-11 근무성적평정표(소방위 이상)

○ 평정대상자
- 소속:
- 계급:
- 성명:

○ 평정기간

. . . 부터

. . . 까지

○ 분포비율
- 수(55점 이상) ………… 2할
- 우(45점 이상 55점 미만) ………… 4할
- 양(33점 이상 45점 미만) ………… 3할
- 가(33점 미만) ………… 1할

평정요소 및 배점	근무실적(10점)			직무수행능력(10점)				직무수행태도(10점)			조정위원회 위원장 성명: (인)	
	① 직무의 양 (3점)	② 직무수행의 정확성 (4점)	③ 직무수행의 신속성 (3점)	④ 지식 및 기술 (3점)	⑤ 이해력 및 판단력 (2점)	⑥ 기획력 및 창의력 (2점)	⑦ 관리능력 및 지휘력 (3점)	⑧ 성실성 및 규율 준수 (3점)	⑨ 친절성 및 협조성 (3점)	⑩ 적극성 및 책임성 (4점)	2차 평정자 직위: 성명: (인)	
평정기준	담당직무를 어느 정도 많이 처리하고 있는가?	담당직무를 어느 정도 우수하고 정확하게 처리하고 있는가?	담당직무를 미결 없이 어느 정도 신속하게 처리하고 있는가?	담당직무 수행에 필요한 지식과 기술을 가지고 활용하고 있는가?	담당직무에 대하여 잘 이해하고 정확한 판단을 내리는가?	담당직무를 수행할 때 새로운 방법을 연구하여 개선에 노력하고 있는가?	부하직원과 인화단결 하고 민주적인 방법으로 통솔하고 있는가?	담당직무를 성실하게 수행하고 상사의 명령에 복종하며 규율을 준수하고 있는가?	상하동료 간 및 대민(對民) 관계에 있어 인화 단결하며 협조하려고 노력하고 있는가?	담당직무를 수행할 때 의욕과 열의 및 책임감과 실천력은 어느 정도인가?	1차 평정자 직위: 성명: (인)	
구분	평정점수										평정 점수 합계	조정 점수
1차 평정자												
2차 평정자												
비고 (참고사항)										총점	조정 전	조정 후

※ 평정방법

1. 각 평가요소별 평정점수란에 다음 각 목의 점수 구분에 따라 점수를 기재합니다.
   가. 4점: 수(4.0점), 우(3.75점), 양(3.0점), 가(2.0점)
   나. 3점: 수(3.0점), 우(2.25점), 양(2.0점), 가(1.75점)
   다. 2점: 수(2.0점), 우(1.75점), 양(1.5점), 가(0.75점)
2. 평정대상자가 소방장 이하인 경우에는 '⑦ 관리능력 및 지휘력(부하직원과 인화 단결하고 민주적인 방법으로 통솔하고 있는가?)'을 '집행력(담당직무를 어느 정도로 효율적으로 추진하고 있는가?)'으로 대체하여 평정합니다.
3. '직무수행태도'를 평정할 때 평정대상자의 무단지각, 무단결근, 무단조퇴, 장기간무단이석, 징계·직위해제, 경고·주의, 대민불친절 등을 반영하여 평정합니다.

자료: 「소방공무원 승진임용 규정 시행규칙」 제5조 및 [별지 제1호 서식] [개정 2017.5.12].

의 영향 없이 객관성이 보장되어야 한다.

소방공무원의 근무성적평정은 당해 소방공무원의 근무성적·직무 수행 능력·직무 수행 태도 및 발전성 등을 평가하여야 한다. 소방공무원 근무성적은 평정 대상자의 계급별로 평정 결과가 수 2할, 우 4할, 양 3할, 가 1할의 분포 비율에 맞도록 평정하여야 한다. 다만, 피평정자의 수가 적어 위의 분포 비율을 적용하는 것이 불합리하거나 가에 해당하는 자가 없을 경우에는 이를 적용하지 아니할 수 있으며, 이 경우 가의 비율은 양에 가산한다(소방공무원 승진임용 규정, 제7조 ②와 ③).

4) 평정 오류와 평정 시기의 문제

(1) 평정 오류

평정자가 평정 도구(방법)를 이용하여 평정 대상자를 평정하는 과정에는 여러 가지 오류가 발생된다. 첫째, 연쇄 효과(halo effect)이다. 이는 평정자가 가장 중요시하는 하나의 평정 요소에 대한 평가 결과가 성격이 다른 나머지 평정 요소에도 연쇄적으로 영향을 미쳐 유사한 수준에서 평정 결과가 나타나는 것을 말한다. 둘째, 집중화 경향(central tendency)이다. 평정척도상의 중간 등급을 중심으로 평가하는 경향인데, 집중화 경향을 방지하기 위한 강력한 방법은 상대평가를 반영하는 강제배분법이다. 셋째, 관대화·엄격화 경향이다. 관대화 경향(leniency tendency)은 실제 수준보다 관대하게 평가하는 경향을 말하며, 관대화 경향에 반대되는 현상이 엄격화 경향(strictness tendency)이다. 넷째, 근접 효과(recency effect)이다. 이는 평정 대상 기간 중에서 평정 시점에 가까운 실적이나 사건일수록 평정에 더 크게 반영되는 경향을 말한다. 다섯째, 선입견(personal bias or prejudice)이다. 평정 대상자의 개인적 특성인 종교, 성, 연령, 교육 수준, 출신학교나 지역 등에 대해 평정자가 평소에 가지고 있는 편견이 평정 과정에 반영되는 것을 말한다.

(2) 평정 시기

평정 시기는 비공식적으로 관찰해 온 평정 대상자의 근무성적을 종합적으로 판단하여, 근무성적평정서를 작성하는 시기로 평정을 얼마나 자주 할 것인가에 의해 영향을 받는다. 동기이론에 따르면, 피드백을 전제로 한 평정은 자주 이루어지는 것이 바람직할 수 있다. 그러나 구체적인 평정 시기는 평정 결과에 대한 활용상의 편의와 평정 실행상의 편의를 고려해야 한다. 소방공무원의 근무성적평정은 연 2회 실시하되, 매년 6월 30일과 12월 31일을 기준으로 한다(소방공무원 승진임용 규정 시행규칙, 제4조).

5) 평정 결과의 조정 및 공개

우리나라의 현 근무성적평정 과정에서 평정자와 확인자의 평정점수는 서열을 정하기 위한 준비 단계이지 평정점수가 그대로 승진에 반영되는 것은 아니다. 소방공무원의 근무성적평정점을 조정하기 위하여 승진대상자명부 작성 단위 기관별로 근무성적평정조정위원회를 둔다. 조정위원회는 3인 이상 5인 이하의 위원으로 구성되며, 위원장은 평정자와 확인자의 평정 결과가 수 2할, 우 4할, 양 3할, 가 1할의 분포 비율과 맞지 아니할 경우에는 조정위원회를 소집하여, 근무성적평정을 위의 분포 비율에 맞도록 조정하여야 한다(소방공무원 승진임용 규정 시행규칙, 제9조). 근무성적평정의 결과는 공개하지 아니한다(소방공무원 승진임용 규정, 제7조).

제 6 절 소방공무원의 보수 및 연금

1. 소방공무원의 보수 제도

1) 소방공무원 보수의 의의 및 특징

보수는 근로를 제공한 대가로 지급받는 금전적 보상이다. 소방공무원의 보수는 소방공무원의 직무 수행에 대한 반대급부를 의미한다. 보수는 단순히 노동에 대한 반대급부만을 의미하지는 않으며, 기본적인 생활을 보장하는 생활보장적 성격도 함께 지니고 있다(김중양, 2004: 509). 소방공무원의 보수는 실적급과 생활보장급의 개념을 함께 지니고 있다. 공무원 보수는 개념상 민간 부문의 보수 개념과 유사하나 그 성격 면에서 다음과 같은 차이가 있다(박천오 외, 2007; 유민봉 · 임도빈, 2007: 526-528).

첫째, 공무원에게 지급되는 보수의 재원은 국민의 납세에 의한 정부재정이다. 따라서 공무원 보수의 재정은 민간 부문과 달리 서비스나 재화의 생산과 직접적 관계가 적다.

둘째, 공무원 보수에 대해서는 법적·정치적 통제와 경제적 환경의 영향을 많이 받는다. 공무원 보수의 재원은 국민의 납세에 의존하고 있기 때문에 법적으로 공무원 보수 체계에 대해 통제가 이루어지며, 국회나 국민의 직·간접의 통제를 받게 된다. 또한 경제 위기 등으로 국가가 어려울 때 공무원의 보수는 민간 부문보다 동결 등의 방법으로 통제를 받기 쉽다.

셋째, 정부에 의한 서비스나 재화의 생산은 대부분 시장적 성격을 가지지 않는다. 따라서 공무원의 직무 수행의 결과인 서비스의 생산에 대한 평가 기준이 모호하여 직무 수행 기여도에 따른 급여의 원칙을 선언하고는 있지만, 구체적 수준을 결정하는 데에는 많은 어려움이 있다. 특히, 정부가 수행하는 다양한 직무가 민간 부문에서는 찾아보기 힘든 고유성이 강한 경찰, 소방, 식품검사 등은 민간 부문과의 비교도 어려워 합리적 보수 수준이 어느 정도인지 결정하기가 곤란하다.

넷째, 민간 부문에서는 근로3권이 보장되어 있어 임금 수준이 노사 간의 협의에 의해 결정되는 것과 달리 공무원 보수는 노동권의 제약으로 정부의 일방적 결정에 의해 보수가 결정되는 경우가 많다.

2) 보수 결정 기준 및 영향 요인

공무원의 보수를 결정하는 기준으로는 첫째, 최소한의 생계를 보장하여 근무에만 전념할 수 있는 적정한 수준을 유지해야 한다. 둘째, 대외적 형평성을 확보해야 한다. 이는 민간 부문의 보수 수준과의 균형을 맞추어 우수 인력을 확보하고 유지하는 데 중요하다. 셋째, 대내적으로도 개인 간 공평한 차등을 두어야 한다. 어렵고 책임이 따르는 일을 하는 사람과 쉽고 책임이 없는 일을 하는 사람 간에 보수의 차이를 두는 이유이다. 일반적으로 직무의 책임과 곤란도가 높아지는 승진 시 급여도 함께 오르는 이유도 여기에 있을 것이다.

보수를 결정하는 데 고려되어야 할 요인들로는 사회적 최저생계비, 민간 부문의 임금 수준, 정부의 지불 능력, 물가 수준 등이 있다.

그림 4-3-6 보수 체계의 구성

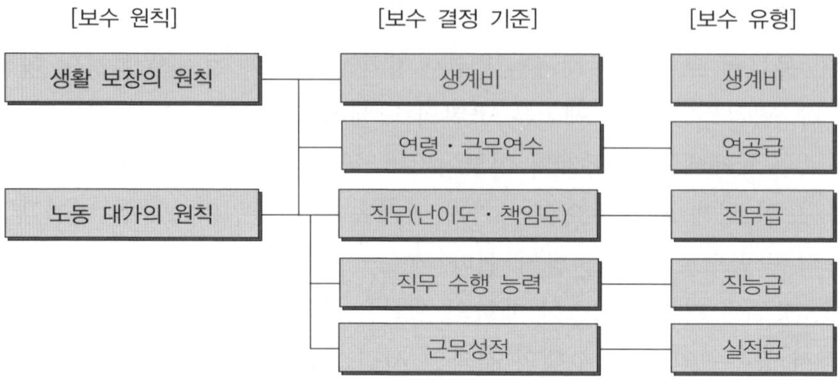

자료: 유민봉 · 임도빈(2007: 552).

3) 보수 체계

보수란 봉급과 그 밖의 각종 수당을 포함한 개념이다. 봉급은 직무의 곤란성과 책임의 정도에 따라 직책별로 지급되는 기본급여 또는 직무의 곤란성과 책임의 정도 및 재직기간 등에 따라 계급별, 호봉별로 지급되는 급여를 말하며, 수당이란 직무여건 및 생활여건 등에 따라 지급되는 부가급여를 말한다.

그림 4-3-7 공무원의 보수 체계

자료: 인사혁신처 홈페이지(http://www.mpm.go.kr, 2019.9.30 검색).

보수는 기본급(봉급)과 부가급(수당)으로 구성되어 있다. 기본급은 고정급으로 보수 총액의 주된 부분을 차지하며, 부가급은 특수한 근무 조건·생활 조건을 고려하거나, 또는 행정 능률의 증진을 위한 정책적 목적으로 지급되는 수준이다. 기본급은 각종 수당이나 연금을 산정하는 기준이 되며, 그 이론적인 결정 기준은 생활급(기본적인 생계 유지 보장), 연공급(근속급), 직무급(직무의 책임도, 곤란도, 전문성 등에 따른 직무 차이 반영), 직능급(개개인의 능력에 따른 보수 차등화), 실적급(성과급) 등이 된다.

4) 소방공무원 보수 체계의 특징

소방공무원의 보수표는 경찰공무원 및 전투경찰순경과 통합되어 운영되고 있다. 소방공무원 보수 체계의 특징으로는 다음을 들 수 있다(권경득, 2009: 127).

첫째, 부가급(수당) 항목이 다양하고 많아서 기본급보다는 수당 조정에 치중하는 경향이 있다. 현재의 보수 체계는 기본급 중심의 보수 체계라기보다는 수당 중심의 보수 체계로 구성되어 있다. 그러나 최근에는 보수 체계에서 부가급(수당)이 통합되는 추세이다.14)

둘째, 직종별 특성을 고려하여 도입한 각종 수당은 전체적인 합리성은 결여한 채 복잡한 구조를 초래하고 있다.

셋째, 직무의 전문성이나 난이도를 고려하지 않은 보수 체계로 우수 전문 인력을 유치하는 데 어려움이 있다.

넷째, 보수가 직종, 직급과 호봉 등에 따라 거의 일률적으로 지급되어, 개인의 생산성이나 능률 향상을 고려한 성과급 제도의 도입에 어려움이 있다.

2. 소방공무원의 연금 제도

공무원연금 제도는 공무원이 20년 이상 성실히 근무하고 퇴직하거나, 공무상 질병·부상으로 퇴직 또는 사망한 때에 연금 또는 일시금을 지급하여, 공무원과 그

14) 2011년 공무원 보수 체계를 좀 더 간소화하기 위해 현재 매월 수당으로 지급하는 가계지원비(기본급의 16.7%)와 교통보조비(계급에 따라 20만 원~12만 원)를 기본급에 통합하였다.

유족의 노후 소득보장을 도모하는 한편, 장기재직과 직무충실을 유도하기 위한 인사정책적 차원에서 1960년에 도입되었다.

공무원은 누구나 언젠가 공직을 떠나게 된다. 그것은 법이 정한 정년이거나 자유 의사에 의한 퇴직이거나, 아니면 사망에 의한 것일 수도 있다. 이것은 퇴직 공무원이나 유족에게 소득원의 상실을 의미한다. 이러한 경우를 당하여 퇴직자는 물론 공무원 유족에게 생계 유지의 안정을 위해 지급되는 보상이 연금이다(유민봉 · 임도빈, 2007: 567).

공무원연금 제도는 국가 권력과 법률에 의해 강제적으로 시행되는 공적연금 제도로서, 장기소득보장을 주로 하는 사회보험의 성격을 지닌다(권경득, 2009: 129). 또한 공무원연금 제도는 공무원의 노령 · 폐질 · 사망 등 소득 상실 사유 발생 시에 적절한 급여를 실시하는 공적연금 제도의 기능과 더불어 퇴직연금급여 이외에 재해보상급여, 부조급여, 퇴직수당 및 후생복지사업 등 다양한 프로그램을 제공하는 종합복지 제도이다.

「공무원연금법」에 의하면, 국가가 급여의 주체가 되는 점에서 형식적으로는 연금의 성질을 갖지만, 급여를 위한 재원의 50퍼센트 상당 금액은 공무원의 기여금으로 조성되고, 급여액이 당해 공무원이 납부한 기여금의 금액에 비례하며, 지급 조건만 되면 생활 능력이 충분하더라도 지급되는 점에서 현실적으로 공무원 상호 간의 공제조합적 성격도 내포하고 있다.

C·H·A·P·T·E·R

04 소방공무원의 동기부여

제 1 절 동기부여 일반론

하버드대학교의 제임스(William James) 교수는 동기부여가 안 된 사람은 그들이 가지고 있는 능력의 20~30% 정도밖에 발휘하지 않지만, 일단 직무 수행에 대해 강한 동기부여가 있게 되면 그 능력의 80~90% 가까이 발휘하게 된다고 주장한다.

1. 동기부여의 의의

조직구성원의 행동의 에너지, 방향 및 지속성을 설명해 주는 중요한 개념인 동기부여의 개념에 대한 학자들의 정의를 먼저 살펴보면 다음과 같다. 머레이(E. J. Murray)는 동기부여를 "타인의 행동을 유발하고 방향을 제시해 주며, 통합을 도모해 주는 내적인 요인"이라고 정의하고 있으며, 티핀(J. Tiffin)과 맥코믹(E. J. Mc-Cormick)은 "인간의 행동을 개발하고 계발된 행동을 유지하고, 나아가 그들을 일정한 방향으로 유도해 가는 과정의 총칭"이라고 하고 있다. 또 쿤츠(H. Koontz)와 오도넬(C. O'Donnell)에 의하면, 동기부여란 "인간을 소망스러운 방법으로 행동하도록 유도하는 것"이라고 정의된다(Koontz & O'Donnell, 1972: 525).

이와 같이 동기부여의 의미는 학자에 따라 다소의 뉘앙스 차가 있으나 욕구(needs), 충동(drives), 목표(goals) 및 자극(stimulus), 보상(rewards) 등과 관련된 용어를 포괄하는 관점에서 이해해야 한다. 말하자면, 동기부여란 인간의 행동을 유발시키고 그 행동을 유지시키며, 나아가 그 행동을 목표 지향적인 방향으로 유도해 나가는 과정이라고 정의할 수 있다(임영제 외, 2007: 229).

2. 동기부여이론

동기부여이론은 내용이론과 과정이론으로 대별해 볼 수 있다. 내용이론은 개인의 행동을 작동시키고 에너지를 일정한 방향으로 조정하고 유지시키는 내적 요인에 초점을 두는 욕구와 동기 자체에 관한 이론으로서, 인간과 환경(외부)의 상호작용을 밝히려 하지 않고 동기 유발의 실체를 밝히려고 한다. 즉, 인간이 어떤 자극을 선택하고 변경하도록 행동을 일으키고 활성화시키는 인간 내부적 실체(substance)가 무엇인가를 밝히고자 하는 동기이론이다.

이에 비해, 과정이론은 동기가 유발되는 과정을 분석하는 이론이며, 인간과 외부 환경의 상호작용을 밝히려 하는 동기 발생 과정에 관한 이론으로서, 외부 환경적 요소가 인간의 자극 선택 과정(동기)에 어떻게 영향을 주는가를 밝히고자 하는 이론이다.

표 4-4-1 동기부여이론 체계

내용이론	과정이론
Maslow의 욕구체계이론	Vroom의 기대이론
Herzberg의 2요소이론	Porter & Lawler의 업적 · 만족이론
Argyris의 성숙-미성숙이론	McClelland의 성숙동기이론
McGregor의 X · Y이론	Adams의 공평성이론
Likert의 체제이론	Heider의 귀속이론

1) 동기부여의 내용이론

동기부여의 내용이론(content theories)은 행동을 에너지화하고 유발하는 것이 무엇인가 하는 문제에 초점을 두고 있으며, 이 문제에 대한 해답은 인간의 욕구와 동기 및 특정한 형태의 행동을 야기하는 유인의 개념을 통한 다양한 동기부여이론에 의해 제시되어 왔다.

여기서, 욕구나 동기는 개인의 내적 속성(internal quality)인데, 예를 들면 식욕이나 안전한 직업을 추구하는 요인들이 인간을 자극하고 특정한 행동을 유발하는 동기라고 볼 수 있다. 또한 유인이란 인간이 자신의 행동을 통해 성취하고자 하는 목적과 관련된 양상이다.

즉, 인간은 하루 종일 일한 대가로서 얻은 소득에 가치를 두게 되는데, 이러한 가치나 매력이 유인인 것이다(Szilagyi, Jr. & Wallace, Jr., 1980: 105-106). 이러한 외재적 보상에 의한 동기부여를 외발적 동기부여(extrinsic motivation)라고 부르며, 이에 대해 성취감 같은 내재적 보상에 의한 동기부여를 내발적 동기부여(intrinsic motivation)라고 부른다.

이와 같이 동기부여의 내용이론이란 어떠한 요인들이 인간에게 동기부여를 시키는 데 크게 작용하는가를 다루는 것인데, 인간은 욕구를 충족시키기 위해 동기부여가 되기 때문에 내용이론을 욕구이론(need theory)이라고도 한다. 이러한 욕구중심의 (정태적) 내용이론으로는 머슬로(A. H. Maslow)의 욕구5단계이론, 허즈버그(F. Herzberg)의 2요인이론, 앨더퍼(C. R. Alderfer)의 ERG이론, 맥클리랜드(D. C. McClelland)의 성취욕구이론 등이 있다(임영제 외, 2007: 230-231).

2) 동기부여의 과정이론

동기부여의 내용이론(content theory)은 인간이 행위를 하게 만드는 욕구를 확인하고 이를 설명하는 데 그 초점이 집중되어 있다. 그러나 인간의 행위에 관한 동기는 이들 욕구만으로는 완전히 설명할 수 없으며, 욕구가 충족되는 과정에 대한 설명이 수반되어야 한다.

그래서 과정이론(process theory)에서는 개인의 동기를 부여하는 요소를 규명하고, 이들 변수 상호 간의 관계를 설명하려고 한다. 이러한 동기부여의 과정이론으로 대표적인 것은 브룸(V. H. Vroom)의 기대이론, 포터(L. Poter)와 롤러(E. E. Lawler)의 기대이론, 애덤스(J. S. Adams)의 공정성이론 등을 들 수 있다(임영제 외, 2007: 237).

제 2 절 소방공무원 사기의 영향 요인과 증진 방안

사기(morale)란 일을 하려는 동기, 즉 직무 수행 동기, 근무 의욕 또는 근무 태도로 정의된다(오석홍, 1993). 일반적으로 조직구성원의 사기가 높으면 조직의 생산성이 향상된다고 본다. 사기는 동기부여와 매우 관련성이 높다(권경득, 2009: 132). 동기부여가 직무 수행의 동기가 유지되고 활성화되는 과정이나 배경을 강조하는 것이라면, 사기는 심리적 변화 과정이나 행동 변화의 배경보다는 나중에 드러난 만족감이나 근무 의욕 또는 태도 등에 비중을 두는 표현이다. 따라서 동기부여를 통해 나타난 조직구성원의 내재적 또는 외재적 동기 유발에 의해 나타난 조직구성원의 정신적 마음 상태를 사기하고 정의할 수 있다(강성철 외, 2008: 427; 권경득, 2009: 132).

이러한 소방공무원의 사기에 영향을 미치는 요인으로는 적절하고 공정한 보상, 안전한 작업 조건, 자기개발의 기회, 지속적 성장과 안정을 위한 기회 부여, 권리 보장, 일과 생활의 조화 등을 들 수 있다(Walton, 1973: 11-12; 권경득, 2009: 132-134). 소방공무원의 사기 증진 방안에는 3교대 등을 통한 업무량의 감축, 보수와 수당의 현실화, 조직 내 대인 관계의 활성화, 신분 보장, 객관적이고 공정한 승진 기회, 직무만족도와 사회적 안정감의 제고, 적절한 스트레스의 관리 등이 될 것이다.

제 3 절 소방공무원의 스트레스 관리

흔히, "현대인의 바이러스는 스트레스"라고 한다. 이 말은 다음과 같은 최근의 상황을 지칭하고 있다. 우선, 1차 의료기관을 찾는 환자의 75%에서 90%는 스트레스로 인한 문제로 고생하고 있는 것으로 추산된다. 더 나아가 스트레스는 주요 질병을 야기할 뿐만 아니라, 이로 인한 조기 사망을 초래하고 있다. 그리고 대부분의 성인병은 주로 개인의 심리·행동적 요인 — 심리적 스트레스, 불건전한 생활 방식 및 부정적 정서 경험 — 에 기인한다는 연구도 있다(한덕웅 외, 2002: 451).

소방공무원은 직업의 성격상 많은 스트레스를 받는 직업이다. 특히, 외상 후 스트레스 장애(post-traumatic stress disorder: PTSD)를 겪을 가능성이 높으므로 이를 적절하게 관리해 주어야 한다.

2012년부터 국가가 소방공무원의 정신건강관리 등에 필요한 비용을 지원하기로 했다.[1] 정부는 2012년부터 매년 4억 원을 투입해 외상 후 스트레스 장애 고위험군으로 판정된 소방공무원에 대한 전문검사 및 진료비를 지원한다(소방방재신문, 2011.11.20).[2] 소방공무원은 외상에 대한 노출이 반복되고 그 강도 역시 높은 편에 해당되는데, 이와 같이 직업적 요인에 의한 지속적인 외상 노출은 외상 후 스트레스 장애(PTSD)를 일으킬 확률이 큰 것으로 연구되고 있다(Weiss, Marmar, Metzler, & Ronfeldt, 1995; 유지현·박기환, 2009: 834).

소방공무원은 화재를 예방·경계하거나 진압하고 화재, 재난·재해, 그 밖의 위급한 상황에서의 구조·구급활동 등을 통해 국민의 생명·신체 및 재산을 보호함으로써 공공의 안녕 질서 유지와 복리 증진에 이바지하는 임무를 담당하고 있다(소방기본법, 제1조). 소방공무원은 화재나 재난 발생 시 가장 먼저 재난사고 현장

---

1) 서울시는 서울시재난심리지원센터를, 부산시는 부산시재난심리지원센터를 설치하여 나름대로 소방공무원의 재난심리 지원을 이미 해 오고 있다. 하지만, 재난심리 지원 서비스 전달 체계를 보면, 서울시정신보건센터와 같은 지역보건센터에 위탁하여 재난심리 지원을 하고 있는데, 정신보건센터에서는 대규모 재난 시의 주민들의 재난심리치료에 전념하고 있고, 실제로 소방공무원들이 외상 후 스트레스를 치료받는 경우는 거의 없다(2012.2.8. 서울시정신보건센터 담당자의 전화 인터뷰에서도 확인됨). 이러한 이유는 여러 가지의 원인에서 찾을 수 있겠지만, 가장 쉬운 설명은 외상 후 스트레스 치료를 위한 약물치료 등에 대한 기록으로 인해 향후 승진 등의 인사상의 불이익 등이 걱정되기 때문에, 외상 후 스트레스 치료를 적극적으로 이용하지 않는 것으로 볼 수 있다. 따라서 향후 이러한 부분에 대한 보완 대책이 연구될 필요가 있다.

2) 국민안전처는 2007년부터 재난 피해자 심리안정 지원사업을 시작했다. 하지만, 소방관을 포함한 구조요원을 지원 대상자에 추가한 것은 2010년 12월부터이고, 2011년 예산은 1억 3,000만 원이었다. 2012년 소방공무원의 정신건강관리 지원사업에 따라 외상 후 스트레스 장애를 겪고 있는 소방공무원 550여 명(최근 3년 평균 외상 경험자의 30%)이 전문검사 및 진료비를 지원받을 수 있는 3억 8천 500만 원이 2012년도 예산으로 배정되었다. 국민안전처는 경찰병원 등 전국 18개 병원을 외상 후 스트레스 장애 전문병원으로 이미 지정한데 이어, 앞으로도 전문병원을 추가해 고위험군으로 판정된 소방공무원이 본인 부담 없이 검사와 진료를 받을 수 있도록 한다는 방침이다(국민안전처 보도자료, 2011.11.20).

에 달려가 화재를 진압하고, 부상자에 대한 응급 조치나 위기로부터 주민의 생명과 재산을 보호하는 업무를 담당한다. 이처럼 소방공무원의 업무환경은 일반인들이 경험하는 것보다 훨씬 다양한 스트레스 유발 요인에 노출되므로 경찰공무원과 더불어 고위험직군으로 분류된다.

소방 업무는 화재 진압 시 뜨거운 현장에서 무거운 복장과 보호구를 착용한 채 과도한 육체적 활동이 요구되며, 때로는 생명의 위협을 받을 정도의 심각한 상황에 처하게 된다(Bogucki & Rabinowitz, 2005; 배정이 · 김윤정, 2011: 138). 이러다 보니 소방공무원은 직무상 항상 높은 긴장 상태로 대기하고 있어야 하며, 구급이나 인명구조 시 충격적인 상황에 노출됨에 따라 심리적 스트레스는 매우 심각하고 외상 후 스트레스 장애를 경험하는 경우도 많은 것으로 알려져 있다(Dudek & Koniarek, 2000).

소방관의 외상 후 스트레스 장애는 각 개인의 신체 및 정신건강을 위협하고 가정 내 문제를 유발하며, 직무 수행 기능의 잠식, 직업 만족도 저하, 잦은 결근, 조기 퇴직으로 이어진다. 이는 소방공무원뿐만 아니라 국민의 안전을 위해서도 바람직하지 않으므로 적극적인 관리전략을 통해 정신건강 증진 및 외상 후 스트레스 장애의 예방과 관리가 매우 필요하다.

C·H·A·P·T·E·R

05 소방공무원의 행동규범 및 권익 보장

제 1 절 소방공무원 행동의 가치 기준

행정이 추구하는 가치들이 소방공무원 행동의 가치 기준이 될 것이다. 행정이 추구하는 가치는 본질적 가치와 수단적 가치로 나누어 설명될 수 있다. 본질적 가치는 행정을 통해 이루고자 하는 궁극적 가치로 정의, 공익, 복지, 형평, 자유, 평등 등을 들 수 있다. 그리고 수단적 가치는 궁극적 목표로서의 본질적 가치를 실현하는 가치들로 합리성, 능률성과 효과성, 민주성, 책임성, 합법성, 투명성 등이 보편적으로 제시된다(이종수 외, 2008: 174-175).

제 2 절 소방공무원의 행동규범

1. 소방공무원 윤리의 의의 및 특징

소방공무원 윤리는 소방공무원에게 요구되는 행동규범을 의미한다. 일반적으로 윤리란 사람이 지켜야 할 도리를 뜻한다. 그러므로 소방공무원 윤리는 소방행정에 종사하는 공무원들이 지켜야 할 도리이자, 조직구성원으로서 지켜야 할 직업윤리이다. 행정은 사람에 의해 행해지는 것이기 때문에 개개인의 윤리관, 가치관, 사고 방식 등은 행정 전반의 윤리 구현의 절대적인 영향을 미치게 된다. 공직윤리는 어느 사회에서나 공통적으로 적용될 수 있는 표준적 기준을 지닌 것이기도 하지만, 동시에 그 사회의 경제적 · 문화적 발전 단계를 반영하는 것이기도 한다. 이를 위해, 통제 수단들이 있는데 공원의 행동규범 · 근무규율은 먼저 법적 의무로서 그 준수를 강제하거나, 혹은 공무원의 자율적인 행동지침으로서 스스로 준수하게 되는 것이다.

소방공무원 윤리는 소방공무원이라는 특수한 직업진단에게 요구되는 윤리의 특징을 지니고 있다. 정부조직의 특성상 소방공무원 윤리는 여타의 직업윤리보다 엄격하다고 볼 수 있다. 소방공무원은 화재를 예방 · 경계하거나 진압하고 화재, 재난 · 재해, 그 밖의 위급한 상황에서의 구조 · 구급활동 등을 통해 국민의 생명 · 신체 및 재산을 보호함으로써 공공의 안녕 질서 유지와 복리 증진에 이바지함을 목적(소방기본법, 제1조)으로 하는 사명을 갖고 있기 때문이다.

2. 소방공무원 윤리의 강화 전략

공무원의 윤리를 강화하기 위해서는 개인적 요인, 제도적 요인 및 환경적 요인을 고려하여 개선 방안을 모색할 수 있다(박천오 외, 2007). 소방공무원의 윤리 강화 전략도 개인적 요인, 제도적 요인 및 환경적 요인을 통해 강화시킬 수 있다. 개인적 요인은 채용 과정에서부터 윤리 의식이 높은 사람을 소방공무원으로 모집해야 하며, 현직 소방공무원들의 가치관과 윤리 수준을 향상시키기 위한 윤리교육과 적절한 보상 등도 병행되어야 한다. 제도적 요인으로는 부패 방지를 위한 각종 규제들이 체계적으로 마련되어야 하는 한편, 부패를 유발할 수 있는 규제의 완화를 통해 부정의 소지를 제거해 나가는 것도 중요하다. 환경적 요인은 소방공무원의 윤리는 일반 국민윤리의 영향으로부터 자유로울 수 없으므로, 시민단체 등과 함께 일반 국민의 윤리 의식 수준을 높일 수 있는 윤리운동을 전개해 나가는 것이 필요하다.

제 3 절 소방공무원의 징계 제도

1. 징계의 개념

징계란 공무원의 의무 위반에 대해 공무원 관계의 목적을 달성하기 위해 국가 또는 지방자치단체가 사용자의 지위에서 과하는 제제를 말한다(중앙소방학교, 2010: 327). 즉, 공무원으로 하여금 직무를 좀 더 성실히 수행하도록 하고, 행동규범을 준수하도록 하기 위한 통제활동인 동시에 궁극적으로 공무원의 사기와 협력 및 능률을 증진시키기 위한 관리활동이다(권경득, 2009: 146).

2. 징계 사유

징계 사유라 함은 징계처분의 대상 또는 원인이 될 수 있는 행동 유형을 말한다. 징계 사유는 자의적인 징계권 발동을 억제하기 위하여 엄격하게 규정할 필요가 있다. 왜냐하면, 징계 사유에 관한 규정은 징계의 범위와 신분 보장의 한계를 동시에 결정해 주기 때문이다. 징계 사유는 첫째, 「국가공무원법」 및 「국가공무원법」에 의한 명령을 위반한 경우, 둘째, 직무상의 의무(다른 법령에서 공무원의 신분으로 인하여 부과된 의무를 포함한다)를 위반하거나 직무를 태만히 한 때, 셋째, 직무의 내외를 불문하고 그 체면 또는 위신을 손상하는 행위를 한 때이다(국가공무원법, 제78조).[1]

소방공무원의 징계 대상과 관련해서는 소방준감 이상의 소방공무원에 대한 징계의 의결은 「국가공무원법」에 의하여 국무총리 소속 하에 설치된 징계위원회에서 행하며, 소방정 이하의 소방공무원과 시・도지사가 임용권을 행사하는 소방공무원

---

1) 「지방공무원법」도 징계 사유로 1. 이 법 또는 이 법에 따른 명령이나 지방자치단체의 조례 또는 규칙을 위반하였을 때, 2. 직무상의 의무(다른 법령에서 공무원의 신분으로 인하여 부과된 의무를 포함한다)를 위반하거나 직무를 태만히 하였을 때, 3. 공무원의 품위를 손상하는 행위를 하였을 때를 규정하고 있다(동법, 제69조).

에 대한 징계의 의결을 행하게 하기 위하여 소방청・시・도 및 「대통령령」이 정하는 소방기관에 소방공무원징계위원회를 두어 징계를 행하고 있다(소방공무원법, 제28조).

3. 징계의 종류와 효력

징계의 종류에는 파면, 해임, 강등, 정직, 감봉, 견책의 6종이 있다. 공무원의 신분 배제 여부에 따라 공무원 관계를 완전히 해제함을 내용으로 하는 배제징계인 파면, 해임과 공무원 관계를 유지하면서 장래의 의무 위반 행위를 방지하기 위해 신분적 이익의 일부를 박탈함을 그 내용으로 하는 교정징계인 강등, 정직, 감봉, 견책으로 구분된다. 그리고 징계 양정의 경중에 따라 중징계와 경징계로 구분된다.

소방공무원에 대한 징계는 다른 법령에 특별한 규정이 있는 경우를 제외하고는 「소방공무원 징계령」이 정하는 바에 의한다(소방공무원 징계령, 제1조의2). 중징계란 파면, 해임, 강등 또는 정직을 말하며, 경징계라 함은 감봉 또는 견책을 말한다(소방공무원 징계령, 제2조).

4. 징계위원회

징계위원회는 소방청, 시・도, 중앙소방학교, 중앙119구조본부, 국립소방연구원, 지방소방학교, 서울종합방재센터, 소방서에 설치한다. 징계위원회는 공무원위원과 민간위원으로 구성한다. 이 경우, 민간위원의 수는 위원장을 제외한 위원 수의 2분의 1 이상이어야 한다. 소방청 및 시・도에 설치된 징계위원회는 위원장 1명을 포함하는 5명 이상 7명 이하의 위원을, 중앙소방학교・중앙119구조본부・국립소방연구원・지방소방학교・서울종합방재센터 및 소방서에 설치된 징계위원회는 위원장 1명을 포함하는 3명 이상 7명 이하의 위원을 둔다. 징계위원회의 위원장은 해당 징계위원회가 설치된 기관의 장의 차순위 계급자(동일계급의 경우에는 직위를 설치하는 법령에 규정된 직위의 순위를 기준으로 정한다)가 된다.

징계위원회의 관할은 다음과 같다. 소방청에 설치된 소방공무원징계위원회는 소방청 소속 소방정 이하의 소방공무원, 소방청 소속 기관의 소방정 또는 소방령인 소방공무원과 국립소방연구원의 경우에는 소방정인 소방공무원, 소방정인 지방소방학교장에 대한 징계사건을 심의·의결한다. 「소방공무원법」 제28조 제2항에서 "대통령령으로 정하는 소방기관"이란 중앙소방학교, 중앙119구조본부 및 국립소방연구원을 말하며, 중앙소방학교 및 중앙119구조본부에 설치된 징계위원회는 소속 소방경 이하의 소방공무원에 대한 징계사건을 심의·의결하며, 국립소방연구원에 설치된 징계위원회는 소속 소방령 이하의 소방공무원에 대한 징계사건을 심의·의결한다. 시·도에 설치된 소방공무원징계위원회는 당해 시·도지사가 임용권을 행사하는 소방공무원에 대한 징계사건을 심의·의결하며, 지방소방학교·서울종합방재센터 및 소방서에 설치된 징계위원회는 소속 소방위 이하의 소방공무원에 대한 징계사건을 심의·의결한다.

징계위원회의 의결은 위원장을 포함한 위원 과반수(과반수가 3명 미만인 경우에는 3명 이상)의 출석으로 개의하고 출석위원 과반수의 찬성으로 의결하되, 의견이 나뉘어 출석위원 과반수의 찬성을 얻지 못한 경우에는 출석위원 과반수가 될 때까지 징계 등 심의대상자에게 가장 불리한 의견을 제시한 위원의 수를 그 다음으로, 불리한 의견을 제시한 위원의 수에 차례로 더하여 그 의견을 합의된 의견으로 본다(소방공무원 징계령, 제14조 제1항).

제 4 절 소방공무원의 권익 보호

1. 기본권의 제한과 보호의 필요성

공무원은 두 종류의 신분을 지닌다. 하나는 정부에 고용된 고용인으로서의 신분이고, 다른 하나는 일반 국민으로서의 신분이다. 이들 신분 간에 얼마나 차이를 인정하느냐에 따라 공무원의 권리에 대한 제한 범위가 달라진다. 그 차이를 크게 인정하는 입장은 공직에 근무하는 것을 하나의 특혜 내지 명예로 본다. 따라서 국가와 공무원의 관계를 특별 권력 관계로 이해하여 공무원에게 국민으로서의 기본적 권리는 어느 정도 제한할 수 있다는 입장이다(유민봉·임도빈, 2007: 398-399).[2)]

그러나 국민 주권에 대한 인식과 기본권에 대한 인식이 높아지면서 공무원에 대한 국민으로서의 기본권을 침해하는 것에 대한 설득력이 낮아지고 있다. 공무원의 헌법적 기본권은 원칙적으로 보호되어야 한다. 공무원으로 임용되었다고 인간과 시민의 기본권을 포기한 것으로 볼 수는 없기 때문이다. 법률이 정당하게 규정한 사유로 공무원의 권리와 자유를 제한하는 경우에도 기본권의 본질적인 내용을 훼손해서는 안 된다(권경득, 2009: 149).

2. 소방공무원의 권익 보호 제도

1) 신분 보장

신분 보장은 공무원이 가장 바라고 값으로 따질 수 없는 혜택으로서 공무원을 상징하는 가장 큰 특징이다. 신분 보장은 엽관주의의 폐해를 극복하기 위한 실적주의의 가장 핵심적인 내용으로 정권의 변동에 관계 없이 국민의 공복(公僕)으로서 국민을 위해 단절 없는 공평한 행정 서비스를 제공하고자 하는 역사적 연혁을 가지고 발달한 제도이다. 그리고 오늘날 민주사회에서는 단순히 정치 권력의 자의적인 인사로부터 공무원을 지키는 소극적 의미가 아니라, 공직에서 보람을 갖고 생애의 직장으로 여길 수 있도록 하는 직업공무원제 측면에서 신분 보장을 인식하고 있다. 그러던 것이 최근에는 인적 자원의 관리적 측면이 강조되면서 신분 보장이 과연 조직의 효과성과 능률성을 높이는 데 기여할 수 있는 것인지가 신중하게 검토되기 시작했다(유민봉 · 임도빈, 2007: 430-431).

2) 소청심사

공무원이 징계처분, 그 밖에 그 의사에 반하는 불리한 처분이나 부작위에 대하여 그 시정을 요청할 수 있도록 소청심사위원회가 행정부, 사법부 및 입법부에 별도로 설치되어 있다(국가공무원법, 제9조). 소방공무원은 인사혁신처에 설치되어 있는 소청심사위원회에 소청심사를 청구한다.

---

2) 공무원의 기본권 제한과 관련하여 쟁점이 되고 있는 주제는 공무원의 정치적 중립성, 표현의 자유, 사생활의 자유, 그리고 노동3권 등을 들 수 있다.

인사혁신처에 설치된 소청심사위원회는 위원장 1명을 포함한 5명 이상 7명 이내의 상임위원으로 구성하되, 위원장은 정무직으로 보하고, 필요하면 약간의 비상임위원을 둘 수 있다. 위원장과 위원은 인사혁신처장이 제청하여 대통령이 임명한다. 지방소청심사위원장은 시·도지사가 임명한다. 그 자격은 법관, 검사 또는 변호사의 직에 5년 이상 근무한 자, 3급 이상의 공무원으로 3년 이상 근무한 자이다. 위원의 임기는 3년이며 1차에 한해 연임될 수 있고, 겸직은 허용되지 않는다.

소청인(대리인)의 의견 진술의 기회가 부여된다. 그렇지 않으면 소청심사위원회의 결정은 무효이다. 결정은 재적위원 2/3 출석과 재적위원 과반수의 합의에 의한다. 의견이 아주 분열되어 재적위원 과반수의 찬성이 어려운 때에는 유리한 의견의 서열을 정한 후, 각 의견의 지지표를 합해 과반수를 통과하면 결정된 것으로 한다.

「국가공무원법」 제75조에 따라 처분사유 설명서를 받은 소방공무원이 그 처분에 불복할 때에는 그 설명서를 받은 날부터 30일 이내에, 같은 조에서 정한 처분 외에 본인의 의사에 반한 불리한 처분을 받은 소방공무원은 그 처분이 있음을 안 날부터 30일 이내에 같은 법에 따라 설치된 소청심사위원회에 이에 대한 심사를 청구할 수 있으며, 이 경우 변호사를 대리인으로 선임할 수 있다(소방공무원법, 제26조)

3) 인사상담 및 고충심사

공무원은 누구나 인사·조직·처우 등 각종 직무 조건과 그 밖에 신상 문제에 대하여 인사상담이나 고충심사를 청구할 수 있으며, 이를 이유로 불이익한 처분이나 대우를 받지 아니한다(국가공무원법, 제76조의2). 소방공무원의 인사상담 및 고충을 심사하기 위하여 소방청, 시·도 및 「대통령령」으로 정하는 소방기관에 소방공무원 고충심사위원회를 둔다. 소방공무원 고충심사위원회의 심사를 거친 소방공무원의 재심청구와 소방령 이상의 소방공무원의 인사상담 및 고충은 「국가공무원법」에 따라 설치된 중앙고충심사위원회에서 심사한다. 소방공무원 고충심사위원회의 구성, 심사 절차 및 운영에 필요한 사항은 「대통령령」으로 정한다(소방공무원법, 제22조).

고충심사와 소청심사 청구는 피고용자인 공무원의 입장에서 정부의 인사 결정이나 근무조건 또는 징계 수준이 본인이 생각한 것과 차이가 있을 때 이의 시정을 정부에 요구하는 것이다. 이 점에서 징계와 구분된다. 소청 및 고충심사 제도는 모두 공무원의 불만이나 신분상의 불이익을 해소하기 위한 공무원 권리와 이익 보호 측면에서 중요한 제도이다.

P·A·R·T

5

소방재정론

제 1 장 소방재정의 의의와 성격

제 2 장 소방재정과 주요 이론

제 3 장 지방재정과 소방재원

제 4 장 우리나라 소방재정 운용 현황

제 5 장 해외 각국의 소방재정

CHAPTER 01

소방재정의 의의와 성격

제 1 절 소방재정의 의의

1. 소방재정의 개념

일반적으로 '재정'이란 중앙정부, 지방정부, 공공단체가 공공의 목적을 달성하기 위해 재화와 용역을 조달, 관리, 사용하는 것을 말한다(김형식, 1997: 72). 이를 고려할 때 소방재정이란 소방행정조직이 국민의 안전을 담보하기 위해 재화와 용역을 계획적으로 조달, 관리, 사용하는 일정한 경제적 행위라고 정의할 수 있다.

그리고 소방재정은 광역자치단체의 일반재정으로 편성된 소방 예산, 중앙정부의 소방 업무 관련 예산과 지방정부에 이전하는 소방 관련 재정을 모두 포함한다. 따라서 소방재정은 소방 서비스의 공급에 소요되는 생산자원의 총량적 의미를 지닌다.

한편, 소방 서비스는 주로 광역행정 체제에 의해 제공되므로, 소방재정은 시·도 재정 운용의 제도적 틀 속에서 확보, 관리, 사용되는 공경제라 할 수 있다. 시·도의 예산에는 소방 서비스를 적절히 공급하는 데 필요한 소방장비와 인력을 확보하기 위해 상당한 재정적 자원이 소방비로 계상된다. 그러므로 지방정부의 차원에서 소방재정의 개념은 재원 확보 방안으로서의 지방세와 중앙정부의 이전재원 등과 관련되며, 예산 운용 과정에서는 소방행정 부서가 관료제 내부의 다른 부서와 경쟁하는 가운데 충분한 예산을 확보하기 위해 벌이게 되는 관료정치를 포함한다. 또한 소방 업무의 효과적 수행을 위해 우선순위가 높은 투자 사업을 효율적으로 수행하는 등의 집행활동을 포함한다.

일반적으로 광역행정 체제로 제공되는 소방과 관련된 재정에는 일반재정으로서 지방세, 지방교부세[1]가 속하며, 특정재원으로는 지역자원시설세,[2] 소방특별회계,[3] 국고보조금 등이 있다.

2. 소방재정의 범위

우리나라 소방행정은 1992년부터 기초 단위와 국가 단위의 혼합된 체제에서 광역 단위로 전환되었다. 이에 따라 소방재정은 시・도의 목적세인 지역자원시설세를 두고 있으며, 부족한 소방재정은 일반재정에서 충당하고 있다. 또한 2021년부터는 지방자치단체가 소방재정 관련 특별회계를 설치・운영할 수 있도록 근거를 마련하여 시행예정하고 있다. 따라서 2020년 현재 기준으로는 소방재정으로는 지역자원시설세, 국고보조금, 과태료 등이 있으며, 부족한 재정은 일반재정에서 보전된다. 결국, 현재 소방재원을 구성하는 항목 중 가장 중요한 것은 지방세 중 목적세로서 광역자치단체세인 지역자원시설세이다.

한편, 소방 관련 조직별로는 중앙정부 차원에서 소방청이 전국적인 소방 업무의 발전을 위한 방안을 기획하고, 지방의 소방 서비스 업무를 지원 보조하며, 소방의 전문 인력을 양성하기 위한 교육과 훈련을 담당함과 동시에 소방 서비스 중 중앙119구조본부[4]를 운영함으로써 구조와 구급 업무를 담당하고 있다.

---

1) 정부는 「지방교부세법」 제9조의4에 의거 「행정안전부령」(제165호, 2020.03.11 일부개정)으로 소방안전교부세 교부기준 등에 관한 규칙을 2020년 4월 1일부터 시행 중임.

2) 2011년 1월 1일 지방세법 전면・개정 시행으로 지방세목 중 공동시설세와 지역개발세는 지역자원시설세로 통합됨.

3) 소방공무원 국가직화 전환 결정 과정에서 국회는 「소방재정지원 및 시・도 소방특별회계설치법」 제정(2019.12.10), 소방특별회계는 인건비계정과 소방정책사업비계정으로 구분함(제3조 및 제4조)으로써 소방재정의 안정적인 확보와 소방재정 운용의 독립성을 강화를 위한 근거를 마련하였으며, 이 법은 2021년 1월 1일부터 시행예정에 있음.

이런 차원에서 소방재정의 내포적 범위는 좀 더 확장된 개념을 지닌다. 중앙정부의 소방재정에는 세입의 문제보다는 지출에 소요되는 자원의 확보와 배분이 주 내용이 된다고 보아야 한다. 중앙정부에 소속된 소방 관련 조직의 유지와 운영에 필요한 경비, 그리고 중앙소방학교의 훈련과 교육활동에 관련된 경비, 지방정부의 소방 업무를 지원하고 보조하는 데 필요한 경비 등의 확보와 배분이 소방재정의 대상이 된다.

3. 소방 서비스의 특징과 소방재정

소방 서비스는 국방, 치안, 교통 등의 서비스와 비교하여 중요성이나 필요성이 뒤떨어지지 않는 중요한 공공재이며, 국가 신인도에도 관계되는 안정된 사회환경을 조성하는 기본으로서 소방재정 지출에 대한 투자가 무엇보다 중요함에도 대규모 재난이 발생하지 않는 평시에는 그 중요성이 제대로 인식되지 못하는 특성이 있어 소방세출 예산의 적정 수준 확보에 어려움을 겪고 있다.

소방 서비스는 비배제성(non-excludability)과 비경합성(non-rivalry)의 특징을 갖는 지역공공재이다. 공공재는 한 집단의 어떤 사람을 위해서, 혹은 어떤 사람에 의해 생산되는 즉시 그 집단의 모든 성원에 의해 소비의 혜택이 공유될 수 있는 재화 및 서비스를 말한다(한국지방행정연구원, 1999: 4). 소방 서비스의 이러한 공공재적 성격에 따라서 어느 주민도 소방 서비스의 혜택에 대해 대가를 지불하지 않았다고 해서 그 혜택으로부터 배제시키기 어려우며, 또한 주민의 수가 증가한다고 해도 기존 주민이 향유하던 소방 서비스의 수준은 크게 감소하지 않는다. 따라서 지역 주민들은 등량의 서비스를 향유하면서도 소방 서비스에 대한 선호의 표명과 자발적인 비용 부담의 용의를 나타내지 않고 무임승차(free-riding)하고자 한다. 그러므로 소방 서비스에 대한 가격의 징수를 민간재처럼 주민 개인별로 향유하는 편익에 기초하기보다는 세금과 같은 집합적 공여 방법에 의존하고 있는 것이다(이목훈, 2004: 22).

원인자 부담 원칙, 편익 과세의 원칙과 수혜자 부담 원칙이 비교적 철저히 적용

4) 2017년「정부조직법」개편으로 소방청 신설.

되는 외국의 소방재정 과세 체제를 고려할 때, 우리나라의 소방 서비스는 비교적 비경합성은 강하나 비배재성은 다소 약한 것으로 나타나 있다. 그러나 우리나라에서는 소방 서비스의 대부분을 광역자치단체를 비롯한 공공 부문에서 공급하고 있으므로, 주민이 대가를 지불하지 않는다고 해서 소방 서비스의 혜택으로부터 배제하기 어렵다.

일반적으로 지방정부가 제 기능을 발휘하고 건전한 지역 발전을 도모하기 위해서는 적절한 공공 서비스가 제공되는 것을 전제로 한다. 그리고 이러한 서비스의 설치·유지 관리에 소요되는 비용을 어떻게 조달할 것인가 하는 문제가 항상 공존한다. 즉, 그 비용을 공공 부문의 재정으로 충당할 것인가, 아니면 이로 인해 편익을 얻는 수익자에게 부담시킬 것인가, 또는 수요를 유발한 원인자에게 부담시킬 것인가 하는 것이다.

지방정부는 중앙정부에 비해 공공시설을 공급할 때 재정 수입을 전제로 하는 경우가 많다. 그 이유는 지방정부가 제공하는 공공 서비스의 대부분은 일정한 편익의 공간적 한계가 있고, 그 편익의 한계를 기초로 재원 부담과 연계하는 것이 자원배분의 효율성 측면에서 바람직하기 때문이다. 이러한 공공 서비스의 경우 그 편익의 배타적 향유가 곤란하여 사적인 이윤 원리가 적용되기 어려우며, 한편 순수공공재와 달리 그 편익의 파급 범위가 공간적으로 어느 정도 제약된다. 따라서 공급 비용과 이윤을 감안한 이용 요금의 부과는 곤란하며, 그렇다고 전적으로 공공 부문의 재정수입만으로 충당하는 데는 형평의 문제가 수반된다.

제 2 절 소방재정의 성격

1. 정부 예산으로서 소방 예산

예산은 공공 수요를 충족하기 위해 정부가 생산하는 공공재의 생산 및 분배에 관한 사회적 의사결정의 형식이다. 그런데 공공재는 경제 주체들의 자발적 의사결정에 의해 생산이 이루어지는 시장에서는 적정 생산을 달성할 수 없는 재화이다.[5)]

그러므로 공공재는 국가가 개입하는 공공 생산 과정을 거쳐 공급될 수밖에 없으며, 예산 과정은 국가가 공공재를 생산하기 위해 자원을 동원하고 사용하는 과정이라고 정의할 수 있다(이정은, 2006: 6). 소방 예산도 마찬가지이다.

소방 예산은 소방 수요를 충족하기 위해 지방정부가 제공하는 소방 서비스의 생산과 분배에 관한 의사결정이라고 할 수 있다. 즉, 소방 예산은 국민의 소방 안전 욕구를 충족시키기 위해 재화와 용역을 계획적으로 조달 · 관리 · 사용하는 일정한 경제적 행위라고 정의할 수 있다(박시영, 2003: 38). 결정된 소방 예산에는 공공재원의 배분을 통해 지방정부의 정치철학이 나타나며, 소방의 안정적인 발전계획과 이를 지원하기 위한 자원의 효율적인 이용계획이 나타나 있다.

소방공무원 국가직화[6]에도 여전히 소방사무의 상당 부분은 지방사무로 남아 있으며, 기존 자치단체의 공유재산인 소방헬기 등 장비와 소방관서 등의 현황을 고려할 때, 비록 인건비 등의 충당이나 소방장비 확보 방안의 정비에도 불구하고, 여전히 소방 예산은 지방정부 예산에 의해 크게 영향을 받는다. 광역자치단체의 예산은 지방정부의 재정 규모와 정책에 관한 의사결정과 각 부처별 사업 수준과 정책에 관한 결정으로 이루어진다.

여기서, 재정 규모와 관련된 결정은 거시예산 결정이고, 사업별 수준에 관한 결정은 미시예산 결정이다. 거시예산 결정은 과거 세입 · 세출 규모와 미래 예상되는 세입 · 세출 규모, 경제 전망, 정부의 계획 등을 반영하여 결정된다.

그러나 이러한 결정은 기계적으로 산출하는 것이 아니라, 여러 가지 정치 · 경제 · 사회적 요인이 작용되어 결정된다. 각 부처의 사업 수준과 정책에 관한 결정은 미시예산 결정인데, 이는 경제 전망이나 예상되는 수입보다도 업무 분야의 수요를 반영하는 세출의 결정이라고 할 수 있다(강신택, 1994: 125-126). 그런데 거시예산의 결정이 체계적이고 합리적일수록 미시예산의 도출이 쉽고, 반면에 미시예산의 결정이 신뢰성이 있게 이루어질 때 거시예산 결정에 대한 안정된 조건을 마련해

5) 공공재는 시장에 의해 만족시켜 주지 못하는 공공 수요를 충족시키기 위한 재화로서, 비배제성과 비경합성의 특성으로 인해 무임승차 문제가 발생한다.

6) 소방공무원 신분은 국가직으로 전환(2020년 4월 1일 시행)하였으나, 「소방기본법」 제3조 제4항에 시 · 도 소방본부는 여전히 시 · 도지사 직속으로 지휘 · 감독 하에 있으며(제3조 제2항), 화재 예방 또는 대형 재난 발생 시의 경우만 소방청장이 소방본부와 소방서를 지휘 · 통솔하도록(제3조 제3항) 함(오윤경 외, 2020: 8).

준다.

소방 예산은 광역자치단체의 거시적 예산 결정에서 총액이 결정되고, 소방 업무 분야의 수요를 반영하여 미시적인 예산 결정이 이루어진다. 일반적으로 광역자치단체는 여러 부처에서 예산을 요구하면, 지방정부는 재정 압박을 피하기 위해 신규 사업을 억제하고 금년도 수준으로 동결하거나, 아니면 한도액을 설정하는 경향이 있다. 소방 예산도 이런 거시적 예산 결정의 논리 적용이 배제되지 않는다. 따라서 소방 예산을 충분하게 확보하려면 필요한 예산이 무엇인가 정확히 파악해야 하고, 이를 토대로 예산 확보를 위한 정당성의 근거가 마련되어야 한다. 이를 위해, 소방 업무 및 업무 성과에 대한 분석과 소요 예산을 과학적으로 측정해야 하며, 자체적으로 예산을 절감하여 효율적인 배분을 했음에도 부족하다는 객관적인 자료를 제시해야 한다(우성천, 2007: 356). 또한 동시에 소방 간부들이 시・도의 예산 담당자나 의회 의원들에게 소방의 실정을 설득력 있게 설명하고, 객관적인 자료를 토대로 여론매체를 활용하며, 대국민 홍보활동 등도 필요하다.

소방 예산 금액 결정은 소방 예산 체계, 즉 과정과 산출을 통해 어느 정도 예상할 수 있다. 소방 예산 체제를 과정과 산출로 인식하는 것은 소방 예산 결정 과정과 소방 예산 산출 간에는 인과적 관계가 있다는 전제가 존재한다. 예를 들어, 체제분석, 비용・편익분석에 의해 예산 결정 과정이 진행되면 대폭적인 예산 산출의 변화가 나타나며, 점증적인 예산 결정 과정이 진행된다면 예산 산출은 점증적이 된다. 그런데 예산 결과는 예산 과정뿐만 아니라 환경적 요인, 참여자의 개별 전략 등에 의해서도 영향을 받는다(윤영진, 2008: 288).

예산은 국민이 국가에 대해 공공 수요를 충족하기 위한 공공재원의 동원과 사용에 관한 재정적 활동을 허용하는 것으로서, 정부의 재정활동에 대해 주권자인 국민이 행하는 수권행위의 한 형식이라고 할 수 있다(이정은, 2006: 5). 따라서 국민은 위임자이며, 소방조직은 대리인의 역할을 하고 있기 때문에 위임자 대리인이론을 적용할 수 있다.[7] 즉, 소방조직의 경우, 국민들의 관심 부족과 정보의 비대칭성

---

7) 대리인이론을 정부에 적용하는 이유는 다른 이론에 비해 여러 가지 장점을 가지고 있기 때문이다. 대리인이론은 불확실성을 가정하며 모든 사람을 자신의 이익을 추구하는 존재로 간주한다. 또한 다른 수학적 모델처럼 모델 구성원이 고정되어 있다고 가정하는 정적인 분석이 아니라, 모든 구성원이 변화할 수 있다는 현실적인 가정을 통해 동적인 분석을 한다. 정부 영역에 대리인이론을 적용할 때 가장 큰 문제점은 정부가 생산하는 서비스가 화폐 가치로 측정되기 어렵다는 데

으로 소방조직의 부적절한 의사결정, 나태, 낭비, 부정, 횡령, 사적 이익의 추구, 법규나 규정의 위반 등이 나타날 수 있다.

이러한 현상을 제거하기 위해서는 무엇보다도 먼저 정보의 비대칭성을 제거하거나 감소해야 한다. 기업의 경우와 마찬가지로 정보의 비대칭이란 실제로 소방조직의 구체적인 행동에 직·간접적으로 관련되어 있는 정보가 위임자인 국민들에게 알려지지 못하고, 대리인인 소방조직 또는 소방조직의 책임자에게만 알려져 있는 상태이다.

2. 지방재정으로서 소방재정

소방 서비스 공급의 주체가 광역자치단체[8]라는 점에서 시·도의 소방비가 소방재정의 핵심적 내용이라고 할 수 있다. 소방재정이 시·도 소방비를 중심으로 한다는 것은 지방재정과의 관련성 속에서 소방재정을 논의해야 함을 말해 준다. 부연하면, 지방자치행정의 제도적 틀 속에서 소방재정의 비중과 성격, 효율적 관리 방안을 검토해야 하는 것이다.

소방사무는 대한민국 정부 수립 이후 국가소방, 1970년부터 1992년까지는 국가와 자치소방 체제로 다루어지다가, 1992년 광역소방 체제로 전환된 이후 광역자치단체 사무 형태를 유지하면서, 시·도에서 소방 관련 예산편성뿐만 아니라 채용·인사, 조직 등 모든 업무를 시·도 사무로 처리(다른 분야 또는 사무와 동일)하고 있다(소방방재청, 2014: 125). 그리고 소방재정은 광역자치의 소방 체제가 확립된 1992년 이후 재정의 자립도, 단체장의 관심도, 주민의 이해의 정도에 따라 각 시·도별로 큰 격차를 보이고 있다.

최근의 경제적 불황과 실업의 증가로 지방세수가 감소되어 지방재정의 여건 악

있다. 그러나 기업처럼 이익이라는 객관적인 측정치가 존재하지 않지만, 제한된 자원으로 국민에게 서비스를 제공하며 사용된 자원의 일부는 대리인에게 지불되므로 대리인이론이 여전히 적용될 수 있다(윤성식, 1992: 1130).

8) 소방공무원 국가직 전환으로 대형 재난 등의 대응에 있어서 소방청장의 지휘·감독 권한과 지휘체계 일원화는 강화되었으나, 소방공무원의 임용 및 인사권 등이 시·도지사에게 위임되어 있고, 장비, 관서 등 소방시설물의 소유권이 자치단체에 있는 가운데 소방사무 또한 지방사무로 되어 있어 국가사무화에 대한 요구가 여전히 높음.

화로 소방재정은 더욱 어려운 여건에 있다. 여기서, 소방재정의 건전성과 안전성을 높이기 위해서는 지방재정으로부터 소방재원을 충분히 확보하는 제도적 방안, 목적세로서의 지역자원시설세를 확대하고 개편하는 방안, 중앙정부로부터의 이전재원을 확대하여 보장받을 수 있는 방안의 강구가 요구되고 있다.

소방비는 아직도 절대 액수가 적기 때문에 시·도 재정에서 차지하는 비중 또한 미미하다. 그러나 이러한 재정적 비중의 미세가 소방 서비스 자체의 중요성을 결코 낮추는 것은 아니다. 갈수록 지역 주민들은 전통적인 화재 예방과 방호 서비스 외에도 재난안전관리, 구조·구급 서비스에 대한 요구가 확대되고 있다. 따라서 소방조직에서는 앞으로 소방 서비스의 확대 요인의 발생으로 얼마든지 소방재정도 확대되고 지위도 높아질 가능성이 상존한다.

3. 중앙정부의 소방재정 지원

소방재정에는 시·도의 일반재원으로 편성된 소방비 외에도 중앙정부의 소방업무 관련 예산과 지방정부에 이전하는 소방 관련 재원을 포함한다. 중앙정부의 입장에서도 소방은 전국적으로 표준화해서 제공해야 할 중요한 서비스의 하나로서 전국적 차원에서 종합적으로 소방정책을 기획하여 시행해야 함은 물론 지방정부별로 부족한 소방재원을 보완해 주어야 하는 것이다.

중앙정부가 취하는 소방비의 재정 조치로서는 지방교부세의 기준 재정수요액의 산입에 의한 일반재원 조치 이외에도 국가보조금 형태로 지원이 이루어지고 있다. 교부세는 일반재원으로 편입되어 소방비의 용도로 지정된 것이 아니므로, 일반적인 예산 분배 과정을 통해 소방비의 액수가 결정된다. 반면에, 국가는 소방재원으로서 국고보조금을 지원하고 있다. 국가는 시·도의 소방 업무에 필요한 경비의 일부를 보조하도록 규정하고 있다(소방기본법, 제9조).

또한 중앙정부의 이전재원의 규모와 관련하여 볼 때, 지방교부세 산정에서 기준 재정수요액의 산정 기초가 확장됨에 따라 교부세액이 확대될 수 있고, 소방력의 기준이나 소방 수요의 기준을 현실화함으로써 국고보조금을 확장할 수 있는 가능성을 열어두고 있다.

한편, 중앙정부는 2014년 소방과 안전에 대한 국가적 관심이 고조되면서, 2015

년부터 폐지되는 분권교부세를 대신하여 소방안전교부세를 신설하고 지방정부의 다양한 소방정책을 지원하는 기능을 확대하였다.[9]

4. 소방 수요와 소방재정

소방 예산이란 소방관서를 유지하고 소방 서비스를 제공하기 위해 국가나 지방자치단체가 경비를 조달하고 이를 합법적으로 관리하고 지출하는 경제활동이며, 원칙적으로 소방 수요에 따라 금액과 구성 요소가 결정되어야 한다. 소방 수요는 잠재적이고 특정한 위험으로부터 나타나는 생명과 신체, 재산에 대한 위협과 손해이며, 이런 소방 수요가 나타나면 화재·구조·구급이라는 소방 서비스가 제공된다(최진종, 2001: 1). 그런데 소방 수요는 그 속성상 소방기관이 스스로 창출할 수 없기 때문에 소방 서비스는 소방 수요가 발생했거나 발생할 우려가 현저할 때 대응하는 수동적인 업무라는 특성이 있다.

그러나 현대 산업시설의 대형화, 집중화, 인구의 증가 등으로 소방 수요가 증가하고 있으며, 새로운 위험 등이 발생하여 소방 수요의 변화도 나타나고 있다. 따라서 이러한 소방 수요에 효과적으로 대응하기 위해 소방 예산도 변화를 모색해야 하는 것이 당연하다. 그러므로 소방 수요를 발생시키는 사회적·경제적 요인 중에서 행정기관의 자의에 의해 조작이 불가능한 변수를 찾아 소방 수요를 예측하는 것이 중요하다(Anderson, 1994: 29-35).

소방 수요는 크게 잠재적 수요와 발생적 수요로 나눌 수 있다. 잠재적 수요는 현재 가시적으로 드러나고 있지는 않지만, 화재 및 구조·구급 등이 발생할 가능성이다. 화재·구조·구급 등이 발생하면 나타날 수 있는 각종 피해를 최소화하기 위해 예방 업무가 필요한데, 이러한 예방 업무가 잠재적 수요에 해당한다. 또한 화재 및 구조·구급이 발생할 경우, 대처할 수 있는 소방관서, 소방장비 등이 필요하고 소방 대상물에 대한 정기적인 관리와 감독이 이루어져야 하는데, 이런 내용들이 잠재적 수요에 해당된다. 소방 예산을 결정할 때, 이러한 잠재적인 수요를 고려해야 한다(박시영, 2003: 38).

9) 소방안전교부세는 담배에 부과되는 개별소비세의 20%를 소방안전예산으로 사용할 수 있도록 지방정부에 배분해 왔으나, 「지방교부세법」 개정(2019.12.10 개정)으로 45%로 조정함.

화재 · 구조 · 구급 등과 같은 발생적 수요는 즉각적으로 소방력이 투입되어야 해결할 수 있는 것으로, 일반적인 소방 수요는 이를 말한다. 따라서 발생적 수요에 따라 화재 발생 건수 및 구조 · 구급 건수가 증가할 때는 이를 소방 예산에 반드시 반영해야 한다. 실제로 많은 인명과 재산 피해를 가져온 삼풍백화점 붕괴사고, 대구 지하철 폭발사건 등과 같은 대형 사건이 발생할 때마다 소방관과 현대적 소방장비 확충을 위한 소방 예산의 증가 필요성이 제기되었다.

그리고 잠재적인 수요는 발생적 수요에 따라 결정되는 경우가 많다. 즉, 화재 · 구조 · 구급 등 발생적 수요가 많이 발생하는 지역의 경우, 예방활동이 증가하고 소방관서, 소방장비 등을 많이 보유하는 것이 일반적이다.

C·H·A·P·T·E·R

02 소방재정과 주요 이론

제 1 절 정부 예산 연구의 전개 과정

예산이론은 정부가 사회로부터 자원을 동원하고, 그 자원을 정책이나 사업계획을 통해 분배하는 현상을 체계적으로 설명하는 이론이다. 즉, 예산이론은 자원의 부존량에 비해 무한한 공공 수요를 충족하기 위해 한정된 자원을 좀 더 합리적으로 배분하기 위한 기준을 모색하는 이론이다. 따라서 예산 결정 과정을 통해 예산의 내용과 구조를 정하고 목적과 수단 관계를 형성한 다음, 가치 배분의 순서를 결정하게 된다.

예산이론은 의사결정이론 및 정책결정이론을 토대로 다양한 예산이론으로 발전해 왔다. 즉, 자원 배분에 대한 접근 방식들을 유형화하여 경제적 접근, 정치적 접근, 정치 · 경제적 접근 등을 구분하기도 하며(이영조 · 문인수, 2002: 137), '제한된 합리성'의 관점에서 합리모형, 만족모형, 혼합주사모형, 점증모형 등 여러 가지 결정모형이 나타나게 되었다(유훈, 1992: 61). 이러한 예산이론의 기본적인 기준은 합리성에 있다. 특히, 여기서의 합리성은 주어진 제약 조건 하에서 최대한의 목표 달성을 위한 행태, 혹은 행동 양식을 말하며, 이는 크게 보아 경제적 합리성과 정치적 합리성으로 대별된다.[1)]

정부의 예산은 여러 단계를 거쳐 많은 기관이나 참여자가 결정하는 연속적 과정의 소산으로, 결정자들은 어느 정도 요구하고 승인해야 하는가에 대한 명확한 기준이 없다. 따라서 예산의 예산결정 과정은 각 부처 간에 예산을 둘러싼 힘겨루기와 갈등이 발생하며, 각 부처의 관료, 의회, 이익집단, 그리고 국민들은 특정 예산의 편성을 요구하는 활동과 전략을 펼치는 정치적 과정을 거친다.

아울러, 예산의 결정 과정은 의회와 관료, 행정기관과 예산기관, 그리고 대통령과 의회 등 다양한 참여자 상호 간에 이루어진다. 이에 따라 예산의 과정은 상호 간에 전략을 가지고 참여자 각자가 의도한 목표를 실현하기 위한 상호 과정 속에서 협상과 타협을 통해 의도를 구현하는 절충된 선택 결과를 예산에 반영한다.

한편, 예산은 정치적 메커니즘 내에 위치하는 하나의 제도로서, 예산 절차와 관련되는 정치적 특징보다는 예산 제도 자체의 운영과 관리의 실태를 중심으로 연구하는 접근 방법을 들 수 있다. 또한 예산 과정에서 나타는 정치행위, 즉 행태에 초점을 둔 연구로서 어떤 제도적 규약이나 절차보다는 예산을 둘러싸고 직・간접적으로 관련되는 참여 세력 간의 마찰과 이행의 조정 및 예산기구를 중심으로 예산관료들의 의식이나 행동, 입법 과정에서 나타나는 그들의 행태에 관심을 갖는 연구접근 방법으로 구분할 수 있다. 즉, 예산이론은 연구의 목적에 따라 규범적 연구와 실증적 연구 방법으로 구분된다.

예산 결정에 대한 규범적 연구는 예산의 행위, 예산평가의 기준 등이 무엇인지를 연구하는 학문이다. 이 방법론은 예산 현상을 철학적・인식론적으로 설명하고 예측할 수 있게 하는 것으로서 총체주의이론, 한계효용이론, 공공선택이론 등이 있다.

예산 결정에 대한 실증적 연구는[2] 실제 예산 결정은 어떻게 이루어지고 있는

---

1) 정치적 합리성이 정치적 타협으로서 예산결정 참여자들의 행위와 상호작용 과정에 의해 이루어진 예산자원의 배분인 반면, 경제적 합리성은 최소의 노력으로 최대의 성과를 달성하고자 하는 것으로 비용・효과분석이나 비용・편익분석의 활용을 통한 합리성의 추구를 의미하는 것으로 파악한다.

2) 실증주의적 접근 방법에 의한 사회과학의 연구는 경험성, 객관성을 중시하기 때문에 이러한 욕구를 충족시켜 줄 수 있는 계량적 접근 방법을 중시한다. 경험적 관찰이 정확하고 객관성을 높이기 위해서는 통제된 실험이나 표준화된 측정 도구를 이용하며, 또한 이러한 것들을 가능하게 해 주는 조작적 정의 등을 통해 이를 계량화해야 한다. 따라서 통계적 사고와 통계적 기법에 근거한 통계적 방법론은 실증주의적 사회과학 연구에 매우 중요한 방법론이다.

가, 어떤 결정자 또는 어떤 환경적 요인이 예산 결정에 어느 정도 영향을 미치는가 등을 기술하고 설명하는 데 목적을 둔다. 이러한 목적으로 개발된 예산이론으로는 결정요인론, 점증주의론[3] 등이 있다.

제 2 절 소방재정과 주요 이론

1. 소방 예산의 주요 이론

1) 총체주의

총체주의는 예산 결정에 관계가 있는 모든 요소를 종합적으로 고려하여 합리적으로 자원을 배분해야 한다는 이론이다.[4] 총체주의에 대한 예산 결정은 예산상의 편익 또는 목표를 극대화하도록 예산을 배분하여, 사회후생을 극대화하는 데 주안점을 둔다. 총체주의적 결정은 거시적 배분과 미시적 배분으로 나눌 수 있다. 거시적 배분은 민간 부문과 공공 부문 간의 자원 배분으로서 예산의 적정 규모와 관련되어 있다(윤영진, 2006: 292-293).

총체주의는 전통적인 예산 결정 방식에 대한 비판의 대안으로 거론되었다. 과거에는 예산을 결정할 때 예산정책 결정자나 의회가 예산 금액을 고려하지 않고 정부의 사업을 승인했으며, 하나의 결정을 내리는 데 그에 관련되는 재정 및 기타의 함축성을 무시하는 일도 많았다. 또한 정부가 사업을 결정할 때에도 여러 가지 대안을 검토하지 않았고, 채택된 사업의 수익과 비용을 체계적으로 검토하지 않았으며 중요한 정부지출정책이 체계적으로 결정되지 않거나, 다른 의사결정의 부산물로 나타나는 경우도 있었다. 그리고 의회가 예산심의 절차를 수행할 경우에도 너무 세부적인 면에 집중하거나 통제에만 관심을 두어, 광범위하고 일관성을 지닌 공

---

3) 점증주의 예산 과정은 예산의 획득이나 사정을 둘러싼 정치적·정략적 상황 속에서 일상적으로 나타나는 참여자의 복잡한 가치판단의 행태가 나타난다.

4) 총체주의는 합리모형, 분석적 모형으로 불리기도 하며, 브레이브루크(D. Braybrooke)나 린드블롬(C. E. Lindblom)이 점증주의와 대비하기 위해 사용했다.

공정책을 결정하는 데 소홀히 한 면이 많았다.

총체주의에서 예산결정자는 사회의 가치 또는 우선순위를 파악하고 있으며, 완전한 지식과 정보를 가지고 있어서 문제 해결과 관련되어 있는 요소들을 검토할 수 있는 능력이 있다고 가정한다. 이에 따라 총체주의 결정이론의 주요한 내용은 ① 해결해야 할 문제를 인식한다. ② 목표나 가치를 명확히 정의한 다음, 목표나 가치를 중요성에 따라 우선순위를 배열한다. ③ 각 목표를 달성하기 위한 수단, 정책들을 찾아서 열거한다. ④ 설정된 목표를 달성하기 위한 각 대안의 수익과 비용을 추정한다. ⑤ 최대의 이익이나 효용을 가져올 대안이나 정책을 선택한다. ⑥ 총체주의는 최대한의 합리성을 추구하기 때문에 모든 요소를 종합적으로 고려하여 결정한다.

예산이론에 총체주의이론이 도입됨에 따라 각 대안 간의 상대적인 가치를 비교하기 위해 비용·편익분석, 체제분석, 관리과학 등의 통계적 분석 방법을 이용하게 되었다(Gelembiewski & Rabin, 1983: 115). 총체주의에 의한 예산 결정은 이성에 바탕을 둔 설득과 협조를 통해 결정되기 때문에, 과학적 분석기법을 사용하면 정부정책의 산출 결과를 설명하는 데 매우 효과적이다.

다만, 총체주의 예산이론은 다음과 같은 한계점을 지니고 있다.

첫째, 총체주의에서는 예산결정자가 완전한 지식과 정보를 가지고 있다고 가정하나, 인간은 정보 및 인지 능력의 한계, 계산 및 기억의 한계, 의사결정 비용의 과다, 상황의 불확실성, 정보의 비대칭성으로 완전한 합리적인 의사결정이 불가능하다.

둘째, 총체주의에서는 목표와 수단 관계가 확립되어야 하는데, 현실적으로 목표와 수단을 연결하기 어렵다. 또한 목표도 명확하게 규정하기 어려운 경우, 목표의 대립, 다중성의 현상도 존재한다(오상범, 2001: 9).

셋째, 총체주의에 의한 예산 결정 과정에서 관련된 모든 가치를 포괄적으로 고려한다는 것은 불가능하므로, 결정 과정에서 필수적인 요소만을 고려한 기본 모형을 이용한다.

넷째, 인간은 의사결정의 단계를 적용할 능력과 시간이 없으며, 정책결정은 정치적으로 이루어지는 경우가 많다.

다섯째, 여러 가지 과학적 분석을 사용하려면 수익과 비용의 계량화가 필요한 데, 계량화할 수 없는 부분도 존재한다. 또한 사회적 가치의 우선순위를 정하기 힘들며, 사회후생함수에 관한 가정도 비현실적이다(윤영진, 2006: 25).

2) 혼합모형

예산이론에서의 가장 중요한 두 요소는 경제적 합리성과 정치적 합리성이다. 일반적으로 전자를 총체주의라고 하고, 후자를 점증주의라고 한다. 이 두 모형의 성격을 조금씩 혼합한 모형이 만족모형, 최적모형,[5] 혼합주사모형[6] 등이다.

사이먼(H. A. Simon)에 의하면, 의사결정자는 보유하고 있는 정보는 제한되어 있는 반면, 고려해야 할 대안은 많아서 주어진 환경에 따라 제한적인 선택을 한다고 주장한다.[7] 이러한 사이먼의 주장을 만족모형이라고 부른다. 제한된 합리성에 의한 의사결정에서 의사결정자의 인지에 작용하는 요소는 인식적 요소와 질적 요소가 있는데, 이 두 요소는 상호작용을 한다. 인식적 요소는 개인이나 조직의 의사결정 과정에서 필요한 모든 상황을 완전하게 인지하는 것이 현실적으로 불가능하기 때문에 목표를 간소화하여 인지하게 되며, 또한 이 과정에서 목표를 상위 목표와 하위 목표로 나누기도 한다. 질적 요소란 의사결정 과정에서 의사결정자의 편의가 개입되어, 자신이 좋아하는 방향으로 결정하는 것을 의미한다. 그런데 편의는 조직 내부에서 미리 미래 상황을 발표하는 경우 생길 수 있으며, 또한 담당자들이 보고할 때 결론만을 보고함으로써 편의가 발생할 수도 있다(오상범, 2001: 330-

5) 드로(Y. Dror)에 의하면, 지금까지의 결정모형들이 그 이전의 결정 선례를 바탕으로 하고 있음은 공통적으로 오류를 범하는 것이라고 비판하면서, 그러한 결정의 선례가 반드시 정당한 것이라는 보장이 없으므로, 모든 새로운 결정은 그때마다의 정책 방향에 따라 각각 새롭게 검토되어야 한다는 것이다.

6) 에치오니(A. Etzioni)는 적극적인 의사결정에 필요한 것은 합리적인 접근보다는 덜 정확하나 점증적 접근과 같이 관점이 제한되어 있지 않은 전략이 필요하다고 하면서, 합리적 결정과 점증적 결정을 동시에 설명해 줄 수 있다는 의사결정 방법으로 혼합주사이론을 제시하고 있다. 즉, 기본적인 의사결정 방법을 제시해 주는 고도의 합리적 의사결정과 기본적 결정을 위한 점증적 결정 과정으로 구분·설명하고 있다.

7) 사이먼(H. A. Simon)은 의사결정 과정을 목표의 구성 단계, 대안의 탐색 단계, 대안의 결과 예측, 대안 간의 순위 배정 등으로 설명하고 있다. 목표의 구성 단계에서 개인이나 조직은 의사결정 과정에서 발생하는 네 가지 요인은 미래에 발생할지 모르는 사실들에 대한 의사결정자의 지식, 의사결정자의 대안들에 대한 지식, 대안들의 결과에 대한 지식, 결과 간의 순위 배정 등에 의해 형성된다고 주장한다.

331).

만족모형은 합리적인 의사결정모형에서 나타난 것과 같이 목표를 충족시킬 수 있는 대안들을 모두 탐색하고, 이러한 대안들의 편익과 비용을 비교하는 것은 현실적으로 불가능하다는 데서 출발한다. 사이먼은 대안이 많이 있다고 하더라도 간소화 과정을 거치면서 몇 개의 대안만을 고려하게 되며, 대안들이 적당하지 않을 때 다른 대안을 찾게 된다고 한다. 또한 대안을 결정할 때에도 최적의 모형을 찾는 것이 아니라, 만족할 만한 대안이 나타나면 그 대안을 선택하게 된다.

3) 공공선택론

공공선택론은 "비시장적 의사결정(non-market decision making)에 대한 경제학적 연구" 또는 간단히 "정치학에 대한 경제학의 응용"이라고 정의하며, 공공선택론의 방법론은 경제학과 마찬가지로 인간을 자기중심적, 합리적, 효용의 극대화를 추구한다고 가정한다(Mueller, 2003: 1). 이러한 공공선택론은 개인을 분석 단위로 하고, 공공기관의 산출물인 공공재, 공공 서비스의 생산에 영향을 미치는 다양한 의사결정 장치에 관한 이론(Ostrom, 1971: 205)이다.[8)]

공공선택론은 공공재의 정치적 결정 비용은 파레토 최적(Pareto optimum) 상태가 아닌 정치적이며 제도적인 측면이 고려된다고 보며, 공공선택론에서의 방법론은 경제학에서 전제하고 있는 인간의 자기중심적, 합리적, 효용의 극대화를 추구하는 것으로 가정한다. 즉, 공공선택론은 예산결정 과정에 참여하는 각각의 주체들이 모두 자기 이익 추구(self-interested)의 경향을 지니며, 이에 따라 공공 부문에서 각 집단은 개인과 마찬가지로 합리적 효용의 극대화를 위해 행동한다는 것이다.

이에 따라 기업은 이윤의 극대화를 위해 활동하듯이 관료들은 예산의 극대화를 추구하는 경향이 나타나며, 정치인들은 재선을 위한 득표에 유리한 지역구의 유권자나 이익집단에 더 많은 편익을 제공할 수 있는 지출정책으로 예산을 극대화한다는 것이다. 아울러, 이익집단들도 자기 이익 추구를 위해 로비활동을 벌인다는 것

8) 소병희(1993: 19-20)는 시장 내적인 경제활동이 사적인 선택을 동반하는 것이라면, 시장 외적인 경제활동은 공공의 선택이 수반되는 것이며, 이렇게 시장 외적인 경제활동이나 의사결정의 분석 및 정치적 문제의 경제학적 분석기법의 적용을 통한 분석과 이론의 개발이 공공선택론이 다루는 분야로 보고 있다.

이다. 반면, 실제 납세 의무를 지닌 유권자의 경우는 자신의 부담을 감소시키려고 조세보다는 공채를 선호하며, 합리적인 무관심을 보이는 모순적 상황으로 치달음으로써 재정적자가 발생하게 되는 상황이 온다는 것이다.[9)]

따라서 예산 규모의 결정은 시장경제이론에 입각한 합리적 원리에 의해 이루어지기보다는, 실제 비시장적 경쟁 원리에 입각한 정치적 과정에 의해 결정적으로 영향을 미친다고 할 수 있다(이필우, 1999: 121).[10)]

이에 공공선택론은 전통적 경제학이 소홀하게 취급한 문제, 즉 모든 사회구성원이 관계를 가질 수밖에 없는 비시장적 의사결정 내지 정치적 의사결정이 이루어지고 시행되는 과정에서 개인, 정치가, 관료 등 참가자의 선택 행동에 관심을 두게 된다(Musgrave & Musgrave, 1989; 박동균, 1993: 155). 즉, 공공선택론은 시장 부문에서와 마찬가지로 비시장 부문에서도 정치적 선택의 문제를 교환 관계로 이해한다. 정부 부문에서 관료와 정치가, 정치가와 개인, 관료와 개인 간의 관계 속에는 공공선택에 따른 표, 예산 등의 교환과 거래가 이루어지는 것으로 이해될 수 있다.

4) 점증주의

총체주의이론에 따라 합리적 선택 원리를 적용하면, 인간의 문제 해결 능력의 한계와 목표의 정의와 목표-수단 관계의 가정에서 발생하는 문제 때문에 많은 한계점이 존재한다.

반면, 점증주의이론은 정치적 합리성에 의한 의사결정 방법으로서 현실적·경험적 방법이다. 즉, 예산 결정이라는 정치 과정의 현상 속에서 예산을 조금씩 증감해 가는 과정이라는 것이 점증주의이론의 주장이다.

린드블롬(C. E. Lindblom)은 인간은 잘 정의되고 완전히 합의된 목표를 가질 수 없고 모든 가능한 대안을 고려할 수 없으며, 각 대안의 비교를 위한 충분한 정보를

9) 이상의 논의에 관해서는 하연섭(2008: 129-158)을 참조.

10) 예산 결정 과정에 공공선택론적 시각을 도입하면, 예산 결정은 예산 과정에 참여하는 행위 주체자들의 각각의 효용을 극대화시켜 주는 행태가 균형을 이룬 결과로 생각할 수 있다. 지방자치의 실시로 주민들이 지방의회 의원을 선출할 수 있게 되었기 때문에, 예산 결정 과정에의 주요 참가자로는 주민, 관료, 정치인이 된다. 그런데 주민의 행동준칙은 효용을 극대화시켜 주는 행정 서비스의 선택이고, 관료의 행동준칙은 예산극대화, 정치인의 행동준칙은 표의 극대화이다(전상경, 1993: 1069).

가질 수 없기 때문에 만족할 만한 결정을 내린다고 가정한다(Lindblom, 1961: 305). 린드블롬은 대안을 탐색할 때 자신들에게 가장 이익이 되는 몇 개를 중점으로 다루며, 대안 중에서 기존의 정책과 약간씩 차이를 보이는 부분만을 분석 대상으로 한다고 주장한다. 따라서 점증모형은 협상과 타협을 이용한 점증적인 변화를 중요시하여 정책결정을 단순화, 분권화하여 합의를 쉽게 하게 한다.

예산의 점증주의를 주장하는 대표적인 학자는 윌다브스키(A. Wildavsky)이다.[11] 윌다브스키는 사이먼과 린드블롬의 이론에 크게 영향을 받았는데, 그는 예산 결정의 참여자들은 예산 결정을 독립적으로 하지 않고, 다른 참여자들의 기대행동을 의식하면서 조정하기 때문에 예산이 점증적으로 변화하게 된다고 주장한다. 즉, 행정부와 의회, 일선 행정기관과 중앙예산기관 등이 다른 참여자들의 입장과 기대를 파악하고 있기 때문에, 예산을 점증적이고 소폭적으로 증감함으로써 예산이 결정된다는 것이다. 따라서 예산 결정은 예산의 획득이나 배정을 둘러싼 정치적인 상황 속에서 예산 과정 참여자들의 역학적인 영향력의 크기에 의해 예산이 결정된다. 그러므로 예산은 정치 제도와 불가분의 관계에 있다(Wildavsky, 1979: 7-8).

예산은 정치적이라고 주장한 윌다브스키의 점증주의적 예산 결정의 주요 내용을 정리하면 다음과 같다(Wildavsky, 1986).

첫째, 예산관리자들은 예산을 결정할 때 최적화를 추구하기보다는 만족화를 추구한다.

둘째, 금년도 예산은 전년도의 예산과 함수 관계에 있기 때문에 재정지출의 변화는 급격하게 변화하지 않고 점증적이거나 부분적이다.

셋째, 예산은 일단 경험에 의해 추정하고, 다른 변수가 나타날 때 이를 수정하는 것이 일반적이다.

넷째, 예산은 인건비, 경비 등 단순한 항목을 활용하여 단순화한다.

그러나 점증주의 모형은 다음과 같은 한계점을 지니고 있다.

첫째, 점증주의는 분석 단위 기관을 대상으로 분석했을 경우, 예산은 시간이 경과함에 따라 안정적인 점증적 현상을 보이지만, 사업이나 정책을 대상으로 할 경

---

11) 윌다브스키는 인간의 비합리성을 주장하면서 정치 현실에서 점증주의를 대체할 만한 방안이 없다고 한다.

우, 점증적인 현상이 나타나지 않았다. 따라서 이것은 예산결정자가 사업 및 정책 수준에서는 별도의 의사결정규칙을 적용하고 있다는 것을 의미한다.

둘째, 점증주의를 지지하는 학자들은 협상 과정으로서의 점증주의와 산출로서의 점증주의를 구분하지 않고 이를 혼용하고 있다는 것이다. 따라서 어느 정도의 증감을 점증적이라고 판단하는가에 대한 기준이 없으며, 분석 대상에 따라 점증성의 정도에서 차이가 많이 난다(신무섭, 2007: 249).

셋째, 점증주의에 의한 예산 결정은 경제가 호황일 시기에는 매우 유용하다고 볼 수 있다. 그 이유는 예산 기준이 검토 대상이 되지 않고, 이러한 예산 기준에 근거한 공정한 몫이 배분된다. 그러나 재정의 축소가 강조되고 지출의 수준과 비율을 삭감해야 하는 상황에서는 예산 기준도 검토 대상이 될 수 있기 때문에 기관의 협상전략이 큰 의미를 상실하게 된다.

넷째, 점증주의는 지출 결정에 영향을 미치는 환경적인 요인이나 조직 내부 과정 등의 요소를 경시하고 있으며, 점증주의의 원인에 대해서는 명확히 설명하고 있지 못하다.

다섯째, 점증주의는 현실적으로 적용 가능성은 크지만, 복잡한 결과 과정을 지나치게 단순화시켜서 대안 간의 가치 비교를 충분히 고려하지 못하며, 대안의 체계적인 검토와 비용·편익분석 등을 강조하지 않음으로써 예산의 낭비 요소가 초래될 수 있다.

여섯째, 점증주의이론은 실증적 이론으로서 높은 평가를 받고 있으나, 규범적 관점에서는 한계를 갖고 있다(정정길, 1988: 653).

일곱째, 점증주의는 정치적 실현 가능성과 체제의 안정성을 중시함으로써 현존 상태를 옹호하는 보수주의적 성격을 갖고 있다.

5) 결정요인론

국민의 욕구는 예산의 수요를 형성하며, 이러한 예산 수요는 예산 과정을 거치면서 예산내용을 결정하게 된다. 결정요인론에서는 예산 결정의 내용이나 수준에 영향을 주는 가장 중요한 요소는 환경적인 요인이라고 주장한다. 즉, 예산의 세출 수준이나 변화는 많은 사회·경제적 요인과 정치·행정적 요인에 의해 결정된다고 주장한다.[12] 이때 예산의 내용을 결정할 때 사회 · 경제적 요인과 정치 · 행정적 요인 중에서 어느 것이 더 중요한가에 대해 많은 논의가 있다.

이에 결정요인론에서 지방정부의 총량적 또는 각 기능별 지출의 결정 요인에 관한 논의는 크게 사회 · 경제적 요인, 정치 · 행정적 요인으로 구분할 수 있다.

우선, 사회 · 경제적 요인 연구를 살펴보면 다음과 같다. 지방정부의 사회 · 경제적 특성은 지방정부의 정치구조, 특히 정부 형태를 부분적으로 결정할 수 있다(Schnore & Alford, 1963: 1-17). 그리고 지방정부의 경제 발전은 지역의 정치적 · 정책적 발전을 촉진시키는 역할을 하기도 한다. 그동안 결정요인론에서 지방정부의 지출 변화와 관련해 사회 · 경제적 요인이 중시된 것은 이런 이유 때문이라고 볼 수 있다(권경환, 2004: 36).

이러한 관점에서 사회 · 경제적 요인 연구는 정책결정의 형태를 설명하기 위해 다양한 사회 · 경제적 변수와 인구 변수를 사용하기 때문에 인구학적 모형이라고도 칭한다. 이 연구의 초점은 지역사회의 다양한 특징을 조사하여 공공재에 대한 소비자들의 선호도를 규명한 다음, 이를 바탕으로 지방정부의 예산과 사회 · 경제적 변수들의 관계를 측정하는 것이다. 이 모형의 주된 논의는 지방정부의 예산 수준 차이가 지방정부의 선택에 의한 결과이기보다 사회 · 경제적 환경 차이라는 것이다. 즉, 사회 · 경제적 요인들이 직접 예산 결정에 영향을 미친다는 것이다(소순창 · 김동욱, 1999: 366). 이러한 사회 · 경제적 변수로는 행정 수요와 공급 측면을 모두 나타내는 인구 규모, 인구밀도, 소득, 도시화 등과 주로 행정 수요의 측면에서 강조되는 산업화, 실업률, 교육 수준, 저소득층, 노령 인구 등이 있다.

다음으로, 정치 · 행정적 요인 연구는 환경이 정치 체제에 대해 영향을 미치고, 이것이 다시 전환되어 지방정부 예산 결정에 영향을 미친다는 가정으로 결정요인을 분석하고자 한다. 이러한 관계는 키-로커드(Key-Lockard)모형에 의해 전통 정치학자들의 입장으로 대변된다(소순창 · 김동욱, 1999: 367). 즉, 정치 · 행정적 결정 이론에서는 지방정부 지출은 단순한 개인적 선호의 반영이 아닌, 집단적 의사결정의 과정인 정치 과정을 거치기 때문에 정치 · 행정 체제 내의 요인을 무시할 수 없다는 점을 중시한다(김성종 · 신주연, 2003: 5-6). 특히, 일반적으로 공공재정에 대

12) 지출은 일정한 기간의 개념을 포함하지 않기 때문에 회계 기간을 고려할 경우 세출이라는 용어가 적당하다.

한 정치적 접근 방법에서는 유권자 개개인이 정치적 의사결정을 좌우하며, 세출 및 세입 관련 의사결정을 실질적으로 담당하는 정치인들은 권력을 획득하거나 유지하는 것으로 동기가 부여된다고 본다. 이러한 정치·행정적 변수로는 단체장의 리더십 성향, 지방의회 다수당 및 단체장 소속 정당, 선거, 투표율, 정치적 경쟁률, 공무원 수 등이 있다. 그러나 결정요인론은 독립변수와 종속변수의 선정 문제, 변수 간의 상관 관계 문제, 계량화의 문제, 인과 관계의 불명확 등의 문제점을 갖고 있는 것으로 비판받는다(윤영진, 2008: 279-280). 즉, 지나치게 환경적 변수(사회·경제적 환경)가 정책에 미치는 영향을 과대평가하도록 분석이 진행되었고, 정치적 변수(정치 체계의 특성)가 정책에 미치는 영향을 과소평가하고 있다는 점에서 한계와 비판을 받고 있다.

2. 소방재정 이론의 필요성

소방 예산 결정과 관련된 독자적인 이론은 존재하지 않는다. 따라서 현 시점에서는 일반적인 예산이론을 소방 예산 부문에 적용할 수밖에 없는 한계에 있다.

원칙적으로 소방 예산은 소방 수요에 근거하여 책정되어야 한다. 예산을 편성할 때 소방 수요가 주요한 변수가 된다는 사실은 총체주의에 의해 설명할 수 있다. 총체주의에 의한 예산 결정은 예산 결정에 관계가 있는 모든 요소들을 종합적으로 고려하여 합리적으로 자원을 배분하여 사회후생을 극대화하는 데 주안점을 둔다. 따라서 소방 예산을 결정할 때 소방 예산과 관련이 있는 소방 수요를 철저하게 분석하여 소방 수요의 증가에 맞게 예산을 배분하는 것이 사회적 후생의 유지 내지 확보를 위해 필요하다. 만약, 소방 수요의 증가에 따른 예산 배분이 이루어지지 않으면 인간의 기본 욕구 중 하나인 안전 욕구가 저해되어 주민들이 불안을 느끼게 될 것이다.

따라서 자금의 대체적 용도에서 얻을 결과에 대해 주민들이 느끼는 상대적 가치를 비교·평가하여 예산을 배정하는 것이 사회적 후생을 위해 필요하다. 그런데 지방정부나 중앙정부는 예산을 결정할 때, 각 사업의 필요성도 제대로 검토하지 않으며, 또한 채택된 사업의 수익과 비용을 체계적으로 분석하지 않아 예산 낭비 문제가 심각하게 나타나고 있다. 그 예로, 의정비의 대폭 인상, 각종 공사에서 부실시공, 용역의 남발, 잦은 설계 변경, 부정확한 원가 계산 등을 들 수 있다.

소방조직에서 현재 요구하는 것은 소방 분야에 대한 무조건적인 예산 증가가 아니다. 소방조직의 기구, 인원, 장비에 대한 합리적인 판단을 하지 않고 소방 예산을 과다하게 책정하면 소방조직의 유지 비용이 증가하여 경제성을 저해되고, 적절하지 못한 규모를 유지함에 따라 규모의 비경제도 발생하게 된다. 따라서 소방 수요에 대한 철저한 분석과 예측을 실시하여 소방 수요의 변화에 따라 예산을 적절하게 배정하는 것이 필요하다. 소방 수요의 변화에 따른 재원이 필요하다면 소방 자체적인 재원도 확보하는 것도 중요하지만, 지방정부의 예산 낭비 요인을 과감히 줄이면 소방 분야에 대한 투자가 증가할 것으로 판단된다.

그러나 모든 사회 현상은 단순하게 이루어지는 것이 아니라, 상당히 복잡한 인과 관계로 엮어져 있다. 따라서 하나의 이론으로 사회 현상을 설명할 수 없다. 그러므로 특정한 이론만을 고집하고, 다른 이론을 배척하면 사회 현상을 이해할 수 없으므로 여러 이론을 종합적으로 검토하여 소방재정에 대한 이론적 틀을 마련해야 한다.

C·H·A·P·T·E·R 03

지방재정과 소방재원

제 1 절 소방재원의 유형

1. 소방재원의 원천

소방 서비스의 산출에 소요되는 재원의 조달은 국가별로 다양한 수단이 활용되고 있으며, 현재까지 우리나라의 경우는 일반재원, 국고보조금, 지방교부세(소방안전교부세 등), 지역자원시설세에 의하고 있다.

소방 서비스 공급을 위한 비용의 조달은 국가별로 다양한 수단에 의해 이루어지지만 몇 가지 공통적 특징을 갖는다(이목훈, 2010: 46).

첫째, 소방 업무는 일차적으로 공공 부문에서 담당하며, 다소의 편차는 있으나 대부분 중앙정부와 지방정부에 재원을 이전하고, 지방정부는 지방세 수입을 소방재정으로 활용하고 있다.

둘째, 소방 서비스의 원인 제공자에게도 일부 비용을 부담시킨다는 점이다. 소방 서비스의 유발 요인은 다양하겠지만, 대부분의 국가는 화재보험에 서비스 공급에 필요한 경비를 부과하여 비용을 부담시키고 있다. 화재가 발생하면 보험금을 수령하게 되고 동시에 방호 서비스가 제공되므로, 양자 간 강한 상관 관계가 있다고 보는 것이다.

2. 소방재원의 유형

소방재정은 앞서 밝힌 바와 같이 소방 서비스의 공급에 소요되는 생산자원의 총량적 의미를 지니는데, 소방재정에 필요한 자금이나 재화의 원천인 소방재원의 구성은 우리나라 전체 기준으로 볼 때 국가기구인 소방청, 보건복지부, 지방자치단체로 구분해 살펴볼 수 있으며, 이를 다시 중앙정부를 기준으로 살펴보면 소방청 예산, 보건복지부의 응급의료기금 중 일부가 소방재원이라 볼 수 있다(소방청, 2019: 570).

소방세입은 지방세와 중앙정부 이전재원으로 구성되고, 소방세출 예산은 소방운영비로 크게 인건비, 경상예산, 사업예산으로 구분된다. 소방세입에서 소방자주재원으로는 지역자원시설세와 세외수입이 있고, 중앙정부의 이전재원으로는 국고보조금, 소방안전교부세, 응급의료기금이 있다.

우리나라의 지방재정 실태를 살펴보면, 첫째, 규모 면에서 국가재정에 비해 매우 열악한 실정이다. 2018년도 지방소방예산은 총 4조 8,219억 원이며, 그중 지방자치단체 자체재원은 4조 7,748억 원으로 전체 지방소방예산의 99%를 차지하고 있다. 지방소방예산을 재원별로 구분하면 지역자원시설세 1조 2,444억 원(25.8%), 소방안전교부세 3,144억 원(6.5%), 순수 지방재원 3조 2161억 원(66.7%)이며, 국비는 471억 원(1%)이다(소방청, 2019: 588).

둘째, 지방자치 재원인 자체 수입 부족으로 지방재정 운용의 경직성을 탈피하지 못하고 있을 뿐만 아니라, 인건비 등 경직성 경비의 지출 비율이 높아 새로운 사업을 추진할 수 있는 경비가 제한적이다.

셋째, 자치단체 간, 특히 시·군·구 간의 격차가 심한 상태일 뿐만 아니라 앞으로도 지역 균형개발이라는 목적의 추구에도 불구하고, 지방재정의 획기적 개선을 위한 제도적 개선 방안이 마련되지 않는 한 더욱 심화될 전망이다.

넷째, 근본적으로 재정이 영세한 자치단체는 구조적으로 투자 가용자원이 부족하여 지역개발과 산업화가 지체되고, 이는 곧 지방세입원의 영세성을 면치 못해 재정의 보충이 어렵고 그 결과 개발이 지연되는 악순환이 되풀이되고 있다.

제 2 절 지방재정의 구조

1. 지방재정의 의의

1) 지방재정의 개념

지방재정(local public finance)이란 지방정부가 그의 기능을 수행하는 데 필요한 재원을 조달・관리・사용하는 활동을 말한다. 즉, 지방정부가 행정 서비스를 제공하는 데 필요한 재정자금의 확보와 지출에 관계된 지방정부의 경제 주체로서의 활동을 의미한다.

2) 지방재정의 특성

(1) 민간기업(사기업) 재정과의 차이

첫째, 지방재정은 공공성을 갖는다. 지방재정은 지방의 공공 수요에 충당할 공공재(public goods)를 생산・공급하기 위해 재원을 확보하고 지출을 행하는 것이다.

둘째, 지방재정은 강제성을 갖는다. 지방재정에서 그 수입은 강제적으로 징수하는 지방세 등을 기본으로 하고 있으며, 그 일체의 지출은 법규에 따라 행해진다.

셋째, 지방재정은 계획성을 가진다. 지방재정은 반드시 예산의 성립을 전제로 하며, 그 운용은 성립된 예산에 따라 행해진다.

(2) 국가재정과의 차이

지방재정이 국가재정과 구별되는 차이는 다음과 같은 차원에서 논의된다.

첫째, 응익성 및 보상 관계이다. 일반적으로 국가재정은 응능성(소득 수준, 즉 조세의 부담 능력에 의한 조세부담주의)을 띠는 데 비해, 지방재정은 응익성(행정 서비스로부터 받은 이익에 따른 수익자부담주의)을 강하게 띠고 있는 것이 특징이다. 특히, 상・하수도, 도시계획, 오물 처리, 증명서 발급, 소방공동시설 등과 같은 서비스를 제공받는 직접적인 수익자들로부터 목적세・사용료・수수료・부담금 등을 징수하고 있다. 따라서 중앙정부에 의해 공급되는 서비스(국방, 외교, 환경관리 등)와 재원 부담의 관계는 대부분 개별적인 반대급부의 성격이 없는 일반적인 보상 관계인 반면, 지방공공 서비스와 재원 부담의 관계는 상당 부분 개별적 보상 관계의 성격을 가지고 있다.

둘째, 국가재정이 단일 주체의 재정인 데 비해, 지방재정은 특별시 · 광역시 · 도 및 시 · 군 · 자치구 등 상호 독립적인 다수의 지방정부의 재정의 총칭이다. 경제적 조건, 행정 기능, 재정 규모, 세입과 세출의 비중, 재정 능력과 자립도 등이 자치단체마다 다르다.

셋째, 자율성(타율성)의 측면이다. 지방정부의 재정활동은 국가가 제정한 법규의 범위 안에서 이루어지며, 국가로부터 많은 통제를 받는다. 기채 승인 등의 감독 · 제한을 받으며, 국가로부터 재정 지원을 받는 의존재원(보조금 · 교부세 등)이 있다. 또한 국가재정이 양출계입의 성격이 강한 반면, 지방재정은 양입계출의 성격이 강하다.

넷째, 재정의 기능적 측면에서 국가재정은 자원 배분의 조정, 소득의 재분배, 경제의 안정화 등 포괄적인 기능을 수행하고 있으나, 지방재정은 주민생활과 직결된 지방공공재를 중심으로 재정 기능에 대한 집행 기능이 강조된다. 즉, 국가재정은 포괄적 기능을 수행하나 지방재정은 자원 배분의 조정에 초점을 두고 있다.

다섯째, 공공 서비스적 성격의 차이이다. 지방공공 서비스는 비경합성과 비배제성이라는 공공재의 특성이 중앙정부의 공공 서비스에 비해 적게 나타난다. 즉, 지방공공 서비스는 중앙정부의 공공 서비스에 비해 순수공공재의 성격이 약하다.

여섯째, 재원 조달 방식에서 중앙정부는 주로 조세수입에 의존하나 지방정부는 조세뿐만 아니라, 수수료 · 사용료 등의 세외수입과 지방교부세 · 국고보조금과 같은 의존재원 등 다양한 세입원에 의존한다.

일곱째, 재정 운영의 평가 기준 측면이다. 지방재정은 국가재정과 비교할 때 부담 및 공공 지출의 공평성보다는 재원 배분의 효율성을 더욱 중요시한다. 즉, 중앙재정의 운영평가 기준으로는 형평성을 중시하고, 지방재정은 운영평가 기준으로 효율성을 중시한다.

2. 지방재정과 예산 원칙

지방재정은 지방정부의 수입·지출 활동과 지방정부의 자산 및 부채를 관리·처분하는 일체의 활동을 의미하며, 지방정부의 수입과 지출의 계획을 의미하는 지방 예산은 다음과 같은 원칙에 의거하여 운영된다.

1) 예산총계주의

지방정부의 1회계연도의 모든 수입과 지출은 세입·세출예산에 계상되어야 한다. 다만, 자치단체가 현물로 출자하는 경우와 일정한 기금을 운용하는 경우 및 일정한 사유로 보관 의무가 있는 현금 또는 유가증권이 있는 경우에는 이를 세입·세출 외로 처리할 수 있다.

2) 단일예산주의

지방정부의 예산 편성과 운용은 단일화되어야 한다. 다만, 공영기업, 기타 특정사업의 운영이나 특정 자금의 관리 등을 위해 일반세입·세출과 구분하여 경리할 필요가 있는 때에 한해 특별회계의 예산을 따로 설치할 수 있다.

3) 단년예산주의

지방정부의 예산은 1회계연도를 단위로 하는 바, 회계연도는 매년 1월 1일에 시작하여 그 해 12월 31일에 종료된다. 각 회계연도의 경비는 해당 연도의 세입으로 충당해야 한다.

4) 통일예산주의

모든 수입은 통일된 금고(수납기관)에 납입하고, 모든 지출을 이 금고에서 지출하며, 이를 직접 사용할 수 없다. 다만, 수입대체경비(지출이 직접수입을 수반하는 경비)의 경우에는 수입이 확보되는 범위 안에서 직접 사용할 수 있다.

5) 예산한정주의

세출예산에 정한 목적 외에 경비를 사용하거나, 세출예산이 정한 각 장·관·항 사이에 상호 이용할 수 없다. 다만, 지방의회의 의결을 얻어 이용하거나, 기구 개편이 있을 때 이체하거나, 일정한 범위 내에서 각 세항·목의 금액을 전용하는 것은 허용된다.

6) 사전 성립 및 공개주의

예산안은 회계연도 개시 일정일 전까지 지방의회의 의결로써 성립되어야 한다. 이 원칙의 예외로서 준예산 제도가 있다. 또한 예산안은 편성·심의·집행·결산의 과정에서 공개되어야 하며, 예산이 성립하면 지체없이 고시해야 한다.

3. 지방재정의 구성

지방정부의 재정수입은 크게 자주재원과 의존재원으로 나눌 수 있다. 자주재원이란 지방정부가 자주적으로 결정·실현하는 재원으로 지방세와 세외수입이 해당된다. 의존재원이란 국가나 상급 지방정부에 의해 결정·실현되는 재원을 말하는 것으로, 국고보조금, 지방교부세, 조정교부금과 재정보전금이 해당된다. 그 외 지방채가 있는데, 과거에는 지방채 수입을 자주재원(세외수입)에 포함시켰으나, 최근에는 자주재원이나 세외수입이 아닌 제3의 별도의 재원으로 보는 견해가 더 많다.

자주재원은 지방정부가 자체적으로 조달하는 재원이기 때문에 그것을 사용하는 데 지방정부는 상당한 재량권을 갖는다. 따라서 흔히 일반회계의 총액에서 자주재원이 차지하는 비율을 재정자립도로 정의하여 지방정부의 재정건전성 측정 지표로 사용하기도 한다.

1) 지방세

(1) 지방세의 의의와 특징

지방세란 지방정부가 그 기능을 수행하는 데 소요되는 일반적 경비를 조달하기 위해 해당 구역 내의 주민·재산, 기타 일정한 행위를 하는 자로부터 직접적·개별적인 보상(반대급부) 없이 강제적으로 부과·징수하는 재원을 말한다.

이러한 지방세는 다음과 같은 특징을 지닌다.

① 법정주의: 지방세의 세목과 세율은 법률로 정한다.

② 강제적 부과·징수: 반대급부 없이 강제적으로 부과·징수한다.

③ 일반적 경비의 조달: 일반적 경비의 조달 수단이다.

④ 독립세주의: 국세와 세원이 분리되어 있다.

⑤ 분리과세주의: 자치단체별로 부과하여 독자적으로 사용하는 분리과세가 원칙이나 2008년에 서울특별시의 재산세에 대해 공동과세 제도[1]가 도입되었다.

(2) 우리나라의 지방세 세목 체계

우리나리의 지방세는 용도에 따라, 그리고 과세 주체에 따라 구분할 수 있다.

첫째, 용도에 따라 구분하면, 보통세와 목적세가 있다. 보통세는 전체 세입으로 전체 세출에 충당하기 위해 용도의 구분 없이 징수하는 조세인 반면, 목적세는 특

표 5-3-1 우리나라 지방세의 구조

	구 분	특별시·광역시세	도 세	시·군세	자치구세
지방세	보통세	취득세, 주민세, 자동차세, 담배소비세, 레저세, 지방소비세, 지방소득세	취득세, 등록면허세, 레저세, 지방소비세	주민세, 재산세, 자동차세, 담배소비세, 지방소득세	등록면허세, 재산세
	목적세	지방교육세, 지역자원시설세	지방교육세, 지역자원시설세		

1) 서울특별시 자치구 간의 심각한 재정 불균형 상태를 해소하기 위해 특별시의 관할 구역 안에 있는 구의 경우에 재산세(선박 및 항공기에 대한 재산세 제외)를 '특별시 및 구세인 재산세'로 하고, 특별시장은 특별시분 재산세 전액을 관할 구역 안의 자치구에 교부하도록 했다. 이러한 공동세 방식(tax sharing)은 미국, 독일과 대만 등지에서 시행하고 있는 제도로서, 특정 세목에 대해 통일된 과세 방식에 의해 국가 또는 지방정부가 징수한 다음 일정한 기준에 따라 세입을 배분하는 방식이다.

정한 세출에 충당하기 위해 특별히 부과하는 조세로서 통일성 원칙의 예외가 된다.

둘째, 과세 주체에 따라 특별시세 · 광역시세 · 도세 및 시 · 군 · 자치구세가 있다.

(3) 우리나라 지방세제의 문제점

우리나라 지방세의 구조적 특성에서 발생하는 문제점으로 다음과 같은 사항이 지적된다.

첫째, 지방세보다는 국세의 비중이 크고, 세원이 빈약하며 지역적 편차가 심하다.

둘째, 소득과세나 소비과세가 적고 재산과세가 많아 재정 운영의 신축성이 부족하고, 세수의 신장성이 국세에 비해 저조하다.

셋째, 지방세의 종목과 세율이 국가에 의해 법률(지방세법)로 규정되어 있어 독자적인 과세 주권이 결여되어 있다.

넷째, 지역적 특성의 고려 없이 획일적인 지방세제를 운영하고 있다.

(4) 우리나라 지방세제의 과제

① 과세자주권의 확대

우리나라는 「지방세법」에 동등한 수준의 지방정부 간에는 모두 동일한 세목과 세율을 적용하고 있어 지방정부의 과세자주권을 제약하고 있다. 이는 지방정부가 주민들의 재정 수요에 적극적으로 대응하기 어렵게 할 뿐만 아니라 지방자치의 취지에 어긋난다고 할 수 있다. 따라서 건전재정의 테두리를 벗어나지 않는 범위 내에서 지방정부의 과세자주권을 확대시킬 필요가 있다.

② 국세와 지방세 간 합리적 세원 조정

현행 국세의 성격을 재검토하여 지방세로 적합한 세목은 가급적 지방세로 전환하는 것이 필요하다. 세원이 지방정부에 고르게 분포되어 있고 세수의 소득탄력성이 높은 세원을 지방으로 이양해야 할 것이다. 2010년 1월, 지방소득세와 지방소비세가 신설되었으나, 여전히 소득과 소비에 대한 조세는 대부분 국세 위주로 되어 있다. 국세의 지방세원으로의 이양은 세원의 분리를 전제로 하는 독립된 특정 세목의 전부를 이양하는 방법과, 세원의 중복을 전제로 한 국세의 특정 세목의 일부를 이양하여 공동으로 이용하는 방법이 있다.

③ 탄력세율 제도의 적극적 활용

표준세율만 법령으로 정하고 지방정부 조례로 탄력세율의 범위 안에서 그 비율을 가감할 수 있는 탄력세율 제도를 적극 활용하여 세수 확보에 신축성을 부여해야 한다. 현재 일부 세목에 인정되고 있으나[2] 이의 확대와 건전한 운영이 필요하다.

④ 법정외 조세 제도

법률에 규정되지 않은 지방세[3]를 자치단체가 조례로 부과할 수 있는 제도로서 현재 인정되지 않고 있는데, 이의 긍정적 검토가 필요하다.

2) 세외수입

(1) 세외수입의 의의와 특징

세외수입이란 지방정부의 자체수입 가운데 지방세 이외의 수입을 말한다. 광의로는 지방채 수입이나 공기업 수입까지를 포함하나, 일반적(협의)으로는 지방채 수입이나 특별회계에 의한 공기업 수입을 제외한 일반회계의 세외수입만을 말한다. 세외수입은 응익적인 성격이 높은 재원 조달 방식이므로 조세 저항이 심할 경우에 특히 유용하게 이용될 수 있다.

우리나라의 경우 지방자치의 부활로 인해 지방세입의 확충에 대한 필요성이 증가했으나, 각종 선거에서 지역 주민들의 표를 의식해야 하는 지방정부의 정치인들은 선불리 지방세를 통한 세입의 확충을 시도하기가 어렵다. 그런 점에서 지방자치의 부활은 지방정부로 하여금 세외수입의 확대에 많은 관심을 기울이게 했다.

이러한 세외수입의 특징은 다음과 같다.

첫째, 자주재원으로서 자치단체의 자율성과 재정적 자립 수준을 높여준다.

둘째, 지방정부의 노력에 따라 확대·개발이 상대적으로 용이한 잠재 수입원이다.

셋째, 특정 서비스에 대한 반대급부로서 응익적 성격이 강하다.

---

2) 현재 취득세, 등록면허세(부동산등기분), 주민세, 자동차세, 재산세, 지역지원시설세, 지방교육세, 지방소득세에 탄력세율이 적용되고 있다.

3) 예를 들어, 가칭 '관광세' 등을 생각해 볼 수 있다.

넷째, 지역 간·회계연도 간 분포 상황 및 구조가 불규칙적이고 불균등할 경우가 많다.

다섯째, 일반재원에 해당한다. 다만, 일부 세외수입은 경비의 용도가 지정되는 경우도 있다.

여섯째, 세외수입은 수입의 근거나 종류 및 형태가 매우 다양하다. 세외수입은 그 수입 형태를 현금으로도 하지만 수입증지로도 징수한다.

(2) 세외수입의 종류

세외수입은 다의적 개념으로서 그 개념적 범위와 기준 여하에 따라 여러 가지로 나눌 수 있다.

① 실질적 세외수입(협의의 세외수입)

경상적 세외수입과 사업수입이 있다. 경상세입은 사용료, 수수료, 재산임대수입, 사업장수입, 징수교부금, 이자수입 등으로 일반회계 세입이 된다. 사업수입은 상하수도 수입(직영기업), 지하철 수입, 주택사업, 공영개발사업, 기타 수입으로 특별회계 세입이 된다.

② 명목적 세외수입

단순한 현금의 이동 또는 자산 형태의 변화로 인한 세외수입을 말하는데, 임시세입과 사업외 수입이 있다. 임시세입은 기부금, 부담금(분담금), 잡수입, 재산매각수입, 융자금, 융자금 회수, 이월금, 전입금, 과년도 수입 등으로 일반회계의 세입이 된다. 사업외 수입은 이월금, 융자금, 전입금, 잡수입, 과년도 수입, 기타 등으로 특별회계 수입이 된다.

3) 국고보조금

(1) 국고보조금의 의의

국고보조금(grants-in-aid)이란 지방정부 간에 발생하는 외부 효과로 인한 자원 배분의 비효율성을 시정하거나, 중앙정부의 특정 목적을 달성하기 위해 지방정부의 행정 수행에 소요되는 경비의 일부, 또는 전부를 충당하기 위해 용도를 정해 교부하는 특정지원금(specific grant)이다. 국고보조금은 매년 중앙정부의 예산에 의해 배분되기 때문에 예산이 갖는 정치성을 그대로 지닌다. 즉, 국고보조금은 중앙부처의 소관 예산이 재원이 되며, 비용의 용도가 지정되어 지급되는 조건부 보조금으로서 국가의 통제와 감독이 수반되고, 지방정부가 일부 대응재원(자비 부담)을 마련해야 하는 대응지원금이다.

(2) 국고보조금의 종류

① 장려적 보조금

원래 지방정부가 스스로의 재원으로 충당해야 할 자치사무나 사업이지만, 국가적 차원에서 시책상 이를 장려할 필요가 있어서 지원하는 재원이다.

② 위탁금

국가사무(기관위임사무)를 지방에 위임할 경우, 그 경비의 전부를 지급하는 것으로 「지방재정법」에서는 위탁금을 '교부금'이라고 하고 있다.

③ 부담금

단체위임사무를 지방에 위임할 경우, 그 경비의 일부를 국가가 지급하는 경우를 말한다.

4) 지방교부세

(1) 지방교부세의 의의와 특징

지방교부세는 중앙정부가 법률에서 규정된 재원을 일정한 공식에 의거하여 지방정부에 배분하는 조건 없는 일반지원금(general grant)이다. 즉, 지방교부세는 조건이 붙지 않는 지원금으로서 ① 지방정부의 기본적인 행정 운영에 필요한 부족한 재원의 보장을 통해 중앙정부와 지방정부 간의 수직적 재정불균형을 시정하고, ② 지역 간 경제력 격차로 야기되는 재정력 격차를 시정하기 위해, 동일한 법적 지위를 지니는 지방정부 간의 수평적 재정불균형을 시정하기 위한 대표적인 형평화보조금이다.

일반적으로 지방교부세는 다음과 같은 특징을 지닌다.

첫째, 국가가 자의적으로 교부할 수 없고 모든 자치단체가 공유하는 독립재원으로서의 성격을 가지고 있다. 지방교부세가 내국세 총액의 일정 비율을 그 법정

재원으로 하고 있는 것은 그것이 단순히 국고로부터 교부되는 교부금이 아니라, 본래 자치단체가 공유하고 있는 독립재원의 뜻을 내포하고 있음을 의미한다.

둘째, 지방교부세는 의존재원이지만 특별교부세를 제외한 대부분의 교부세는 일단 교부되면 지방세와 마찬가지로 자유롭게 사용할 수 있는 일반재원이다. 즉, 지방교부세는 비용 용도에 제한이 없는 것이 특징으로, 그 비용의 용도를 지방정부가 자유로이 결정할 수 있다는 점에서 국고보조금과 구별된다.

(2) 지방교부세의 종류

① 보통교부세

용도를 제한하지 않고 교부하는 무조건부·무대응 교부금으로 지방정부가 자주적으로 사용할 수 있는 일반재원이다. 행정안전부 장관이 분기별로 교부하며, 내국세 총액의 19.24% 중 분권교부세를 제외한 교부세 총액의 96/100을 재원으로 하여 「지방교부세법」에서 정의되는 기준재정수입액이 기준재정수요액[4]에 미달될 경우 그 부족분을 지급한다.[5]

② 특별교부세

일반적인 수요가 아닌 특수한 사정으로 발생한 재정 수요(재해 복구 등)에 충당하거나, 국가적 장려사업의 시행, 재정수입의 감소를 보충해 주기 위해 교부되는 특정 재원으로 용도가 지정된다. 행·재정 운용 실적이 우수한 자치단체에도 교부가 가능하다. 내국세 총액의 19.24% 중 분권교부세를 제외한 교부세 금액의 4/100가 재원이 된다. 행정안전부 장관이 사유 발생 시 일정 기준에 의해 지급한다.

③ 분권교부세[6]

국고보조사업을 이양받은 지방정부에 지급하는 교부세로서 2005년 1월 1일 신설되었으며, 2014년 말까지 한시적으로 운영한 후 보통교부세로 통합될 예정이다. 국고보조사업을 이양받은 지방정부에 한해 일반재원으로 교부되며, 내국세 총액의

4) 각 지방정부가 합리적이고 적정한 기본 행정 수준을 유지할 경우 필요로 하는 표준적인 재정 수요를 말하는데, 보통 인구 등을 기준으로 산정한다.

5) 재정자립도가 높은 서울·경기·수원·용인 등 10여 개 자치단체는 현재 보통교부세를 교부받지 않고 있다.

6) 분권교부세는 2015년부터 보통교부세로 통합되었으며, 이를 대신하여 소방안전교부세가 신설되었다.

0.94%가 재원이 된다. 분권교부세의 산정 및 교부의 자의적 운용을 방지하기 위해 분권교부세의 지방정부별 교부액은 지방이양사업과 관련된 인구수 등의 통계자료, 종전의 국고보조금 지원 수준 등을 감안하여 「대통령령」이 정하는 바에 따라 산정하도록 하고, 행정안전부 장관이 분권교부세를 교부하고자 할 때에는 각 지방정부에 지방정부별 교부 내역을 통지하도록 한다.

④ 소방안전교부세

소방안전교부세는 보통교부세로 통합된 분권교부세를 대신하여 신설된 특별교부세의 한 유형에 해당한다. 「지방교부세법」 제9조의4에 따른 소방안전교부세는 행정안전부 장관이 지방자치단체의 소방 및 안전시설 확충, 안전관리 강화 등을 지원하기 위하여 전액 교부하도록 하고 있다.

소방차량, 구조, 통신장비 등 소방장비 확충을 위한 소방 특화 예산으로 특별교부세는 일종의 국고보조금과 같은 것으로서 지방자치단체의 일반재원으로 분류하는 보통교부세와 달리 소방 투자로 직결되는 소방재원으로 인식·분류된다(소방청, 2019: 574).

2005년도에 「지방교부세법」 개정으로 특별교부세의 비중이 교부세 총액의 1/11에서 4%로 축소되는 과정에서 시책사업 수요 항목으로 교부되던 소방비가 특별교부세에서 제외되었는데, 이는 소방재원의 축소를 의미한다. 소방재원 축소에 따라 이후 소방장비 노후화율이 20%에서 30%로 급증하게 되는 등 문제가 대두되면서, 2015년부터 지방자치단체의 소방 및 안전시설 확충, 안전관리 강화 등을 위하여 지방교부세법에 근거한 소방안전교부세가 신설되어 지원기준에 다라 각 시·도로 교부되고 있다(소방청, 2019: 574).

또한 정부는 담배 가격을 인상하면서 국가 세수 증대를 위해 중복과세에 해당되는 국세인 개별소비세의 도입을 추진하였다. 담배소비세는 지방세이고, 담배는 두 번째로 높은 화재 발생 원인이며, 매년 담배에 의한 직·간접적 화재 피해 비용은 2,165억 원에 달할 뿐만 아니라 현재와 같은 열악한 지방 재정으로 소방재원을 충당하기 어렵다는 점 등을 강조하여 담배 가격 인상에 의한 세수 증대분 중 일정 규모를 지방에 귀속시켜야 한다고 주장하였다(정창훈·주윤창, 2017: 502).

이에 담배에 부과되는 개별 소비세 총액[7)]의 20%에 해당하는 예산액과 그 결산액의 차액으로 인한 교부세의 차액인 정산액을 재원으로 소방안전교부세를 도입하게 되었다(소방청, 2019: 580).

소방안전교부세는 지방의 부족한 재원을 보전해 주기 위해 교부 기준에 따라 교부하는 재원이라는 점에서 지방교부세의 일반적인 성격 중 '지방 공유의 고유 재원', '국가와 지방의 세원 불균형 보완'적 성격은 동일하다. 다만, 소방·안전시설 확충, 안전관리 강화라는 목적이 명기되어 있기 때문에 해당 목적에 맞게 사용해야 한다는 점에서 교부세의 일반적 성격인 '지방의 일반재원'과는 차이가 있다(한국지방세연구원, 2018: 32).

소방안전교부세가 목적에 맞게 사용되도록 하기 위해 소방안전교부세를 사용할 수 있는 대상 사업(소방 분야와 안전 분야)을 규정하고, 교부받은 시·도는 그 대상 사업의 범위 내에서 자율적으로 예산을 편성하여 집행하며, 소방안전교부세 교부 기준 등에 관한 규칙 제8조의 행정안전부 장관이 정하는 세부 대상 사업은 다음과 같다(소방청, 2019: 582).

표 5-3-2 소방안전교부세 세부 대상 사업

구 분	부 문	사업명	대상사업	비 고
중점 사업	소방 시설 확충	기동장비 교체·보강	「소방기본법」 제8조 제3항에 따른 기동장비 중 소방펌프차, 소방물탱크차, 소방화학차, 화생방 대응차, 소방사다리차, 구조차, 조명배연차, 지휘차, 화재조사차, 무인방수차 구입	
		보호장비 교체·보강	「소방기본법」 제8조 제3항에 따른 보호장비 중 방화복, 안전화, 장갑, 방화두건, 공기호흡기, 헬멧, 공기공급기의 구입 및 호흡보호 장비 정비실의 구축·운영	
		정보통신장비 교체·보강	「소방기본법」 제8조 제3항에 따른 통신장비 중 유선·무선 및 전산정보 장비의 교체 및 보강 사업	
		구조장비 교체·보강	「119구조·구급에 관한 법률」 제8조 제3항 및 제12조 제3항에 따라 119구조대 및 항공구조구급대가 갖추어야 하는 구조장비의 구입	
		구급장비 교체·보강	「119구조·구급에 관한 법률」 제10조 제3항 및 제12조 제3항에 따라 구급차 및 항공구조구급대가 갖추어야 하는 구조장비의 구입	

7) 2020년부터 4,500원 담배 한 갑에 부과되는 개별소비세 594원의 45%인 약 267원이 소방안전교부세의 재원이 됨. 또한 2021년부터는 소방안전교부세 중 「소방재정지원 및 시·도 소방특별회계 설치법」에 따른 인건비 계정 외 소방 분야 해당 금액을 소방정책사업비 계정으로 사용할 수 있음.

재량 사업	소방 안전 관리 강화	긴급구조 시스템 및 비확충 · 보강	「재난 및 안전관리 기본법」 제55조 제1항에 따른 재난관리에 필요한 장비 · 전산시설의 확충 및 긴급구조기관에 설치하는 긴급구조표준 시스템 구축 및 교체, 현장지휘텐트, 현장지휘버스, 긴급구조통제단 설비차량의 구입	
		소방교육 훈련기관 시설 · 장비 보강	「소방공무원법」 제15조(교육훈련) 제2항에 따라 시 · 도에 소방공무원 교육훈련을 위해 설치 운영하는 교육훈련기관(교육대 포함)에 대한 교육훈련시설 및 장비(소방차량 및 현장지휘능력 강화를 위한 시스템 구축 포함) 보강	신규
		소방안전교육	「소방기본법」 제17조에 따른 소방안전에 관한 교육 · 훈련 · 홍보에 관련 장비(이동안전체험차량 포함) 보강	
	소방 시설 확충	기동장비 교체 · 보강	「소방기본법」 제8조 제3항에 따른 기동장비 중 소방헬기, 위성중계차의 구입 ※ 소방헬기는 기본규격 충족 등 행정안전부 및 소방청과 협의된 시 · 도에 한하여 소방헬기 구입 시 기준금액(230억 원)의 50% 내에서 실제 사업비용의 50%를 일괄 또는 분할 지원	
		안전체험관 건립	「소방기본법」 제5조 및 「재난 및 안전관리 기본법」 제66조의4의 제3항에 따른 안전체험시설의 건립 ※ 행정안전부 및 소방청과 협의된 시 · 도에 한하여 안전체험관 건립 기준금액(대형 · 특성화 200억 원, 중형 120억 원)의 50% 내에서 실제 사업비용의 50%를 분할 지원	
		측정 장비 교체 · 보강	「소방기본법 시행규칙」 제12조 제4항에 따라 화재조사전담부서에 갖추어야 할 감식장비 중 실체현미경, X촬영기, 화재시뮬레이션 시스템의 구입 및 구축	
		소방 출동로 확보	「소방기본법」 제16조 제1항에 따라 소방대가 현장에 신속히 출동하기 위한 소방관서 앞 신호제어 시스템(신호등 및 신호제어기 포함) 구축 · 설치	
		소방 사각지역 화재 진압장비 교체 · 보강	「소방기본법」 제8조 제3항에 따른 진압장비 중 이동용소방펌프(이동용차량 포함)의 구입 및 「소방기본법」 제10조에 따른 소방용수시설 중 비상소화전(연결 화재 진압 장비 포함) 설치	
		양보위반 단속 장비 교체 · 보강	「도로교통법」 제29조 제4항 및 제5항에 따른 긴급자동차 진로양보 의무 위반 단속장비 교체 · 보강	
		노후 소방관서 개선	「소방기본법」 제3조의 소방기관의 청사 중 노후 소방관서 개선사업	
	소방 안전 관리 강화	소방관서 보건 안전관리 강화	「소방공무원 보건안전 관리규정」 제12조 및 제25조에 따른 심신보건을 위한 시설 · 장비의 구축, 「보건안전프로그램 개발 · 운영 및 동 규정」 제34조에 따른 유해물질 차단시설 구축(단, 감염관리실은 제외)	신규

자료: 소방청(2019).

이때 지방자치단체장은 소방안전교부세 산정에 필요한 자료를 행정안전부 장관에게 매년 9월 30일까지 제출하도록 하고 있다. 소방안전교부세의 사용은 중점사업과 재량사업으로 구분하고 중점사업은 중요하고 시급한 소방시설(소방장비 포함) 및 안전시설의 확충, 소방안전관리 및 안전관리 강화 사업에 사용하고, 재량사업은 중점사업에 해당하지 않는 동일 분야의 일반적 사업에 사용할 수 있다. 그리고 시·도지사는 세출 예산 편성 시 소방안전교부세를 재원으로 함을 표시하여야 한다.

⑤ 부동산교부세

지방세인 종합토지세가 폐지되고 대신 국세인 종합부동산세가 신설됨에 따라 종합부동산세의 세수 전액을 지방정부의 재정 여건 등을 고려하여, 지방정부에 교부함으로써 지방재정 확충 재원으로 사용하려는 재원이다. 자치단체의 재정 여건 등을 고려하여 지급되나, 용도는 일반재원이다.

5) 지방채

(1) 지방채의 의의

지방채(local debt, public bond)란 지방정부 재정수입액의 부족액을 보충하기 위해 지방정부가 과세권을 담보로 조달하는 채무부담행위로서, 그 이행이 한 회계연도를 넘어서 이루어지는 것을 말한다. 지방채는 주로 지하철·도로사업·교량건설·상하수도사업·공단이나 택지 조성사업 등과 같은 자본적 투자사업에 필요한 자금을 조달하는 데 유용하게 활용된다.[8)]

1990년대 중반까지만 해도 지방채 수입을 세외수입으로 분류하여 자주재원에 포함시켜 재정자립도 산정에 포함시켜 왔으나, 요즈음은 세외수입에는 물론 자주재원에도 포함시키지 않는 것이 더 일반적인 입장이다.

(2) 지방채의 종류

지방채는 발행 형식에 따라 증서차입 또는 증권 발행의 두 가지 형태로 운영된

8) 원래 소비의 성격이 강한 지출 분야(경상지출)는 조세수입으로 충당하고, 투자의 성격을 갖는 분야는 공채 발행에 의해 조달되는 것이 재정 운용의 기본 원리이다.

다. 증서차입채는 지방정부가 증서에 의해 차입하는 지방채로서 기명채권의 성격을 갖고 있기 때문에 시장유통성이 없다. 증권발행채는 지방정부가 증권 발행 방법에 의해 차입하는 지방채로서, 대부분 무기명 채권이므로 시장 유통성이 있다. 일반적인 의미의 지방채는 증권발행채를 말한다.

(3) 우리나라의 현행 지방채 발행 제도

2005년까지 지방채를 발행하려는 지방정부는 지방채 발행 대상 사업별로 행정안전부로부터 승인을 받은 후 지방의회의 의결을 거쳐야만 했다. 이러한 번거로운 조치는 지방정부의 재정 운영상의 자율성을 위축시키는 결과를 초래했다. 이러한 문제 때문에 2006년부터는 「지방재정법」에서 "지방정부의 장은 지방채를 발행하고자 하는 경우에는 재정 상황 및 채무 규모 등을 고려하여 「대통령령」이 정하는 지방채 발행 한도액의 범위 안에서 지방의회의 의결을 얻어야 한다"라고 규정하고 있다. 따라서 지금까지 사업별로 승인받던 것에서 벗어나 지방채 발행 총액한도제가 도입되었고, 이는 지방정부의 재정자율성 향상에 긍정적으로 작용할 것이다. 즉, 지방채 발행 총액한도제는 중앙정부의 입장에서는 한도를 설정함으로써 지방채 남발을 예방할 수 있고, 지방정부의 입장에서는 정해진 범위 내에서 자율적인 재정 운영을 할 수 있다는 이점이 있다.

4. 지방정부 예산

1) 지방정부 예산의 의의

지방정부 예산이란 지방정부의 1회계연도의 수입과 지출에 관한 예정적 계획서를 말한다. 지방정부의 1회계연도 사업계획과 소요경비가 이 지방예산에 요약 표시된다.

2) 지방정부 예산의 구조

(1) 지방정부 회계의 구분

지방정부 예산은 그 회계를 기준으로 일반회계예산과 특별회계예산으로 구분된다. 일반회계예산은 지방정부의 경상적(규칙적·항구적)인 재정활동에 관한 회계예산으로서, 지방정부의 기본적인 행정 업무를 수행하는 데 필요한 경비를 정리하기 위한 회계이다. 특별회계예산은 특정사업 또는 특정자금으로서 일반세입·세출과 구분하여 설치되는 예외적인 회계예산이다.

(2) 지방정부 예산의 종류

지방정부 예산은 그 성립 과정을 기준으로 본예산, 수정예산, 추가경정예산 및 준예산으로 나뉜다. 본예산은 1회계연도를 단위로, 정규의 기간에 정규의 편성·심의 절차를 거쳐 성립하는 해당 연도의 기본이 되는 예산을 말한다. 수정예산은 예산안의 의회 제출 후 부득이한 사유로 그 내용의 일부를 수정하여 다시 제출되는 예산(안)을 말한다. 추가경정예산은 이미 성립된 예산에 추후 변경할 필요가 있어 새로 편성하여 지방의회의 심의를 거쳐 성립하는 예산을 말한다. 준예산은 회계연도 개시일 전까지 예산이 성립하지 않을 때에 ① 법령이나 조례에 의해 설치된 기관 또는 시설의 유지·운영경비, ② 법령 또는 조례상의 지출 의무 이행경비, ③ 예산으로 승인된 계속사업비를, 전년도에 준하여 집행할 수 있는 예산을 말한다.

(3) 지방정부 예산의 내용

지방정부 예산은 예산총칙, 세입·세출예산, 계속비, 채무부담행위 및 명시이월비로 구성되어 있다.

예산총칙은 세입·세출예산, 계속비, 채무부담행위 및 명시이월비에 관한 총괄적인 규정과 지방채 및 일시차입금의 한도액, 기타 예산집행에 관해 필요한 사항을 정하고 있다.

세입·세출예산은 예산의 가장 핵심적인 부분으로 장·관·항으로 구분하여 금액으로 표시한 것이다.

계속비는 그 완성에 수년을 요하는 사업 소요경비의 총액과 연도별 금액을 지방의회의 의결을 얻어 5년 이내의 기간에 지출할 수 있도록 되어 있는 것을 말한다.

채무부담행위는 세입·세출 외의 부담이 될 채무 부담의 원인이 되는 행위를 하고자 미리 예산으로 지방의회의 의결을 얻어 둔 것을 말한다.

명시이월비는 세출예산 중 경비의 성질상 해당 연도 안에 그 지출을 끝내지 못할 것이 예상되어 경비를 세입·세출예산에 명시하여, 다음 연도에 이월하여 사용할 수 있도록 되어 있는 것을 말한다.

(4) 지방정부 예산의 과정

지방정부 예산은 매년 지방정부 장에 의해 편성되고, 지방의회의 심의·의결을 거쳐 확정되며, 각 기관에 의해 집행된다. 결산이 지방의회에 의해 승인되면 예산 집행의 책임 해제되고, 예산의 기능은 완결된다. 이와 같이 지방정부 예산은 편성·심의·집행·결산의 4대 과정을 거쳐 운용된다. 예산 과정은 예산 쟁취 투쟁의 정치적 과정이라고 할 수 있다.

지방정부 예산이 국가 예산과 다른 점은 자치단체장의 예산안 편성이 「행정안전부령」에 의해 지방정부 예산편성의 기준으로 정해지고, 이에 따라 행정안전부 장관이 지방정부 재정운용 업무편람을 작성하여 보급하면, 자치단체장은 행정안전부 장관의 지방교부세·국고보조금의 내부 시달이 확정되어야만 예산편성을 확정할 수 있다는 점이다.

C·H·A·P·T·E·R 04

우리나라 소방재정 운용 현황

제 1 절 소방재원 총 규모

우리나라의 소방행정은 해방 이후 미군정 시대의 소방청 체제와 국가소방 체제, 그리고 기초 체제 등을 거쳐 1992년부터는 광역자치단체인 시·도의 업무로 전환되어 수행되고 있다.

1980년대 중반 이후 도시화·산업화와 더불어 소방 수요의 증가에 따라 소방공무원 및 관서·장비가 대폭적으로 증가되는 등 소방재정 수요가 이전과는 달리 큰 폭으로 늘어나게 되었다. 이에 소방의 목적세인 소방공동시설세 징수로 인한 세출충당률은 1976년도 60.8%에서 2008년도 20%대로 점차 감소하여 그에 따른 일반회계 재원 의존도가 높아지게 되었다(소방청, 2019: 573).

1992년 우리나라 소방재정은 큰 전환점을 맞이하게 되는 데 소방사무가 기초(시·군)에서 광역(시·도)사무로 전환되면서 이에 필요한 경비는 해당 지방자치단체에서 전액 부담하게 된 것이다(소방청, 2019: 573).

이에 따라 광역자치단체는 시·도 일반회계에서 소방재정을 지원하고 일반재원에서 부족한 부분을 원인자·수익자 부담 원칙에 따라 징수하고 있는 소방 목적세인 공동시설세, 구조·구급장비 국고보조금, 그 밖에 과태료 등의 세외수입으로 충당하는 소방재정 시스템을 운영하게 된다(소방청, 2019: 573).

광역지방자치단체가 중앙정부에서 소방 몫으로 이전받는 재원으로는 지방정부 간 수직적 · 수평적 재정 불균형을 완화하기 위한 목적으로 교부하는 「지방교부세법」에 의한 보통교부세와 시책사업에 대한 사용 범위를 정하여 그 경비의 일부 또는 전부를 보조하는 국고보조금이 있는데, 보통교부세의 기준 재정 수요액 산정에 있어서 소방 분야에 대한 고려가 미흡하고 일반 행정과 소방행정을 통합하여 교부액을 산정하기 때문에 소방재원으로 특정되기 어려운 문제점을 안고 있었다(소방

표 5-4-1 시 · 도 소방 예산(세출)에서 국비와 지방비 증가 추세

(단위: 백만 원)

연도별	총예산	국비(비중, %)	지방비(비중, %)
1999	878,474	11,025(1.3)	867,449(98.7)
2000	977,882	14,707(1.5)	963,175(98.5)
2001	1,060,160	22,292(2.1)	1,037,868(97.9)
2002	1,251,370	27,494(2.2)	1,223,876(97.8)
2003	1,482,909	39,070(2.6)	1,443,839(97.4)
2004	1,609,357	1,408(0.09)	1,607,949(99.9)
2005	1,762,731	37,900(2.2)	1,724,831(97.8)
2006	1,936,128	35,200(1.8)	1,900,928(98.2)
2007	2,103,680	35,000(1.7)	2,068,680(98.3)
2008	2,238,626	34,800(1.5)	2,203,826(98.5)
2009	2,342,865	27,500(1.2)	2,315,365(98.8)
2010	2,479,377	43,678(1.8)	2,435,699(98.2)
2011	2,606,891	47,301(1.8)	2,559,590(98.2)
2012	2,555,140	43,608(1.7)	2,511,532(98.3)
2013	3,026,095	63,038(2.1)	2,963,057(97.9)
2014	3,100,523	55,608(1.8)	3,044,915(98.2)
2015	3,519,956	158,420(4.5)	3,361,536(95.5)
2016	3,957,108	43,296(1.1)	3,913,812(98.9)
2017	4,467,623	41,468(0.9)	4,426,155(99.1)
2018	4,821,920	47,079(1.0)	4,774,841(99.0)

주: 2014년 국민안전처 신설 이후 국비 예산은 국민안전처 중앙소방본부 예산임.
자료: 소방청(2019).

청, 2019: 574).

최근까지의 시·도 소방 예산의 변화를 살펴보면 <표 5-4-1>과 같다. 1999년 878,474백만 원에 머물렀던 소방 예산은 2000년 이후 증가하기 시작하여, 2015년 작성 현재 3,519,956백만 원으로 매년 꾸준한 증가를 보여 4배가량 증가했다. 이는 도시화, 산업화의 증가와 함께 2017년 소방청 신설 이후 소방 및 안전에 대한 사회적 관심 제고에 따른 것으로, 소방 업무의 외연 확대와도 관련이 깊다.

제 2 절 소방재원별 규모

1. 지역자원시설세

세월호 침몰 사고를 계기로 국민 안전에 대한 관심과 수요가 사회적 이슈로 등장하면서 소방안전시설 확충과 안전관리 강화를 위하여 소방안전교부세가 신설되었다. 그리고 2014년 5월 「지방재정법」이 개정되면서 목적세의 특별회계 의무 설치 조항이 신설되었다(소방청, 2019: 571).

각 시·도에서는 소방과 관련한 목적세인 지역자원시설세를 중심 재원으로 하는 소방특별회계 설치 조례를 제정하여 2016년도부터 특별회계를 설치·운영하게 되었다.

그동안 지역자원시설세는 지방자치단체의 일반회계로 편입되어 소방재원으로 직접 연결되지 않고 우선순위에서 배제되는 경우가 빈번했다. 그리고 특별회계를 설치하더라도 지역자원 시설세의 규모가 작은 시·도의 경우에는 세입이 줄어 이전보다 정책사업비가 축소될 우려도 있다. 그러나 특별회계 설치는 소방시설 확충을 위한 목적에 부합하는 별도 회계 구분이 이루어졌다는 점에서 큰 의미가 있다고 볼 수 있다(소방청, 2019: 577).

지역자원시설세는 「지방세법」 제141조에 근거를 둔다. 지역의 균등 개발 등에 소요되는 재원을 확보하기 위해 1992년 도입된 목적세인 지역개발세와 1954년 「지방세법」 일부개정으로 소방시설, 오물처리시설, 수리시설, 기타 이와 유사한 공공

표 5-4-2 지역자원시설세의 세율구조

과세 대상	과세표준	세 율
건축물(주택의 건축물 부분을 포함) 또는 선박의 가액(소방선이 없는 지방정부 제외)	600만 원 이하	10,000분의 4
	600만 원 초과~1,300만 원 이하	2,400원 + 600만 원 초과 금액의 10,000분의 5
	1,300만 원 초과~2,600만 원 이하	5,900원 + 1,300만 원 초과 금액의 10,000분의 6
	2,600만 원 초과~3,900만 원 이하	13,700원 + 2,600만 원 초과 금액의 10,000분의 8
	3,900만 원 초과~6,400만 원 이하	24,100원 + 3,900만 원 초과 금액의 10,000분의 10
	6,400만 원 초과	49,100원 + 6,400만 원 초과 금액의 10,000분의 12
저유장, 주유소, 정유소, 백화점, 호텔, 유흥장, 극장, 4층 이상의 건축물 등	–	상기 세율에 의한 산출 금액의 100분의 200

시설에 필요한 비용을 충당하기 위하여 관련 시설로 인해 특히 이익을 받는 자에 대해 부과된 세목인 공동시설세가 2011년부터 통합되어 지역자원시설세로 명칭이 변경된 것이다(소방청, 2019: 576).

지역자원시설세는 「지방세법」 제141조에 의하면, 지하·해저자원, 관광자원, 수자원, 특수지형 등 지역자원의 보호 및 개발, 지역의 특수한 재난 예방 등 안전관리사업 및 환경보호·개선사업, 그 밖에 지역균형개발사업에 필요한 재원을 확보하거나 소방시설, 오물처리시설, 수리시설 및 그 밖의 공공시설에 필요한 비용을 충당하기 위해 부과할 수 있도록 하고 있다.

본래 시·군의 목적세로 도입된 공동시설세가 1992년 광역소방행정 체제 출범과 함께 시·도 목적세로 전환되어 소방시설에 한해 공동시설세로 부과되도록 했으나, 2011년 「지방세법」 개정으로 현재는 구 지역개발세를 포함하여 지역자원시설세로 부과하고 있다.

지역자원시설세는 11개 지방세목 중 세수 비중이 거의 최하위권으로 지역자원시설세의 세율구조는 <표 5-4-2>와 같다.

지역자원시설세의 최근 10년 간 변화를 살펴보면 <표 5-4-3>과 같다.

<표 5-4-3>에서 나타나듯이 소방 서비스의 생산 비용에 충당하도록 그 지출 목적이 정해져 있는 지역자원시설세의 세수입 총액은 연도별로 차이를 보이면서 점감하고 있음을 알 수 있다. 1999년도에 전체 소방비의 34.2%를 차지하던 지역자

표 5-4-3 지역자원시설세와 지방소방예산 비교

(단위: 백만 원)

연 도	지역자원시설세(구. 소방공동시설세)				지방소방 예산 총액(B)	A/B(%)
	계(A)	서 울	광역시	도		
1999	300,361	84,600	83,995	131,609	878,474	34.2
2000	342,608	103,504	90,644	148,460	936,175	35.6
2001	351,762	99,089	97,271	155,402	1,037,868	33.9
2002	362,427	101,296	94,968	166,163	1,223,876	29.61
2003	393,905	110,827	101,764	181,314	1,428,439	27.57
2004	437,711	110,389	109,992	217,360	1,619,157	27.03
2005	506,672	126,707	125,417	254,548	1,724,831	29.38
2006	502,229	122,607	117,912	261,710	1,900,928	26.42
2007	532,255	137,704	139,153	255,398	2,068,680	25.72
2008	558,379	144,489	140,409	273,481	2,203,826	25.34
2009	592,142	151,902	152,127	288,113	2,315,365	25.60
2010	599,205	141,455	154,782	302,968	2,435,699	24.60
2011	650,616	141,883	183,899	324,834	2,559,590	25.42
2012	750,301	164,717	207,390	378,194	2,511,532	29.87
2013	879,186	180,497	224,890	473,799	3,026,095	29.05
2014	948,138	185,046	244,010	519,082	3,100,523	30.57
2015	1,054,861	233,203	275,289	546,369	3,584,334	29.4
2016	1,160,943	251,675	259,105	650,163	3,987,108	29.3
2017	1,172,836	258,631	371,759	797,867	4,467,623	26.3
2018	1,244,360	275,625	281,362	687,373	4,821,920	25.8

※ 2012년 서울시 소방 예산 감소 사유는 서울 소방공무원 인건비가 서울시 재무국으로 배정된 데 따름.
자료: 소방청(2019).

원시설세는 점차 감소하여 2011년까지 25% 내외를 차지하였다. 이후 2012년부터 지역자원시설세의 비중은 계속적으로 증가하고 있으며, 이는 「지방세법」 개정으로 소방공동시설세와 지역개발세가 지역자원시설세로 통합된 데 따른 결과라 할 수 있다. 그러나 여전히 소방 관련 목적세의 수입 총액이 소방 서비스의 공급 비용에 턱없이 모자라며, 특히 광역자치단체의 일반재원에 크게 의존하는 구조임을 보여준다.

지역자원시설세로 충당하는 지방소방비의 비율을 제외한 부분이 지방정부의 일반재원에 의해 충당되는 것은 소방 업무가 「지방자치법」의 근거에 따라 시・도의 책임으로 되어 있는 한 당연한 현상이라 할 수 있으나 지방재정의 열악함으로 인해 문제시되는 사안이다.

2014년 5월 28일 「지방재정법」 제9조 제2항이 개정되면서 목적세에 따른 세입・세출은 다른 법률에 특별한 규정이 있는 경우를 제외하고는 특별회계를 설치・운용하도록 명시하였다. 이에 각 시・도에서는 소방과 관련한 목적세인 지역자원시설세를 중심 재원으로 하는 소방특별회계 설치 조례를 서둘러 제정하여 2017년 회계연도부터 모든 시・도가 시행하게 되었다(소방청, 2019: 577).

지역자원시설세액과 소방안전교부세액, 소방 법규 위반에 따른 과태료나 과징금, 이행강제금, 일반회계로부터의 전입금, 국고보조금, 특별회계 운영에 따른 수입금 등을 세입으로 하고, 세출의 경우 소방사무 및 소방시설에 필요한 비용, 소방시설 확충 사업비, 소방 업무 사업비 등에 사용할 수 있도록 근거를 마련했다(소방청, 2019: 577).

2. 중앙정부의 이전재원

지방재정조정 제도상으로 중앙정부가 지방소방비에 지원하는 자금은 국고보조금과 특별교부세로 구분된다. 국고보조금과 관련하여 중앙정부는 「소방기본법」 제9조의 규정에 따라 시・도의 소방 업무에 필요한 경비의 일부를 보조하고 있다. 국고보조 대상은 언급한 바와 같이 소방활동장비[1]와 설비, 그리고 소방관서용 청사에 소요되는 비용이다. 이에 대한 국고보조는 국고보조 기준액의 1/3을 보조하도록 하고 있다.

특별교부세는 「지방교부세법」 제9조에 따라 보통교부세의 산정 시 파악할 수 없는 지역 현안에 대한 특별한 재정 수요가 있을 때, 보통교부세의 산정 기일 후에 발생한 재해로 인해 특별한 재정 수요가 있거나 재정수입의 감소가 있을 때, 특정

1) 소방공무원 국가직화 전환 결정과 함께 행정안전부와 소방청은 '국민 소방안전 강화방안(2019. 12.4)'을 발표하면서 2021년부터 소방장비통합구매단을 운영하여 각 시・도별 장비 구매 방식을 2021년부터 중앙 일괄구매 방식으로 전환하기로 결정함.

지방정부의 지방행정 및 재정 운용 실적이 우수한 때에 교부하여 왔다. 특별교부세는 그 사용에 관해 조건을 붙이거나 용도를 제한하여 교부하고 있다. 당초 특별교부세의 경우, 1994년까지는 소방관서의 신설에도 지원되어 재정자립도가 낮은 지방정부의 재정 운영에 커다란 도움이 되었으나, 1994년 이후 소방청사에 대한 국고지원은 중단되고, 더불어 지방양여금의 폐지, 2005년부터는 지방교부세 불교부 단체 지정(수도권 광역자치단체) 등으로 소방비에 대한 지방정부의 재정 압박을 키우는 요인으로 작용하였다.

그러나 2015년부터 「지방교부세법」 제9조의4에 소방안전교부세를 신설함으로써 분권교부세를 보통교부세로 통합한 데 따른 소방 및 안전관리 사업의 안정성을 유지하고 있다. 특히, 소방안전교부세는 소방시설·장비, 안전시설의 확충, 그리고 소방안전관리 및 안전관리 강화 사업에 사용할 수 있도록 함으로써, 지방재정의 열악성에도 불구하고 안정적인 소방 서비스 제공을 위한 중요한 재원으로 자리할 것으로 기대되고 있다.2)

표 5-4-4 연도별 특별교부세 지원 현황

(단위: 백만 원, %)

연 도	계	관서(교부세)	소방장비	소방통신	구조장비
1999	10,500		6,004	1,996	2,500
2000	10,279	500	6,300	3,300	179
2001	14,188		6,300	3,700	4,188
2002	14,100		6,300	3,700	4,100
2003	15,400		6,500	4,800	4,100
2004	9,800		3,000	4,800	2,000
2011	16,400		16,400		
2012	9,150		9,150		
2014	36,993		36,993		

※ 2011년 소방장비 확충에 따른 특별교부세 지원 대상은 부산, 대구, 이천, 광주, 대전, 울산, 경기, 강원, 충북, 충남, 전북, 전남, 경북, 경남, 제주지역임.

자료: 국민안전처(2015).

2) 그러나 「지방교부세법」 개정 및 「소방재정지원 및 시·도 소방특별회계 설치법」 제정으로 소방안전교부세의 일부를 시·도 소속 소방공무원의 인건비로 활용할 수 있도록 함으로써 소방공무원 국가직 전환에 따른 인건비에 대한 국가재정 부담을 일부 해소하고 있으나, 소방안전교부세의

소방재원으로 지원되는 국고보조금과 특별교부세의 합계는 전체 지방소방비에서 차지하는 비중은 아직까지 아주 미미하다고 할 수 있다. 이러한 현상은 결국 소방재원의 확보가 이루어지지 않으면, 향후 소방재정 수요를 감안하는 경우, 일반재원으로부터 재정보전이 증가할 것이기 때문에 예산 운영의 탄력성을 그만큼 제약하는 요인으로 작용할 것이다.

제 3 절 소방비 지출 현황

소방 서비스 공급을 위해 지출되는 소방경비는 화재 예방, 방호, 구조・구급을 위해 지출되는 것이 대부분이며, 예산은 소방조직의 편제에 따라 조직별로 편성된다. 이에 따라 각 소방조직은 소관 예산을 지출 항목별로 집행한다.

2017년 7월 26일「정부조직법」개정으로 국민안전처가 행정안전부로 통합되고 소방청이 신설되면서 소방 및 안전관리를 위한 조직체계가 재정비되었다.

지방에서는 자치행정의 일환으로 광역자치단체에 의해 소방 서비스가 제공됨에 따라 지방소방 예산의 편성과 관리는 광역자치단체의 소방조직이 담당하고 있다.

소방비의 지출구조는 크게 경상적 경비와 자본적 경비인 사업비로 나누어 파악할 수 있다. 특히, 경상비의 비중이 클수록 재정지출의 경직성이 그만큼 크다고 할 수 있다.

1. 경상적 경비 지출

경상적 경비는 일반적으로 매년 반복적으로 계속해서 지출되는 인건비, 물건비, 기관운영비, 이전적 지출 등을 포함하는 경비로서 사업비나 자본적 지출과 대칭되는 경비이다. 소방비에서 경상적 경비는 소방공무원에 대한 인건비, 소방관서

목적을 고려할 때 장기적으로 인건비 부분에 대한 해소 대책이 지속적으로 요구되는 실정임(오윤경 외, 2020: 15).

의 기관운영비, 소방공무원의 교육훈련비, 의용소방대 운영비 등을 포함하고 있다. 경상적 경비 중에서 제일 큰 비중을 차지하고 있는 것은 인건비라고 할 수 있다. 이 인건비는 2015년 1월 1일 기준으로 40,406명(국가 483명, 지방 39,923명)의 소방공무원에게 지급하는 급여가 상당 부분을 차지하고 있다고 할 수 있다.

2018년도의 소방청의 주요 예산은 재난현장 소방 대응역량 강화, 예방중심의 소방 인프라 확충, 소방산업 육성 및 실용적 연구개발 활성화, 복합 · 대형 재난현장 구조능력 강화에 중점을 두고 있다(소방청, 2018: 7).

첫째, 소방공무원 심신건강관리 등 소방복지 증진 및 소방보조인력(의무소방원 · 사회복무요원) 운영을 통한 체계적인 현장대응능력 강화를 위하여 소방공무원 심리상담 및 치료 42억 원, 소방보조인력 양성 199억 원, 의용소방대 활성화 3억 원의 예산을 책정하였다.

둘째, 대형화 · 고층화되는 건축물에 적합한 합리적인 소방시설 설치기준 및 소방장비 표준규격 마련, 전국단위 소방정보 시스템 통합 관리를 위하여 화재안전 및 시설기준개발 3억 원, 중앙소방특별조사단 운영 4억 원, 주택용 소방시설 설치 촉진 2억 원, 소방장비 표준규격 개발 4억 원, 소방정보 시스템 구축 54억 원을 책정하였다.

셋째, 소방산업의 자생력 강화를 위한 국제소방안전박람회 개최 및 재난현장에 접목 가능한 실용적인 소방안전 R&D기술 보급을 위하여 국제소방안전박람회 3억 원, 현장중심형 소방활동지원(R&D) 70억 원, 소방대응력 향상(R&D) 38억 원, 무인항공기 융합 시스템 구축(R&D) 16억 원, 소방과학연구실 운영 20억 원을 책정하였다.

표 5-4-5 2018년 소방청 세출예산

(단위: 억 원)

구 분	계	행정운영경비 (인력 · 기본경비)	사업비
계	1,688	591	1,097
본청	550	201	349
중앙소방학교	275	67	208
중앙119구조본부	863	323	540

자료: 소방청(2018).

넷째, 육상 재난현장에서 대형 특수사고 시 즉시 출동체계 구축을 위한 권역별 중앙119특수구조대 및 화학재난합동방재센터 시설 장비 중점 보강을 위하여 119특수구조대 지원 507억 원(수도권 영남대 28억 원, 충청강원 호남대 191억 원, 대형 헬기 2대(288억 원), 화학재난합동방재센터 30억 원(신설 충주119화학구조센터 12억 원), 인명구조견 양성 3억 원을 책정하였다.

반면, 2018년의 시·도별 지방비 중 소방 예산 비중은 <표 5-4-6>과 같다.

과거와 비교할 때 소방재정 규모가 늘어났다고는 하지만 국민 여론상 여전히

표 5-4-6 2018년 재원별 지방소방예산 현황

(단위: 백만 원)

시·도	계	국비(1%)			지방비(99%)		
		국고 보조금	응급의료 기금	기타 국비	소방안전 교부세	지역자원 시설세	지방비
계	4,821,920	21,989	21,536	3,554	314,428	1,244,360	3,216,053
서울	822,095	584	2,268		24,750	275,625	518,868
부산	278,254	1,207	647		27,325	81,564	167,511
대구	244,500	328	668		18,500	54,500	170,504
인천	250,566	145	1,605		13,500	48,045	187,271
광주	137,619	271	399		15,042	30,031	91,876
대전	154,906	823	547		12,505	31,622	109,409
울산	128,062	501	588	96	20,984	35,600	70,293
세종	37,445	12	215		4,500	9,336	23,382
경기	917,473	4,157	2,736		42,000	332,896	535,684
강원	264,397	1,661	1,951	119	18,573	32,000	210,093
충북	164,618	2,488	1,254		12,500	31,115	117,261
충남	235,340	1,540	1,123	3,339	16,123	59,000	154,215
전북	189,944	1,716	905		16,350	31,661	139,312
전남	236,819	1,647	1,901		17,877	43,400	171,994
경북	325,247	1,983	2,114		18,213	58,200	244,737
경남	257,308	1,997	1,911		16,369	53,080	183,951
제주	94,524	812	486		15,600	12,180	65,446
창원	82,803	117	218		3,717	24,505	54,246

자료: 소방청(2019).

소방공무원들의 처우는 열악한 수준이며 지역 간의 소방재정 불균형에 따른 소방 서비스의 차이가 존재하고 있는 실정이다(소방청, 2019: 588).

현재 지방소방재정은 화재 등 전통적 소방사무 외에 국가소방사무인 각종 자연재해, 인적재난(수난, 폭발, 산업재해, 산악, 교통사고, 안전조치 등)에 대한 현장대응·복구 및 수습을 위한 119소방 업무 수행에도 불구하고 소방 업무에 소요되는 재원의 부담을 지방자치단체에서 전적으로 부담하고 있다(소방청, 2018: 588-589).

이는 가뜩이나 재정적 기반이 취약한 지방자치단체의 재정 여건을 더욱더 어렵게 만드는 요인으로 작용하게 되고, 결국 다른 분야 예산투자와 대비하여 가시적 성과가 드러나지 않는 소방정책 사업은 후순위로 밀리는 악순환의 고리가 반복되고 있다(소방청, 2019: 589).

현재 다수의 지방자치단체에서 조례로 소방 관련 특별회계를 설치하여 운용하고 있지만, 그 세입·세출 관련 사항이 상이하여 안정적인 소방재정 확보가 쉽지 않고, 지역별 재정 여건에 따른 소방 서비스 품질의 차이 또한 여전하다(소방청, 2019: 589).

2. 사업비 지출

사업비는 투자적 경비로 이해할 수 있다. 일반적으로 투자적 경비는 소비적 경비와 반대되는 경비로서 경비의 지출이 주로 자본 형성 효과를 가져오는 자본적 지출에 해당한다. 자본적 지출의 대상이 무엇인가에 대한 합의는 없다. 어떤 사람은 현 회계연도를 초월하여 편익을 가져오는 지출로 규정하기도 하고, 다른 사람은 자본시설과 자본 항목으로 간주할 수 있는 중요 장비 등의 유형자산을 취득하는 데 소요되는 지출로 정의한다.

경상적 경비가 현재의 서비스 제공에 필요한 비용이라고 한다면, 자본적 경비는 미래의 장기간에 걸친 서비스 제공에 필요한 경비라고 결론지어 말할 수 있다. 그러므로 경상적 경비는 인건비, 물건비, 경상이전, 보전재원, 관서당 경비를 포함하는 반면, 투자비는 자본지출, 융자금, 내부거래를 포함하는 금액이다. 경상적 경비가 현재의 소비적 경비인 데 반해, 자본적 경비는 자본 형성과 관련된 비용이기 때문에 자본적 경비의 비중이 크면 미래의 공공 서비스가 향상될 가능성이 그만큼 커지게 된다.

자본적 경비는 앞의 <표 5-4-6>에서 보듯이 사업비로서, 각 광역자치단체별로 차등적인 사업비 금액을 표시하고 있으며, 자치단체 간에도 차이가 큰 것으로 나타나고 있다. 소방비 중에서 사업비는 현재의 소방 서비스의 공급 비용이라기보다는 미래의 소방 서비스의 공급 비용으로 볼 수 있다.

중앙정부는 미래의 소방 서비스를 질적·양적으로 강화하기 위해 <표 5-4-7>과 같이 최근 제8차, 제9차 소방력 보강 5개년계획을 수립하여 시행한 바 있다.

소방력 보강을 위한 지출은 사업비로 분류할 수 있다. 중장기적으로 소방력을 보강해가는 것은 미래의 소방계획에 맞추어 소방관서, 소방인력, 소방장비, 소방용수를 연차적으로 증가시켜 나가고 있는 것이다. 그러나 증가된 소방인력에 대한 경비는 인건비로 보아야 하므로 사업비에는 포함되지 않으며, 다른 항목의 경비는 모두 사업비로 분류할 수 있다.

또한 정부는 부족 소방인력 확충 및 제10차 소방력 보강 계획 수립을 통하여 부족 소방인력을 확충하고 재난환경 변화에 맞는 제10차 소방력 보강 5개년('18~'22)계획을 수립하여 현장 중심 대응역량 강화하고자 한다.

이에 「소방력 기준에 관한 규칙」 제9조(소방력 보강 계획의 수립)에 근거하여 연간 약 2,000명을 확충하고자 하며, 합리적인 소방수요 조사·분석을 통한 조직

표 5-4-7 소방력 보강 5개년계획 실적

구 분	기준년도 (71년)	제1차 ('72~'76)	제2차 ('77~'81)	제3차 ('82~'85)	제4차 ('86~'90)	제5차 ('91~'96)	제6차 ('97~'01)	제7차 ('02~'07)	제8차 ('08~'12)	제9차 ('13~'17)
소방서(개소)	34	9	11	21	20	30	19	22	20	5
119안전센터 (개소)	83	39	63	95	134	260	73	115	49	29
소방인력(명)	974	1,583	3,773	2,122	3,694	10,830	1,224	4,618	8,220	1,395
소방장비(대)	1,092	164	355	462	1,767	1,506	621	4,119	3,391	279
소방용수 (개소)	8,074	2,524	5,489	8,824	11,837	29,984	25,453	21,295	25,668	4,958

자료: 소방청(2017).

운영 효율화 방안 마련을 위하여 소방관서가 미설치된 기초자치단체의 효율적 조직·인력 설계를 하고자 한다. 이는 지진·테러 등 미래재난 대응역량 강화를 위한 지휘체계·소방력 기준 개선에 도움을 줄 것이며, 이를 위해 2017년 기준인건비 반영된 현장 소방인력 2,080명 증원을 추진하였다(국민안전처, 2016: 69).

C·H·A·P·T·E·R 05

해외 각국의 소방재정

일반적으로 소방재정의 운영과 책임의 체제에 관한 문제는 소방행정 시스템의 구성과 깊은 관련을 가지며, 소방 서비스의 수행 주체가 국가인지, 광역지방정부인지, 기초자치단체인지에 따라 소방재정 부담의 주체도 달리하게 되며, 소방에서 수행하는 업무의 외연적 범위 또한 달라지게 된다.

따라서 해외 주요국의 소방재정 체계의 이해를 통해 우리나라의 소방재정 현황을 이해할 필요가 있다.[1)]

제 1 절 일본의 소방재정

1. 소방재정 수요 증가

일본의 소방재정은 소방에 소요되는 시 · 정 · 촌에서 부담하고 법률로 국고보조와 도 · 도 · 부 · 현이 시 · 정 · 촌에 대해 소방 관련 보조금을 지급토록 규정하고

1) 해외 주요국의 소방재정 운용 현황에 대한 사례는 국내 주요 자료(경기도 소방재난본부, 2007)에 기초하여 일본과 미국의 사례를 다룸.

있으며, 소방재원은 일반재원, 국고지출금, 지방채, 기타 특정재원 등으로 운영되고 있다. 일본의 소방재원은 지방정부의 일반재원에 주로 의존하고 있으며, 국고 지원은 우리나라와 같이 미미한 수준이다.

일본의 소방행정 체제는 기본적으로 기초자치단체에 해당하는 시(市)·정(町)·촌(村)을 근간으로 확립되어 왔으나, 최근 두드러진 경향은 고베(神戶) 대지진 이후 소방행정의 광역화와 중앙정부 차원의 소방 업무에 대한 책임 비중이 증대했다는 점을 들 수 있다. 이는 일본의 지리적 특성상 지진, 태풍과 같은 자연재해가 유난히 많이 발생하여 기초자치단체의 소방력과 소방상 업무 책임, 재정만으로는 한계가 있음을 인식하고 있으며, 재난의 광역화, 대규모화에 따른 현실적 대응 수요의 증가에 따른 것으로 이해된다.

2. 소방재정 부담의 책임

일본의 소방재원은 지방세, 지방교부세, 지방양여세 등과 같은 일반재원으로 대부분 충당하고, 그 밖에 지방채, 사용료, 수수료, 기타 재원 등과 같은 특정재원 등이 보충적 역할을 수행하고 있다. 기타 특정재원으로는 소방재원의 보조 수단으로 입탕세가 있다. 입탕세는 광천원의 보호관리시설, 소방시설 등의 정비 및 관광의 진흥에 소요되는 비용에 충당하기 위해 부과하는 시·정·촌의 목적세이다.

일본 「소방조직법」 제6조에서는 기초자치단체의 소방 책임을 명시하고 있다. 또한 「소방조직법」 제8조에서는 "시·정·촌의 소방에 요하는 비용은 해당 시·정·촌이 이를 부담해야 한다"고 규정하여, 기초자치단체인 시·정·촌이 소방 인력과 시설에 대해 그 재정 책임을 지도록 하고 있다.

그러나 「소방조직법」 제25조에서 "시·정·촌의 소방에 필요한 비용에 대한 보조금에 관하여는 법률로 정한다"고 하여 시·정·촌에 대한 보조 규정을 두고 있다. 동법 제25조의 규정에서는 별도의 「소방시설강화촉진법」을 두도록 하고 있다. 이 규정에 따라 「소방시설강화촉진법」이 1953년에 제정되어 시·정·촌에 대한 국고보조가 이루어지고 있고, 동법에 적용되지 않는 소방시설에 대해서도 예산보조라는 형태로 보조금이 교부되고 있다. 또한 대부분의 도·도·부·현이 시·정·촌에 대해 소방 관련 보조금을 지급하고 있다(경기개발연구원, 2007: 88-90).

3. 재정 규모

일본의 소방행정은 화재, 풍수해, 지진 등의 재해로부터 국민의 생명, 신체 및 재산을 보호하고 재해의 방지와 피해를 경감시키는 역할을 수행한다. 소방재정의 부담은 자치단체 계층별로는 도・도・부・현의 경우, 소방비가 세출액의 0.5%를 차지하고 있으며, 기초자치단체인 시・정・촌은 3.2%로 도・도・부・현에 비해 소방비의 비중이 매우 높게 나타나고 있다.

표 5-5-1 일본의 소방재정 규모

(단위: 백만 엔)

구 분	합 계	도・도・부・현	시・정・촌
소방비(A)	2,006,217	229,883	1,857,119
세출액(B)	97,998,369	49,448,460	57,942,877
A/B(%)	2.0	0.5	3.2

주: 2017년 순계 결산 기준.
자료: http://www.soumu.go.jp/, 『지방재정백서』(2017).

한편, 일본의 지방정부 세출을 목적별로 보면, 2017년 기준으로 민생비(26.5%), 교육비(17.2%), 공채비(12.9%), 토목비(12.2%)의 순으로 되어 있다. 이 중 소방비는 2조 0,062억 엔으로 세출결산액의 2.0% 수준을 점하고 있다.

4. 재정 유형

1) 재정의 구성

소방재정의 구성을 보면, 헤이세이(平成) 29년(2017년) 기준으로 총세입액은 2조 0,062억 엔이고, 이 중 일반재정이 86.8%로 대부분을 차지한다. 그 밖에 지방채 9.3%, 기타 특정 재정(사용료, 수수료 등) 2.7%를 점하고 있으며, 국고보조는 1.2%에 불과한 실정이다.

표 5-5-2 일본의 소방비의 재원 내역

(단위: 백만 엔, %)

구 분	합 계	도·도·부·현	시·정·촌
계	2,006,217(100)	229,883(100)	1,857,119(100)
국고지출금	24,491(1.2)	552(0.2)	23,939(1.3)
지방채	185,984(9.3)	4,655(2.0)	182,707(9.8)
기타 특정재원	54,970(2.7)	45,916(20.0)	110,499(6.0)
일반재원 등	1,740,772(86.8)	178,760(77.8)	1,539,974(82.9)

주: 2017년 순계 결산 기준, ( )는 구성비임.
자료: http://www.soumu.go.jp/, 『지방재정백서』(2017).

소방재정 내역을 제시한 <표 5-5-2>를 살펴보면, 광역자치단체인 도·도·부·현의 경우, 일반재정 등이 77.8%로 가장 큰 비중을 점하고 있고, 그 다음으로는 기타 특정 재정이 20.0%, 지방채가 2.0%, 국고지출금이 0.2%를 점하고 있다. 이에 비해, 기초자치단체인 시·정·촌의 경우, 일반재정 등이 82.9%, 지방채 9.8%, 기타 특정재원 6.0%이고, 국고지출금은 1.3%를 차지하고 있다.

일본의 소방재정은 지방정부의 일반재원에 크게 의존하고, 국고 지원은 매우 미미한 수준을 나타내고 있다. 특히, 지방채를 통한 재원 조달에서 광역단체인 도·도·부·현이 2.0%, 기초단체인 시·정·촌이 9.8%로 큰 비중을 차지하고 있다. 이는 일본의 소방 체제가 원칙적으로 기초를 근간으로 하고 있기 때문인 것으로 보인다. 한편, 주목할 만한 점은 소방행정의 책임을 지방정부에 두고 있음에서 연유한 일반재원에 의한 소방비의 충당을 당연한 것으로 여기고 있다는 점이다.

2) 기초자치단체의 소방비 재정

(1) 지방교부세

소방비의 기준재정수요액은 기초자치단체의 실정을 감안하여 산정하고 있는데 매년 증가추세를 보이고 있다. 소방비의 기준재정수요액 증가는 소방 인력의 보강, 구급 업무의 고도화를 위한 비품 구입, 소방단의 활성화를 위한 소방단원의 보수액 인상 등에 기인하고 있다.

(2) 국고보조금

기초자치단체의 소방방재시설 등 정비에 대한 보조금으로는 국고보조금과 광역자치단체의 보조금이 있다. 중앙정부는 「소방시설강화촉진법」에 의한 보조 및 예산 보조에 의해 시・정・촌 등(일부 도・도・부・현 포함)의 소방방재시설 등의 정비에 대해 보조기준액의 1/3 이내로 보조하고 있다. 주요 보조대상으로는 소방펌프 자동차나 방화수조의 정비, 화학소방 펌프 자동차, 인명구조를 위한 구조공장차 등의 정비 등이다.

(3) 지방채

보조금이나 일반재원 외에 중요한 소방재원으로서 지방채를 들 수 있다. 1986년부터 지역 특성에 따른 소방방재 기반의 정비를 추진하기 위하여 방재마을 만들기사업을 실시하고 있다. 방재마을 만들기사업에 필요한 경비에 대해서는 지역종합정비사업체의 발행이 인정되고 있고, 특별분의 원리금 상환에 대해서는 지방교부세 조치가 강구된다. 주요한 대상사업으로는 방재센터, 지역사회소방센터, 장비・기자재 지역비축시설, 방화수조, 소형 동력 펌프, 방재무선시설, 소방긴급정보 시스템, 지진대책특별사업, 지역방재무선정비, 공공시설의 내진화(耐震化) 등이 있다.

(4) 기 타

이외에도 입탕세, 항공기연료양여세, 교통안전대책특별교부금, 전원입지촉진대책교부금, 석유저장시설입지대책교부금, 고속자동차국도 구급 업무 실시 시・정・촌 지변금, 방위시설 주변정비보조금 등이 있다.

3) 광역자치단체의 소방방재비

광역자치단체의 소방방재비의 내용은 위험물・고압가스・화재 예방 등에 대한 사무비, 소방학교비, 방재기자재・방재시설의 건설・관리운영비 등이다. 기초자치단체에 대한 광역자치단체의 재정 지원으로서는 보조금과 대부금이 있다. 보조 대상, 보조율에 대해서는 각 광역자치단체에 따라 동일하지 않으나, 각 지역의 실정에 따라 소형 동력 펌프, 소방무선, 방화수조, 과학소방시설 등을 대상으로 국고보조에 준해 정률 또는 정액으로 보조하고 있다.

4) 세출구조

소방비의 세출구조를 제시한 <표 5-5-3>을 살펴보면, 2017년 기준으로 총 2조 0,062억 엔 중 소방 관계 직원의 인건비가 67.5%로 가장 큰 비중을 점하고, 그 다음으로는 소방시설의 정비, 소방자동차의 구입 등 보통건설사업비가 15.4%, 물건비 10.5%, 기타 6.6%의 순이다. 자치단체 계층별로는 광역자치단체의 경우, 인건비 78.2%, 보통건설사업비가 9.8%, 물건비 9.3%, 기타 2.6% 순이다. 그리고 시・정・촌은 인건비 63.2%, 보통건설사업비 15.6%, 기타 11%, 물건비 10.2% 순으로 나타나 다소 상이한 구조를 보이고 있다.

표 5-5-3 일본 소방비의 성질별 재원

(단위: 백만 엔, %)

구 분	합 계	도・도・부・현	시・정・촌
계	2,006,217(100)	229,883(100)	1,857,119(100)
인건비	1,353,760(67.5)	180,003(78.2)	1,173,757(63.2)
보통건설사업비	309,204(15.4)	22,461(9.8)	289,162(15.6)
물건비	211,440(10.5)	21,287(9.3)	190,153(10.2)
기 타	131,813(6.6)	6,132(2.6)	204,047(11)

주: 2017년 순계 결산 기준.
자료: http://www.soumu.go.jp/, 『지방재정백서』(2017).

제 2 절 미국의 소방재정

미국의 경우, 연방정부, 주정부, 지방정부의 형태에 따라 소방재원의 부담 주체가 다양하게 나타나고 있어 이를 일률적으로 설명할 수는 없다. 미국은 소방의 기능을 기초자치단체인 시(city), 타운(town)의 기능으로 분류하고, 이들 단위에서 소방장비를 보유하고, 직접 진압 작업에 출동 책임을 지고 있다. 다만, 미국은 워낙 많은 지방정부가 있으며, 이들이 지역의 특성에 따라 다양하게 운영되고 있기 때문에 형태 또한 매우 다양하다. 또한 지방정부는 재산세를 중심 재원으로 하여 소방예산을 운영하고 있으며 화재보험세로 보조하고 있다.

1. 연방정부의 소방재정

연방정부는 연방위기관리청(FEMA)을 통해 교량, 건물, 시설의 복구비에 대해 75%의 자금을 지원하며, 이때 주정부의 지원이 없는 경우에는 지방정부가 나머지 25%를 책임지도록 하고 있다. 그러나 FEMA는 시설물에 대한 교체 비용만 부담하고, 기능의 제고를 위한 투자비까지 부담하지는 않는 것이 원칙이다. 이외에도 기술자협회(Corps of Engineers), 토양보전기구(Soil Conservation Services), 연방고속도로관리청(Federal Highway Administration) 등의 기관이 공적인 자금을 지원하고 있다. 특히, 이들 기관은 가계나 기업에 대해 복구를 위한 융자사업을 한다. 즉, 미국은 지방정부가 소방 업무의 주된 수행 주체로 소방재난의 국가적 성격으로 인해 연방 차원의 다양한 재정지원책을 사용하고 있다.

연방정부 차원의 재정지원책으로서 SAFER(Staffing for Adequate Fire and

표 5-5-4 연방정부의 소방 관련 재정

종 류	특이 사항
지방의 화재 보호	특히 산림 보호를 위한 연방정부의 지원
연방의 초과재산 활용 프로그램	연방정부가 가지고 있는 시설의 활용
지역개발 포괄보조금	
군기지 및 연방 주둔 프로그램	
환경보호국 기금	
위해물질안전법(운수부)	
위기 관련 기금(운수부)	
연방의 비용상환협정	연방정부 내 어떤 부서가 재난관리에 참여했을 경우 비용 보전
농업 관련 융자(농림부)	
연방의 기술 지원	
범죄 관련 보조금	화재 관련 범죄자의 조사에 대한 보조금

Emergency Response) 보조금 제도는 2004년에 도입하여 운영 중인 제도로 지방정부의 소방재정에 대한 지원을 위해 실행되고 있다. 이 제도는 소방 관련 부서에서 장비의 구입 등이 아닌, 오직 소방관 수의 채용과 같은 인건비에 용도를 한정해서 시행한 특별보조금 제도이다. 2007년 회계 기준으로 SAFER 보조금의 규모는 약 110백만 달러 수준으로 경쟁 방식을 통해 선별적으로 지원하고 있다(경기도 소방재난본부, 2007: 18).

미국의 소방청인 The United States Fire Administration은 연방 내 기관으로 볼 수 있으며 관련 예산 규모는 <표 5-5-5>와 같다.

표 5-5-5 미국 소방청 예산규모

(단위: 천 달러)

구 분	2016년	2017년	2018년
미국 소방청	$42,264	$42,183	$41,913

자료: www.usfa.fema.gov

2. 지방정부의 소방재정

1) 주정부

미국의 주정부들은 소방과 관련한 기능 자체가 미약하다. 따라서 재정도 융자나 각종 보조금에 의존하며, 재난과 관련한 예방이나 사후관리를 위한 지출에 충당한다. 주정부들은 "주간 민방위 및 재난협정"[2]을 체결하여 대형 재난에 대해 특별재난을 선포하여 인근 지역과의 협력 관계를 구축하고 연방정부의 협조를 받는다. 그리고 별도 규정이 없는 한 재난구호에 대한 행정 협력에 대한 사후적인 비용의 보상이 이루어지지 않는다.

미국 주정부 소방재정의 이해를 위해 캘리포니아와 워싱턴을 중심으로 소개하고자 한다.

캘리포니아 주정부는 2019~2020년 총 예산은 214,778천 달러이며, 이 중 건강

2) 1950년대 이후 각 주정부들이 "주간 민방위 및 재난협정(Interstate Civil Defence and Disaster Compact)"을 체결했다.

과 관련한 예산이 67,119천 달러이고, 다음으로 교육과 관련한 예산이 60,111천 달러를 차지한다. 또한 산불 및 화재 예방과 관련한 예산은 9억 9,900만 달러를 차지하고 있다.

자연자원 부문 예산이 총예산의 2.8%를 차지하고 있으며, 산림 및 화재 예방 예산은 2004년에 6억 8,340만 달러로 자연자원 부문 예산의 16.5%를 차지하고 있다.[3] 캘리포니아 소방본부는 소방 관련 규정의 재·개정, 산림 및 농촌 화재 대응, 응급대응 시스템의 운영, 소방 교육훈련, 송유관 안전관리, 유해폐기물 및 유해물질 안전관리, 화재 관련 장비의 시험 인증 등의 업무를 수행하고 있는데, 2004년 기준으로 12,425,000달러의 예산을 집행했다.

반면, 워싱턴 주정부는 일반재원인 재산세와 소방기관 운영 보조를 위해 보험세를 주요 재원으로 하고 있다. 이 중 화재보험세와 911전화세를 자세히 살펴보면, 보험세 중 화재보험과 보건행정기관이 징수한 보험세를 소방재원으로 하고 있고, 기타 보험세는 주정부 일반기금으로 운영하고 있다. 보험세의 세율은 2.0%이며, 400달러 이상 보험금을 지급한 보험업자가 납부세액을 4회로 나누어 주정부 보험담당관에게 신고·납부하면 이를 시 등에 배분한다.

한편, 전화세는 워싱턴 주정부의 911구급전화 설비의 취득·운영을 위해 1992년도부터 도입된 조세이다. 과세 대상은 유선·무선전화기로 주정부의 전화세는 1992년도부터 시행되었으며, 카운티(county) 정부의 경우는 이보다 앞선 1987년도

표 5-5-6 주정부의 소방 관련 재정

종 류	특이 사항
저금리 융자	
보험 부과금	화재로 인한 보험금 수령 시 부과금 징수
운전 관련 수수료 및 벌과금	재난이 운전과 관련하여 발생하기 때문에 차량 등록 시 수수료 부과
시설 사용	주정부가 가지고 있는 시설 사용에 따른 비용 부담
특별 목적의 보조금	
위기관리 관련 주정부 기금	
화재 관련 주정부 기금	

자료: 조길영(2006: 333-334).

3) 캘리포니아 주정부 홈페이지. Governor's budget summery 2004~2005.

에 도입되었다. 전화세는 전화회사에서 전화요금청구서에 전화세액을 표시하여 가입자에게 청구한다.

기타 주정부의 소방재원으로 보조금, 위기관리 관련 연방기금, 그리고 각종 수수료 등이 있다.

2) 지방정부

미국은 소방행정이 기초자치단체의 업무에 속하기 때문에 지방정부가 주요 주체이면서 동시에 지역별로 업무나 재정 형태 등이 다양하다. 이에 따라 지방정부의 경우 주정부나 연방정부와 달리 특정 세수입을 활용하며, 특히 다양한 수수료나 부담금을 적극적으로 활용하고 있다. 이들 지방정부의 소방 관련 주요 재원은 다음의 <표 5-5-7>과 같다.

표 5-5-7 지방정부의 소방 관련 재정

종 류		특이 사항
조세	지방재산세	
	부동산양도세	
	특별세	
	화재이전세	이는 지역에 화재를 유발할 수 있는 시설에 대한 조세 부과
편익평가(benefir assessment)		화재 예방에 따른 잠재적 편익을 재산 소유자에게 징수
융자	공채	
	참여보증서	소방국은 공채 발행권이 없기 때문에 주택금융과 같은 형태의 증서를 발행
예방 관련 수수료	검사료	
	계획 검토 수수료 및 허가료	건축 설계도면이 위법 사항이 없는가를 검토하고, 수수료 징수
진압 관련 수수료	화재 진압 및 구제 수수료	화재 발생 시 위법 사항이 있으며, 벌금 부과
	대기 및 화재 경호 수수료	대형 행사 시 소방차의 대기에 따른 비용 부과
	위험물 수수료	
	특별 서비스	예컨대, 축구경기장에 물을 공급하는 업무 등
	훈련비	타 정부 소속의 소방대원에게 특수 훈련 실시
	긴급의료 서비스 수수료	

기부금	화재 예방 기부금	기부금은 일종의 보험 제도로서 특이하게 발달
	긴급구조 기부금	
개발부담금		건축 개발 시 새로운 소방 부담에 대한 수수료
벌금	소환장	
	법규 위반 벌금	
	경보음에 따른 벌금	
비용 공유		인근 지역 간 시설의 공동 사용
서비스의 위탁		소방 업무의 민간위탁
합병		소방서의 합병을 통해 공동 운영
자산이나 서비스의 판매	중고용품의 판매	시설물의 판매
	서비스의 판매	
	체납세 확인의 판매	뉴욕 셔터쿼(Chautauqua) 카운티에서 유일하게 사용
	시설 임대	
기타	911전화 사용에 대한 부담	
	민영화	
	리스	
	압류재산	

자료: 조길영(2006: 333-334).

제 3 절 한국에의 시사점

각 국가의 소방재정의 특성은 각국이 갖는 그 나라의 문화적 인식과 오랫동안의 역사적 배경 등에 따라 상이하다고는 하나 재정 안정을 위한 세원 마련 절차와 방법, 부과 대상과 납세 의무자 등의 다양성 등이 우리나라와 차이를 보인다.

외국의 소방재정 운영상 나타나는 특징을 살펴보면 다음과 같다.

첫째, 소방재정 조달 방법의 다양성이다. 외국의 경우, 국가마다 지역마다 재원 마련을 위한 다양한 소방재정 확보 방법들을 가지고 있다. 예를 들면, 화재 발생 시 화재보험금의 일정액을 부과하거나 서비스에 대한 부과금, 소방세와 재산세, 지방채, 각종 사용료와 수수료 등을 통한 다양한 방법이 소방재원으로 활용되고 있다.

표 5-5-8 주요 국가별 소방재원의 원천

구 분	한 국	미 국	일 본	독 일	영 국
재원 조달 수단	• 일반재원 • 국고보조 • 지역자원시설세 등	• 일반재원(재산세) • 화재보험 • 국고보조금 • 수수료, 응급전화세 등 다양	• 일반재원 • 지방채 • 국고지출금 • 입탕세, 공채, 기금 등 기타 재원	• 일반재원 • 화재보험세 (소방세) • 보조금 재난 방지기금	• 국고보조금 • 소방교부세 • 지방세

자료: 이종영(2002: 201)을 재구성.

둘째, 외국의 소방 과세는 수혜자 부담 및 사용자 과세 원칙에 대한 확고한 원칙이다. 소방 서비스는 편익과 비용 부담 관계에서 개별적 보상 관계가 성립하는 공공 서비스로 서비스를 이용하는 사람은 서비스 생산을 위한 일정 부분을 부담하는 것을 당연시한다. 또한 화재보험, 입탕세 등 수혜자부담금, 전화세 등의 시설부담금, 그리고 각종 수수료 등 사용자 부담을 통해 소방재정이 조달되고 있다. 이는 우리나라의 경우, 현행 지역자원시설세의 정확한 용도가 소방시설의 설치 등에 한정하고 있어 원인자 부담 원칙에 입각하여 실제 수행하는 소방 서비스의 수혜 대상으로 세원을 확장하는 등 제도적 개선을 고려할 수 있음을 의미한다.

셋째, 소방행정 서비스 소요 비용에 따른 재원 확보에 대한 법규의 명료화이다. 우리나라는「지방재정법」이나 목적세 확대 부분에서 적합한 개정 의지보다는 조세저항이나 정치적 문제 등으로 인해, 목적을 달성할 수 있도록 법이 제정되거나 개정되지 못해 현실과 부합되지 않는 경우가 있다.

넷째, 소방재원에 대한 중앙정부의 역할 및 기여도가 높다는 점이다. 우리나라의 경우, 중앙정부 지원이 미비한 가운데 소방비 예산의 대부분이 지방정부의 부담으로 되어 있는 것과 달리, 외국의 경우, 지방재정 중 소방비에 대한 부담을 국고지원이 상당 부분 담당하고 있다.4)

우리나라의 소방재정이 기본적으로 일반재정5)과 지역자원시설세 등의 특정재

4) 뉴질랜드의 경우는 민간보험회사의 부담이 88.5%, 국비 4.4%이며 지방비 부담은 없으며, 특히 뉴질랜드의 소방 서비스는 완전 국비 중심 시스템으로 소방 예산 구성에서 지방정부의 부담은 거의 없다(정용수, 2008: 61).

5) 소방재정 중 70% 이상을 차지하는 일반재원이 인건비와 경상비로 충당되고 있는 것에 대한 이해는 군인, 경찰공무원, 교육공무원, 교정직 공무원들도 스스로의 재정수입만으로 조직을 운영하지

원으로 충당되고 있다. 소방행정 서비스를 예산에 맞추어 소방행정 업무를 수행하고 있는 것이 현실이다. 그러나 소방행정이 국민의 생명과 재산 보호뿐 아니라 각종 재난과 재해의 대응기관으로서의 목적을 수행할 수 있도록 소방행정기관은 물론 국회와 국가, 광역자치단체, 기초자치단체에서 외국의 사례에서와 같은 소방재정 확보를 위한 노력이 있어야 할 것이다.

우리나라의 경우, 소방 서비스의 공급 주체는 비록 중앙정부와 광역자치단체이지만, 소방 서비스의 편익의 향유자는 개개의 지역 주민일 수도 있고, 소방 서비스의 편익이 파급되는 지역의 전체 주민일 수도 있다. 소방 서비스는 화재 발생에 따른 인명과 재산의 보호 외에도 예방, 구급, 구조 등 다양하게 구성되어 있다는 점에서 서비스 수혜자는 파급 효과가 미치는 지역 주민 전체가 되는 것이다. 이 점에서 서비스의 수혜자와 비용 부담자를 직접적으로 연결시키는 개별적 보상 관계의 확인이 어려워 조세의 방법으로 비용을 부담시키고 있는 것이다.

공공시설에서 얻는 편익 중 직접 편익은 공공시설을 직접 이용함으로써 얻는 효용이고, 간접 편익은 공공시설의 이용 시 접근성이나 편리성 등으로 나타나는데, 이는 해당 지역의 지가의 자본화, 즉 주변 지가의 상승으로 나타난다. 공공시설로 인해 주변 지역의 접근성, 쾌적성, 편리성이 향상되면, 해당 지역 토지의 이용 가치가 증대하여 지가의 상승을 가져온다. 이러한 지가의 상승은 재산과세 위주로 되어 있는 지방세의 세수 증대를 가져와 지방재원의 향상에 기여하게 된다. 소방 서비스의 공급에 의해서도 이러한 지방세수의 증대를 가져오기 때문에, 기초자치단체도 세수 증대의 혜택을 보는 정도만큼 소방 서비스 공급 비용의 일부를 부담하는 것은 공평성이 없지 않은 것이다.

또한 소방 서비스 공급 주체가 시·도·정부이지만, 그 혜택은 기초자치단체 주민에게 주어진다는 점에서, 기초자치단체의 비용 분담을 주장할 수 있는 것이다. 소방관서의 신설과 관련한 부지를 기초자치단체가 제공하도록 한다든가, 소방 서비스와 관련하여 지역적 현안이 된 경우 시장·군수는 이에 대해 필요한 재정을 분담하고, 행정응원과 협조를 하도록 하는 방안이 강구되어야 한다.

않는 것을 알 수 있다.

P•A•R•T

6

소방사무론

제 1 장 지방자치단체 사무

제 2 장 소방사무

CHAPTER 01

지방자치단체 사무

제 1 절 지방자치단체의 개념과 종류

1. 지방자치단체의 개념

지방자치단체란 일정한 구역을 기초로 그 구역 안의 모든 주민을 구성원으로 하여 그 주민들에 의해 선출된 기관으로서 중앙정부로부터 어느 정도 독립하여 자주적으로 지방사무를 처리할 권능을 가지는 법인격이 있는 단체를 말한다. 우리나라의 지방자치단체는 「지방자치법」을 비롯한 각종 법률에서 사용하는 법률상의 용어이며, 통상적으로 지방정부, 자치단체라는 용어와 같은 의미로 쓰인다.[1)]

2. 지방자치단체의 종류

우리나라 지방자치단체는 목적과 계층에 따라 분류할 수 있다. 우선, 수행하고자 하는 목적이 특정한지에 따라 보통(일반)지방자치단체와 특별지방자치단체로

1) 지방자치단체라는 명칭은 일본 지방자치법의 지방공공단체를 참고한 결과이며, 앞으로는 지방정부(local government)라는 용어를 좀 더 일반적으로 사용할 것으로 예상된다.

구분하며, 계층에 따라서는 광역자치단체와 기초자치단체로 구분한다. 지방자치단체의 종류와 지위에 관한 법적 규정은 「지방자치법」 제2조, 제3조에 명시되어 있다.

보통지방자치단체는 지방의 일반적인 공공사무를 처리하기 위해 존재하는 지방자치단체를 말한다. 따라서 보통지방자치단체는 그 존립 목적·조직·기능 등이 일반적이고 보편적이며 종합적 성격을 지니고 있다. 통상 지방자치단체라 말할 때는 이 보통지방자치단체를 의미한다. 「지방자치법」 제2조에 따르면, 지방자치단체를 ① 특별시, 광역시, 특별자치시, 도, 특별자치도, ② 시, 군, 구의 두 가지 종류로 구분하고 있다. 이는 관할 영역에 따라 구분한 것으로, ① 특별시, 광역시, 특별자치시, 도, 특별자치도를 광역자치단체라 하고, ② 시, 군, 구를 기초자치단체라고 한다. 즉, 광역자치단체는 넓은 영역을 관할하고, 기초자치단체는 상대적으로 좁은 영역을 관할한다(강용기, 2010: 144-148). 지방자치단체인 구는 특별시와 광역시의 관할 구역 안의 구(區)에 한하며, 이를 특별시나 광역시가 아닌 인구 50만 명 이상의 시에 둘 수 있는 구와 구별하기 위해 '자치구'라고 한다(정일섭, 2019: 40).

한편, 지방행정기관이란 지방자치단체와는 달리 "국가(또는 지방자치단체)의 공공사무를 지역적으로 분담·처리하기 위하여 현지에 설치된 국가(또는 지방자치단체)의 하급기관으로서의 행정기관"을 말하며, 법인격을 가지고 있지 않다. 지방행정기관으로는 일반지방행정기관과 특별지방행정기관이 있는데, 일반행정기관은 국가(또는 지방자치단체)의 관할 구역 안에서 시행되는 공공사무를 종합적으로 처리하며, 국가(또는 지방자치단체)의 일반적인 지휘·감독을 받는 지방행정기관을 말한다(임승빈, 2018: 48-49). 특별시 또는 광역시가 아닌 인구 50만 명 이상의 시

그림 6-1-1 우리나라 지방자치단체 체제

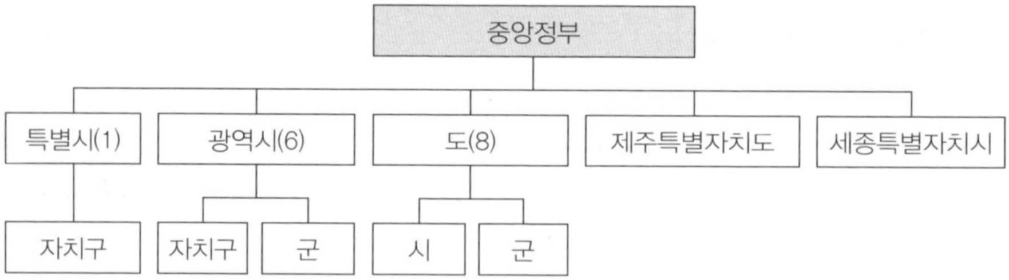

표 6-1-1 우리나라 지방자치단체 및 일반지방행정기관 현황(2018.12.31 기준)

구 분	시	군	자치구	행정시	일반구	읍	면	동
계	75	82	69	2	32	228	1,184	2,098
특별시	–	–	25	–	–	–	–	424
광역시	–	5	44	–	–	15	31	681
특별자치시	–	–	–	–	–	1	9	9
도	75	77	–	–	32	205	1,139	953
특별자치도	–	–	–	2	–	7	5	31

자료: 『2019 행정자치통계연보』(2019: 121).

에는 자치구가 아닌 일반구(행정구)를 둘 수 있고, 군에는 읍·면을 두며, 시와 구(자치구를 포함한다)에는 동을 둔다(지방자치법, 제3조).

제 2 절 지방자치단체 사무의 의의 및 사무의 종류

1. 의 의

우리나라 공공부문이 수행하는 사무는 크게 국가사무와 지방사무로 나눌 수 있다. 국가사무는 중앙정부가 중심이 되어 처리하는 사무이고, 지방사무는 지방자치단체에서 처리하는 사무이다(이용선, 2019: 346). 지방자치단체가 수행하는 업무의 내용은 주민의 복리 증진에 관련된 것들이다. 우리 「헌법」 제117조에는 "지방자치단체는 주민의 복리에 관한 사무를 처리하고…"라고 규정하여 지방자치단체는 주민의 복리에 관한 사무를 처리한다고 규정하고 있다.

2. 사무의 종류

지방자치단체가 처리하는 지방사무는 그 사무의 특성에 따라 자치사무와 위임사무로 나누고, 위임사무는 다시 단체위임사무와 기관위임사무로 나눈다. 「지방자치법」 제9조 제1항에서는 "지방자치단체는 관할 구역의 자치사무와 법령에 따라 지방자치단체에 속하는 사무를 처리한다"라고 지방자치단체의 사무 범위를 규정하고 있다.

1) 자치사무(고유사무)

(1) 의 의

자치사무는 지방자치단체의 존립 목적과 직결되는 사무를 의미하는 것으로서, 지방자치단체가 자기의 의사와 책임 및 재정적 부담 하에 지역 주민의 복리증진을 위해 수행하는 본래의 사무라는 뜻에서 고유사무라고도 한다. 따라서 자치사무는 지방자치단체의 존립, 내부조직, 재산관리 등에 직접 필요한 사무이다. 자치사무는 이처럼 지방자치단체의 고유사무이므로 그 사무의 처리에 주민의 대표기관인 지방의회가 당연히 관여하게 된다. 자치사무는 법령에 "지방자치단체는 …을 행한다"라고 규정된다.

「지방자치법」 제9조에서는 지방자치단체의 사무를 예시하고 있는데, 그 가운데 소방사무인 '지역민방위 및 지방소방에 관한 사무'가 포함되어 있다. 세부적으로는 지역 및 직장 민방위조직(의용소방대 포함)의 편성과 운영 및 지도·감독, 지역의

표 6-1-2 지방자치단체의 자치사무(예시)

1. 지방자치단체의 구역, 조직, 행정관리 등에 관한 사무	⋮
2. 주민의 복지증진에 관한 사무	⋮
3. 농림·상공업 등 산업 진흥에 관한 사무	⋮
4. 지역개발과 주민의 생활환경시설의 설치·관리에 관한 사무	⋮
5. 교육·체육·문화·예술의 진흥에 관한 사무	⋮
6. 지역민방위 및 지방소방에 관한 사무	가. 지역 및 직장 민방위조직(의용소방대를 포함한다)의 편성과 운영 및 지도·감독 나. 지역의 화재 예방·경계·진압·조사 및 구조·구급

자료: 국가법령정보센터, 「지방자치법」 제9조.

화재 예방 · 경계 · 진압 · 조사 및 구조 · 구급이라고 명시하고 있다.

(2) 내 용

자치사무는 지방자치단체가 자기의 책임과 재정부담으로 처리하는 사무이므로, 국가의 사무가 아닌 것은 필요에 따라 그 대상을 임의로 선택하여 처리할 수 있다. 그러나 법령에 의하여 의무적으로 처리하게 되어 있는 사무로는 크게 두 가지 형태가 있다. 하나는 「헌법」 제117조에 명시된 것과 같이 주민의 복리증진을 위하여 지방자치단체가 적극적으로 사업을 실시하고 시설을 설치 · 관리하는 등 주민에게 서비스를 제공하는 사무(소방 · 상하수도 · 시장 · 도서관 · 학교 · 병원 · 도로 · 주택 · 쓰레기 · 교통 · 도시계획)이고, 다른 하나는 지방자치단체가 조례 · 규칙을 제정하고 회계 · 경리를 행하는 등 자치단체의 존립 자체를 위한 관리 · 지원적 사무가 그것이다.

(3) 경비 부담

자치사무의 처리에 소요되는 경비는 지방자치단체가 전액 부담하며, 국고보조금을 받는 경우, 그것은 장려적 보조금[2)]의 성격을 지닌다.

(4) 감 독

자치사무에 대한 국가의 감독은 소극적 감독만 허용되고, 적극적 감독 배제되는 것이 원칙이다. 왜냐하면, 지방자치단체가 자기의 의사와 책임 및 부담 하에 자율적으로 자치사무를 처리하는 데에서 지방자치의 실질적 의의를 찾아볼 수 있기 때문이다(이용선, 2019: 352).

2) 단체위임사무

(1) 의 의

단체위임사무란 법령에 따라 국가나 상급지방자치단체로부터 그 지방자치단체에 처리가 위임된 사무를 말한다.[3)] 「지방자치법」 제9조 제1항에 규정된 "법령에

2) 제주특별자치도의 관광사무에 대해 제주특별자치도를 관광도시로 육성하기 위해 주는 것과 같이 정부가 시책상 주는 보조금을 말한다.
3) 단체위임사무는 국가사무로서 지방자치단체에 그 처리가 위임된 것이 대부분이지만 시 · 도의 사

표 6-1-3 단체위임사무(예시)

- 시 · 군의 국세 및 도세 징수사무(국세징수법, 제8조, 지방세법, 제53조)
- 시 · 도의 하천 보수 · 유지사무(하천법, 제16조)
- 하천점용료 또는 사용료의 징수사무(하천법, 제33조)
- 국도의 유지 · 보수사무(도로법, 제24조 제1항, 제56조)
- 국도점용료 징수사무(도로법, 제43조)
- 생활보호 사무(생활보호법)

따라 지방자치단체에 속하는 사무"가 바로 단체위임사무를 의미한다. 단체위임사무는 일단 지방자치단체에 위임된 이상 지방자치단체의 사무로 취급되고, 법령상 중앙통제나 경비 부담의 범위에서 차이가 있다(정일섭, 2019: 65). 단체위임사무는 법령에 "…가 지방자치단체에 위임한다"라고 규정된다.

(2) 내 용

단체위임사무는 그 성질이 지역적 이해관계와 국가적 이해관계를 동시에 가지고 있다. 예를 들어, 재해구호사무, 생활보호사무, 보건소의 운영, 예방접종, 하천 유지 · 보수, 국도 유지 · 보수, 직할하천 점용료 징수 및 시 · 도세 징수사무(시 · 도세 징수사무를 시 · 군 · 구에 준다든지, 국가의 공과금을 자치단체에 징수하도록 의뢰하는 것) 등이 단체위임사무에 해당한다.

(3) 경비 부담

단체위임사무는 지방의 이해관계와 전국적 이해관계를 동시에 가지고 있는 것이므로, 경비는 해당 지방자치단체와 국가가 공동 부담하는 것을 원칙으로 한다.

(4) 감 독

단체위임사무에 대한 국가 또는 도의 감독은 자치사무에 대하여 인정되는 소극적 감독뿐만 아니라 합법성과 합목적성의 사후 교정적 감독에 한정되고, 예방적 감독은 배제된다.[4]

무로서 시 · 군 · 자치구에 위임된 것도 있다.

4) 법을 지켰더라도 부당하거나 목적을 달성하지 못한 경우에 문제를 삼는다는 것이다. 그러나 사전에 못하게 하는 예방적 감독은 하지 못한다.

3) 기관위임사무

(1) 의 의

기관위임사무란 국가나 상급자치단체가 법령에 따라 지방자치단체의 집행기관에 그 처리를 위임한 사무를 말한다. 「지방자치법」은 "시 · 도와 시 · 군 및 자치구에서 시행하는 국가사무는 법령에 다른 규정이 없으면 시 · 도지사와 시장 · 군수 및 자치구의 구청장에게 위임하여 행한다"(제102조)고 규정하고 있는데, 이 사무가 바로 기관위임사무이다. 기관위임사무는 업무 수행의 주체가 지방자치단체가 아닌 그 집행기관이므로 지방의회는 필요한 경비 부담에 관한 사항을 제외하고는 원칙적으로 사무 처리에 관여할 수 없다. 그리고 기관위임사무는 원래 국가가 일선기관을 설치하고 처리해야 할 국가사무를 지방자치단체의 집행기관에 위임하여 처리하는 것이므로 위임받은 지방자치단체의 집행기관은 중앙정부의 하급기관과 동일한 지위에서 그 사무를 처리하게 된다. 기관위임사무는 법령에서 "…가 시장 · 도지사 · 군수에게 위임한다"라고 규정된다.

(2) 내 용

기관위임사무는 성격상 일반적으로 지방의 이해관계보다는 전국적 이해관계가 더 큰 사무이다. 기관위임사무의 예로는 소방사무를 비롯하여, 근로기준 설정, 의약사 면허, 도량형, 가족관계 등록사무, 주민등록 및 호적사무,[5] 외국인 등록, 대통령 및 국회의원 선거에 관한 사무, 지적 사무, 국세조사, 산업통계에 관한 사무 등을 들 수 있다.

(3) 경비 부담

기관위임사무의 처리에 소요되는 경비의 전액을 위임기관인 국가가 부담하는 것이 원칙이며, 이 경우 수임기관에 교부되는 보조금은 의무적인 교부금(위탁금)[6]으로서의 성격을 지닌다.

---

5) 호적사무는 일반적으로 기관위임사무라고 보나, 「지방자치법」과 대법원 판례상으로는 자치사무이다.

6) 기관위임사무에 대한 국고보조금은 이론상으로는 '위탁금', 「지방재정법」상으로는 '교부금'에 해당한다.

(4) 감 독

기관위임사무의 경우에는 수임기관이 위임기관의 하급기관의 지위에서 사무를 처리하는 것이므로 위임기관인 국가가 거의 전면적인 직무 감독을 할 수 있다. 따라서 이때의 감독은 합법성 외에 합목적성에 대한 감독과 교정적 감독뿐 아니라 예방적 감독까지도 모두 가능하다.7)

표 6-1-4 지방자치단체의 사무 구분

구 분	자치사무	단체위임사무	기관위임사무
법적 근거	법 제9조 제1항 전단, 제2항, 제103조	법 제9조 제1항 후단, 제103조	법 제102조, 제104조
사무의 성질	• 지방자치단체가 자기의 책임과 부담 하에 처리하는 사무 • 지방자치단체의 존립·유지에 관한 사무 • 당해 지방자치단체에만 이해관계가 있는 사무	• 법령에 의하여 국가 또는 다른 지방자치단체로부터 위임된 사무(시·도, 시·군에 위임) • 그 지방자치단체와 전국적인 이해관계를 동시에 가지는 사무	• 법령에 의하여 하급 단체장에게 위임된 사무(시·도지사, 시장·군수에게 위임) • 전국적인 이해관계가 있는 사무
경비 부담	• 자치단체 부담 • 국가, 상급단체의 보조 가능	• 자치단체와 위임기관 공동부담	• 원칙적으로 전액 국고 부담
지방의회 관여	• 관여 (의결, 사무감사·조사 가능)	• 관여 (의결, 사무감사·조사 가능)	• 관여 대상이 아님
조례 제정	• 제정 가능	• 제정 가능	• 제정 대상이 아님
상급기관 감독	• 원칙으로 감독 불가 • 소극적(사후, 합법성) 감독 허용	• 소극적, 합목적성 감독	• 소극적, 적극적(사후, 합목적성) 감독 허용
사무의 예시	• 상하수도 사업, 지방도 신설 관리, 청결·소독·오물처리·미화사업, 공설묘지 및 화장장 설치관리, 지역의 화재 예방·경계·진압·조사 및 구조·구급	• 예방접종(전염병예방법), 국세징수(국세징수법), 보건소의 운영(보건소법), 재해 구호사업	• 총포수리업 허가, 대통령·국회의원선거사무, 국민투표, 병사사무, 산업통계, 공유수면매립면허, 개별지가조사, 천연기념물 관리

자료: 임승빈(2018: 115), 지방행정연수원(2014: 39).

7) 어떻게 하라고 지침도 주고 도중에 잘못되어 가면 취소나 정지도 할 수 있고, 예방적 통제까지도 한다.

제 3 절 지방자치단체 사무 배분

1. 사무 배분의 의의

한 국가 내에서 처리해야 할 공공사무를 국가사무와 자치사무로 나누고, 처리 권한을 중앙정부와 지방자치단체에 부여하는 것을 사무 배분이라고 한다. 사무 배분의 기준으로는 다음 몇 가지를 생각해 볼 수 있다.

첫째, 공공사무는 가능한 한 주민과 가장 가까운 지방자치단체인 기초자치단체에서 처리되어야 하고, 기초자치단체의 능력으로 처리할 수 없는 사무는 광역자치단체에서 처리하며, 광역자치단체의 능력으로 처리할 수 없는 사무를 국가(중앙정부)가 처리하는 것이 바람직하다. 이러한 원칙을 보충성의 원칙이라고 한다.

둘째, 중앙정부나 지방자치단체의 존립 목적에 맞춰 사무를 배분하는 것도 필요하다. 국가의 주권 행사와 관련되는 국방이나 외교 기능이나 국가적 이해관계가 걸려있는 사무는 중앙정부가 담당하고 주민들의 일상생활과 직결되는 사무는 지방자치단체에 배분하는 것이다. 즉, 중앙정부가 좀 더 잘할 수 있는 사무는 중앙정부가 처리하게 하고, 지방자치단체가 좀 더 잘할 수 있는 사무는 지방자치단체에 배분하는 것이 바람직하다는 것이다.

셋째, 가장 적은 비용으로 행정 서비스를 제공할 수 있는 지역적 크기에 따라 사무를 배분하는 것도 하나의 기준이 될 수 있다. 즉, 규모의 경제에 따라 서비스 공급의 최적 규모가 될 수 있도록 사무를 배분하는 것이다.

넷째, 사무 배분은 현실적으로는 중앙정치권이나 정부의 이해관계와 지방자치단체의 행정적·재정적 능력과 주민의 자치의식 수준에 따라 결정된다(정일섭, 2019: 57-58).

이와 같이 반드시 중앙정부가 처리해야 할 사무가 무엇인가, 광역자치단체가 처리해야 할 사무는 무엇인가, 그리고 기초자치단체가 처리해야 할 사무는 무엇인가를 구별하는 것이 필요한데, 그것이 사무 배분의 문제이다. 중앙정부와 각급 지방자치단체의 사무 배분은, 현상적으로는 사무를 배분하는 것이지만 실질적으로는 그 사무 배분을 통해 각 계층 간의 권리와 책임을 배분하는 것이므로, 행정 기능의 배분이라고 부르는 것이 더 그 본질을 잘 나타내는 것으로 보고, 이를 통상 기능 배분이라고 부르기도 한다.

2. 우리나라 사무 배분 현황

1) 지방자치단체의 사무

우리 「지방자치법」 제9조에서는 지방자치단체의 사무를 다음의 여섯 가지로 예시하고 있다.

1. 지방자치단체의 구역, 조직, 행정관리 등에 관한 사무
2. 주민의 복지증진에 관한 사무
3. 농림 · 상공업 등 산업 진흥에 관한 사무
4. 지역개발과 주민의 생활환경시설의 설치 · 관리에 관한 사무
5. 교육 · 체육 · 문화 · 예술의 진흥에 관한 사무
6. 지역민방위 및 지방소방에 관한 사무

(1) 광역자치단체 사무

「지방자치법」에서는 지방자치단체의 사무를 광역자치단체인 시 · 도와 기초자치단체인 시 · 군 · 자치구로 배분하는 기준을 제시하고 있는데, 시 · 도가 처리하는 사무로는 광역행정 기능, 보완 기능, 연락 · 조정 기능, 지휘 · 감독 기능 등을 규정하고 있다(제10조 제1항 제1호).

1. 행정처리 결과가 2개 이상의 시 · 군 및 자치구에 미치는 광역적 사무
2. 시 · 도 단위로 동일한 기준에 따라 처리되어야 할 성질의 사무
3. 지역적 특성을 살리면서 시 · 도 단위로 통일성을 유지할 필요가 있는 사무
4. 국가와 시 · 군 및 자치구 사이의 연락 · 조정 등의 사무
5. 시 · 군 및 자치구가 독자적으로 처리하기에 부적당한 사무
6. 2개 이상의 시 · 군 및 자치구가 공동으로 설치하는 것이 적당하다고 인정되는 규모의 시설을 설치하고 관리하는 사무

(2) 기초자치단체 사무

「지방자치법」에 따르면, 시·군 및 자치구는 위의 시·도가 처리하는 것으로 되어 있는 사무를 제외한 사무를 처리하되, 다만 인구 50만 명 이상의 시에 대하여는 도가 처리하는 사무의 일부를 직접 처리하게 할 수 있다고 규정하고 있다(제10조 제1항 제2호). 그리고 제10조 제3항에서는 "시·도와 시·군 및 자치구는 사무를 처리할 때 서로 경합하지 아니하도록 하여야 하며, 사무가 서로 경합하면 시·군 및 자치구에서 먼저 처리한다"고 하여 별도의 제한이 없는 한 지방사무는 기초자치단체에서 우선 처리하는 것이 원칙임을 규정하고 있다.

기초자치단체는 시장, 도서관, 상하수도, 생활환경의 정비, 불량주택의 정리, 오물 처리, 청소, 공원, 녹지, 오락시설의 제공, 식품검사, 가로 조명, 주차장 및 버스 대기소의 설치·관리, 공적 부조사업, 재해 보상 및 실업 보상에 관련된 업무에 이르기까지 실로 다양한 업무를 다루어야 한다.

(3) 지방자치단체가 처리할 수 없는 국가사무

「지방자치법」 제11조(국가사무의 처리제한)에서는 "지방자치단체는 다음 각 호에 해당하는 국가사무를 처리할 수 없다. 다만, 법률에 이와 다른 규정이 있는 경우에는 국가사무를 처리할 수 있다"라고 하여 국가사무를 명시하고 있다.

1. 외교, 국방, 사법(사법(司法)), 국세 등 국가의 존립에 필요한 사무
2. 물가정책, 금융정책, 수출입정책 등 전국적으로 통일적 처리를 요하는 사무
3. 농산물·임산물·축산물·수산물 및 양곡의 수급조절과 수출입 등 전국적 규모의 사무
4. 국가종합경제개발계획, 국가하천, 국유림, 국토종합개발계획, 지정항만, 고속국도·일반국도, 국립공원 등 전국적 규모나 이와 비슷한 규모의 사무
5. 근로 기준, 측량 단위 등 전국적으로 기준을 통일하고 조정하여야 할 필요가 있는 사무
6. 우편, 철도 등 전국적 규모나 이와 비슷한 규모의 사무
7. 고도의 기술을 요하는 검사·시험·연구, 항공관리, 기상행정, 원자력 개발 등 지방자치단체의 기술과 재정 능력으로 감당하기 어려운 사무

C·H·A·P·T·E·R

02 소방사무

제 1 절 소방사무의 의의

1. 소방사무의 개념

기존 소방의 개념은 '화재를 예방, 경계하고 진압하는 것'으로 사전적 해석에 그쳤으나, 공공 서비스 개념이 확장함에 따라 화재는 물론 모든 종류의 재난 발생 시 인명구조·구급뿐 아니라 응급환자 이송 업무도 포함한다고 보고 있다. 최근 소방사무는 산불진화, 동물구조, 화학사고 초동조치 등 특수재난 사고와 각종 재난에 대한 지원 업무로 확장되고 있으며, 모든 긴급재난상황을 통합하는 시스템으로 변화하고 있다. 따라서 소방사무는 화재 사고를 예방하는 예방 업무, 화재 발생 시 화재를 진압하는 방호 업무, 화재뿐 아니라 각종 재난 발생 시 인명을 구조하고 환자를 신속하게 병원으로 이송하는 구급 업무 등으로 구분할 수 있다(송상훈 외, 2012).

따라서 현대적인 의미에서 소방이란 화재를 예방 경계하거나 진압하고 화재, 재난·재해, 그 밖의 위급한 상황에서의 구급 구조업무와 그 업무를 보다 효과적으로 수행하기 위한 제반활동이라 정의할 수 있으며(김재호·임재만, 2019: 274), 현행

표 6-2-1 현행 법령상 소방사무

「소방기본법」 제3조 및 「지방소방기관 설치에 관한 규정」 제1조	「지방자치법」 제9조 제2항
– 시·도는 소방기관을 설치하여 소방행정을 통일적이고 체계적으로 수행 – 소방본부장·소방서장은 관할 시·도지사의 지휘감독을 받음. – 소방청장은 시·도 소방본부장 및 소방서장을 지휘·감독할 수 있음.	– 「지방자치법」 제9조 제2항(지방민방위 및 지방소방에 관한 사무) – 「지방자치법시행령」 제8조 별표 1(지역의 화재예방·경계·진압·조사 및 구조·구급)

법률상 소방사무는 「지방자치법」과 「소방기본법」의 기준에 따른다.

2. 소방사무의 특성

소방사무는 재화의 유형 중 공공재(public goods)에 해당하며, 주민의 일상생활과 직결되어 주민의 생명과 재산을 보호한다. 또한 공공질서를 유지하는 사무로서 다음과 같은 특성을 가진다.

(1) 긴급성

소방사무에서 가장 중심이라고 할 수 있는 화재 진압·구조·구급 업무를 수행하는 과정에서 시간의 지연은 피해의 확대로 이어지므로 신속한 대응이 중요한 의미를 갖는다. 이러한 긴급성에 기인하여 「도로교통법」에서는 소방차·구급차를 긴급자동차로 규정하는 한편, 소방관계법령에서는 우선통행권과 행정상 즉시강제 등의 특례규정을 두고 있다.

우선, 소방자동차의 우선통행과 관련하여 「소방기본법」과 「도로교통법」에서는 특례규정을 두고 있다. 긴급자동차는 속도제한 앞지르기 또는 끼어들기 금지 규정의 적용을 받지 않는다(도로교통법, 제30조). 또한 소방대는 화재, 재난 재해, 그 밖의 위급한 상황이 발생한 현장에 신속하게 출동하기 위하여 긴급할 때에는 일반적인 통행에 쓰이지 아니하는 도로 빈터 또는 물 위로 통행할 수 있다(소방기본법, 제22조). 모든 차와 사람은 소방자동차가 화재 진압 및 구조·구급활동을 위하여 출동할 때에 이를 방해해서는 안 되고(소방기본법, 제21조), 진로를 양보해야 한다

(도로교통법, 제29조).

또한 소방본부장, 소방서장 또는 소방대장은 소방활동을 위하여 긴급하게 출동할 때에는 소방자동차의 통행과 소방활동에 방해가 되는 주차 또는 정차된 차량 및 물건 등을 제거하거나 이동시킬 수 있다(소방기본법, 제25조). 이러한 행정상 즉시강제[1])는 소방사무의 목적을 달성하기 위하여 필요한 대표적인 실효성 확보수단이다(김재호 · 임재만, 2019: 276-278).

(2) 상시성

화재, 재난 재해, 기타의 위급상황은 언제 어디에서 발생할지 사전에 예측할 수 없으므로 외근 소방공무원은 주 · 야간 및 공휴일에 관계없이 24시간 체계로 교대근무를 하고 있다. 이는 언제든 신고가 접수되면 시간적인 공백 없이 곧바로 대응할 수 있는 대기상태가 상시 유지되고 있음을 의미한다. 이와 같은 24시간 출동체계를 유지하기 위해서는 주간에 대부분의 사무를 수행하고 야간에는 최소인원만 대기하는 일반적인 행정부서와 달리 야간에도 동일한 규모의 소방력을 유지하여야 한다는 점에서 더욱 많은 수의 소방공무원을 필요로 한다. 특히, 소방공무원이 현실적으로 직무를 수행하지 않는 식사와 휴식 수면시간의 경우에도 지휘명령으로부터 완전히 해방되어 이들 휴게시간에 대한 자유로운 이용이 보장되는 것이 아니라 언제든지 출동할 수 있는 대기상태에 있는 것으로, 실질적으로는 여전히 지휘 감독 아래 놓여있는 시간이므로 근무시간에 포함된다(김재호 · 임재만, 2019: 276-278).

(3) 위험성

소방공무원의 화재 진압 및 구조 · 구급 업무는 불충분한 정보와 예측이 곤란한 상황에서도 즉각적으로 대응하여야 한다는 점에서 수많은 위험을 동반하게 된다. 화재 진압 과정에서의 화상 · 유독가스의 흡입 · 건물의 붕괴, 구조업무를 수행하는 과정에서의 맹독성 화학물질로부터의 노출 · 높은 장소에서의 추락 · 구조헬기의 추락, 구급 업무를 수행하는 과정에서의 전염성 질병(간염 결핵 AIDS 등) 또는 유

---

1) 행정상 즉시강제는 대인적 강제, 대물적 강제, 대가택 강제로 나누어지지며, 실정법으로 「소방기본법」과 「119구조 구급에 관한 법률」에서 이에 대한 규정을 두고 있다. 대인적 강제로 「소방기본법」 제24조, 대물적 강제로 「소방기본법」 제25조, 대가택 강제로 「소방기본법」 제30조, 「119구조 · 구급에 관한 법률」 제15조가 해당된다.

해물질(방사능 유독성 화학물질 등)에의 노출 · 교통사고현장에서 환자를 처치하는 중 다른 차량에 의한 추돌 환자 또는 보호자로부터의 폭행 등 생명 · 신체적인 위험뿐만 아니라, 외상 후 스트레스 장애와 같이 정신건강을 위협하는 요소들이 그 예이다. 이러한 위험성으로 매년 다수의 소방공무원이 순직하거나 부상을 당하고 있다(김재호 · 임재만, 2019: 276-278).

(4) 정보의 불충분성 및 예측의 불확실성

화재 진압 · 구조 · 구급 업무는 정보가 충분하지 않고, 예측이 곤란한 상황에서 이루어진다는 특징이 있다. 소방공무원은 불충분한 정보와 예측이 곤란한 상황에서도 현장 또는 환자의 외견과 자신의 지식 경험 등을 토대로 판단하고 우선순위를 결정하여 대응하게 된다. 그러므로 위급상황이 종료된 후 시간적인 여유와 충분한 정보를 확보하여 되돌아보면 당시 소방공무원의 판단과 대응이 부적절하였던 것으로 평가될 수도 있다. 소방사무와 관계된 법적인 분쟁이 발생한다면, 소방공무원의 과실 여부는 당시 상황을 기준으로 긴급하고 위험한 상황이었다는 점, 정보가 충분하지 않았다는 점, 이후의 결과를 예측하기 곤란하였다는 점 등이 고려되어야 한다(김재호 · 임재만, 2019: 276-278).

3. 소방사무의 유형

1) 업무 종류에 따른 구분

소방사무는 업무 종류에 따라 화재 사고를 예방하는 예방 업무, 화재 발생 시 화재를 진압하는 방호 업무, 화재뿐 아니라 각종 재난 발생 시 인명을 구조하고 환자를 신속하게 병원으로 이송하는 구급 업무 등으로 구분할 수 있다(송상훈 외, 2012). 예방 업무에는 각종 인 · 허가, 건축물 및 위험물의 검사와 소방 홍보 등이 포함된다. 진압 업무는 소방대 출동을 통한 화재 진압, 화재현장 인명구조 · 구급, 화재경계근무, 의용소방대 관리가 해당한다. 구조 · 구급 업무에는 119출동, 응급환자 상담 및 이송, 병원 전 응급처치, 생활안전 대응이 해당한다. 소방행정 업무에는 소방력 관리, 소방 인프라 구축, 소방 관련 제도 마련, 소방 인적 자원관리, 소방재정 확보 업무가 포함된다. 이외에도 각종 생활안전활동이 소방사무에 포함된다.

표 6-2-2 소방사무의 종류

구 분	예방 업무	진압 업무	구조 · 구급 업무	소방행정 업무	기 타
서비스 유발 요인	소방 검사	화재 발생	구조 · 구급	소방력 관리	그 외 활동
세부 업무	각종 인 · 허가 건축물 및 위험물 검사, 소방 홍보	화재 진압, 화재 경계근무, 의용 소방대 관리	인명구조(구조대, 구급대, 생활안전대), 응급환자 상담 및 이송, 병원 전 응급처치, 생활 안전 대응, 항공대 운영	소방력(인력 · 장비) 관리, 시설 및 인프라 구축, 제도마련, 재정확보 및 집행	각종 생활안전 활동

자료: 송상훈 외(2012).

2) 사무배분에 따른 구분

소방은「지방자치법」제9조 제2항 제6호(지역민방위 및 지역소방에 관한 사무)[2)]를 근거로 하여 자치사무로 규정된다는 것이 일반적이다. 세부적으로는 지역 및 직장 민방위 조직(의용소방대 포함)의 편성과 운영 및 지도 · 감독과 지역의 화재예방 · 경계 · 진압 · 조사 및 구조 · 구급으로 분류 할 수 있다. 이때 소방 업무의 자치사무에 대한 규정은 2011년 개정에서 일반적 소방에서 지역소방으로 개정하였으며, 이는 소방에 대한 지방자치단체의 사무범위를 지역으로 제한 한 것으로 지방자치단체 사무범위를 벗어난 소방사무에 대해서는 국가사무로 규정한다는 것을 의미한다(소방방재청, 2012: 70).

따라서 지역에서 이루어지는 모든 소방 업무가 지방자치단체의 자치사무라 볼 수 있으며, 다만 소방 업무는 기본적으로 지역 현장에서 이루어지는 것이기 때문에 소방활동을 중심으로 모두 자치사무로 인정할 수 있으나,「지방자치법」제11조 지방자치단체의 사무처리 처리제한 규정에 따라 일부 지역에서 발생하는 소방 업무를 국가사무로 인정할 수 있다.

소방 업무 중 국가사무로 분류될 수 있는 사무는 국가존립사무, 전국적 통일처

---

2)「지방자치법」상 지역민방위 및 지방소방에 관한 사무는 다음과 같다.
가. 지역 및 직장 민방위조직(의용소방대를 포함한다)의 편성과 운영 및 지도 · 감독
나. 지역의 화재 예방 · 경계 · 진압 · 조사 및 구조 · 구급

리 사무, 전국적 규모 사무, 전국적 통일과 조정이 필요한 사무, 지방자치단체가 감당하기 어려운 사무 등이다. 국가존립사무에는 소방 안전에 관한 사무, 소방사법에 관한 사무가 포함되며, 소방 정책에 관한 사무는 전국적 통일처리 사무에 포함된다. 2019년 강원 속초, 고성지역 산불 사례와 같이 대형 재난에 관한 사무나 소방자원 공급에 관한 사무는 전국적 규모 사무에 포함되는 것이라 할 수 있다. 전국적 통일과 조정이 필요한 사무에는 소방 규정에 관한 사무가 포함되며, 자방자치단체가 감당하기 어려운 사무로는 소방산업 및 소방기술개발에 관한 사무가 해당한다(소방방재청, 2012: 71).

4. 소방사무의 책임소재

소방사무의 책임소재에 대한 명확한 규정은 없으나 소방사무 발생의 요인이 지역에 있기 때문에 자치사무로 규정하는 것이 일반적이며, 특히 우리나라와 같이 지방자치 제도가 실시되는 국가에서 소방은 대표적인 자치사무이다. 그러나 소방사무가 추구하는 근본적인 목표가 국민의 생명과 재산을 지키는 데 있기 때문에 소방사무의 책임이 국가에 있다는 견해도 강한 설득력을 갖는다. 특히, 소방공무원 국가직 전환을 위해 개정된 「소방기본법」에서는 화재, 재난·재해 등의 위급한 상황으로부터 국민의 생명·신체 및 재산 보호를 위하여 필요한 시책을 수립·시행하는 주체로 국가와 지방자치단체를 함께 명기하는 조항을 신설하여 국가의 책임을 보다 명확히 하였다(제2조의2). 따라서 소방 업무의 책임은 국가나 지방자치단체 어느 일방에 있는 것이 아니라 모두에게 있다고 보는 것이 바람직하며, 그 역할의 범위나 책임의 정도에서 차이가 있다고 보는 것이 타당할 것이다.

위에서 살펴본 것처럼 소방사무는 예방 업무, 진압 업무, 구조·구급 업무, 소방행정 업무로 구분된다. 각 업무의 종류에 대한 국가와 지방자치단체의 책임소재를 다음과 같이 구분할 수 있다. 업무들 중 예방, 진압, 구조·구급 업무는 지방자치단체가 주된 책임을 지고 국가가 보조적 책임을 지며, 소방행정 업무는 일부는 국가의 주도적 책임, 일부는 국가와 지방자치단체의 공동 책임이라고 할 수 있다.

표 6-2-3 소방사무의 책임소재

구 분	예방 업무	진압 업무	구조 · 구급 업무	소방행정 업무
책임 소재	지방자치단체의 주된 책임, 국가의 보조적 책임	지방자치단체의 주된 책임, 국가의 보조적 책임	지방자치단체의 주된 책임, 국가의 보조적 책임	국가의 주도적 책임(소방력, 인프라, 제도, 기술개발, 인적 자원관리, 재정확보)

제 2 절 개별법상 소방사무

1. 정부조직법상 소방사무

2017년「정부조직법」개정을 통해 국가 재난에 대한 대응역량 강화와 안전 분야에서 국가와 지방자치단체 간 유기적 연대를 가능하게 하기 위하여 국민안전처와 행정자치부를 통합하고, 행정안전부 장관 소속으로 소방청을 신설하였다.[3] 이에 근거하여 행정안전부 장관은 안전 및 재난에 관한 정책의 수립 · 총괄 · 조정, 비상대비, 민방위 및 방재 관련 사무를 관장하고, 소방에 관한 사무를 관장하기 위하여 행정안전부 장관 소속으로 소방청을 두며, 소방청에 청장 1명과 차장 1명을 두되 청장 및 차장은 소방공무원으로 보한다는 규정을 두었다. 또한「대통령령」[4]에 근거하여 소방청장 소속으로 중앙소방학교 및 중앙119구조본부를 두도록 하였다. 소방사무는「정부조직법」제29조에 의하여 행정안전부의 관장사무로 인정되고, 이는 곧 국가사무로 명문화된 것이라 볼 수 있다. 따라서 우리나라에서 소방사무를 담당하는 중앙행정기관은 소방청이 되는 것이다.

2. 지방자치법상 소방사무

우리나라는 소방사무를 지방자치단체의 자치사무로 규정하여 시 · 도가 공급주

3) 법률 제14839호.
4) 소방청과 그 소속기관 직제.

표 6-2-4 지역민방위 및 지방소방에 관한 사무

구 분	지역 및 직장민방위 조직의 편성과 운영 및 지도 · 감독	지역의 화재 예방 · 경계 · 진압 · 조사 및 구조 · 구급
시 · 도 사무	– 시 · 도 민방위계획의 작성 – 시 · 도 민방위협의회의 설치 – 민방위대 조직관리 · 지도 – 민방위경보 발령	– 소방기본계획 수립 – 소방관서의 설치와 지휘 · 감독 – 소방력 기준 설정자료 작성관리 – 소방장비의 수급관리 – 소방용수시설의 확충관리 – 화재 진압 · 조사 및 구조 · 구급 업무 지휘 · 감독 – 소방지령실 설치 · 운영 – 화재경계지구 지정 · 관리 – 소방응원규약 제정 – 화재 예방 활동 – 소방홍보 및 계몽 – 소방시설의 설치 및 유지관리의 지도 · 감독 – 소방법령의 규정에 따른 인 · 허가 및 업무의 지도 · 감독 – 소방 관계 단체의 지도 · 감독
시 · 군 · 자치구 사무	– 시 · 군 · 자치구 민방위계획의 작성 – 시 · 군 · 자치구 민방위협의회의 설치 – 직장민방위대의 편성 및 운영관리 – 직장민방위대의 편성 신고수리와 그 지휘 · 감독 – 민방위경보 발령 – 민방위시설의 설치 및 관리 – 민방위 기술지원대의 편성 · 관리 – 주민신고망 조직 · 운영 – 시범민방위대 육성 – 민방위대 교육훈련	

자료: 「지방자치법」, 「지방자치법 시행령」.

체로서 지역 주민들에게 소방사무를 제공하는 광역소방 체제를 유지하고 있다. 현행 「지방자치법」 제9조에서는 지방자치단체의 사무 범위를 규정하고 있는데, 제2항의 제6호에서 지역민방위 및 지방소방에 관한 사무를 지방자치단체의 사무로서 예시하고 있다. 즉, 지역민방위 및 지방소방에 관한 사무로서 지역 및 직장민방위 조직(의용소방대를 포함한다)의 편성과 운영 및 지도 · 감독, 지역의 화재 예방 · 경계 · 진압 · 조사 및 구조 · 구급을 들고 있다. 또한 「지방자치법 시행령」 제8조에 따른 [별표 1]에서 다음 <표 6-4-6>과 같이 지역민방위 및 지방소방에 관한 사무를 열거하고 있다.

3. 소방관계법상 소방사무

소방사무는 「소방기본법」에서 확인할 수 있다(이종영, 2001: 46). 1958년 제정된 「소방법」은 화재와 풍해 · 수해 · 설해의 예방 · 경계 · 진압 · 방어에 대한 사항을 범위로 하였다. 그 후 1967년 개정에서는 풍해 · 수해 · 설해를 제외하고 화재에 대한 예방 · 경계 · 진압만을 규정하여 그 범위가 축소되었고, 1983년 개정에서 구급업무와 1989년 개정에서 구조 업무가 포함되면서 범위가 확대되었다. 법률유보의 원칙에 따라 행정주체의 권한 행사는 법률의 근거를 필요로 하는 바, 이는 개별법으로 정해진다.[5] 소방사무의 범위를 보다 직접적 · 구체적으로 규정하고 있는 법률로는 「소방기본법」, 「119구조 · 구급에 관한 법률」, 「화재예방, 소방시설 설치 · 유지 및 안전관리에 관한 법률」, 「소방시설공사업법」, 「위험물안전관리법」, 「초고층 및 지하연계 복합건축물 재난관리에 관한 특별법」, 「다중이용업소의 안전관리에 관한 특별법」 등이 있다. 또한 「재난 및 안전관리 기본법」, 「수상에서의 수색구조 등에 관한 법률」, 「의무소방대설치법」 등도 소방사무와 관계된다. 이들 개별법에서 구체화하고 있는 소방사무는 국가사무, 지방자치단체의 자치사무, 공동사무가 혼재되어 있다.

그런데 소방사무 관련 소방관계법 중 소방청 소관 법률은 15개로서 「소방기본법」을 비롯하여 소방조직 및 소방공무원 임면과 관련된 「소방공무원법」, 「의용소방대 설치 및 운영에 관한 법률」, 소방공무원 복지와 관련된 「소방공무원 보건안전 및 복지 기본법」[6] 등이 있다. 이밖에 안전관리와 관련하여 실제 국민에게 직접적으로 영향을 미치는 법률로서 「다중이용업소 안전관리에 관한 특별법」, 「소방시설

5) 소방청 소관 법령 및 행정규칙 현황을 살펴보면 법률 15건, 대통령령 19건, 부령 18건, 훈령 102건, 예규 26건, 고시 176건이다(소방청 통계연보, 2018: 219-232).

6) 「소방공무원법」, 「소방공무원 보건안전 및 복지기본법」 등은 주민을 대상으로 하는 행정 서비스 관련 사항이 아니라 조직 운영과 관련된 사항을 규정하고 있다.

공사업법」, 「위험물안전관리법」 등이 있다. 또한 「대한민국재향소방동우회법」, 「대한소방공제회법」 등 소방공무원들 상조·친목 등의 성격을 지닌 조직의 운영 및 설치 법률도 존재하며, 구조·구급에 관한 사항을 별도로 정하고 있는 「119구조·구급에 관한 법률」이 있다. 이러한 소방청 소관 법률의 567개 조문 중 사무 형성에 관한 조문은 총 295개이며, 이 중 국가사무는 114개, 자치사무는 99개로 분석된다.

표 6-2-5 우리나라 개별법상 소방사무 현황

구 분	국가사무	자치사무	공동사무	계
소방기본법	11	13	14	38
화재예방, 소방시설 설치·유지 및 안전관리에 관한 법률	22	19	13	54
소방시설공사업법	8	12	2	22
위험물안전관리법	4	20	3	27
다중이용업소 안전관리에 관한 특별법	5	4	10	19
소방장비관리법	13	1	3	17
소방공무원법	2	–	12	14
소방공무원 보건안전 및 복지 기본법	5	2	6	13
대한민국 재향소방 동우회법	–	–	2	2
의용소방대 설치 및 운영에 관한 법률	3	12	2	17
소방산업의 진흥에 관한 법률	20	–	6	26
대한소방공제회법	3	–	1	4
119구조·구급에 관한 법률	18	5	5	28
초고층 및 지하연계 복합건축물 재난관리에 관한 특별법	–	11	3	14
의무소방대설치법	5	–	2	7
계	114	99	82	295

자료: 김홍환(2018: 95)을 재구성.

제 3 절 소방사무의 배분

현재 우리나라 소방 업무에 대한 사무의 배분은 「지방자치법」 규정 기준을 적용하고 있으나 그 내용이 추상적이어서 사무 배분에 있어 구체성을 가지기 어려운 근본적 한계를 지니고 있다. 또한 「지방자치법」에서 제시한 사무의 예시 조항은 선언적 규정으로서 현실성이 부족하기 때문에 직접적인 구속력을 갖는 규정이라 볼 수는 없다.

「지방자치법」에서 밝히고 있는 지방사무의 분류 또한 사무와 경비의 연계 측면에서는 타당한 분류이나 지나치게 포괄적인 특징을 가지고 있기 때문에 구체적으로 어떠한 사무가 지방사무의 범주에 해당하고 또 그렇지 않은 것인지를 구분하기가 매우 어렵다. 따라서 사무의 배분이 상당부분 구분 당사자의 주관적 판단이나 행정상의 관례를 따르고 있는 것이 특징이라 하겠다.

「지방자치법」에 규정된 국가사무에 비추어 볼 때, 「지방자치법」에 제시된 중앙과 지방 간 사무 배분의 원칙은 국가 존립, 전국적 통일성, 전국적 규모, 기술 및 재정력으로 나누어 볼 수 있다.[7)]

1. 공동사무

명확한 근거 규정은 존재하지 않으나 우리나라의 경우 공동사무는 실제 국가와 지방자치단체가 공동으로 수행하는 사무나 국가의 조력이 필요한 사무 또는 양자가 공동의 이해관계를 갖는 경우에 공동사무로 인정하고 있다. 주로 지리적 영향 범위가 지방자치단체의 행정 범위를 벗어나는 사무의 경우 지방자치단체에 대한 국가의 재정지원을 합리화하는 데 활용되는 것이 일반적이다.

그러나 공동사무라 하더라도 국가가 재정부담을 담보하지는 않으며, 개별법상 "국가 또는 지방자치단체는", "장관(및) 또는 시·도지사는"의 형식으로 규정되는 경우는 공동사무로 인정한다.

현대 행정의 특성상 그 이해관계가 국가와 지방자치단체 모두에 있는 경우가 많아 상호 협력하여 처리해야 하는 사무가 증가한다. 특히, 재난관리를 비롯하여 도시계획, 지역개발, 환경, 사회복지 등 하나의 행정주체가 단독으로 완결적인 처리할 수 없는 사무의 경우는 공동사무로의 실행이 필수적이다. 공동사무의 증가로 국가의 재정배분 노력이 요구됨은 물론, 소방관련 보조금과 교부금 지원의 중요 논

7) 그러나 이 또한 구체적으로 체계적인 원칙이나 기준을 규정한 것으로 보기 어려운 측면이 존재한다.

거로 활용되기도 한다. 그러나 이와 같은 공동사무의 증가는 지방자치와 분권의 취지에 배치될 위험이 있다는 점을 간과하기 어렵고, 소방사무의 재분배 시 국가와 지방의 공동사무를 지나치게 넓게 형성하는 경우에는 문제가 될 수 있다.

2. 소방관계법

(1) 소방기본법

「소방기본법」은 소방과 관련된 다양한 업무, 즉 화재를 예방·경계하거나 진압하고 화재, 재난·재해, 그 밖의 위급한 상황에서의 구조·구급활동 등에 관한 사항을 정한 기본법이다. 따라서 총 71개 조문으로 구성되어 있어 사무 구분 대상 법률 중 조문 수가 가장 많다. 다만, 7개 조문은 삭제된 조문으로서 조문 수에는 포함되나 내용은 없다. 먼저, 구체적 사무가 파생되지 않는 목적·정의·벌칙·절차·폐지 등의 조문이 33개였으며, 구체적 사무가 파생되는 38개 조문 중 국가사무 25개 조문, 자치사무 27개 조문 등이었다. 이 중 14개 사무는 국가와 지방자치단체가 공동으로 수행하고 있다.

(2) 의용소방대 설치 및 운영에 관한 법률

「의용소방대 설치 및 운영에 관한 법률」의 주요 내용은 상주하는 주민 중에 자원자를 대상으로 소방 업무를 체계적으로 보조하는 의용소방대를 설치할 수 있도록 관련 내용을 규정하고 있는데 조문 수는 22개이다. 구체적 사무가 형성되지 않는 목적·절차 등의 조문은 5개 조문이었으며, 17개 조문에서는 사무가 형성되고 있다. 이 중 국가가무는 5개 사무이며, 자치사무는 14개 사무이다. 국가 및 지방자치단체가 공동으로 사무를 수행하는 경우는 2개 사무이다. 다른 법률과 달리 「의용소방대 설치 및 운영에 관한 법률」은 자치사무가 많은데, 이는 의용소방대가 일선 소방서를 중심으로 편제될 수밖에 없어서 시·도지사 및 소방서장을 중심으로 권한이 형성되어 있기 때문이다.

(3) 소방산업의 진흥에 관한 법률

「소방산업의 진흥에 관한 법률」은 39개 조문으로 구성되어 다른 법률에 비해 다양한 사항을 규정하고 있다고 할 수 있다. 「소방산업의 진흥에 관한 법률」은 소방산업 발전의 기반을 조성하고 국내 소방산업의 경쟁력을 강화하기 위하여 필요한 사항을 규정하고 있다. 소방산업이란 소방시설 등을 제조·판매하거나 이를 설치·관리하거나 위험물을 관리하는 사업을 말한다. 전체 39개의 조문 중 목적·정의·벌칙 등과 같이 직접적 사무가 파생되지 않는 조문은 13개 조문이었으며, 26개 조문이 구체적 사무를 규정하고 있다. 이 중 국가사무는 26개 조문이었고, 자치사무는 6개 사무이다. 자치사무는 모두 국가와 공동으로 수행하는 사무로 분석할 수 있다.

(4) 다중이용업소 안전관리에 관한 특별법

「다중이용업소 안전관리에 관한 특별법」은 36개 조문으로 구성되어 있다. 법률의 주된 내용은 다중이용업소의 안전시설 등의 설치·유지 및 안전관리와 화재위험평가, 다중이용업주의 화재배상책임보험 등에 필요한 사항이다. 전체 36개 조문 중 17개 조문이 국가나 지방자치단체의 별도의 사무가 파생되지 않는 목적·정의·책무·절차·사인에 대한 의무 등을 규정하고 있다. 나머지 19개 조문 중 국가사무는 15개이며, 자치사무는 14개로 판별되었다. 이 중 국가와 지방자치단체가 공동으로 수행하도록 규정한 조문은 10개이다.

(5) 초고층재난관리법

「초고층재난관리법」은 35개 조문으로 이루어져 있으며, 주요 내용은 초고층 및 지하연계 복합건축물과 그 주변지역의 재난관리를 위하여 재난의 예방·대비·대응 및 지원 등에 필요한 사항을 정하고 있다.

전체 35개 조문 중 목적·정의 등 구체적 사무가 형성되지 않는 조문이 21개이며 14개 조문이 사무를 특정하고 있다. 14개 조문 중 국가사무는 3개이며 자치사무는 14개 사무로서 공동으로 수행하는 사무가 3개 조문이다. 「초고층재난관리법」은 자치사무를 중심으로 편제되어 있는데, 이는 법률의 내용이 초고층 건물의 재난 예방 및 대비를 중심으로 하고 있어 소방본부장 또는 소방서장의 점검 업무가 많기 때문이다. 특히, 국가 또는 지방자치단체의 사무를 규정한 조문의 수가 적은 이유는 초고층 건물 관리자가 안전관리를 위해 준수해야 할 사항을 세부적으로 규정하고 있기 때문이다.

(6) 위험물안전관리법

「위험물안전관리법」은 41개 조문으로 이루어져 있다. 이 법은 위험물의 저장·취급 및 운반과 이에 따른 안전관리에 관한 사항을 규정하고 있다. 41개 전체 조문 중 14개 조문이 목적·정의·절차·벌칙 등의 규정으로서 별도의 사무가 파생되지 않는다. 나머지 27개 조문은 국가사무를 7개 조문에서 규정하고 있고, 자치사무를 23개 조문에서 규정하고 있다. 이 중 국가와 지방자치단체가 공동으로 수행하도록 규정되어 있는 조문은 3개 조문이었다.

(7) 화재예방, 소방시설 설치·유지 및 안전관리에 관한 법률

「화재예방, 소방시설 설치·유지 및 안전관리에 관한 법률」은 전체 78개 조문으로 이루어진 방대한 법률이다. 이 법은 화재와 재난·재해, 그 밖의 위급한 상황으로부터 국민의 생명·신체 및 재산을 보호하기 위하여 화재의 예방 및 안전관리에 관한 국가와 지방자치단체의 책무와 소방시설 등의 설치·유지 및 소방대상물의 안전관리에 관하여 필요한 사항을 정하고 있다.

전체 78개 조문 중 삭제된 7개 조문을 포함하여 목적·정의 등 사무가 직접적으로 형성되지 않는 조문은 27개이다. 나머지 51개 조문 중 국가사무를 규정한 조문은 35개이며 자치사무를 규정한 조문은 32개이다. 사무처리 주체로서 국가 및 지방자치단체를 동시에 규정하고 있는 조문은 13개이다.

(8) 소방시설공사업법

「소방시설공사업법」은 52개 조문으로 이루어져 있다. 다만, 1개 조문은 삭제되었다. 이 법은 소방시설공사 및 소방기술의 관리에 필요한 사항을 규정함으로써 소방시설업을 건전하게 발전시키고 소방기술을 진흥시키기 위한 사항을 규정하고 있다.

총 52개 조문 중 사무를 파생시키지 않는 벌칙 등의 조문이 31개 조문이다. 이들 조문의 대부분은 소방시설 공사업의 설계·감리·도급·하도급 등의 절차와 관련된 규정과 소방시설업자협회 설립·운영에 관한 사항 등을 정하고 있다. 국가사무를 규정한 조문은 10개이며 자치사무를 규정한 조문은 14개이고, 이 중 2개 조문만이 국가 및 지방자치단체가 공동으로 수행하도록 규정되어 있다.

(9) 의무소방대설치법

「의무소방대설치법」은 전체 13개 조문으로 이루어진 법률로서 의무경찰과 같이 국방의무를 대체하는 의무소방대 설치를 규율한 법률이다. 주요 내용은 조직, 의무소방원의 임용 및 추천, 결격사유, 복무, 교육 및 훈련, 징계, 소청 등과 관련하여 필요한 사항을 정하고 있다.

전체 13개 조문 중 목적 · 정의 · 기준 등 사무가 직접적으로 형성되지 않는 조문은 5개이다. 나머지 9개 조문 중 국가사무를 규정한 조문은 5개이며, 자치사무를 규정한 조문은 없고, 국가-자치사무는 2개이다. 국가-자치 사무로 구분한 벌칙과 관련해서 법률에서는 구체적 사무주체가 형성되지 않지만, 시행령을 통해 벌칙의 주체가 의무소방대가 설치되어 있는 기관의 장이 되며, 의무소방대 설치기관의 장은 국가와 지방자치단체에 각각 설치될 수 있으므로 국가-자치사무로 구분하였다.

(10) 119구조 · 구급에 관한 법률

「119구조 · 구급에 관한 법률」상 소방 관련 사무 16개 가운데, 국가사무는 여섯 가지 정도이고, 공동사무는 여덟 가지이며, 자치사무는 두 가지라고 할 수 있다. 즉, 구조 · 구급의 기본계획의 수립에 관한 사항(제6조), 국제구조대의 편성과 운영(제9조), 구조 · 구급대원에 대한 안전사고 방지대책 등 수립 · 시행(제23조), 구조 · 구급대원의 전문성 강화 등에 관한 사항(제25조), 구조 · 구급활동의 평가에 관한 사항(제26조), 구조 · 구급정책협의회 운영(제27조 제1항) 등이 국가사무 성격이고, 구조 · 구급 관련 기술개발, 시책강구, 기반체계 마련, 교육과 홍보 등에 관한 사항(제3조), 119구조대의 편성과 운영(제8조), 119구급대의 편성과 운영(제10조), 구조 · 구급대의 통합 편성과 운영(제11조), 항공구조 · 구급대의 편성과 운영(제12조), 유관기관과의 협력 등에 관한 사항(제14조, 제19조), 구조 · 구급활동을 위한 지원요청에 관한 사항(제20조, 제21조), 구조 · 구급활동의 기록 관리(제22조) 등이 공동사무이며, 시 · 도 구조 · 구급집행계획의 수립 · 시행(제7조), 시 · 도 구조 · 구급정책협의회 운영에 관한 사항(제27조 제2항) 등이 자치사무라고 할 수 있다.

3. 재난 및 안전관리 기본법

최근 대형 재난과 재난에 대한 사전예방 및 사후 처리 업무의 활동 범위가 확대되면서 국가적 차원의 소방 범위가 늘어나고 있다. 특히, 「재난 및 안전관리 기본법」, 「동법 시행령」, 「동법 시행규칙」, 「긴급구조 대응활동 및 현장지휘에 관한 규칙」 등에서 재난 관련 사무의 국가사무화 경향이 두드러지게 나타나고 있다.

「재난 및 안전관리 기본법」에서 소방 관련 사무 13개 가운데, 국가사무가 여섯 가지, 공동사무가 네 가지로 규정하고 있으며, 자치사무는 세 가지로 규정하고 있다. 예컨대, 중앙긴급구조통제단의 구성·운영(제49조), 대규모 재난 시 현장지휘에 관한 사항(제52조), 긴급구조지원기관의 능력에 대한 평가(제55조의2), 기술료의 징수 및 사용(제73조), 재난관리관리정보통신체계의 구축·운영(제74조), 현장지휘에 불응한 자 등에 대한 문책요구에 관한 사항(제77조) 등이 국가사무이고, 긴급구조활동에 대한 평가(제53조), 긴급구조대응계획의 수립·시행(제54조), 재난대비능력 보강(제55조), 재난대비훈련(제35조) 등이 공동사무로 볼 수 있으며, 지역통제단장의 응급조치에 관한 사항(제48조), 지역긴급구조통제단의 구성·운영(제50조), 재난발생 시 긴급구조 및 현장지휘에 관한 사항(제51조, 제52조) 등이 자치사무라고 할 수 있다.

제 4 절 소방사무의 재배분

1. 소방사무의 환경 변화

대규모 복합재난, 지역 경계를 넘어서는 위험 등의 발생으로 인하여 특정 지방자치단체의 능력만으로는 감당하기 어렵거나 지역적 소관 범위를 넘어서는 소방사무가 증가하고 있다. 특히, 2020년 4월 1일 소방공무원 국가직화가 실현되어 관련 법이 제·개정됨으로써 소방사무에 대한 논의도 중요한 전환점을 맞게 되었다.

「소방기본법」 제2조의2에서 "국가와 지방자치단체는 화재, 재난·재해, 그 밖의 위급한 상황으로부터 국민의 생명·신체 및 재산을 보호하기 위하여 필요한 시책을 수립·시행하여야 한다"고 하여 소방사무가 국가와 지방자치단체 간의 협력 하에 효율적으로 추진되어야 함을 규정한 것이다.

소방사무는 전통적으로 지역에 발생한 화재에 대응하는 업무로 여겨졌으나, 최근 소방의 업무는 단순한 화재 진압보다는 구급·구조·생활안전으로 확대되고 있다. 1991년 광역소방체제로 전환되었을 때에 소방의 업무비중은 국가사무 15.4%, 공동(국가+지방)사무 23.9%, 자치사무 59.7%의 수준이었으나, 현재의 소방 업무의 비중은 국가사무49%, 공동(국가+지방)사무 32%, 자치사무는 19%로 점차 국가사무의 비중이 증대되는 추세이다(오윤경 외, 2020: 11 재인용).

좀 더 구체적으로 소방사무의 변화를 살펴보면, 1991년 이래 국가사무와 공동사무가 점차적으로 증가한 반면, 지방사무는 감소하는 추세를 보이고 있다. 1991년 이후 2012년까지 총 84개 사무가 증가하였고, 특히 소방방재청(현 소방청) 개청 이후 국가사무와 공동사무가 크게 증가한 데 비해, 자치사무는 감소하였다. 2012년 총 11개 소방 관련 법률상에 나타난 국가 소방사무의 경우는 1991년 8개(15.4%)에서, 1995년 11개(16.4%), 2004년에는 27개(33.8%), 2008년에는 52개(43%), 2012년에는 66개(48.5%)로 점차 증가해왔다. 자치사무의 경우 현행 법률상 여전히 상대적으로 많은 비중을 차지하고 있는 것은 사실이지만, 2004년 이후 소방재청이 개청하면서 자치사무의 비중이 감소하였다.

이는 소방 업무가 국가의 종합적 안전확보를 위한 관리 정책의 하나로 인식되고 있음을 보여주는 것이다. 또한 점차 대형화되는 화재와 재난에 대한 체계적인

표 6-2-6 소방사무의 변화

구 분	계	국가사무	공동사무	자치사무	비 고
1991년(2개 법률)	52	8(15.4)	11(21.1)	33(63.5)	
1995년(3개 법률)	67	11(16.4)	16(23.9)	40(59.7)	「재난관리법」 제정(1995.7.18)
2004년(7개 법률)	80	27(33.8)	25(31.2)	28(35)	소방방재청 개청(2004.6.1)
2008년(10개 법률)	121	52(43.0)	35(29.0)	34(28.1)	
2012년(11개 법률)	136	66(48.5%)	36(26.5%)	34(25.0%)	2012.2.5 기준

자료: 한국조직학회(2009: 41), 한국지방자치학회(2012), 정병수 외(2013: 3).

대응 능력을 확보하기 위해 필요한 자원 확보와 기반 조성 활동에 지방자치단체 역량의 편차가 나타나고 있기 때문이기도 하다. 즉, 열악한 지방재정, 인력 확보 등의 문제는 대형화·복합화는 물론 피해확산 범위가 광범위한 국가적 재난 대응을 위한 역량 강화에 단일 지방자치단체 차원의 대처만으로는 한계를 드러낼 수밖에 없는 현실적 문제점을 반영하는 것이다.

또한 변화하는 사회환경과 시대적 요구에 부응하기 위하여 재난 관련 정보통신기술을 적극 활용하는 등(한국지방자치학회, 2010: 12) 사무구분과 수행방법의 다양화 움직임이 나타나고 있다. 최근에는 국민의 삶의 질 향상과 안전에 대한 요구가 증대되는 등(김중구, 2011: 220) 지금까지 일반적 소방활동의 영역에 포함시키지 않았던 일상생활안전에까지 그 영역과 서비스에 대한 수요가 당위성을 가지는 단계에 이르렀다. 이에 소방사무는 전통적이고 소극적인 고유 영역으로서 화재 진압에서부터 각종 재난 사고의 수습과 적극적 서비스 제공 및 구조·구급 등의 봉사 업무까지 영역이 날로 확장되는 추세에 있다(이재은 외, 2006: 276-277; 정병수 외, 2013: 1; 양기근 외, 2016: 3-4).

2. 소방사무 재배분에 관한 논의

우리나라 소방은 그 범위를 화재의 진압 업무에 한정하지 않고 폭넓은 역할을 수행하고 있다. 소방 예방 업무에 있어 효율적이면서 국민의 기본권을 보장하기 위한 정책수행을 위하여 소방사무의 중요한 부분은 지방사무보다는 국가사무로 하는 것이 적합함에도 불구하고, 그동안 화재 진압이 곧 소방사무라는 정형화된 사고 틀로 인하여 소방사무를 전적으로 지방사무로 취급함으로써 소방사무의 난맥상이 나타나기도 했다(정용찬·남상호, 2007: 9). 또한 소방에서 국가·공동사무가 증가하고 있는데도 소방이 자치사무라는 이유로 중앙의 업무지침이 다르게 집행되고 소방의 정책적 기능이 약화되고 있다.

그러나 국민의 안전과 직결되는 소방사무를 광역지방자치단체의 자치사무로 배분하고 지역의 특성에 따라 다르게 처리하는 것이 타당한가에 대해서는 의문의 여지가 있다. 국민의 생명, 신체 및 재산을 보호하는 국민 안전은 「지방자치법」 제11조 제2호(전국적으로 통일을 요하는 사무) 또는 제6호(전국적 규모나 이와 비슷한 규모의 사무) 또는 제7호(지방자치단체의 기술 및 재정능력으로 감당하기 어려운 사무) 또는 지방자치분권 및 지방행정체제개편에 관한 특별법 제9조(시 · 도가 처리하기 어려운 사무)로 이해하여야 한다.

이러한 필요성을 인식하여 소방사무가 국가와 지방자치단체 간의 협력 하에 효율적으로 추진될 수 있도록 국가와 지방자치단체의 책무, 소방청장과 시 · 도 소방본부장 및 소방서장과의 지휘 · 감독 관계, 소방공무원의 배치에 관한 사항을 정하기 위한 「소방기본법」 일부개정이 이루어졌다. 이를 통해 화재, 재난 · 재해 상황에서 국민의 생명 · 신체 및 재산 보호를 위한 시책의 수립과 시행의 주체를 국가와 지방자치단체로 규정하였다(소방기본법, 제2조의2 신설). 또한 소방 업무 수행에 있어 화재 예방과 대형 재난의 경우, 소방청장의 지휘 · 감독 권한을 확대(동법, 제3조 제3항)하고, 소방공무원 정원에 대해서 대통령령이 정하는 바에 따라 소방공무원을 배치할 수 있도록 개편하였다.[8] 이로써 소방사무를 국방 경찰과 같이 국가사무로 전환하는 방안에 대한 제도기반의 첫발을 내디뎠다는 면에서 일부개정의 의의가 있으나, 예산확보와 조직 체계 정비의 문제는 여전히 남아 있어 이에 대한 지속적인 제도정비 및 입법 논의가 필수적으로 요구된다고 하겠다.

1) 재배분의 기준

소방사무의 재배분에 대한 기준은 현행 「지방자치법」과 「지방자치분권 및 지방행정체제개편에 관한 특별법」에서 찾을 수 있다. 먼저, 현행 「지방자치법」에는 다음과 같은 일곱 가지 유형의 국가 고유사무가 규정되어 있다. 첫째, 외교, 국방, 사법(司法), 국세 등 국가의 존립에 필요한 사무, 둘째, 물가정책, 금융정책, 수출입정책 등 전국적으로 통일적 처리를 요하는 사무, 셋째, 농산물 · 임산물 · 축산물 · 수산물 및 양곡의 수급 조절과 수출입 등 전국적 규모의 사무, 넷째, 국가종합경제개발계획, 국가하천, 국유림, 국토종합개발계획, 지정항만, 고속국도 · 일반국도, 국립공원 등 전국적 규모나 이와 비슷한 규모의 사무, 다섯째, 근로 기준, 측량 단위 등 전국적으로 기준을 통일하고 조정하여야 할 필요가 있는 사무, 여섯째, 우편, 철

8) 제주특별자치도에 자치조직권에 따른 특례규정이 있다하더라도 「소방기본법」에 따른 소방공무원 배치규정을 우선하여 적용함(소방기본법 제3조의3).

도 등 전국적 규모나 이와 비슷한 규모의 사무, 일곱째, 고도의 기술을 요하는 검사·시험·연구, 항공관리, 기상행정, 원자력 개발 등 지방자치단체의 기술과 재정능력으로 감당하기 어려운 사무이다(지방자치법, 제11조). 이를 소방사무 재배분에 적용해 보면, 국가의 존립에 필요한 사무, 전국적으로 통일적 기준 적용 사무, 전국적 규모의 사무, 지방자치단체가 감당하기 어려운 사무 등의 소방사무가 국가사무로 재배분되어야 할 것으로 판단된다(정병수 외, 2013: 10).

한편, 「지방자치분권 및 지방행정체제개편에 관한 특별법」 제6조에서는 사무배분의 원칙을 다음과 같이 명시하고 있다. 첫째, 국가는 지방자치단체가 행정을 종합적·자율적으로 수행할 수 있도록 국가와 지방자치단체 간 또는 지방자치단체 상호 간의 사무를 주민생활 편익의 증진, 집행의 효과성 등을 고려하여 서로 중복되지 아니하도록 배분해야 한다. 둘째, 국가는 사무를 배분하는 때는 지방자치단체가 처리함이 합리적인 사무는 우선적으로 자치사무로 하여야 한다. 셋째, 국가가 지방자치단체에 사무를 배분하거나 지방자치단체가 사무를 다른 지방자치단체에 재배분하는 때에는 사무를 배분 또는 재배분받는 지방자치단체가 그 사무를 자기의 책임 하에 종합적으로 처리할 수 있도록 관련 사무를 포괄적으로 배분하여야 한다. 넷째, 국가 및 지방자치단체는 사무를 배분할 때에는 민간 부문의 자율성을 존중하여 국가 또는 지방자치단체의 관여를 최소화하여야 하며, 민간의 행정참여 기회를 확대해야 한다.

그러므로 소방행정에 관한 업무를 국가사무로 총괄적으로 수행하는 것이 적합한가, 아니면 지방사무로 수행하는 것이 적합한가에 관해서는 일괄적으로 확정할 수 있는 것이 아니다. 왜냐하면, 소방이 포함하는 사무의 대상이 무엇인가에 의해 다르게 판단되기 때문이다. 해당 사무에 따라 각각의 특성별로 국가사무로 하는 것이 적합한지, 아니면 순수한 지방사무로 하는 것이 적합한지에 관해 판단해야 할 것이다(정용찬·남상호, 2007: 21-22).

2) 재배분의 방향

이상의 재배분 기준을 소방사무에 적용할 경우, 우선 국가의 존립에 필요한 사무로서 의무소방, 소방사법 사무 등이 국가사무로 규정될 수 있을 것이고, 전국적으로 통일적 기준 적용 또는 조정을 요하는 사무로서 정책·법령의 입안, 개정 및 소방시설·화재 안전 기준 등이 국가사무로 규정될 수 있을 것이며, 아울러 전국적 규모의 사무 또는 이와 비슷한 규모의 사무로서 대형 재난 대응 등이 국가사무로 규정될 수 있다.

또한 지방자치단체의 기술과 재정 능력으로 감당하기 어려운 사무로서 검사, 시험, 연구 등이 국가사무로 규정될 수 있을 것이다(한국조직학회, 2009: 79-105; 한국지방자치학회, 2012).

이러한 기준을 적용해 볼 때, 자치사무 중에서 국가사무로 전환이 필요한 사무는 아래와 같이, 전국 규모 성격의 사무와 전국적으로 기준을 통일하는 것이 효율적인 사무들은 국가사무화하는 것이 바람직할 것으로 판단된다. 예를 들어, 「소방기본법」의 화재에 관한 위험경보에 관한 사항(제14조), 의용소방대의 설치 등에 관한 사항(제37조)은 전국 규모 사무이고, 「화재예방 소방시설 설치·유지 및 안전관리에 관한 법률」에서, 건축허가 등의 동의에 관한 사항(제7조), 특정소방대상물에 설치하는 소방시설 등에 관한 사항(제9조), 특정소방대상물의 방화관리·소방훈련·소방안전교육에 관한 사항(제20조~제23조)은 기준 통일 사무이며, 「위험물안전관리법」에서 위험물 시설의 설치 및 변경 등에 관한 사항(제6조), 탱크안전성능검사에 관한 사항(제8조), 위험물 저장·취급 장소의 출입 및 검사 등에 관한 사항(제22조)도 마찬가지로 기준 통일 사무이다. 한편, 수난구조대 편성과 수난구호에 관련 사항을 규정하고 있는 「수상에서의 수색·구조 등에 관한 법률」의 경우에 주관부서가 해양경찰청으로서 대부분의 소방 관련 사무가 현재 자치사무로 규정되어 있으나, 「119구조·구급에 관한 법률」을 감안할 때 공동사무 내지 국가사무로 전환되어야 할 것이다.

다음으로, 「재난 및 안전관리 기본법」, 「소방기본법」, 「소방공무원법」, 「수상에서의 수색·구조 등에 관한 법률」 등에서, 긴급구조활동에 대한 평가에 관한 사항(재난 및 안전관리 기본법, 제53조), 긴급구조대응계획의 수립 시행에 관한 사항(재난 및 안전관리 기본법, 제54조), 재난대비 훈련에 관한 사항(재난 및 안전관리 기본법, 제73조), 소방대원의 교육훈련에 관한 사항(소방기본법, 제17조), 소방공무원 건강관리 계획에 관한 사항(소방공무원법, 제14조의3) 등의 전국 규모의 사무 성격이 강한 업무와 종합상황실의 설치 및 운영에 관한 사항(소방기본법, 제4조),

소방공무원 시험에 관한 사항(소방공무원법, 제9조) 등의 기준을 통일시키는 것이 효율적인 업무, 지방자치단체가 감당하기 어려운 성격의 업무 등의 공동사무도 국가사무로 전환시키는 것이 효율적일 것으로 판단된다(정병수 외, 2013: 10-11).

P·A·R·T

7

소방의 미래와 발전 방안

제 1 장　미래 환경 변화와 소방행정
제 2 장　소방행정의 문제점 및 과제
제 3 장　소방행정의 발전 방안

C·H·A·P·T·E·R

01 미래 환경 변화와 소방행정

세계화, 지식정보화, 과학기술화, 그리고 위험사회로 집약되는 현대 사회는 공공행정의 구조와 운영 방식의 혁신을 요구하고 있다. 즉, 현대 사회는 안전관리 수요의 변화를 낳고 있는데, 특히 재난 및 안전사고 유형의 다양화·대형화 및 신종 재난의 출현 등으로 국가 위기관리의 핵심 역할을 수행하고 있는 소방의 역할과 책임이 무거워지고 있다.

소방이 생산하는 안전이라는 서비스와 재화는 국방, 치안 등과 함께 전형적인 공공재로 다루어져야 할 것이다. 또한 종래 화재의 예방·경계·진압에서 국민의 전반적인 안전 확보를 위한 업무로 소방의 기능과 역할이 지속적으로 증대되는 추세이다. 그러나 현재 소방사무는 소방공무원의 국가직 전환에도 불구하고 여전히 「지방자치법」에서 지방사무로 규정되어 있으며, 대부분 소방정책은 시·도지사의 관할 하에 소방공무원이 집행하고, 중앙의 소방조직인 소방청이 재난 발생 시 대응과정에서 시·도 소방조직을 지휘·감독하고 있는 실정이다. 이러한 소방정책 추진 체계로 인해 여전히 시·도별 재정 여건에 따라 소방 서비스의 불균등이 심화되어 국민 생활안전이 위협받거나 대형 재난 발생 시 현장 지휘 체계에 혼선을 초래하는 등 많은 문제점을 안고 있다.

그럼에도 불구하고 최근 재난 위험성의 증가, 고령화 사회 도래에 따른 안전복지 개념의 도입, 국민 생활안전 등 다양한 분야에서 소방 기능이 확대되고 있다(이원회, 2011).

오늘날 세계 각국은 기존의 자연재난과 인적재난 외에 대규모 시위, 파업, 폭동, 소요, 테러 등의 사회적 재난으로부터 국가의 핵심 기능을 보호하는 것을 주요 과제로 인식하고 있다. 이로 말미암아 세계 각국은 나름대로의 국가 위기관리 정책을 발전시키려고 노력하고 있다. 대표적으로 미국은 기존의 자연재난 중심의 위기관리 기구인 연방위기관리청(Federal Emergency Management Agency: FEMA)으로부터 최근에는 국가 핵심 기반 보호를 중심으로 한 국토안보부(Department of Homeland Security: DHS)를 창설하는 한편, 새로운 위기관리 시스템의 정비와 구축에 매진하고 있다(이재은, 2005: 16; IDA, 1997; The White House, 2003).

국내적으로는 자연재난으로 인한 피해가 과거와 달리 더욱 대형화되고 복잡해지고 있다. 2002년의 태풍 루사, 2003년의 태풍 매미 등으로 인한 피해 복구는 이제 정부의 예산에도 커다란 부담으로 작용하고 있다. 또한 인적재난의 발생 또한 지속적으로 나타나고 있으며, 이에 대한 체계적인 관리 방안을 마련하는 것이 시급한 과제이다.

이러한 환경 변화와 함께 국내에서는 2003년 화물연대 파업, 조류독감의 발생, 금융 시스템 마비 위협 등 국가 생존에 필수적인 핵심 기능에 대한 각종 위협이 발생하고 있으며, 그 유형이 복잡 다양한 형태로 나타나고 있다. 이에 국민의 건강, 안전 및 경제적 안녕을 확보하고 국가 경제와 정부의 핵심 기능에 중대한 영향을 미칠 수 있는 인적·물적 체계인 국가 핵심 기반의 보호 필요성이 증가하고 있다.

또한 새로운 사회·문화적 환경의 변화에 따른 갈등의 출현이 일상화되고 있다. 집단 간·계층 간 갈등이 격화되는 한편, 집단이기주의 현상으로 말미암은 대형화된 사회적 갈등이 빈발하고 있으며, 이로 인해 사회적 위기를 초래할 가능성이 매우 높은 상태이다.

최근 우리 사회는 도시화, 산업화, 정보화, 세계화 등의 사회구조 변화 및 복잡화로 인해, 국가 사회 전반의 제반 운영 시스템 중 어느 하나가 마비되면 연쇄적으로 위협받게 되어 있다. 또한 고도화된 교통·수송 체계의 형성, 원자력 발전의 이용, 에너지 의존율의 고도화, 정보통신 시스템의 첨단화, 첨단산업 기업의 증가로 말미암아 이들의 마비는 국민의 일상생활, 산업활동, 안보 등에 심각한 영향을 미치고 있는 실정이다(이재은, 2005: 16-17).

우리 사회는 산업화와 도시화 및 지식정보화 단계를 거쳐 변화 발전하면서 사회구조적인 변화는 물론이고 재난의 유형과 피해 규모도 함께 변화를 거듭했다. 특히, 재난의 유형 면에서는 자연재난 중심의 형태에서 과학기술 및 산업기술의 발전으로 인적재난의 빈도나 규모가 차지하는 비중이 증가했고, 개방화·국제화 및 다원화가 촉진되면서 사회 주체들 간의 첨예한 대립 과정에서 운송 노조의 파업에 따른 물류 대란과 같은 사회재난의 발생도 빈번해지고 있다. 이러한 재난 유형의 변화를 시대별로 살펴보면 다음과 같다(이재은 외, 2005).

우선, 1960년대와 1970년대 이전에는 전통적인 외부 침략으로부터 국가 안전보장을 위한 안보 위기에 중점을 두었으나, 1970년대와 1980년대에 들어와서는 태풍·홍수 등의 자연재난의 관리에 중점을 두었다. 그 후 1990년대 중반 성수대교 붕괴, 삼풍백화점 붕괴 등으로 말미암아 인적재난에도 관심을 가지게 되었다. 특히, 최근에는 2002년 태풍 루사와 2003년 태풍 매미 및 2004년 충청도 폭설과 같은 자연재난과 2003년 대구지하철 화재 참사와 같은 인적재난, 그리고 북핵 문제나 각종 파업 등과 같은 사회재난 등이 발생하는 한편, 국가 핵심 기반 위기와 IT사고 등의 신종 재난 위기들이 발생하고 있다. 이렇듯 오늘날 우리 사회가 경험하고 있는 재난은 과거의 재난 발생 양상과는 다른 추세로 발생하고 있고, 이러한 추세는 장래에 더욱 빈번하고 다양한 모습으로 나타날 것으로 예상된다.

미래 사회에서 이 같은 재난 유형의 변화에서 나타나게 될 가장 큰 특징은 자연재난이나 인적재난 및 사회재난이 개별적으로 나타나기보다는 복합적이고 대규모 양상으로 발생할 것이라는 점이다. 즉, 현대 사회는 각 부문 간의 긴밀한 관계성의 증가로 인해 자연재난이 발생하여, 교량이나 금융 관련 정보통신망 등의 사회간접시설에 피해를 유발하는 경우, 물류 수송 시스템의 마비나 금융 거래의 중단 등으로 인한 경제적 손실을 발생시킴으로써 국가 전체적인 경제활동 및 성장에 심대한 차질을 발생시킬 수 있기 때문이다.

이는 사회 기반 구조의 첨단화와 네트워크화에 따른 부문 간의 상호 긴밀한 연계성이 평상시에는 경제적 효율성을 창출하지만, 재난이 발생하는 경우에는 피해를 심화시키고 복합 재난으로 발전할 수 있는 요인이 될 수 있기 때문이다. 이런 경우, 피해 발생 시 공간적으로나 경제적 가치 면에서 대규모화하는 경향을 보임으로써 막대한 복구 비용을 수반하게 된다.

C·H·A·P·T·E·R 02

소방행정의 문제점 및 과제

제 1 절 소방정책의 문제점 및 과제

1. 예방 중심의 소방정책 마련

한국 소방정책이 나아가야 할 방향은 근본적으로 예방 중심의 소방행정 체제가 구축되어야 한다는 점이다. 미국 소방청(U.S. Fire Administration: USFA)은 화재 재난 시 나타나는 위기 상황을 신속하고 효과적으로 해결하기 위해 만들어졌기 때문에 모든 위험 상황을 고려한 위험 기반 비상관리 시스템을 구축하고 있다. 복잡하고 급변하는 환경에 대처하기 위해 USFA는 두 종류의 학습 체계를 구축하고 있다. 첫째, 화재 재난이 발생하기 전인 예방 단계에 해당하는 것으로 주로 주정부나 지방정부에 대한 지도, 훈련, 대(對)국민 홍보를 들 수 있다. 둘째, 과거에 발생한 재난 대응에 대한 자료 수집과 분석 및 평가를 통해 앞으로의 대응 능력을 향상시키는 학습에 주안점을 두고 있다. 이러한 기능을 수행하기 위해 '연방화재자료국'을 설치 운영하고 있다. 또한 USFA는 연방위기관리청(FEMA) 소속 하에서 협력 체계를 유지하고 있지만 사실상 운영은 독립적으로 하고 있다. 1970년대와 1980년대에 걸쳐 기존의 화재 진압과 대응 중심에서 예방 중심으로의 패러다임 전환을 가져왔다(이종열, 2003).

이와 같이 재난관리의 예방, 대비, 대응, 복구의 순환 과정(Petak, 1985: 3) 중 예방은 무엇보다도 중요함에도 불구하고, 현재 한국은 예방과 대비보다는 대응과 복구에 더 많은 예산이 투입되고 있는 등 사후 수습 위주의 소방정책이 펼쳐지고 있다. 예를 들면, 전라남도, 경상남도, 강원도, 충청북도 4개 시·도 및 70개 시·군·구의 1998년부터 2002년까지 총예산 대비 도로 부문 예산편성 비율이 11.0%인데 비해, 방재 예산 부문은 평균 1.0%에 불과한 실정이다(감사원, 2003: 45). 이는 중앙정부가 복구 지원을 할 때 재난관리 주체들의 예방 노력에 대한 정보의 부재로 인해 지방자치단체의 예방 투자 노력에 대한 인센티브가 없게 되고, 결과적으로 예방 투자를 하지 않아도 재난 피해 복구비를 받게 되므로 지방정부 입장에서는 재난 예방에 투자를 하지 않게 된다(오금호, 2007: 10-11). 예방 투자의 결여로 인해 결과적으로 더 많은 피해를 보게 되어 중앙정부 차원에서 더 많은 복구비에 예산이 들어가게 되므로, 또다시 예방을 하지 못하는 악순환을 반복하게 된다. 따라서 이러한 근본적인 문제점을 극복하기 위해서는 예방 중심의 소방정책이 이루어져야 한다. 구체적으로 시설물 안전관리 기준을 표준화하여 효율적인 예방정책을 펼치는 것이 요구된다.

2. 현장 중심의 소방정책 구현

각종 화재 및 재난 사례에서 나타나듯이 무엇보다도 현장 중심으로 소방정책이 구현되어야 한다. 미국 연방위기관리청(FEMA)의 경우, 허리케인 앤드류(Hurricane Andrew) 당시에는 FEMA 무용론까지 나올 정도로 비효율적인 것으로 평가되었다. 그러나 1993년 위트(James L. Witt) 청장은 급격한 방향 전환을 시도했고, 동시에 FEMA의 업무를 재편성했다. 즉, 직접적인 서비스 전달의 제한된 형식에서 벗어나 연방정부로부터 주와 지방정부, 민간 영역으로 뻗쳐 있는 복잡한 네트워크에 기초한 접근법으로 전환했다. 위트 청장은 FEMA를 서비스 전달자로서 보기보다는 하나의 촉매자(catalyst)로서 보았던 것이다. 이렇게 역할을 재정의하고 그 역할을 수행할 수 있는 능력을 재구축하는 데 초점을 둠으로써 성공적인 재난관리 시스템을 구축했다는 평가를 받았다. 이처럼 정부의 기능은 수준별로 구분되어 역할 분담이 이루어져야 한다. 예를 들면, 중앙위기관리 행정기관인 행정안전부와 소방청은 재난관리 기능의 혁신을 통해 기존의 서비스 제공자로부터 촉매자로 역할을 변화시켜야 한다. 이와 더불어 지방자치단체가 시민에 대한 직접적인 재난관리 서비스 제공자로서의 역할을 수행하는 것이 필요하다. 즉, 중앙과 정책 중심의 정향성으로부터 지방자치단체와 활동 중심의 정향성으로 전환되어야 한다(이재은, 2005: 28-29). 이러한 현장과 민간 대응 능력의 확보가 시급히 요구된다(Drabek, 1985). 따라서 지역 주민, 자원봉사단체, 관련 업체, 전문가 등으로 '지역자율방재단', '모니터 위원' 등을 구성하여 운영하고, 재해 예방 및 수습·복구 등 민간 참여 기회를 확대하여 일정 부분 역할을 분담하는 선진국형 방재 시스템 도입이 무엇보다도 필요하다.

3. 소방안전문화의 정착과 소방방재 네트워크 구축

재난사고에서 예방은 그 중요성이 매우 크다. 그러나 정부의 노력만으로는 한계가 있기 때문에 민관 공동 참여·협력을 통한 선진 안전문화를 조기에 정착하는 것이 필요하다. 즉, 안전문화 공간 조성을 통한 안전 제일 의식 함양과 안전생활의 체질화, 안전문화 육성·보급, 안전 의식 제고 및 안전관리 실천을 위한 민·관 재난안전협의회 구성·운영, 안전점검의 날 행사, 공익광고 등을 통한 안전문화운동 활성화 등이 요구된다. 또한 정부 부문 주도의 재난관리 시스템으로부터 전 국민의 참여를 통한 재난관리 시스템 구축이 요구된다.

한국의 소방정책 부서로는 행정자치부 '민방위재난통제본부'를 전신으로 하여 1990년대 이후 해마다 되풀이되는 대형 재난으로부터 국민의 생명과 재산을 보호하기 위해 2004년 6월 1일에 개청된 소방방재청이 2016년 국민안전처를 거쳐, 2020년 현재 행정안전부와 소방청으로 이원화하여 재난안전정책 전반에 대하여 관장하고 있다.

21세기 미래 재난환경은 복잡한 양상을 띠고 있다. 특히, 자연재난과 사회재난으로 인한 전력, 에너지 등의 국가 핵심 기반 재난으로 이어질 가능성이 높다. 그러나 재난안전관리 총괄부처로서 행정안전부와 소방정책 담당 기관으로서의 소방청만으로 각종 자연재난과 화재, 붕괴, 폭발 등 인적재난 관리를 넘어 국가 핵심 기반, 사이버 안전과 함께 신종 재난에 대해 모두 대처하는 것은 어려운 실정이다.

따라서 전통적 안보 위기와 사이버 안전, 국가 핵심 기반, 재난 위기가 지니는 공통적 속성과 자원을 반영한 통합 위기관리 시스템의 구축이 요구된다. 이러한 통합 위기관리 시스템 구축을 위해서는 수평적으로는 위기관리 유관 부처를 포함하는 중앙행정기관들의 협력과 조정이 이루어지고, 수직적으로는 위기관리를 전담하는 국가안전보장회의(NSC), 비상기획위원회, 행정안전부, 소방청, 그리고 위기관리의 핵심 기능을 수행하는 지방자치단체가 연계되어 기능을 수행하는 것이 필요하다. 또한 이들 사이의 공백을 NGO, NPO, 자원봉사조직, 기업 등이 위기관리 연계 기능을 수행하는 것이 요구된다(이재은, 2005: 22-29 수정 인용).

한편, 민간 NGO와 시민의 참여를 통한 재난관리 거버넌스 시스템이 이루어질 때 비로소 국가 위기관리 시스템 완비가 가능하다고 판단된다. 이와 관련하여 재난관리 거버넌스는 지역사회 주민의 안전한 생활을 위해 중앙행정기관, 주민, NGO, 지방자치단체 등의 다양한 행위 주체들이 의사결정권을 공유한 채 상호 조정과 협력의 네트워크를 구성하여 재난관리 기능을 수행하는 것이라고 정의할 수 있다. 재난관리 시스템은 재난관리와 관련된 각 중앙부처, 유관기관, 광역 및 기초자치단체, 민간 기업, NGO, 주민 등과의 업무 조정 및 협조, 지시 등이 원활하게 이루어질 수 있도록 만들어져야 한다(이재은 외, 2005).

제 2 절 소방조직의 문제점 및 과제

1. 소방조직 인력의 전문성 제고 및 장비의 확충

소방조직 인력의 충원과 전문성 제고 및 소방장비의 확충이 필요하다. 소방공무원의 인력 충원은 최근 많이 이루어지고 있다. 2015년 기준으로 우리나라 1인당 소방공무원이 담당하는 인구의 수는 1,208명으로 2009년의 1,471명에서 비해 많이 개선되었다.[1] 그러나 여전히 3교대 최소 인력만을 충원한 상태로 향후에도 소방인

1) 2009년 기준으로 일본은 820명, 프랑스 1,029명, 독일 1,432명, 미국 1,075명, 영국 1,298명, 홍콩 816명 등이다(소방행정 자료 및 통계, 2010: 8). 1인당 소방공무원이 담당하는 인구의 수는 대략

력의 충원은 더 필요하다고 본다.[2] 또한 충원된 소방 인력이 변화하는 소방 환경에 능동적으로 대응할 수 있는 유능한 소방공무원이 될 수 있도록 소방 인력의 전문성 제고에 많은 노력을 기울여야 할 것이다.

소방장비의 노후율이 2015년 말 기준으로 여전히 20.7%로 높다. 소방장비의 노후는 소방공무원의 안전과 국민의 안전에도 직결되는 문제이므로 하루 빨리 해결되어야 할 것이다.[3]

그리고 현재 119안전센터의 3교대 근무는 주 56시간 업무를 담당하고, 비번 중에도 비상 동원, 각종 교육과 예방 점검 등 과중한 업무로 인한 육체적·정신적 스트레스를 받고 있는 실정이며, 특히 관할 구역에 화재가 발생하면 며칠씩 밤샘 근무로 이어진다. 열악한 근무 조건에 대한 우선적인 해결 방안으로 부족한 인력의 보강, 순번 휴무 확대 등으로 근무 여건을 개선해야 한다.

최근 소방공무원의 국가직 전환에도 불구하고 시·도 소속 소방공무원에 대한 임용권은 시·도지사에게 위임하도록 하고 있다. 하지만 전국 단위 소방공무원 신규채용 시험은 소방청장이 실시하며, 중앙과 지방으로 이원화 된 인사관리도 '표준인사관리 시스템'으로 통합 예정 중에 있다. 이에 따라 소방조직 관계 법률의 제정 필요성이 높아지고 있는 만큼, 향후 국가적 차원에서 소방조직 체계에 대한 관심과 집중 투자로 소방조직의 인력, 장비를 단계적으로 확충시켜야 할 것이다.

적인 비교에 불과하다. 왜냐하면, 각 국가마다 소방에서 담당하는 업무의 수비범위 등이 다르므로 이러한 단순비교는 대략적인 의미를 부여하는 것뿐이지, 이것을 기준으로 우리나라의 소방공무원의 수가 적다 또는 많다라고 논의하는 데는 한계가 있을 수 있기 때문이다.

2) 3교대 현황 (단위: 명)

정 원	일근인력	교대근무자	2교대	3교대	부족인력(소방력 기준)
42,095	8,618	33,477	22(0.1%)	33,455(99.9%)	18,740

자료: 국민안전처(2016).

3) 주력 소방차 노후 현황 (단위: 대)

구 분	계	펌프차	물탱크차	사다리차	화학차	조배연차	구조차	지휘차	화재조사
보유대수	4,571	2,046	708	425	295	178	482	297	140
경과차량	945	419	176	73	59	24	71	76	47
노후율(%)	20.7	20.5	24.9	17.2	20.0	13.5	14.7	25.6	33.6

※ 구급차 응급의료기금 구매 제외/1,391대/노후 141대(노후율 10.1%).

자료: 국민안전처(2016).

2. 전문 소방교육 및 근무 의욕 고취

화재 발생 시 화재 진압, 구조 및 구급활동을 위한 전문교육과 소방훈련을 강화해야 한다. 위험의 통제 불가능한 자연재난에 대한 기상예보 등 현대 과학기술의 발전과 다양한 경험적 요인, 그리고 위험의 통제 가능한 인적재난에 대한 철저한 사전 예방교육과 안전교육 등으로 재난의 규모와 발생을 감소시킬 수는 있겠지만 재난이 발생하는 자체를 완벽히 막을 수는 없을 것이다.

현대 사회의 생화학, 방사선, 환경오염, 기상 이변 등 복잡하고 다양화되는 신종 유형인 재난의 변화, 그리고 위험물 사고 대응, 특수항공구조 등의 적응 대응 능력 향상을 위해 철저한 전문 구조교육 및 훈련을 강화해야 할 것이고, 또한 구급 및 의료정보 제공 시스템의 공조를 통해 현장응급 의료 체계를 향상시키고, 응급구조사 제도의 활성화 및 전문구급대원을 양성하기 위한 전문구급교육 및 훈련도 병행되어야 할 것이다.

소방 업무를 담당하는 것에 대한 자부심과 근무 의욕을 고취하기 위해 공상자에 대한 지원 대책을 강화하고, 모범 공무원을 선발하여 표창장 수여 및 진급을 위한 가산점을 부여하며, 신분 보장, 그리고 특별수당을 책정하여 근무환경을 개선시키는 제도적 장치가 필요하다.

3. 잦은 소방조직 체계 개편의 지양

우리나라 소방조직 공무원의 현실은 인력 감축으로 인한 조직 개편 시 제일 우선순위로 감축되었고, 재난이 발생하면 그에 대한 조직의 공무원의 책임으로 돌리고 직위해제를 당하고 있는 실정이다. 시 · 도의 소방본부의 조직을 분석하면 너무도 잦은 조직 개편을 알 수 있다. 특히, 서울특별시는 2008년 1월의 조직 개편으로 방재기획과가 행정국으로, 방재기획과의 일부 팀은 소방재난본부 재난대응과로 각각 이관되었다.

일본 도쿄소방청에서는 방재부 방재과에서 인적재난관리의 기본 계획 업무를 담당하고, 경방부 경방과에서 인적재난인 화재에 대한 기본 계획 업무를 담당하고 있는데, 도쿄소방청은 조직 개편이 거의 이루어지지 않은 점은 우리에게 많은 교훈을 준다.

조직이 추구하는 목표와 효율성을 위해 조직 개편은 필수적이지만, 소방 국가직화에 대응한 소방조직 관계 법률의 재정비로 소방조직 체계에서 담당 소방공무원의 사기와 전문성 유지·강화를 위해 잦은 조직 개편을 지양하도록 할 필요가 있다.

제 3 절 소방인사의 문제점 및 과제

1. 소방인사행정의 후진성

소방인사행정의 중요성에 비추어볼 때, 우리나라의 소방인사행정의 후진성을 지적할 수 있다. 그 이유는 무엇보다 먼저 신규채용 과정에서부터 우수한 인력을 확보하려는 노력이 부족하다. 즉, 일반행정직과 경찰직 등 여타 다른 직렬에 비해 우수한 인력을 충원할 수 있는 제반 여건이 미흡하다. 또한 소방이 특정직 공무원으로 구분되는 것은 행정 수요가 일반직과는 다르다는 것을 의미한다. 같은 직군에 있는 검찰, 경찰, 군 조직은 현재 별도의 정원제를 운영하고 있음에도 유독 소방은 일반직과 같이 정원이 묶여 있는 것도 별정직 공무원으로 분류되어 있는 소방공무원의 특수성과 역할을 감안하지 못한 소방인사행정의 문제점이라 할 수 있다(김남섭, 2006: 68). 향후 표준인사관리 시스템 도입 과정에서 우수한 인력 충원을 위한 소방공무원의 정원 및 공직 분류 체계에 대한 조정이 함께 논의될 필요가 있다.

2. 국가와 지방 소방의 연계성 미흡

현재 소방은 중앙의 소방청과 시·도 소방본부의 2원적 체제는 유지한 채 소방공무원의 국가직화가 이루어졌으며, 소방공무원에 대한 임용권은 시·도지사에게 위임하도록 하고 있다. 즉, 소방 업무는 전문성·특수성·통일성 등이 필요한 업무

임에도 불구하고 국가직 소방본부장의 기형적 인사권을 통해 전체 시·도 소방을 지도·감독하는 다소 기형적 조직과 인력 운영 방식을 가지고 있다. 이로 인해, 재난 발생 시 대응 중심의 소방지휘 체계의 일원화는 강화되었으나 여전히 국가와 지방의 시스템 간 연계성 미흡이나 중앙과 지방의 협조 및 지원 체제의 약화를 초래할 우려가 있다. 따라서 좀 더 심도 있는 연구 결과를 바탕으로 21세기 소방 환경에 걸맞은 소방 체제와 인력 운영 방향을 모색해 보아야 할 것이다.

3. 소방공무원 인력관리 체계의 개선

21세기 소방 환경 변화에 적응하고 성공적인 소방 서비스를 제공하면서 핵심역량을 갖춘 소방공무원을 양성하고 관리해야 한다. 즉, 채용에서부터 퇴직관리까지 소방조직에 맞는 인력관리 체계를 수립해야 한다. 전문적인 재난관리 핵심 조직이 되기 위해서는 전문성 있는 인적 자원관리를 위한 장기적이고 종합적인 교육훈련, 승진 제도, 인사관리 제도를 연결하여 개인은 직무에 대한 욕구를 중심으로 경력을 관리하고, 조직은 개인의 경력을 바탕으로 하여 인사관리를 할 수 있도록 사회 변화에 따른 소방인사행정 패러다임을 정립해야 할 것이다.

제 4 절 소방재정의 문제점 및 과제

1. 소방 예산의 부족

지구온난화와 기후 변화에 따른 자연 발생의 증가는 물론, 도시화의 가속화에 따른 고층건물과 대형 시설의 급증으로 향후에도 소방의 역할과 책임의 중요성은 더욱 부각될 것이다. 따라서 소방력을 뒷받침하는 조직과 인력의 문제만큼이나 재원 마련의 한계로 인한 소방 예산의 부족과 장비 등 노후화에 따른 교체 재원의 확충 문제에 대한 근본적인 해결이 우선되어야 한다.

현재 우리나라 소방재정의 부족한 주원인은 소방재원 부족이다. 소방사무, 국가사무의 비중이 높음에도 불구하고 지방정부가 소방 예산의 98.3%를 부담하고, 국비가 1.7% 수준에 머무르고 있는 것은 지방재정에 대한 압박 요인이 되고 있다. 그뿐만 아니라 국민과 지방자치단체장의 소방에 대한 인식 부족, 지방정부의 근본적인 재정구조 취약성 및 예산 확보 과정에서 상대적인 정치적 능력의 미흡 등에서 찾을 수 있다.

2. 합리적인 재원 확충 및 예산 운용계획 수립 필요

우선적으로 소방재정 확충을 위한 적정 수준의 도달을 위해 소방 서비스에 대한 국민적인 합의가 이루어져야 한다. 즉, 현재의 소방재정의 한계를 좀 더 명료하게 진단하고 소방재정 확대를 위해 얼마만큼의 세원과 세금을 확충할 것인지 고민해야 한다. 특히, 소방 서비스의 특성상 무조건적인 소방세원의 확충 논의는 조세저항에 부딪칠 수 있으며, 따라서 합리적인 조직 체계와 인력 운영계획을 수립하고, 장비 등의 효율적 활용을 위한 체계적인 계획 수립을 토대로 합리적인 재원 확충 및 예산 운용계획이 제시되어야 할 것이다.

이를 위해 중앙정부 차원에서는 소방 서비스 수요에의 대응을 위해 국고보조금에 대한 확대 방안을 합리적으로 모색해야 한다. 소방 예산이 전적으로 지방재원에 의존하고 있는 가운데 시·도 간 소방 서비스 불균형이 심화되고 있으며, 동시에 광역자치단체의 재정 부담이 증가하고 있다. 반면, 재난의 대형화 및 광역화로 소방사무 또한 국가 및 공동사무가 증가하고 있어 국고보조금의 확대가 필요한 실정이다.

지방정부 차원에서는 지방재정의 권한이 일반직 공무원에 종속되어 있고, 지방자치단체장이 자원 배분의 절대적인 권한을 행사하고 있는 환경 속에서 어떻게 하면 소방재정을 적절하게 확보할 수 있느냐의 문제이다. 세금이라는 비용을 내고 소방 서비스를 이용하고 있는 국민의 입장에서 소방 서비스가 투입 비용 대비 높은 경제적 효과를 산출할 때 더 많은 투자를 이끌 수 있다. 따라서 경제적인 효과분석 기술을 개발하여 국민, 예산 실무자와 지방자치단체장에게 객관적인 지표를 제시함으로써 재원의 투자를 유인해야 한다. 또한 이를 지속적으로 홍보하여 예산을 확보하기 위한 유리한 환경을 조성하는 방안이 함께 고려되어야 한다.

아울러, 광역자치단체의 재원으로 이루어지고 있는 소방 예산에 대해 기초자치단체가 일부 부담하는 제도적 개선 방안도 함께 강구되어야 할 것이다. 외국의 경우에서도 나타나는 바와 같이 수혜자 부담 및 사용자 과세 원칙이 적용이 소방재정 확충을 위한 중요한 과제가 되는 만큼 실질적 수혜자인 기초자치단체의 주민들에 대한 소방 예산 분담의 제도적 개선이 강구될 필요가 있다.

3. 소방조직 예산은 예방 위주로 편성

소방조직의 예산은 예방 위주로 편성되어야 한다. 과거 경험했던 각종 대형 화재에 대한 학습 효과로 화재의 대처 능력이 향상되어 화재를 조기에 막을 수 있거나, 피해를 감소시킬 수 있다는 능동적인 사고로 현대 사회의 재난관리에서는 예방활동이 강조되고 있다.

하지만, 그동안 재난 예방 및 복구 대책을 지속적이고 체계적으로 총괄 담당하는 중앙정부의 부처가 없어 재난 발생 이후에 복구예산 편성 및 집행, 그리고 다시 재난 발생으로 이어지는 악순환이 계속되어 왔고, 지방자치단체의 경우, 대부분 자치단체장의 형식주의 및 단기 업적주의 위한 신규 사업의 관심과 집행이 어려운 점 등은 소방조직 체계의 예산은 예방 위주보다도 재난 발생 후인 복구 위주로 예산을 편성하는 결과를 초래했고, 장기적 복구계획으로 재난 재발 방지를 위해 노력하기보다는 일회성인 복구 지원 정도로의 미숙한 형태가 이어져 왔으며, 또한 복구 위주의 사후관리는 재난 발생 시 구제활동을 실시하여 효과를 볼 수 있겠지만 재난의 예방과 근본적인 억제에는 전혀 도움을 주지를 못한다.

그러나 재난 예방 및 복구 대책을 총괄하는 행정안전부 및 자치단체장의 재난관리에 대한 관심, 그리고 그동안에 발생했던 대형 화재의 경험으로 꾸준히 예방 위주의 예산편성을 하고 있지만 아직도 미약하다고 볼 수 있다.

제 5 절 소방사무의 문제점 및 과제

2020년 4월 오랜 논의 끝에 소방공무원의 국가직 전환이 이루어졌다. 소방공무원 국가직화가 필요한 가장 중요한 이유 중 하나는 소방력의 지역별 불균형이 나타나고 있는 상황에서 지역별 재정 격차에 상관없이 보편적이고 균질화된 소방 서비스를 제공하기 위함이었다. 그러나 소방공무원의 국가직화는 소방공무원의 신분(소속)과 소방사무의 주체를 일치시켜야 한다는 사무배분 논쟁을 불러일으킬 수 있다. 이러한 소방 환경 변화에 따른 소방사무의 문제점 및 소방사무 재배분의 필요성은 다음과 같다.

첫째, 소방 업무의 비중이 국가사무와 공동(국가+지방)사무가 증가하고 있음에도 불구하고, 소방이 자치사무라는 이유로 소방의 정책적 기능이 약화되고 중앙의 업무지침이 다르게 집행되고 있다. 둘째, 소방공무원의 국가직 전환이 이루어지기는 했으나, 여전히 소방공무원에 대한 인사권, 소방특별회계의 설치·운용 권한이 지방자치단체장에게 있다는 점에서 국가 차원의 통일된 소방정책 기능이 확보된 것이라 보기는 어렵다. 셋째, 소방공무원의 국가직화는 위험의 지역별 특성에 기반한 서비스를 제공하는 데 한계가 나타날 수 있다는 점도 간과할 수 없다.

이와 같은 배경에서 국가·지방 간 소방사무의 재배분은 소방사무의 광역화 및 국가사무화의 두 방향에서 이루어질 필요가 있다.

첫째, 소방사무의 광역화이다. 외국의 경우, 현재 영국, 프랑스, 캐나다 등의 선진국에서 광역소방 체제를 유지하고 있으며, 기초자치단체가 최고로 발달한 일본에서도 소방사무의 광역화를 추진하는 중에 있는 등 소방 체제의 광역화는 현재 세계적인 경향이라고 할 수 있다. 고도의 산업화가 진행된 이래 내부구조가 복잡한 건축물들이 대규모로 생겨나고 다중이용시설의 증가와 기후 변화에 따른 자연재난이 빈번하게 발생함에 따라, 이를 효과적으로 대응하기 위해서는 시·군·구 단위의 제한적 대응보다는 일정 규모의 소방력을 신속하고 집중적으로 투입할 수 있는 현재의 광역소방사무 체제의 중요성이 강조되고 있다. 즉, 국가 전체적으로 통합적인 재난 대응과 소방 업무의 효율화를 위해 현 소방사무의 광역화를 유지할 필요성이 있다.

기초자치단체 수준에서의 소방사무 수행은 현재 수준의 소방 서비스를 제공하는 것도 불가능하다고 할 수 있다. 즉, 시·군·구별 분산 설치에 따른 재정 수요와 취약지역의 소방 인력·장비 등의 불균형, 소방장비 현대화 감소 등의 문제점이 나타날 수 있으며, 여러 지방자치단체가 중첩되는 사고의 발생 시 책임 소재 문제가 우려된다. 특히, 구조·구급과 관련된 사무는 국민안전과 직결되는 중요한 문제에 지역 간 격차가 발생할 수 있다. 따라서 소방사무를 기초자치단체의 사무로 이관하는 경우에는 지방자치단체의 역량에 따른 지역 간 불균형을 해소하기 위한 방안을 함께 마련해야 한다.

둘째, 소방사무의 국가사무화이다. 재난 및 각종 사고가 대형화·복잡화·광역화되면서 전국 단위의 대규모 소방력을 동원하는 대응·지휘 체계가 필요하다. 그리고 소방사무는 국민의 안전과 직결되는 업무 범위라는 점에서 현행 소방 관련 다양한 안전 기준을 중앙정부 수준에서 제시할 필요성이 있다. 따라서 기본적으로 이런 기준 마련과 집행을 국가에서 총괄적으로 수행하는 업무 수행 체계의 마련이 필요하며, 전국적으로 수립·시행해야 하는 다양한 안전 관련 계획 등에 대해서도 전국적 규모의 사무 또는 이와 비슷한 규모의 사무 기준에 입각하여 국가사무화를 고려할 필요가 있다. 소방사무의 배분은 입법·정책적 사안으로서 다음과 같은 내용으로 개별 법령에서 국가사무로 전환하는 것이 가능하다.

「지방자치법」 제11조에서 규정하고 있는 국가사무의 범위를 소방사무에 적용해 보면, 국가의 존립에 필요한 사무, 전국적으로 통일적 기준 적용 사무, 전국적 규모의 사무, 지방자치단체가 감당하기 어려운 사무 등과 관련된 소방사무는 국가사무로 되어야 할 것이다. 따라서 우선, 국가의 존립에 필요한 사무로서 의무소방, 소방사법 사무 등이 국가사무로 규정될 수 있을 것이고, 전국적으로 통일적 기준 적용 또는 조정을 요하는 사무로서 정책·법령의 입안, 개정 및 소방시설·화재 안전 기준 등이 국가사무로 규정될 수 있을 것이며, 아울러 전국적 규모의 사무 또는 이와 비슷한 규모의 사무로서 대형 재난 대응 등이 국가사무로 규정될 수 있을 것이다. 또한 지방자치단체의 기술과 재정 능력으로 감당하기 어려운 사무로서 검사, 시험, 연구 등이 국가사무로 규정될 수 있을 것이다.

이러한 기준을 적용해 볼 때 우선, 전국 규모 성격의 사무와 전국적으로 기준을 통일하는 것이 효율적인 사무들은 국가사무화하는 것이 바람직할 것으로 판단된다. 예를 들어, 「소방기본법」의 화재에 관한 위험경보에 관한 사항(제14조), 의용소방대의 설치 등에 관한 사항(제37조)은 전국 규모의 사무이고, 「화재예방 소방시설 설치・유지 및 안전관리에 관한 법률」에서, 건축 허가 등의 동의에 관한 사항(제7조), 특정 소방 대상물에 설치하는 소방시설 등에 관한 사항(제9조), 특정 소방 대상물의 방화관리・소방훈련・소방안전교육에 관한 사항(제20조~제23조)은 기준 통일 사무이며, 「위험물 안전관리법」에서 위험물 시설의 설치 및 변경 등에 관한 사항(제6조), 탱크 안전성능 검사에 관한 사항(제8조), 위험물 저장・취급 장소의 출입 및 검사 등에 관한 사항(제22조)도 마찬가지로 기준 통일 사무에 해당한다.

다음으로, 「재난 및 안전관리 기본법」, 「소방기본법」, 「소방공무원법」, 「수상에서의 수색・구조 등에 관한 법률」 등에서, 긴급구조활동에 대한 평가에 관한 사항(재난 및 안전관리 기본법, 제53조), 긴급구조대응계획의 수립 시행에 관한 사항(재난 및 안전관리 기본법, 제54조), 재난 대비 훈련에 관한 사항(재난 및 안전관리 기본법, 제73조), 소방대원의 교육훈련에 관한 사항(소방기본법, 제17조), 소방공무원 건강관리 계획에 관한 사항(소방공무원법, 제14조의3) 등 전국 규모의 사무 성격이 강한 업무와 종합상황실의 설치 및 운영에 관한 사항(소방기본법, 제4조), 소방공무원 시험에 관한 사항(소방공무원법, 제9조) 등의 기준을 통일시키는 것이 효율적인 업무, 지방자치단체가 감당하기 어려운 성격의 업무 등의 공동사무도 국가사무로 전환시키는 것이 더욱 효율적일 것이다.

C·H·A·P·T·E·R 03

소방행정의 발전 방향

제 1 절 합리적인 소방 체제의 개편

2020년 4월 1일부터 지방직 소방공무원 5만 2천 516명이 국가직으로 전환되었다. 2011년 소방관 국가직 전환 법안 논의 이후 8년여 만으로 지역별 소방 투자 격차 등의 문제를 해결하고 균등한 소방 서비스 제공을 위한 기반이 어느 정도 마련되었다고 평가된다. 그동안의 소방 체제 개편 논의 과정에서 주요한 이슈는 국가직화를 통한 능률성을 높인 것인가, 현행 소방 체제의 민주성을 높일 것인가에 대한 논의였다고 할 수 있다. 즉, 기존 광역소방 체제가 통합창원시 사례와 같이 기초소방 체제로 변화하면 행정의 민주성은 높아질 수 있으나 자칫 능률성이 감소할 우려가 있고, 반대로 국가소방 체제로의 전환을 통해 소방행정의 능률성이 높아지는 대신 민주성이 감소할 수 있다는 우려였다. 하지만, 여기서 우리가 한 가지 간과하고 있는 사실이 있는데 바로 소방행정의 특수성이다. 즉, 국민의 생명과 재산을 지키기 위한 소방 서비스 제공에서는 소방 서비스의 수혜자인 국민들의 근본적인 민주성을 높이기 위한 능률적인 소방 체제로 변화해야 한다는 것이다.

또한 소방 서비스는 국민의 생명과 재산을 지키는 순수 공공재의 제공 측면에서 군(軍), 경찰과의 형평성이 거론될 수도 있다는 점이다. 즉, 국방과 치안 서비스의 제공은 국가 체제인데 반해, 유독 소방 서비스만이 그동안 자치 체제로 발전해 왔다는 점이다. 이러한 쟁점 논의에서 간과해서 안 될 것이 있다. 즉, 제공자 입장에서 논의하는 것도 중요하지만, 소방 서비스의 수혜자인 국민 입장도 고려해야 한다는 점이다. 따라서 국민 입장을 고려할 때, 소방 국가직화에도 능률적 소방 체제 안에서 민주적 소방 서비스가 이루어질 수 있도록 국가, 광역, 기초 간 합리적인 사무 배분이 이루어져야 한다. 특히, 대형 재난에 대해서는 국가책무를 강화해야 하고, 국민 생활안전 강화 차원에서는 자치단체의 책무를 더욱 강화해야 한다는 이중적 잣대가 필요하다.

제 2 절 소방정책의 다변화

오늘날 산업화・도시화, 건물의 고층화・밀집화・지하심층화 및 가스・위험물의 사용 증가 등의 소방 환경의 변화와 함께 소방 서비스에 대한 국민의 수요는 점점 증가하고 있다(이창원・전주상, 2004). 이에 따라 소방 업무는 전통적・소극적인 고유 영역인 화재 진압으로부터 각종 재난 사고의 수습과 적극적인 대민 서비스 및 봉사 업무인 구조・구급활동 등으로 그 영역이 확대되어 가고 있는 추세이다(이재은 외, 2006). 이처럼 소방의 역할은 과거 화재 예방과 경계, 화재 진압 위주에서 구조・구급활동이 가미되고, 최근에는 각종 재난관리 활동과 국민생활 안전관리 활동에 이르기까지 다양하게 변화하고 있는데도 불구하고, 「소방기본법」 등에서 소방 고유의 임무로 화재 예방과 경계, 화재 진압으로 한정하고 있고, 구조・구급 업무와 재난관리 업무를 파생적인 업무로 간주하고 있다. 따라서 향후 소방 환경 변화와 국민들이 소방 서비스에 대한 수요를 적극 반영하여, 국민생활 안전정책, 재난관리정책 등을 소방정책에서 다루는 소방정책의 다변화가 필요할 것이다.

제 3 절 학습 지향적 소방조직구조의 재설계 및 소방 인력의 전문화

소방조직의 학습 지향적 재설계가 요구되며, 소방 인력의 전문화가 필요시된다. 그동안 한국의 재난관리 시스템은 분산관리 체제를 근간으로 운영함으로써, 유사 기능의 중복 또는 분산 운영으로 재난관리의 비효과성과 조직 운영의 비효율성을 내재하고 있고, 실제 재난 발생 형태는 복합적 양상을 띠고 있으나, 분산관리 방식을 근간으로 시스템이 운영됨으로써, 책임과 권한(기능)의 한계가 모호하고 명확한 성과 달성 목표 부여가 곤란하여, 전반적으로 느슨한 조직 운영이 불가피하게 이루어지고 있었다. 또한 재난관리 행정에 대한 서비스 개념이 희박하고 수요자 중심이 아닌 권한 및 예산집행권을 중심으로 재난관리 기능의 왜곡이 초래되고 있었다. 이러한 문제점을 극복하고자 소방방재정책의 구심점과 지속적 추진력 확보가 요구되었고, 부서 간 예방 기능의 조정 및 협조 체제 강화가 필요했으며, 재난행정의 실질성과 효과성의 확보가 절실했다. 따라서 소방정책 부서는 재난관리의 포괄적 책임을 지고, 총체적이고 현장 중심의 통합조직으로의 역할을 수행해야 한다. 또한 여타 유관 기관들 사이에 재난과 관련된 정확하고 시의적절한 정보의 교환이 활발히 이루어지도록 신속하고 정확한 정보 및 자원 전달 네트워크를 마련하는 것이 필요하고, 예방 단계에서부터 지역 내에서 NGO를 포함한 유관 기관들의 참여구조를 마련해야 한다(명승환 · 전주상, 2004). 그러기 위해서는 무엇보다도 학습 지향적 조직구조의 설계가 요구된다. 기존 소방정책 부서는 인적재난과 자연재난 관리를 중심으로 현장 대응 위주의 활동을 펼쳤다. 그러나 위에서도 잠시 언급했듯이 미래 사회 환경의 변화로 인해 재난 발생의 양상은 더욱 복잡해지고 있다. 이러한 복잡하고 새로운 신종 재난에 효율적으로 대처하기 위해서는 학습 지향적 조직구조의 설계가 무엇보다도 중요시된다. 즉, 변화와 혁신의 성공적 추진을 위해 조직문화의 혁신이 요구된다.

또한 전문 소방 인력의 양성이 시급하다. 지식정보 사회에 대비해 소방방재 인력이 전문직으로 양성할 필요성이 제기된다. 즉, 소방방재직은 특수기능직이 아니라 재난 대응 전문직으로서의 역할을 설정해야 한다. 재난 대응은 단계별로 어떻게 대응하느냐에 따라 상당한 사회적 비용을 줄일 수 있으며, 이를 위해서는 축적된 전문지식과 경험이 있어야 한다. 이것은 상당한 전문성을 가진 사람을 채용해야 하고, 잦은 순환보직을 지양함으로써 전문지식과 경험을 축적할 수 있는 인사 경로를 형성해야 한다는 것을 의미한다. 그뿐만 아니라 인사평가 및 승진에서도 이러한 요소들은 반드시 반영되어야 한다는 것이다. 또한 소방방재직은 단순기능직이 아니라 재해 현장 관리자로서의 역할을 설정해야 한다. 재난관리는 이론적인 것보다 현장 경험의 축적이 매우 중요하다. 물론 사전적으로 교육훈련 과정에서 다양한 시뮬레이션을 통해 간접 경험을 축적하는 것도 필요하다. 그뿐만 아니라 단순기능직은 하위 기능직으로서 자리매김되기 때문에 미래의 관리자로서의 역할 설정이 미흡하다. 중요 의사결정점에서 리더십을 발휘하기 위해서는 풍부한 현장 경험이 중요하다. 이는 풍부한 현장 경험을 가진 사람 중에서 관리 능력을 배양시키고, 이들에게 관리자로서의 역할을 부여해야 할 필요가 있다(명승환 · 전주상, 2004). 즉, 재난관리 역량 극대화를 위해서는 재난 관련 공무원의 전문성 제고가 시급히 요구된다.

제 4 절 민간 소방산업 육성을 통한 인프라 확산

소방정책의 발전을 위해서는 민간 소방산업 육성을 통한 인프라 확산이 선행되어야 한다. 재난관리 선진국이 되기 위해서는 무엇보다도 재난관리와 시장(market)이 연결되어야 한다. 시장에서 재난관리 수요가 있을 때 전문가 육성이 이루어질 수 있는 한편, 중앙행정기관 및 지방자치단체, 국가 핵심 기반 관련 기관들이 재난관리를 좀 더 체계적으로 수행할 수 있다. 이러한 재난관리 산업 부문이 제공할 수 있는 서비스에는 다음과 같은 것들이 있다.

첫째, 각종 재난관리 계획은 현재 담당 공무원만의 능력으로는 제대로 이루어지기가 어렵다. 이는 방재 선진 국가의 경우에도 마찬가지이다. 따라서 국가 및 지방, 각급 공공 및 민간의 재난관리 계획의 수립 및 작성이 재난관리 산업을 통해 제시될 수 있다.

둘째, 각종 자연재난, 인적재난, 사회재난에 대한 위험분석 기능을 제공할 수 있다.

셋째, 재난관리 분야와 관련된 보험 역시 재난관리 산업의 일환으로 볼 수 있다. 즉, 자연재난 보험, 인적재난 보험, 사회재난 보험 등이 민간 분야에서 만들어지도록 정부가 노력하는 것이 필요하다.

넷째, 각급 자치단체를 중심으로 홍수 지도를 제작 관리하는 것이 재난관리 산업을 통해 가능하다.

다섯째, 재난 피해 지역에 대한 복구사업의 실시이다. 중앙정부의 예산 지원에 의해 지방자치단체가 실시하는 복구사업의 우선순위 결정, 자원의 배분 등을 기초로 민간기업이 복구를 실시하는 것이 바람직하다. 즉, 공무원은 정책의 수립과 집행 과정에서의 모니터링에 초점을 두고 실질적인 운영은 민간기업이 하도록 하는 것이 바람직하다.

여섯째, 재난으로 인해 발생한 각종 쓰레기, 파손된 구조물, 잔해물 등에 대한 제거는 복구를 하기 위한 전제가 된다. 따라서 민간기업이 계약을 통해 쓰레기 처리가 요구된다.

일곱째, 각급 정부기관 재난관리 담당 공무원에 대한 교육훈련 및 교재의 개발, 실질적인 교육의 실시 등이 민간 기업을 통해 이루어져야 한다. 또한 민간기업 종사자, 비상 대비 인적 자원, 시민단체 종사자 등에 대한 방재교육 또는 민간기업을 통해 이루어지는 것이 가능하다.

여덟째, 각급 정부기관 및 공공기관 등에 대해 재난관리 분야에서의 정책 자문과 정책 개발을 하는 것이 방재산업을 통해 가능하다.

아홉째, 현재 한국에서 그나마 활발하게 이루어지고 있는 것이 방재 분야에서의 정보화이다. 국가안전관리정보 시스템이나 통신 체계, 긴급구조 시스템 등이 이루어지고 있다.

열째, 각종 재난관리와 관련된 영향성 평가가 방재산업의 민간기업을 통해 이루어지는 것이 요구된다.

열한째, 방재산업의 또 하나의 전문적인 분야는 응급의료 서비스(Emergency Medical Service) 분야이다.

열두째, 각종 시설물의 재난관리와 관련된 점검이 요구된다. 민간기업의 활성화를 통해 하는 것이 가능하다.

열셋째, 각 중앙행정기관, 지방자치단체, 민간기업의 데이터 백업(data backup)이 구축되어야 한다.

열넷째, 재난관리와 관련된 장비의 개발과 판매가 이루어져야 한다. 현재는 소방과 관련된 장비를 생산하는 것이 방재산업이라고 생각하는 경향이 있으나 이는 매우 부족하다(이재은 외, 2005).

이러한 방재산업의 활성화를 위해서는 국제적 수준의 소방방재 EXPO를 개최하고, 국제경쟁력 확보를 위한 제품 규격 국제화 · 선진화 및 시험 · 연구기관 간 기술 협력을 강화하는 것이 필요하며, 선진화된 국가재난관리 체계 구축을 위한 방재 관련 기술 개발 및 방재산업의 건전한 발전과 육성을 위한 국가 차원의 구체적인 시책 마련이 요구된다. 또한 선진 방재정보의 도입 활용을 통한 방재 업무 수준 향상과 국제 교류 활성화를 통한 관계국 간 우호 협력 강화 노력이 요구된다.

또한 이를 위해서는 소방 규제의 합리화 · 국제화 구현이 필요하다. 한국 소방 규제 정책의 결정, 집행, 평가 단계에서의 실무적인 문제점으로 비효율적인 소방 규제로 인한 사회적 비용의 증가, 부분별한 규제 완화로 인한 대형 인명 피해 사고의 빈발, 합리적인 규제정책 개발을 위한 인프라 부족, 위정자들의 소방정책에 대한 관심 부족 등을 들 수 있다. 이러한 점을 개선하기 위해서는 ① 소방안전 관련 사회문제를 쉽게 정부 의제화(governmental agenda)할 수 있는 정책 시스템의 구축, ② 소방과학 인프라의 확충 시급, ③ 효율적인 정책 수단 결정 시스템 구축, ④ 합리적인 규제의 집행 수단 확보, ⑤ 소방 규제 정책 평가 시스템 구축, ⑥ 특정 소방 대상물의 소방 안전관리 체계 개선, ⑦ 소방 규제의 국제화(global standard), ⑧ 소방산업 지원 강화 등이 요구된다(정병도, 2004). 또한 대형화 · 다양화되고 있는 재난을 체계적이고 효율적으로 관리하기 위한 재난 유형별 · 단계별 · 상황별 대응에 관한 표준 매뉴얼 개발과 보급이 요구된다.

참고문헌

[국내 문헌]

119매거진(2006). 『119매거진(전국 소방관서의 행사 소개』. (주)119매거진.

감사원(2003). 『자연재해 대비실태 감사 결과』.

강대오(1999). 『지방자치제도 아래의 지방재정에 대한 공공선택론적 분석』. 국민대학교 대학원 박사학위 논문.

강성철 · 김판석 · 이종수 · 최근열 · 하태권(2008). 『새인사행정론』. 서울: 대영문화사.

강용기(2010). 『현대지방자치론』. 대영문화사.

강윤호(1999). 『지방정부 관료의 예산결정 형태에 관한 연구』. 서울대학교 대학원 박사학위 논문.

강윤호 외(2007). 『현대재무행정이론』. 서울: 대영문화사.

경기개발연구원(2007). 『소방행정 효율화 방안 최종보고서』.

경기도 소방재난안전본부 내부자료(2007). 『미국 · 일본 소방행정 연구』.

국민안전처(2014). 『2015 소방행정자료 및 통계』.

______(2016). 『2017년 주요 소방정책 추진계획』. 국민안전처 중앙소방본부.

권건주(2005). 지방정부 재난관리조직의 효율화 방안. 『한국위기관리논집』, 1(2): 79-92.

권경득(2009). 『소방인사론』. 중앙소방학교.

권경환(2004). 『지방정부 재정지출의 정향 변화에 관한 연구』. 서울대학교 행정대학원 박사학위 논문.

권오성 외(2009). 『현대 지방재정의 주요 이론』. 서울: 대영문화사.

김광수 · 김국래 · 이원희(2001). 『소방조직관리론』. 서울: 도서출판 덕유.

김남섭(2006). 『소방인력관리의 문제점과 개선 방안에 관한 연구』. 강원대학교 정보과학 · 행정대학원 석사학위 논문.

김병섭 · 박광국 · 조경호(2009). 『휴먼조직론』. 서울: 대영문화사.

김병준(2002). 『한국지방자치론』. 서울: 법문사.

김선정(2012). 『지방자치행정론』. 서울: 한국학술정보.
김수신(2007). 『지방자치행정론』. 서울: 한국방송통신대학교출판부.
김의섭(2007). 공공선택론적 재정관. 『재정정책논집』, 9(1): 41-62.
김인수(1995). 『거시조직이론』. 서울: 무역경영사.
김정완(2009). 『지방재정의 이론과 실제』. 서울: 대영문화사.
김중양(2004). 『한국인사행정론』. 서울: 법문사.
김진동(2010). 소방예산과 경찰예산의 결정 요인에 관한 비교연구. 『한국화재소방학회 논문지』, 24(3). 한국화재소방학회.
김형렬(1990, 2002). 『정책학』. 서울: 법문사.
내무부 중앙재해대책본부(1995). 『재해극복 30년사』.
노현송(2006). 재난관리체계 개편과 소방청 독립의 필요성. 『2006 국정감사 정책자료집 Ⅲ』.
노화준(1996, 2007). 『정책학원론』. 서울: 박영사.
______(2001). 『정책평가론』. 서울: 법문사.
류상일 · 고은별 · 양기근(2014). 융합학문으로서의 소방학의 학문적 정체성 재정립에 관한 연구. 『한국위기관리논집』, 10(3): 135-147.
류상일 · 최호택 · 이민규(2011). 지방행정체제 개편에 따른 효율적 소방력 개선방향: 통합 창원시 사례를 중심으로. 『한국위기관리논집』, 7(1): 143-158.
명승환 · 전주상(2004). 위기, 재난관리 분야 정부조직 개편: 신설 소방방재청의 비전과 전략. 『한국행정학회 2004년 세미나 논문집』.
민진(2010). 『조직관리론』. 서울: 대영문화사.
박경원 · 김희선(2002). 『조직이론강의』. 서울: 대영문화사.
박동균(2010). 다중이용시설 테러에 대비한 지방자치단체의 위기관리전략. 『한국지방자치연구』, 11(4): 165-185.
박동균 · 양기근 · 류상일(2012). 지방자치단체 재난관리체계의 현황과 개선방안. 『한국지방자치연구』, 13(4): 131-154.
박동서(1998). 『인사행정론』. 서울: 법문사.
박미상(2006). 『소방 인사행정의 문제점과 개선 방안에 관한 연구』. 한경대학교 전자정부대학원 석사학위 논문.
박민정(2006). 『정부 예산배분에 관한 지대추구 연구』. 서울대학교 행정대학원 박사학위 논문.
박연호(2000). 『조직행동론』. 서울: 박영사.
______(2001). 『인사행정론』. 서울: 박영사.

박정민(2007). 『재정분권화를 위한 정부간 재정관계의 재설계』. 전남대학교 대학원 박사학위 논문.
______(2008). 『지방행정론』. 광주: 전남대학교출판부.
박종숙(1996). 『소방행정의 실태분석과 개선 방안에 관한 연구』. 동국대학교 석사학위 논문.
박천오 · 권경득 · 강제상 · 조경호 · 조성한 · 박홍엽(2007). 『현대인사행정론』. 서울: 법문사.
박효종(1994). 『합리적 선택과 공공재 I/II』. 서울: 인간사랑.
배득종(1996). 『신재무행정: 좋은 예산을 찾아서』. 서울: 박영사.
복문수 · 류상일 · 신종렬 · 박기관(2010). 『지방행정 체제 개편에 따른 효율적 소방력 운영 방안 연구』. 한국지방자치학회.
소방방재신문. 2013.4.22일자.
소방방재청(2010a). 『2009년 소방행정통계 및 자료』. 소방방재청.
______(2010b). 『2009년 재난연감』. 소방방재청.
______(2011). 『2010년 소방행정통계 및 자료』. 소방방재청.
______(2012a). 『2011년 소방행정통계 및 자료』. 소방방재청.
______(2012b). 『2011년 재난연감』. 소방방재청.
______(2012c). 『2012 소방방재 주요 통계』. 소방방재청.
______(2014). 『국가 재난안전 예산 분류체계 정립 및 재정확충방안: 소방방재예산을 중심으로』. 소방방재청 · 성균관대학교 방재안전협동과정/경제학과.
소방청(2019). 『2019 소방청 통계연보』. 소방청.
______(2018). 『2018 소방청 예산개요』. 소방청.
______(2017). 『소방청 통계』. 소방청.
소병희(1993). 『공공선택의 정치경제학』. 서울: 박영사.
______(1996). 공공선택론의 이해와 정책학 분야에서의 응용. 『한국정책학회보』, 5(2): 267-292.
______(1998). 공공선택이론의 발전과 최근 동향. 『국민경제연구』, 21: 135-160.
소순창 · 김종욱(1999). 한국 지방정부의 공공지출 결정에 관한 '결과분석'과 '과정분석'. 『한국행정학보』, 33(3): 363-381.
손희준(2015). 안정적인 지방소방재원 확충방안. 『한국사회과학연구』, 35(2): 45-66.
손희준 외(2008). 『지방재정론』. 서울: 대영문화사.
송상훈(2013). 소방재정의 문제점과 개선방안. 『지방세포럼』, 8(2013.3): 32-42.
송용선(2009). 『소방조직론』. 중앙소방학교.
송윤석(2009). 『대도시 재난관리 체계의 유형별 효율화 비교분석』. 한국외국어대학교 대학원 박사학위 논문.
신무섭(2007). 한국 지방자치단체 지출 수준의 결정 요인. 『한국행정논집』, 19(3): 609-636.
______(2008). 『재무행정학』. 서울: 대영문화사.
신봉수(2005). 『한국 소방행정 체제의 발전 방안에 관한 연구』. 전남대학교 행정대학원 석사학위 논문.
신승춘・하재룡・신현기・김경우・신윤창・권경주・이재선・최미옥・성조환(2009). 『현대행정의 이해』. 서울: 대영문화사.
안용식(1995). 『지방정부간 협력관계론』. 서울: 대영문화사.
안용식・강동식・원구환(2007). 『지방행정론』. 서울: 대영문화사.
안해균(1994). 『정책학원론』. 서울: 다산출판사.
양경숙(2009). 『한국 예산결정의 정치과정 분석: 예산전략과 상호작용을 중심으로』. 고려대학교 대학원 박사학위 논문.
양기근(2010). 안전사회 구축을 위한 소방정책의 과제. 『한국치안행정논집』, 7(2): 111-135.
양기근・이주호・송윤석・최낙범・변성수・류상일・최희천・전병순・박정민・채진・구재현(2019). 『소방조직론』. 서울: 윤성사.
오금호(2007). 재난관리 의사결정과 정보. 『2007 충북대학교 국가위기관리연구소 제2회 세미나 자료집』.
오석홍(1993). 『인사행정론』. 서울: 박영사.
______(2003). 『조직이론』. 서울: 박영사.
오윤경・김경우・김황열(2020). 소방공무원 국가직 전환의 이슈와 쟁점. 『*KIPA ISSUE PAPER*』, 통권 90호(2020.4). 한국행정연구원.
오재일(2000). 『政府間關係論と韓國の地方自治』. 日本中央大學 博士學位 論文.
우성천(2007). 『소방행정학』. 서울: 동화기술.
유민봉・임도빈(2007). 『인사행정론』. 서울: 박영사.
윤성식(1992). 효율적인 정부와 민주주의: 재무대리인이론의 관점에서. 『한국행정학보』, 26(4): 1129−1143.
______(2003). 『예산론』. 서울: 나남출판.
윤영진(2008). 『새재무행정학』. 서울: 대영문화사.
이목훈(2004). 『소방재정론』. 서울: 도서출판 덕유.
______(2009, 2010). 『소방재정론』. 중앙소방학교.

이상안(2005). 『경찰정책학』. 서울: 대명출판사.
이영남(2008). 『경찰행정학』. 서울: 대영문화사.
이원희(2007). 미래 신소방 서비스에 적합한 지방조직 발전 방향: 안전도시의 정립을 위하여. 『국가재난관리 발전전략 모색 학술 심포지엄』. 한국정책과학학회.
______(2011). 소방조직 인력 운영 체계 선진화 방안. 『소방 조직 · 인력 운영 선진화 방안 토론회 자료집』.
이은구 외(2003). 『로컬 거버넌스』. 서울: 법문사.
이재은(2005). 신종재난과 재난관리시스템. 『IT 기반 사회에서의 신종 핵심기반 재난과 위기관리시스템』. 제1차 위기관리 이론과 실천 학술회의 발표논문집: 15-46.
______(2015). 위기관리학과 재난관리학에서 지방정부의 역할. 『한국위기관리논집』, 11(10): 111-132.
이재은 · 김겸훈 · 류상일(2005). 미래사회의 환경 변화와 재난관리시스템 발전전략. 『현대사회와 행정』, 15(3): 53-83.
______(2006). 『재난관리론』. 서울: 대영문화사.
이재은 · 양기근 · 류상일(2008). 미래 사회의 환경 변화와 소방정책의 발전 방향 연구. 『국가위기관리연구』, 2(2): 1-21.
이종수(2002). 『지방정부이론』. 서울: 박영사.
______(2009). 『행정학사전』. 서울: 대영문화사.
이종수 · 윤영진 외(2012). 『새행정학』. 서울: 대영문화사.
이종열 · 박광국 · 주효진 · 김옥일(2003). 소방행정 조직 체계의 비교분석: 미국과 일본을 중심으로. 『한국정책과학학회보』, 7(2): 357-374.
이종영(2002). 소방재원의 확충 방안. 『중앙법학』, 4(2). 중앙대학교.
이종익 · 강창구(2007). 『재무행정론』. 서울: 박영사.
이주호(2010). 『지방정부 재난관리 예산결정 과정의 지대추구 행태 분석: 기대-불일치 이론을 중심으로』. 충북대학교 대학원 박사학위 논문.
이진규(2009). 『인사관리』. 서울: 박영사.
이창원 · 전주상(2004). 우리나라 소방방재 행정의 비전과 전략: 조직 부문을 중심으로. 『한국정부학회 · 한국조직학회 특별 세미나 발표논문집』.
이창원 · 최창현(2008). 『새 조직론』. 서울: 대영문화사.
이학종(1998. 『인적자원관리』. 서울: 세경사.
이해영(2007). 한국 정책학사의 정립에 관한 기초연구: 한국정책학회 창립(1992년) 이전을 중심으로. 『한국정책학회보』, 16(2): 1-28.

임영제 · 김항곤 · 소재진 · 임진택 · 양기근(2007). 『인간관계의 이해』. 서울: 대영문화사.
임승빈(2014). 『지방자치론』. 서울: 법문사.
전국대학 소방학과 교수협의회(2008). 『소방학개론』. 서울: 동화기술.
전상경(2011). 『현대지방재정론』. 서울: 박영사.
정병도(2004). 『소방규제정책의 문제점과 개선 방안』. 인제대학교 경영대학원 석사학위 논문.
정병수 · 류상일 · 안혜원(2013). 국가와 지방 간 소방사무 재배분에 관한 논의. 『한국위기관리논집』, 9(4).
정세욱(2005). 『지방자치학』. 서울: 법문사.
정세욱 편저(2000). 『정부간 관계』. 서울: 법문사.
정용수(2008). 『우리나라 소방재정 운영 실태 분석 및 개선 방안에 관한 연구』. 경기대 행정대학원 석사학위 논문.
정용찬 · 남상호(2007). 국가와 지방자치단체의 소방행정사무의 분배. 『중앙법학』, 9(4). 중앙법학회.
정일섭(2015). 『한국지방자치론』. 대영문화사.
정정길(1994). 『정책결정론』. 서울: 대명출판사.
______(1999, 2006). 『정책학원론』. 서울: 대명출판사.
______(2008, 2010). 『행정학의 새로운 이해』. 서울: 대명출판사.
정창훈 · 주윤창(2017). 소방안전교부세 도입초기 효과와 개선방안에 관한 연구. 2017 한국지방재정학회 추계학술대회.
조길영(2006). 소방재정 확충 방안에 관한 연구. 『소방논집』, 16호.
______(2011). 『소방예산이 소방행정서비스 효율성에 미치는 영향: 경상남도 일선 소방서를 중심으로』. 경상대학교 대학원 박사학위 논문.
중앙소방본부(2016). 『소방제도과 주요통계자료』. 국민안전처 중앙소방본부.
______(2016). 『중앙소방본부 주요통계자료』. 국민안전처 중앙소방본부.
중앙소방학교(2010). 2010년도 기본교육(소방위과정Ⅲ). 이윤근. 『소방인사론』(소방공무원법)편, 237-323; (징계)편, 327-349.
지방행정연수원 · 시도공무원교육원(2014). 『지방자치제도』(2014 공통교재).
최용호(2005). 지방정부의 사전대비 재난관리체계 효율성의 영향요인에 관한 실증적 연구. 『한국행정학회 춘계학술대회발표논문집』.
최종태(1991). 『한국 소방행정에 관한 연구』. 동국대학교 박사학위 논문.
최종태 · 현성호(2006). 『소방행정론』. 서울: 신광문화사.
최창호(2007). 『지방자치의 이해』. 서울: 삼영사.

최창호 · 강형기(2011). 『지방자치학』. 서울: 삼영사.
하연섭(2002). 신제도주의의 최근 경향: 이론적 자기 혁신과 수렴. 『한국행정학보』, 36(4): 339-359.
______(2008). 『재정학의 이해』. 서울: 다산출판사.
하혜수(2004). 우리나라 중앙-지방 간 역할 분담 실태에 관한 연구: OECD 국가와의 비교. 『한국행정논집』, 16(1): 107-130.
______(2008). 지방소방재정에 대한 국비 지원의 확대 논거 연구. 『한국행정논집』, 20(4).
한국조세재정연구원(2015). 『소방재정 확충 및 중 · 장기 재정 투자 방안』. 한국조세재정연구원 수탁용역과제.
한국조직학회(2009). 『소방사무 전수조사를 위한 연구용역』. 소방방재청.
한국지방세연구원(2018). 『소방행정의 변화에 따른 소방재정구조 개편방안』. 한국지방세연구원.
한국지방자치학회(2010). 『지방행정 체제 개편에 따른 효율적 소방력 운영 방안 연구』. 소방방재청.
______(2012). 『지방소방재정 확충을 위한 국가 · 지방 간 소방사무의 합리적 분담 및 재원 확보 방안』. 경기소방본부 용역과제.
한덕웅 외(2002). 『인간의 마음과 행동』. 서울: 박영사.
한상대(2004). 『지방자치단체 재난관리체계에 관한 연구』. 아주대학교 공공정책대학원 석사학위 논문.
행정자치부 소방국(1999). 『한국소방행정사』. 행정자치부.
홍정선(2013). 『신자방자치법』. 서울: 박영사.
황윤원(1999). 『행정학원론』. 서울: 형설출판사.

국민안전처(www.mpss.go.kr)
법제처 국가법령정보센터(http://www.law.go.kr/LSW/main.html)
소방방재청(http://www.nema.go.kr)
소방청(http://www.nfa.go.kr)
안전행정부(http://www.mospa.go.kr)
예산결산특별위원회(http://budget.na.go.kr)
일본 총무성(http://www.soumu.go.jp)
행정자치부(http://m.moi.go.kr)

소방공무원법[시행 2020.4.1] [법률 제16768호, 2019.12.10, 전부개정]
소방공무원 보건안전 및 복지 기본법[시행 2020.4.1] [법률 제16768호, 2019.12.10, 타법개정]
소방공무원 보건안전 및 복지 기본법 시행령[시행 2020.4.1] [대통령령 제30515호, 2020.3.10, 타법개정]
소방공무원 승진임용규정[시행 2020.4.1] [대통령령 제30515호, 2020.3.10, 타법개정]
소방공무원임용령[시행 2020.4.1] [대통령령 제30515호, 2020.3.10, 타법개정]
소방공무원임용령 시행규칙[시행 2020.4.1] [행정안전부령 제169호, 2020.3.13, 일부개정]
소방공무원징계령[시행 2020.4.1] [대통령령 제30515호, 2020.3.10, 타법개정]
소방기본법[시행 2020.4.1] [법률 제16770호, 2019.12.10, 일부개정]
소방기본법 시행령[시행 2020.4.1] [대통령령 제30515호, 2020.3.10, 타법개정]
소방기본법 시행규칙[시행 2020.2.20] [행정안전부령 제160호, 2020.2.20, 일부개정]
소방재정지원 및 시・도 소방특별회계 설치법[시행 2021.1.1] [법률 제16771호, 2019.12.10, 제정]
재난 및 안전관리 기본법[시행 2019.12.3] [법률 제16666호, 2019.12.3, 일부개정]
재난 및 안전관리 기본법 시행령[시행 2020.4.8] [대통령령 제30325호, 2020.1.7, 일부개정]
재난 및 안전관리 기본법 시행규칙[시행 2020.1.7] [행정안전부령 제153호, 2020.1.7, 일부개정]
지방공무원법[시행 2020.4.1] [법률 제16775호, 2019.12.10, 일부개정]
지방교부세법[시행 2020.4.1] [법률 제16776호, 2019.12.10, 일부개정]
지방교부세법 시행령[시행 2020.4.1] [대통령령 제30515호, 2020.3.10, 타법개정]
지방교부세법 시행규칙[시행 2020.1.1] [행정안전부령 제148호, 2019.12.31, 일부개정]
지방세기본법[시행 2020.3.24] [법률 제17091호, 2020.3.24, 타법개정]
지방세기본법 시행령[시행 2020.5.1] [대통령령 제30640호, 2020.4.28, 타법개정]
지방세기본법 시행규칙[시행 2020.5.12] [농림축산식품부령 제424호, 2020.5.12, 타법개정]
지방세법[시행 2020.1.1] [법률 제16855호, 2019.12.31, 일부개정]
지방세법 시행령[시행 2020.4.1] [대통령령 제30515호, 2020.3.10, 타법개정]
지방세법 시행규칙[시행 2020.1.1] [행정안전부령 제148호, 2019.12.31, 일부개정]
지방자치단체에 두는 국가공무원의 정원에 관한 법률[시행 2020.4.1] [법률 제16777호, 2019.12.10, 일부개정]
지방자치단체에 두는 국가공무원의 정원에 관한 법률 시행령[시행 2020.4.1] [대통령령 제30515호, 2020.3.10, 타법개정]

[국외 문헌]

Almond, Gabriel A. & Powell, G. Bingham, Jr.(1978). *Comparative Politics: System, Process, and Policy*, 2nd ed. Boston: Little, Brown and Company.

Anderson, James E.(1975). *Public Policy-Making*. New York: Praeger Publishers.

Asia Paciffic Fire(2006). *Fire Protective Clothing*.

Ball, Moira(1992). Twining and the Enabling Authority. *Local Government Studies*, 18(3): 223-236.

Bender, John F.(1997). Fire Prevention and Code Enforcement. *Fire Protection Handbook*. 18th ed. NFPA.

Blake, Robert B. & Mouton, Jane S.(1964). *The Managerial Grid*, Houghton: Golf Publishing Co.

Buchanan, James M.(1980). Rent Seeking and Profit Seeking, in James M. Buchanan, James M., Robert D. Tollison, & Gordon Tullock(eds.). *Towards a Theory of the Rent-Seeking Society*, College Station: Texas A&M University Press.

Cohen, Michael D., March, James G., & Olsen, Johan P.(1972). A Garbage Can Model Organizational Choice. *Administrative Science Quarterly*, 17(1): 1-25.

Custer, Rechard L. P.(1997). Fire And Arson Investigation. *Fire Protection Handbook*, 18th ed. NFPA Section II(ch.1).

Dror, Yehezkel(1968). *Public Policy making Re-Examined*. Scranton, PA: Chandler Publishing Company.

Dunleavy, Patrick(1980). Social and Political Theory and the Issues in Central-Local Relations, in G. Jones, *New Approaches to the Study of Central-Local Government Relationship*. London: SSRC.

Etzioni, Amitai(1967). Mixed Scanning: A Third Approach to Decision Making. *Public Administration Review*, 28(Dec.): 385-392.

Evans, Martin(1970). The Effects of Supervisory Behavior on the Path-Goal Relationship. *Organizational Behavior and Human Performance*, 5: 277-298.

Fiedler, Fred E.(1967). *A Theory of Leadership Effectiveness*. New York: McGraw-Hill Company.

Gyford, John(1991). The Enabling Council: A Third Model. *Local Government Studies*, 17(1): 1-15.

Hage, Jerald & Aiken, Michael(1969). Routine Technology, Social Structure and Organizational Goals. *Administrative Science Quarterly*, September.

Harisalo, Risto(1993). Powershift in Democracy, Public Services and Local Government. *Local Government Studies*, 19(1): 22-45.

Henry, Nicholas(1992). *Public Administration and Public Affairs*. Englewood Cliffs. New Jersey: Prentice-Hall.

Hersey, Paul & Blanchard, Kenneth H.(1982, 1984). *Management of Organizational Behavior: Utilizing Human Resources*. Englewood Cliffs. N.J.: Prentice-Hall.

House, Robert J.(1971). A Path-Goal Theory of Leader Effectiveness. *Administrative Science Quarterly*, 16(Sep.): 321-339.

House, Robert J. & Mitchell, Terence R.(1974). Path-Goal Theory of Leadership. *Journal of Contemporary Business*, Autumn.

IDA(Institute for Defense Analyses)(1997). *National Strategies and Structures for Infrastructure Protection*. Report to the President's Commission on Critical Infrastructure Protection.

Johns, Gareth R.(1995). *Organizational Theory*. Reading, Mass: Addison Wesley.

Koontz, Harold & O'Donnell, Cyril(1972). *Principles of Management*, New York: McGraw-Hill.

Lansley, S., Gross, S., & C. Wolmar(1989). *Councils in Conflict: The Rise and Fall of the Municipal Left*. London: Macmillan.

Lasswell, Harold D.(1956). *The Decision Process: Seven Categories of Functions Analysis*. College Park: University of Maryland.

Lindblom, Charles E.(1959). The Science of Muddling Through. *Public Administration Review*, 19(Spring): 79-88.

Lowi, Theodore(1972). Four System of Policy, Politics, and Choice. *Public Administration Review*, 32(4): 298-310.

March, James G. & Olsen, Johan P.(1979). *Ambiguity and Choice in Organizations*. Bergen: Universitetsforlaget Publishers.

Moorhead, Gregory & Griffin, Ricky W.(2004). *Organizational Behavior*. Boston: Houghton Mifflin Company.

Mueller, Dennis C.(2001). Public Choice after 50 Years, Bruno Frey after 60. *Kyklos*, 54(Issue 2/3): 343-353.

Murray, E. J.(1965). *Motivation and Emotion*, Englewood Cliffs, New Jersey: Prentice-

Hall.

Musgrave, Richard A. & Musgrave, Peggy B.(1989). *Public Finance and Practice*, 5th ed. New York: McGraw-Hill.

Ostrom, Vincent(1973). *The Intellectual Crisis in American Public Administration University*. Alabama: The University of Alabama Press.

Ostrom, Vincent & Osrom, Elinor(1971). Public Choice: A Different Approach to the Study of Public Administration. *Public Administration Review*, 31(2): 203-216.

Petak, William J.(1985). Emergency Management: A Challenge to Public Administration. *Public Administration Review*, 45(Special Issue): 3-7.

Rabin, Jack, Hildreth, W. Bartley, & Miller, Gerald J.(1996). *Budgeting: Formulation and Execution*. Georgia: the Carl Vinson Institute of Government, The University of Georgia.

Richard L. P. Custer(1997). Fire And Arson Investigation. *Fire Protection Handbook*, 18th ed. NFPA Section 11(ch.1).

Rubin, Irene S.(1988). *New Directions in Budget Theory*. New York: State University of New York Press.

______(1990). Budget Theory and Budget Practice: How Good the Fit. *Public Administration Review*, 50(2): 179-189.

______(1992). Budgeting: Theory, Concepts, Methods and Issues, in *Handbook of Public Budgeting*, J. Rabin(eds). New York: Marcel Dekker Inc.

Sharkansky, Ira(1975). *Public Administration: Policy-Making in Government Agencies*, 3rd ed. Chicago: Rand McNally Co.

Simon, Herbert A.(1976). *Administration Behavior*. N.Y.: Macmillan.

Szilagyi, Andrew D. Jr. & Wallace, Marc J. Jr.(1980). *Organizational Behavior and Performance*, California: Goodyear Publishing Co.

The White House(2003). *The National Strategy for the Physical Protection of Critical Infrastructures and Key Assets*. Washington, D.C.: The White House.

Tullock, Gordon(1980). The Efficient Rent-Seeking, in Buchanan, James M., Tollison, Robert D., & Tullock, G.(eds). *Toward a Theory of Rent-Seeking Society*, 97-112. College Station: Texas A&M University Press.

White, Leonard D.(1985). *Introduction to the Study of Public Administration*, 4th ed. New York: Macmillan.

Wildavsky, Aaron(1979). *The Politics of the Budgetary Process*. Boston & Toronto: Little, Brown and Company Inc.

______(1988). *Searching for Safety*. New Brunswick & London: Transaction Books.

______(1993). Norms and Rules to Facilitate Convergence on Budget Balance. *Public Administration Review*, 53(1): 28-30.

Wright, Deil S.(1988). *Understanding Intergovernmental Relations*, 3rd ed. Pacific Grove, California: Brooks/Cole Publishing Co.

西尾勝(1999). 『未完の分權改革』. 岩波書店; 오재일 옮김(2005). 『미완의 분권개혁』. 전남대학교출판부.

찾아보기

ㄱ

강원도 소방본부 166
강임 273
강제배분법 277
개방 체계 123
객관성(objectivity) 262
경국대전 54, 236
경기도북부 소방재난본부 165
경기도 소방재난본부 163
경남 소방본부 169
경력경쟁채용 제도 250
경력 발전 274
경력직 공무원 232
경방단(警防團) 175
경북 소방본부 170
경상적 경비 353
경찰학 43
계급제 215, 220
고충심사 301
골렘비브스키(R. Golembiewski) 116
공개경쟁채용 제도 248
공공선택론 320
공공성 26
공공재(public goods) 387
공공정책의 유형 49
공동사무 396
공무원연금 제도 287
공무원의 권익 보호 210
공식화 127, 128
공직의 분류 230
과세자주권 334
과학적 관리론 112
관료제론 115
관리망 모형 182
광역자치단체 사무 384
광주 소방안전본부 161
교육원훈련(Off JT) 267
교육훈련 264
구조·구급활동 98
구조대 97
구조 및 구급정책 52
국가사무 377
국가재정 329
국고보조금 336
국민안전처 59
그레이프바인(grapevine) 198
근무성적평정 275
금화도감(禁火都監) 54
기관위임사무 381
기술 128
기초자치단체 사무 385
긴급성 387

ㄴ

난이도(difficulty) 262
능률성 27

ㄷ

다면평정법 278
단년예산주의 331
단일예산주의 331
단체위임사무 379
대구 소방안전본부 159
대전 소방본부 160
대전회통 236
대통령 69
대표관료제(representative bureaucracy) 214
도·도·부·현 359
도표식 평정척도법 276
동기부여 289
동기부여이론 290
드로(Yehezkel Dror) 72, 319

ㄹ

라스웰(Harold D. Lasswell) 72
레딘(W. J. Reddin) 187, 189
로위(Theodore Lowi) 49, 50
리더십(leadership) 178
리커트(Rensis Likert) 109
린드블롬(Charles E. Lindblom) 75, 80, 321

ㅁ

마치(James G. March) 78
만족모형(Satisfying Model) 77
모집(recruiting) 252
모튼(J. S. Mouton) 182
목표관리제 평정법(MBO appraisals) 278
미국 364
미군정 56
미시간주립대학교 연구 180
민주성 27, 209

ㅂ

바너드(C. I. Barnard) 121
배치전환 273
법제적 특성 28
베니스(Warren G. Bennis) 111
베버(Max Weber) 115, 193
보수 284
보통교부세 338
복잡성 126, 128
부동산교부세 342
부산 소방재난본부 156
분권교부세 338
불응 83
블라우(Peter M. Blau) 109
블랜차드(K. H. Blanchard) 189
블레이크(R. R. Blake) 182
비공식적 의사전달 197
비시장적 의사결정 320

ㅅ

사기(morale) 292
사무 배분 383
사업비 356
사이먼(H. A. Simon) 116, 121, 319
사회적 형평성 28
삼국사기 130, 131
상시성 388
상의하달 194
상황이론 184
샤칸스키(I. Sharkansky) 39
서술법 277
서열법 277

서울 소방재난본부 155
선발 255
세외수입 335
세종특별자치시 소방본부 174
소방 23
소방경비 353
소방공동시설세 346
소방공무원 윤리 295
소방공무원의 임용 248
소방공무원인사위원회 243
소방방재비 363
소방방재청 58
소방비 353
소방사무 387
소방 서비스 305
소방세입 328
소방안전관리자 176
소방안전교부세 339
소방안전체험관 100
소방 예산 309
소방인사기관 243
소방인사행정 205
소방재정 305
소방정책 39, 61
소방정책 형성 62
소방조 238
소방조직 138
소방청 60, 136, 151
소방행정 26
소방행정학 43
소청심사 300
소청심사위원회 300
수성금화도감 132
수평적 의사전달 195
순응(complince) 83
숭례문 화재사고 86
스콧(W. Richard Scott) 109
승진 270
시민 67
시 · 정 · 촌 359
신뢰성(reliability) 262
신분 보장 300
실적주의제 213
쓰레기통모형(Garbage Can Model) 78

ㅇ

앤더슨(J. Anderson) 39, 61
언론 66
업무적 특성 29
에치오니(Amitai Etzioni) 76, 108
연방위기관리청(FEMA) 365
엽관주의 213
예산이론 315
예산총계주의 331
예산한정주의 332
오하이오주립대학교 연구 181
올슨(Johan P. Olsen) 78
옴부즈맨(ombudsman) 195
왈도(D. Waldo) 116
외부 전문가 68
외상 후 스트레스 장애 293
울산 소방본부 162
위험성 388
의사전달 192
의용소방대 175
의회 69
이익집단 67
인간관계론 117
인력기획 247
인사 이동 269
인사행정의 목표 211

인사혁신처 301
인적 자원 205
인천 소방본부 158
일본 359

ㅈ

자기평정법 278
자본적 경비 356
자질이론 179
자체소방대 177
자치사무(고유사무) 378
재난관리 99
재배분 405
재정 305
전남 소방본부 171
전북 소방본부 172
점증모형(Incremental Model) 75
점증주의 321
정당 65
정책결정 71
정책의제 64
정책집행 79
정책평가 84
정책학 42
제주도 소방안전본부 173
제한된 합리성 77
조직 105
조직구조 126
조직원리론 116
조직의 목표 106
조직적 특성 28
중앙소방학교 153, 268
중앙119구조본부 154
지방교부세 337
지방사무 377
지방세 333
지방소방학교 269
지방자치단체 375
지방자치단체의 사무 384
지방재정 311, 329
지방정부 343
지방채 342
지역자원시설세 348
직무분석 228
직무평가 228
직업공무원제(career civil service system) 215
직위분류제 224
직장훈련(On-the-Job Training: OJT) 267
집권화 127, 128
징계 297
징계위원회 298

ㅊ

창원 소방본부 174
체계 122
총체주의 317
최적모형(Optimal Model) 77
충남 소방본부 167
충북 소방본부 168

ㅋ

코헨(Michael D. Cohen) 78

ㅌ

타당성(validity) 261
테일러(F. W. Taylor) 113
통일예산주의 331
특별교부세 338

특수경력직 공무원 232
특정 소방 대상물 176

ㅍ

파레토 최적(Pareto optimum) 320
파슨스(Talcott Parson) 110
펜들턴 법(Pendleton Act) 213
평정 오류 283
피들러(F. E. Fiedler) 184

ㅎ

하의상달 195
합리모형(Rational Model) 73
합법성 27
행정관료 70
행정행태론 120
행태과학 120
행태론 120
행태이론 180
허시(P. Hersey) 187, 189
형평성 209
호손(Hawthorne)실험 117
혼합모형 76, 319
화재경계지구 95
화재 예방정책 51
화재조사 93
화재 진압정책 51
효과성 28
효율성 208

저자 소개

양기근(梁奇根)

- 경희대학교 행정학 박사(2004. 8)
- 현 원광대학교 소방행정학과 교수
- 『소방학개론』(2018, 윤성사)
- 『소방조직론』(2019, 윤성사)
- 『재난관리론』(2016 개정판, 대영문화사)
- 『현대사회와 행정』(2006, 대영문화사)
- 재난관리의 조직학습 사례연구(2004, 『한국행정학보』)

류상일(柳賞溢)

- 충북대학교 행정학 박사(2007.8)
- 현 동의대학교 소방방재행정학과 교수
- 세한대학교 소방행정학과 교수 역임
- 『소방행정학개론』(2011, 대영문화사)
- 『재난관리론』(2006, 대영문화사)
- 네트워크 관점에서 지방정부 재난대응 과정 분석(2007, 『한국행정학보』)

송윤석(宋潤錫)

- 한국외국어대학교 행정학 박사(2009.2)
- 현 서정대학교 소방안전관리과 교수
- 현 경기도 양주시 건축위원회 심의위원
- 『소방행정학개론』(2016, 대영문화사)
- 『재난관리론』(2016, 대영문화사)

송용선(宋容善)

- 청주대학교 행정학 박사(1992.8)
- 현 목원대학교 소방안전관리과 교수
- 『소방행정실무』(2013, 예스미디어)
- 『소방조직론』(2009, 중앙소방학교)
- 『소방학개론』(2008, 동화기술)

이주호(李朱祜)

- 충북대학교 행정학 박사(2010.8)
- 현 세한대학교 소방행정학과 조교수
- 전 선문대학교 연구교수
- 전 충북대학교 국가위기관리연구소 연구원
- 『소방학개론』(2018, 윤성사)
- 『소방조직론』(2019, 윤성사)
- 『재난관리론』(2016 개정판, 대영문화사)
- 지방정부 재난관리 예산과정의 지대추구 분석(2012, 『한국정책학회보』)

박정민(朴正敏)

- 전남대학교 행정학 박사(2007.8)
- 현 동신대학교 소방행정학과 교수
- 『소방학개론』(2018, 대영문화사)
- 『소방행정학개론』(2016, 대영문화사)
- 『지방행정론』(2008, 전남대학교출판부)
- 소방조직의 재난관리 활동 역량에 대한 연구(2016, 『*Cisisonomy*』)

조 성(趙 聖)

- 충북대학교 행정학 박사(2017.8)
- 현 충남연구원 충남재난안전연구센터 센터장
- 현 국무조정실 정부업무평가위원회 위원

권설아(權雪娥)

- 충북대학교 행정학 박사(2017.8)
- 현 충북대학교 국가위기관리연구소 재난안전혁신 센터장
- 전 안철현위기관리연구소 연구원
- 『소방학개론』(2018, 윤성사)
- Analyzing the Determinants of Individual Action on Climate Change by Specifying the Roles of Six Values in South Korea(2019, 『*Sustainability*』)

신우리(愼우리)

- 충북대학교 행정학 박사(2018.2)
- 현 전국재해구호협회 재난안전연구소 선임연구원
- 국립소방연구원 연구원 역임
- 재난관리 교육훈련의 프로그램 특성과 효과성의 영향관계(2018, 『*Cisisonomy*』)

제4판
소방행정학개론

펴낸날 제1판 제1쇄 2011년 8월 31일
제2판 제1쇄 2013년 7월 30일
제3판 제1쇄 2016년 8월 25일
제4판 제1쇄 2020년 8월 17일
지은이 양기근 외
펴낸이 임춘환
펴낸곳 도서출판 **대영문화사**
주소 (본사) 사무실: 경기도 고양시 일산서구 주화로 70
우신프라자 307호 (㊐ 10387)
(본사) 물류센터: 경기도 고양시 일산서구 덕산로
107번길 68-50 (㊐ 10205)
등록 1975년 12월 26일 제2018-000201호
전화 (031) 913-3062, (031) 914-3884~5
팩스 (031) 913-3839
홈페이지 http://www.dymbook.co.kr

ISBN 978-89-7644-766-1
값 26,000원